HANDBUCH DER ANALYTISCHEN CHEMIE

HERAUSGEGEBEN VON

W. FRESENIUS UND G. JANDER†

WIESBADEN BERLIN

DRITTER TEIL
QUANTITATIVE BESTIMMUNGS- UND TRENNUNGSMETHODEN

BAND Ibβ
ELEMENTE DER ERSTEN NEBENGRUPPE
II

Springer-Verlag
Berlin Heidelberg GmbH
1967

ELEMENTE DER ERSTEN NEBENGRUPPE

II

SILBER · GOLD
EINSCHL. DOKIMASIE

BEARBEITET

VON

DR. H.-W. HAASE
HAMBURG

MIT 17 ABBILDUNGEN

Springer-Verlag

Berlin Heidelberg GmbH

1967

ISBN 978-3-662-27305-0   ISBN 978-3-662-28792-7 (eBook)
DOI 10.1007/978-3-662-28792-7

Inhalt.

ELEMENTE DER
ERSTEN NEBENGRUPPE
II

Silber.

Ag; Atomgewicht 107,870 ± 0,003; Ordnungszahl 47.

Inhalt.

1. Bestimmungsmöglichkeiten — Eignung der Verfahren — Aufschluß des Untersuchungsmaterials.

1.1 Bestimmungsmöglichkeiten.

Die quantitative Bestimmung des Silbers ist möglich

1. auf dokimastischem Wege über das Gesamtedelmetallkorn, das durch Tiegelschmelzen, das Ansiedeverfahren oder das naßkombinierte Verfahren erhalten wird. Bei Untersuchungsmaterialien, die außer Silber auch andere Edelmetalle (Gold, Platinmetalle) enthalten, wird das Gesamtedelmetallkorn geschieden, Gold (und Platinmetalle) werden bestimmt und das Silber aus der Differenz ermittelt (Einzelheiten: s. „Dokimastische Bestimmungsmethoden für Silber und Gold"),

2. auf gravimetrischem Wege, in erster Linie als Silberchlorid (2.2), auch als Silberbromid (2.3) und -jodid (2.4), ferner in Form sonstiger schwerlöslicher Silber(I)-verbindungen (2.5 bis 2.8) und als Komplexverbindungen mit organischen Reagentien (2.9 bis 2.20),

3. auf elektrogravimetrischem Wege durch die Abscheidung aus schwefelsaurer (3.1), salpetersaurer (3.2), ammoniakalischer (3.4) und Cyanidlösung (3.3), ferner auch aus Perchloratlösung (3.5.1),

4. auf titrimetrischem Wege nach Verfahren, die auf der Bildung schwerlöslicher Silber(I)-verbindungen (Silberhalogenide u. a.) (4.2.1), der Bildung löslicher Silberkomplexe [z. B. mit Dithizon (4.2.1) oder CN^--Ionen (4.2.2 und 4.2.3)], der Reduktion von Ag^+-Ionen zu met. Silber (4.3) oder sonstigen Grundlagen (4.4) beruhen, wobei die Endpunktsbestimmungen visuell, elektrisch oder photometrisch erfolgen,

5. auf photometrischem Wege durch die Messung der Lichtabsorption „echter" Lösungen von Silber(I)- oder Silber(II)-verbindungen (5.1) sowie von kolloiden Lösungen von Silberverbindungen, auch von Silbersolen (5.3), außerdem auf Grund von Reaktionen, die durch Ag^+-Ionen katalytisch beschleunigt werden (5.2),

6. auf spektralanalytischem Wege, sowohl flammenspektrometrisch (6.1) als auch durch Absorptionsflammenphotometrie (6.2), Emissionsspektralanalyse (6.3) und nach der Methode der Röntgenfluorescenzanalyse (6.4),

7. durch coulometrische Titration (7.1) und polarographisch (7.2), sowie nach der Methode der „inversen Polarographie" (7.3),

8. auf aktivierungsanalytischem Wege (8.1) entweder zerstörungsfrei oder nach dem Isotopen-Verdünnungs-Verfahren unter Ausführung radiochemischer Trennungsoperationen und nach radiometrischen Methoden (8.2), sowie

9. nach papierchromatographischen (9.1), gasvolumetrischen (9.2) Verfahren, ferner nach Bestimmungsmethoden in Salzschmelzen (9.3).

1.2 Eignung der Verfahren.

Im folgenden wird kurz angeführt, für welche Silbermengen bzw. -gehalte und welche Materialien sich die verschiedenen Verfahrensgruppen vorzugsweise eignen. Am Schluß findet sich eine Aufstellung, aus der ersichtlich ist, bei welchen Methoden —

getrennt nach gravimetrischen, elektrogravimetrischen, titrimetrischen, photometrischen, spektralanalytischen, polarographischen, coulometrischen, aktivierungsanalytischen, radiometrischen und sonstigen Verfahren — die Bestimmung des Silbers in verschiedenen Materialien beschrieben ist.

1. *Die dokimastischen Methoden* (s. „Dokimastische Bestimmungsmethoden für Silber und Gold") nehmen auch heute noch eine überragende Stellung bei der Bestimmung des Silbers in Erzen, Erzkonzentraten, hüttenmännischen Zwischenprodukten wie Steinen, Speisen, Schlämmen, Legierungen, Rohmetallen und anderen Materialien ein. Die übliche Arbeitsweise gestattet bei Einwaagen bis zu 100 g die Bestimmung von Silbergehalten bis herab zu wenigen g/1000 kg.

Für noch geringere Gehalte sind Mikromethoden entwickelt worden.

2. Vorbedingung zur Anwendung der *gravimetrischen Verfahren* ist im allgemeinen das Vorliegen einer Silbernitratlösung, bei geringen Silbermengen auch einer Silbersulfatlösung. Eine Ausnahme bildet dabei die thermische Zersetzung bzw. die Reduktion im Wasserstoffstrom von festen Silberverbindungen. Die gravimetrischen Methoden, unter ihnen besonders die Bestimmung als Silberchlorid, dienen meistens zur Bestimmung des Silbers im Makrobereich, jedoch sind auch ausgesprochene Mikromethoden ausgearbeitet worden.

3. Entsprechendes gilt auch für die *elektrogravimetrischen Methoden*, wobei die elektrolytische Fällung vielfach aus Dicyanoargentat(I)-lösung vorgenommen wird. Die Bedeutung dieser Methoden tritt gegenüber den ausgezeichneten zur Verfügung stehenden, gravimetrischen und titrimetrischen Verfahren zur Bestimmung des Silbers im Makrobereich in den Hintergrund.

4. Unter den *titrimetrischen Methoden* nimmt die Gay-Lussac-Titration zur Bestimmung des Silbers in Fein-, Münz- und Hüttensilber sowie in mit Salpetersäure löslichen Legierungen des Silbers mit mehr als 50% Ag und in Silbernitrat eine hervorragende Stellung ein. Vielfach verwendet werden auch das Verfahren nach VOLHARD und weitere Methoden, die auf der Fällung von Silberhalogenid- oder Silberthiocyanatniederschlägen beruhen. Wie bei den gravimetrischen Verfahren ist auch hier das Vorliegen des Silbers in Form einer Lösung — meist einer Silbernitratlösung — Voraussetzung für die Anwendung der zahlreichen zur Verfügung stehenden Methoden, die die Bestimmung des Silbers in Mengen bis zu etwa 1000 mg ermöglichen. Speziell ausgearbeitete Mikroverfahren gestatten im Extremfall noch das Erfassen von 10^{-9}g Ag.

5. Die *photometrischen Methoden*, die z. T. mit Extraktions- oder anderen Anreicherungsverfahren kombiniert sind, teilweise aber auch die Bestimmung des Silbers neben zahlreichen anderen Elementen ohne Abtrennung ermöglichen, erfassen im allgemeinen Silbermengen im µg-Bereich, in Ausnahmefällen bis herab zu 0,01 µg und bis herauf zu mg-Mengen. Es ist zu erwarten, daß diese Methoden in Zukunft eine größere Rolle spielen können, als das heute der Fall ist. Diese Entwicklung steht in Zusammenhang mit dem Ausarbeiten ständig neuer Verfahren, bei denen im Gegensatz zu älteren Methoden keine Messungen an kolloiden Lösungen, sondern an „echten" Lösungen vorgenommen werden. Für die Bestimmung von sehr geringen Spurenmengen Silber bieten sich diejenigen photometrischen Verfahren an, bei denen die katalytische Wirkung von Ag^+-Ionen ausgenutzt wird.

6. Von den *spektralanalytischen Verfahren* wird die Emissionsspektrographie oder -spektrometrie zur Bestimmung geringer Silbermengen in sehr unterschiedlichen Materialien — Metallen, Erzen, Mineralien, Bodenproben u. a. — mit oder ohne voraufgehende Anreicherung eingesetzt. Erfaßt werden im allgemeinen Silbergehalte im g/1000-kg-Bereich, z. T. auch noch wesentlich niedrigere Gehalte bis herab zur etwa 10^{-7} bis 10^{-5}% und auch höhere Gehalte.

Übersicht über die Verfahren, bei denen die Bestimmung des Silbers in bestimmten Materialien angeführt ist (mit Ausnahme der dokimastischen Methoden).

Kennzeichnung der Verfahrensgruppen:

> 2. = Gravimetrische Methoden
> 3. = Elektrogravimetrische Methoden
> 4. = Titrimetrische Methoden
> 5. = Photometrische Methoden
> 6. = Spektralanalytische Methoden
> 7. = Coulometrische und polarographische Methoden
> 8. = Aktivierungsanalytische und radiometrische Methoden
> 10. = Trennungsverfahren

Material	2.	3.	4.	5.	6.	7.	8.	10.
a) metallische Materialien								
Legierungen		3.1.1 3.2.2 3.5.1	4.1.1.1.1 4.1.1.1.2 4.1.1.1.7 4.1.1.1.9 4.1.1.2.5 4.1.11.1 4.2.5 4.3.3 4.4.1	5.1.4 5.3.1	6.2.1 6.2.2 6.3.1.15 6.4.2		8.1.6	10.1.1
Antimon					6.3.1.1			
Beryllium					6.3.1.2			
Blei			4.1.1.1.4 4.1.1.2.3 4.1.17 4.2.1	5.1.1 5.2.1 5.3.3	6.3.1.3	7.2.7	8.1.1	10.1.1 10.3.7 10.3.12
Cadmium			4.2.1		6.3.1.4	7.2.7		
Gold				5.1.1	6.3.1.5			
Indium				5.1.1				
Kupfer			4.1.1.1.8	5.1.1 5.1.4 5.3.5	6.1.2 6.3.1.6			
Magnesium					6.3.3.8			
Palladium		3.3.3						
Platin- und Pt-Metalle					6.3.1.7			
Selen					6.3.1.8		8.1.5	
Silber (Münz-, Hütten-, Fein-)			4.1.1.1.1 4.1.1.1.7					
Silicium					6.3.1.9		8.1.5	
Tellur					6.3.1.10			
Thallium			4.1.17					
Wismut	2.14		4.2.1		6.3.1.11		8.1.5	
Zink			4.2.1					
Zinn					6.3.1.12			
Zirkonium			4.2.1		6.3.1.13			
Vanadium					6,3.1.14			

(Fortsetzung)

Material	2.	3.	4.	5.	6.	7.	8.	10.
b) *Erze, Mineralien und sonstige Materialien*								
Erze und Konzentrate			4.1.1.1.2 4.1.11.1 4.2.1	5.1.1 5.1.3 5.3.1 5.3.3	6.3.2.1			
Mineralien und Gesteine		3.2.5		5.3.1	6.3.2.1 6.3.2.2 6.3.2.3 6.3.2.4 6.4.3		8.1.2 8.1.3 8.1.7	10.3.7
Silbersalze und -verbindungen	2.1.2.1 2.1.2.2 2.1.2.3 2.6	3.3.1	4.1.1.1.1 4.2.2 4.2.3				8.2.2	
Oxide				5.3.1	6.3.2.5		8.1.1	
E-Schlamm			4.1.1.1.2 4.1.1.2.5					
Photographische Materialien			4.1.1.1.7 4.1.13 4.1.19 4.1.20 4.2.2	5.3.1	6.4.1			
Biologische Materialien				5.3.3	6.1.3 6.3.2.4			
(Pb, Bi, Na)-Salze					6.3.3.5			10.1.1
Aschen				5.3.1	6.3.3.6			
Düngemittel					6.3.2.4			
Jod					6.3.3.1			
Schwefel					6.3.3.2			
Siliciumcarbid					6.3.3.3			
Schmieröl/Dieselöl					6.1.3 6.3.3.7			
Phosphore					6.1.1			
Co-haltiges Material			4.1.1.1.2					
Kaliumhydroxid					6.3.3.9			
Uranverbindungen				5.1.1				
Magnesiumverbindungen					6.3.3.8			
c) *Lösungen*								
Cyanidlösungen			4.1.1.1.2 4.1.2		6.3.3.4			
Silbersole			4.1.2					
Fixierbäder			4.1.13 4.1.19	5.3.3				
Regen- und Trinkwasser				5.2.1 5.3.1 5.3.3				

Für geringere Silbermengen eignen sich auch die Methoden der Flammenspektrometrie und der Absorptionsflammenphotometrie. Letztere ermöglicht auf einfache Weise die Bestimmung des Silbers neben Gold und Platinmetallen, ohne daß eine Abtrennung erforderlich ist. Die Probe muß als Lösung vorliegen. Die Absorptionsflammenphotometrie stellt eine relativ neue Methode dar, deren Anwendung auf die Edelmetallanalyse noch in den Anfängen liegt.

Ähnliches gilt auch für die Röntgenfluorescenzanalyse, die den großen Vorteil bietet, daß mit ihr sowohl metallische als auch pulverförmige Proben, daneben auch Lösungen analysiert werden können. Darüber hinaus werden geringe und hohe Silbergehalte erfaßt.

7. *Coulometrische Titrationen* zur Bestimmung von mg-Mengen Silber und *polarographische Methoden* zur Erfassung des Silbers in etwa 10^{-4} bis 10^{-7} molaren Lösungen werden nur wenig angewendet, desgleichen Bestimmungen nach der Methode der „*inversen Polarographie*" (in 10^{-7} bis 10^{-9} molaren Lösungen).

8. *Aktivierungsanalytische Methoden* werden zur Bestimmung des Silbers im ppm-ppb-Bereich in reinen und hochreinen Metallen und Halbleitermaterialien, auch in Erzen, Gesteinen und Mineralien herangezogen. Die Notwendigkeit der Bestrahlung der Proben — im allgemeinen in einem Reaktor — und die mit der Bearbeitung radioaktiver Proben verbundenen Schwierigkeiten stehen einer verbreiteten Anwendung dieser Methoden entgegen.

Eine allgemeine Anwendung der in der Literatur angeführten *radiometrischen Verfahren* ist aus ähnlichen Gründen nicht zu erwarten, zumal genügend andere Methoden verfügbar sind.

9. *Papierchromatographische Methoden* zur Bestimmung des Silbers im µg-Bereich, das *gasvolumetrische Verfahren* und die Verfahren zur *Bestimmung des Silbers in Salzschmelzen* dürften lediglich für Spezialzwecke angewendet werden.

1.3 Aufschluß des Untersuchungsmaterials.

Zur Anwendung der meisten Bestimmungsverfahren auf die Bestimmung des Silbers in festen Untersuchungsmaterialien ist es erforderlich, diese Materialien in einer Weise aufzuschließen, daß dabei eine Lösung erhalten wird, in der das Silber in Form von Ag^+-Ionen vorliegt.

Dies geschieht bei Legierungen vorzugsweise mit *Salpetersäure*, in manchen Fällen auch mit *Schwefelsäure*. Erze, Mineralien, Gesteine und ähnliche, häufig silicathaltige Materialien schließt man naßchemisch mit *Salpetersäure/Flußsäure/ Schwefelsäure* oder auch mit *Flußsäure/Perchlorsäure/Salpetersäure* auf. Löserückstände werden einer Schmelze mit *Kaliumhydrogen- oder -disulfat* unterzogen; u. U. wendet man den Schmelzaufschluß auch auf das gesamte Untersuchungsmaterial ohne naßchemische Vorbehandlung an.

Königswasser und *konz. Salzsäure* (Bildung von Dichloroargentat(I)-ionen) werden nur in geringem Umfang und bei Materialien mit niedrigen Silbergehalten zum Aufschluß verwendet.

In Spezialfällen können auch andere Aufschlußmittel mit Erfolg herangezogen werden, so z. B. Natronlauge für Aluminiumlegierungen, wobei das Silber nicht mit gelöst wird.

Außer diesen naßchemischen Verfahren und den Schmelzaufschlüssen stehen für silberhaltige Materialien die allgemein anwendbaren dokimastischen Methoden zur Anreicherung des Silbers in metallischem Blei zur Verfügung (s. „Dokimastische Bestimmungsmethoden für Silber und Gold").

2 Gravimetrische Bestimmungsmethoden.

2.1 Bestimmung als Metall.

2.1.1 Durch Reduktion aus wäßriger Lösung.

2.1.1.1 mit unedlen Metallen.

Prinzip. Silber wird in metallischer Form abgeschieden ($Ag^+ \rightarrow Ag$), während das verwendete unedle Metall in Lösung geht (z. B.: $Al \rightarrow Al^{3+}$). Das Verfahren wird als „Zementation" bezeichnet. Man fällt aus einer schwefelsauren Silbersulfatlösung mit Metallen wie Zink, Cadmium, Aluminium oder Kobalt. Salpetersaure Lösungen werden vorher mit Schwefelsäure abgeraucht.

Störungen. Sämtliche anderen edlen Metalle werden mit abgeschieden.

Trennungsmöglichkeiten. Silber kann nach dieser Methode von unedlen Elementen abgetrennt werden.

Literatur. [1] mit Kobalt: GOLDSCHMIDT, C.: Fr. **45**, 87 (1906). — [2] mit Cadmium: CLASSEN, A.: J. pr. **97**, 217 (1866). — [3] mit Aluminium: TARUGI, N.: G. **33**, II, 223 (1903).

2.1.1.2 mit alkalischer Wasserstoffperoxidlösung.

Prinzip. Wasserstoffperoxid agiert in alkalischer Lösung gegenüber Ag^+ als Reduktionsmittel. Die Reaktion erfolgt schon in der Kälte und ist nach wenigen Minuten beendet.

Störungen. Au (und Ru) reagieren in gleicher Weise.

Trennungsmöglichkeiten. Aus der von VANINO und SEEMANN [1] angegebenen Reaktionsweise von Pt- und Ir-Lösungen, aus denen keine Abscheidung der Metalle erfolgen soll, könnten sich Trennungsmöglichkeiten ergeben.

Literatur. [1] VANINO, L., u. L. SEEMANN: B. **32**, 1968 (1899).

2.1.1.3 mit Hydroxylammoniumchlorid.

Prinzip. Hydroxylammoniumchlorid ist als Reduktionsmittel zur quantitativen Abscheidung des Silbers aus Silbernitratlösung, Lösungen, in denen das Silber als Thiosulfato- oder Cyanokomplex vorliegt, und auch zur Reduktion von AgCl, AgBr und AgJ in alkalischer Lösung verwendbar.

Literatur. [1] LAINER, A.: M. **9**, 533 (1888) u. **12**, 639 (1891).

2.1.1.4 mit unterphosphoriger Säure.

Prinzip. Die Fällung von Silber aus Silbernitrat- oder -sulfatlösung ist mit unterphosphoriger Säure als Reduktionsmittel möglich.

Arbeitsvorschrift nach Moser und Kittl [1]. Die Silberlösung (max. n/20) wird auf dem Wasserbad erwärmt und mit einem mindestens 100%igen Überschuß an H_3PO_2 versetzt. Man läßt so lange auf dem Wasserbad stehen, bis die Lösung über dem Ag-Niederschlag vollkommen klar ist. Dazu sind bei einer n/20 Ag^+-Lösung etwa 30 Min. erforderlich. Dann wird der Niederschlag heiß in ein hartes Filter filtriert und mit heißem Wasser ausgewaschen. Die Prüfung erfolgt mit $KMnO_4$-Lösung. Abschließend verascht man, glüht und wägt aus.

Genauigkeit. Bei Silbermengen zwischen 10 und 500 mg wurden Abweichungen gegenüber der Bestimmung als AgCl von $-0{,}1$ bis $+0{,}2$ mg festgestellt [1].

Störungen. Andere edle Elemente werden gleichfalls gefällt.

Trennungsmöglichkeiten. Nach [1] verläuft die Trennung von Blei, gleichfalls von Cadmium und Zink einwandfrei. Bei der älteren Methode von MAWROW und MOLLOW [2] scheiterte die Trennung des Silbers von Blei an der Verwendung von Äthanol zum Auswaschen des Niederschlages, wodurch infolge der Schwerlöslichkeit des Bleihypophosphits zu hohe Ergebnisse bedingt wurden.

Literatur. [1] MOSER, L., u. T. KITTL: Fr. **60**, 145 (1921). — [2] MAWROW, F., u. G. MOLLOW: Z. anorg. Ch. **61**, 96 (1909).

2.1.1.5 mit ammoniakalischer Kupfer(I)-chloridlösung.

Prinzip. Gibt man zu einer stark ammoniakalischen Silbernitratlösung eine ebenfalls stark ammoniakalische Kupfer(I)-chloridlösung, so entsteht sofort ein Niederschlag von met. Silber in Form eines mattgrauen, manchmal fast weißen Pulvers.

Literatur. [1] MILLON, E., u. A. COMMAILLE: C. r. **56**, 309 (1863).

2.1.1.6 mit Formaldehyd, Acetaldehyd oder Chloralhydrat.

Prinzip. In alkalischer Lösung können Formaldehyd, Acetaldehyd oder Chloralhydrat als Reduktionsmittel zur Abscheidung des Silbers verwendet werden.

Arbeitsvorschrift nach Taran [1]. Man versetzt 50 ml einer etwa 0,1 n Silbernitratlösung mit 2 ml 15%iger Ammoniaklösung, darauf gießt man unter Umschwenken 1 ml 33%ige Formaldehydlösung in die Mitte der Flüssigkeit (zur Verhinderung einer Silberspiegelbildung) und erhitzt 20 Min. auf dem Wasserbad. Das abgeschiedene met. Silber wird abfiltriert, ausgewaschen, geglüht und ausgewogen. Dauer einer Bestimmung: 40 Min.

Genauigkeit. Die nach der angegebenen Vorschrift erhaltenen Ergebnisse sollen mit nach der AgCl-Methode erzielten Resultaten auf 0,005% übereinstimmen [1].

Störungen. Die angeführten Reduktionsmittel sind nicht für Silber spezifisch und fällen auch andere edle Metalle.

Bemerkungen. HARTWANGER bevorzugt Chloralhydrat gegenüber Acetaldehyd als Reduktionsmittel (Bildung von Ameisensäure durch den Zerfall des Chloralhydrates). Bei der Anwendung von Acetaldehyd in konzentrierter Lösung kann sich überdies ein Aldehydharz bilden.

Literatur. [1] mit Formaldehyd: TARAN, J. N.: J. angew. Ch. (russ.) **9**, 520 (1936). — [2] mit Formaldehyd: VANINO, L.: B. **31** 1763 (1898). — [3] mit Acetaldehyd und Chloralhydrat: HARTWANGER, F.: Fr. **52**, 19 (1913).

2.1.1.7 mit Phenylsemicarbazid.

Prinzip. Phenylsemicarbazid kann in neutraler oder alkalischer Lösung zur Reduktion des Silbers benutzt werden.

Arbeitsvorschrift. Man versetzt 10 bis 20 ml der neutralen Silbersalzlösung mit einem Überschuß kalt gesättigter (1%iger) Phenylsemicarbazidlösung und erhitzt 30 Min. im Wasserbad oder 10 Min. über freier Flamme. Nach dem Abkühlen filtriert man den schwammigen oder pulverförmigen Niederschlag in einen Filtertiegel, wäscht mit Wasser bis zur Entfernung des Reagensüberschusses, dann mit 6 bis 8 ml Äthanol und 5 bis 6 ml Äther und trocknet im Vakuum bis zur Gewichtskonstanz.

Genauigkeit. Im Bereich von 60 bis 160 mg Ag beträgt der relative Fehler 0,05 bis 0,7%.

Störungen. Es stören edlere Metalle als Silber und Halogenidionen. Blei stört nicht.

Literatur. [1] GRECU, I.: Farmacia (Bucuresti) **7**, 227 (1959) (rumän.).

2.1.1.8 mit Guanylthioharnstoff.

Prinzip. Ag^+ wird im pH-Bereich 6 bis 13 durch Guanylthioharnstoff zu met. Ag reduziert.

Genauigkeit. 4,5 bis 145 mg Ag/50 ml können mit einem Fehler von $\pm 0,6\%$ (relativ) bestimmt werden.

Störungen. Bei pH 10 bis 13 stören in Gegenwart von ÄDTA nicht: Ni^{2+}, Co^{2+}, Pb^{2+}, Cu^{2+}, Cd^{2+}, Zn^{2+}, Mn^{2+}, Ce^{3+}, Cr^{3+}, Th(IV), Zr(IV) und Bi(III).

Fe^{3+} und Al^{3+} werden mit Tartrat maskiert; bei Al ist ein Umfällen erforderlich. Bei pH 5 bis 6 und Gegenwart von KCN stören Pd(II) und Au(III) nicht, wenn man aus siedender Lösung fällt.

Die durch $[UO_2]^{2+}$ verursachte Störung wird mit Soda beseitigt. In Gegenwart überschüssiger Natronlauge und von Natriumsulfid stören auch Sn^{2+}, Sb^{3+} und Pt^{4+} nicht.

Hg stört infolge Bildung von HgS. Diese Störung kann mit den angeführten Reagenzien nicht beseitigt werden.

An Anionen stören bei pH 10,5 bis 13 nicht: Sulfat, Sulfit, Sulfid, Thiosulfat, Thiocyanat, Phosphat, Fluorid, Chlorid, Wolframat, Molybdat, Vanadat, Arsenat, Borat, Carbonat, Acetat, Tartrat, Citrat. In Gegenwart von Cyanid ist die Fällung aus schwach salpetersaurer Lösung (pH 5,5) quantitativ.

Literatur. NADKARNI, R. A., u. B. C. HALDAR: Indian J. Chem. 1, 427 (1963).

2.1.1.9 mit Thionalid.

Prinzip. Silber wird aus verdünnter schwefel- oder salpetersaurer Lösung mit Thionalid (Thioglykolsäure-β-aminonaphtalid) als Komplexverbindung gefällt, die anschließend zu met. Silber verglüht wird.

Arbeitsvorschrift. Man erhitzt die etwa 150 bis 250 ml betragende Ag^+-Lösung zum Sieden und gibt unter Umrühren eine 2%ige alkoholische oder essigsaure Reagenslösung im Überschuß zu. Der Niederschlag ballt sich beim Umrühren gut zusammen und wird dann sofort in ein Papierfilter filtriert und verglüht. Man wägt das met. Silber aus.

Trennungsmöglichkeiten. Die Bestimmung kann neben großen Mengen Blei und Thallium erfolgen und eignet sich zur Erfassung von 0,5 bis 1% Ag in beiden Metallen (bei einmaliger Fällung). Das Fällungsvolumen wird bei Bleimengen von mehreren Gramm gegenüber der oben angegebenen Zahl von 150 bis 250 ml vergrößert.

Bemerkung. Die Bestimmung von Silber nach Fällung mit Thionalid kann auch maßanalytisch erfolgen (s. d.).

Literatur. [1] BERG, R., u. W. ROEBLING: Angew. Ch. 48, 597 (1935).

2.1.1.10 mit Natriumboranat.

Prinzip. $Na[BH_4]$ kann im pH-Bereich 2 bis 11 zur Reduktion des Silbers aus Ag^+-Lösungen verwendet werden (gleichfalls zum Fällen des Goldes aus Au(III)-Lösungen) [1].

Literatur. [1] HOHNSTEDT, L. F., B. O. MINIATAS u. M. C. WALLER: Anal. Chem. 37, 1163 (1965).

2.1.2 Durch Reduktion fester Silberverbindungen.

2.1.2.1 Glühen von Silberverbindungen.

Prinzip. Durch Glühen von Silberoxid, -carbonat, -cyanid und der Silbersalze organischer Säuren erhält man met. Silber. Bei den letzteren muß man anfangs vorsichtig im bedeckten Tiegel erhitzen, um Verluste durch Verspritzen zu vermeiden. Erst wenn die organische Substanz vollständig verkohlt ist, entfernt man den Deckel und erhitzt weiter, bis der gesamte Kohlenstoff oxydiert ist.

2.1.2.2 Glühen von Silberverbindungen im Wasserstoffstrom.

Prinzip. Silberchlorid, -bromid und -sulfid (nicht -jodid) lassen sich durch Glühen im Wasserstoffstrom leicht zu met. Silber reduzieren.

2.1.2.3 Elektrolytische Reduktion von Silberhalogeniden nach Treadwell.

Prinzip. Man führt eine ,,innere Elektrolyse" durch, wobei das im Silberhalogenid enthaltene Ag^+ zu met. Silber reduziert und met. Zink zu Zn^{2+} oxydiert werden.

Arbeitsvorschrift. Das Silberhalogenid (AgCl, AgBr oder AgJ) wird zunächst in einem Porzellantiegel völlig geschmolzen. Dann stellt man den Tiegel mit der erkalteten Schmelze in eine Kristallisierschale und daneben einen zweiten Tiegel mit etwas Quecksilber, dem man ein kleines Stück Zink zugefügt hat. Auf das

Silbersalz legt man eine kleine Platinblechscheibe, die an einem Platindraht befestigt ist. Das andere Drahtende taucht man in das Quecksilber. Nun wird die Kristallisierschale in der Weise mit verd. Schwefelsäure (1:20) gefüllt, daß beide Tiegel von der Säure ganz bedeckt sind, und über Nacht stehengelassen.

Am nächsten Morgen ist das Silbersalz vollkommen zu met. Silber reduziert. Man nimmt den Tiegel aus der Säure heraus, spült mit Wasser ab, trocknet und glüht.

Genauigkeit. Im Laboratorium von TREADWELL sind nach dieser Methode „sehr gute Resultate" erzielt worden. Fehler können dadurch entstehen, daß die Silberhalogenide nicht zu einer kompakten Masse geschmolzen werden, wodurch geringe Anteile der Reduktion entzogen werden.

Literatur. TREADWELL, W. D.: Lehrbuch der anal. Chemie, Bd. II, S. 270, 11. Aufl. 1946.

2.2 Bestimmung als Silberchlorid.

Prinzip. Ag^+-Ionen bilden mit Cl^--Ionen schwerlösliches weißes Silberchlorid, das für die gravimetrische Bestimmung des Silbers geeignet ist.

2.2.1 Bestimmung im Makrobereich.

Arbeitsvorschrift nach Treadwell [1]. Man versetzt die schwach salpetersaure Lösung bei Siedehitze mit verd. Salzsäure, bis keine weitere Fällung entsteht, läßt im Dunkeln absitzen und filtriert den Niederschlag nach dem Erkalten in einen (Glas-) Filtertiegel. Der Silberchloridniederschlag wird zunächst mit kaltem, etwas Salpetersäure enthaltendem Wasser bis zum Verschwinden der Cl^--Reaktion, dann zweimal mit reinem kaltem Wasser zum Entfernen der Salpetersäure gewaschen. Man trocknet zunächst bei 100 °C, dann bei 130 °C bis zum konstanten Gewicht (Umrechnungsfaktor Ag/AgCl: 0,7526).

Arbeitsvorschrift unter Verwendung eines Papierfilters nach Wogrinz [2]. Der Silberchloridniederschlag wird wie oben angegeben hergestellt und in ein Papierfilter filtriert. Nach dem Auswaschen überträgt man das nasse Filter in einen gewogenen Rose-Tiegel, trocknet bei 120 bis 130 °C im Trockenschrank und träufelt auf das trockene Filter einige Tropfen rauchender Salpetersäure, worauf es rasch verglimmt. Danach versieht man den Tiegel mit einem Lochdeckel und reduziert das AgCl mit Wasserstoff (oder auch mit Leuchtgas), wobei man die Temperatur langsam bis zur Rotglut der Tiegelspitze steigert. Ist über dem Tiegel kein Geruch nach HCl mehr zu verspüren, erhitzt man noch weitere 5 Min. und läßt dann erkalten. Das erhaltene met. Silber muß auf Einschlüsse von Silberchlorid oder Filterkohle untersucht werden.

Es ist zu empfehlen, den Tiegelinhalt zur Kontrolle in Salpetersäure zu lösen und das Silber maßanalytisch nach GAY-LUSSAC zu bestimmen.

Genauigkeit. Die Bestimmung zählt zu den genauesten gravimetrischen Methoden und wird häufig bei der Beurteilung anderer Bestimmungsverfahren als Maßstab herangezogen.

Bemerkungen. Nach WHITTEL [3] wirkt sich die Zugabe von wenigen Tropfen Chloroform vorteilhaft auf das Zusammenballen des AgCl-Niederschlags aus.

Die Löslichkeit des AgCl in Wasser beträgt nach Untersuchungen von WHITBY [4] bei 20 °C 1,5 mg AgCl/l und bei 100 °C 21,7 mg AgCl/l.

Die Löslichkeit ist in stark verd. Salzsäure noch geringer, nimmt jedoch mit steigender HCl-Konzentration rasch infolge der Bildung von $[AgCl_2]^-$-Ionen wieder zu:

1 Liter 1%ige Salzsäure löst bei 21 °C 0,2 mg AgCl
1 Liter 5%ige Salzsäure löst bei 21 °C 3,3 mg AgCl
1 Liter 10%ige Salzsäure löst bei 21 °C 55,5 mg AgCl

Bezüglich der Bestimmung der Löslichkeit s. die Arbeiten von RICHARD und WELLS [5], RICHARD [6], KOHLRAUSCH [7] und GOODWIN [8].

Thermogravimetrische Untersuchungen von DUVAL [9] ergaben, daß beim Erhitzen von AgCl auf 600 °C kein nennenswerter Gewichtsverlust eintritt.

Gleichfalls konnten nach 3stündiger Belichtung keine Gewichtsverluste festgestellt werden. Sie betragen mit Sicherheit weniger als 0,1%.

Beim Erhitzen im Wasserstoffstrom macht sich ab 300 °C ein deutlicher Gewichtsverlust bemerkbar.

Von SCHULEK und BOLDIZSÁR [10] wurde untersucht, ob unterschiedliche Ergebnisse erhalten werden, wenn man entweder in der üblichen Weise bei 130 °C im Trockenschrank trocknet oder den AgCl-Niederschlag nach dem Auswaschen mit absol. Äthanol im trockenen Luftstrom bei Zimmertemperatur trocknet. Sie konnten keine Unterschiede feststellen.

Störungen. Außer Ag^+ fallen mit Cl^- aus: Tl(I), Hg(I) und Pb^{2+} (bei größeren Konzentrationen).

Trennungsmöglichkeiten. Da außer den angeführten Ionen im eigentlichen Sinn keine weiteren stören, eignet sich die Fällung des Silbers als Silberchlorid für eine große Zahl von Trennungen. Nach WOGRINZ [2] darf jedoch ein AgCl-Niederschlag, der aus einer Lösung mit anderen Schwermetallen gefällt wurde, niemals als völlig rein angesehen werden, auch dann nicht, wenn beim Auswaschen sehr sorgfältig verfahren wurde und wenn die außer Silber anwesenden Elemente keine schwerlöslichen Chloride bilden — wie etwa Zink, Nickel, Cadmium oder Kupfer. In diesen Fällen fällt man in folgender Weise um: Nach dem Absitzen des AgCl-Niederschlags im Dunkeln gießt man die überstehende klare Flüssigkeit durch einen kleinen Glasfiltertiegel, desgleichen die auf den Niederschlag aufgegossene Waschflüssigkeit (zuerst kaltes, mit Salpetersäure angesäuertes Wasser, dann kaltes reines Wasser), und zwar vorsichtig, so daß nur geringe Teile des Niederschlags in den Tiegel gelangen. Dann löst man das im Becherglas verbliebene AgCl mit möglichst wenig Ammoniaklösung, die man an der Wand des Glases hinunterlaufen läßt, um dort haftende AgCl-Mengen mit zu erfassen. Diese ammoniakalische Lösung gibt man nach geringem Verdünnen durch den Filtertiegel und wäscht das Becherglas und den Filtertiegel zunächst mit Ammoniaklösung, dann mit Wasser.

Das Filtrat verdünnt man derart, daß in 100 ml etwa 0,5 g Ag enthalten sind, und setzt tropfenweise Salpetersäure (1,2) zu, bis Kongopapier eben blau gefärbt wird. Nach Zusatz von einem Tropfen Salzsäure erhitzt man unter stetem Rühren auf 60 bis 70 °C und arbeitet in der üblichen Weise weiter.

Ein anderer Weg zur Umfällung des AgCl-Niederschlags besteht in der Reduktion zu met. Silber, das anschließend in Salpetersäure gelöst und nach dem Verdünnen der Lösung ein zweites Mal als Silberchlorid ausgefällt wird.

Trennung von Quecksilber. Nach TREADWELL [1] oxydiert man neben Ag^+ vorliegendes Hg(I) vor dem Fällen mit Salzsäure durch Kochen mit Salpetersäure zu Hg(II).

Trennung von Thallium. Nach SPENCER und LE PLA [11] leitet man in eine Lösung, die Ag^+ und Tl^+ nebeneinander enthält, Chlorgas ein, wobei das Tl(I) zu Tl(III) oxydiert wird, während AgCl ausfällt.

Trennung von Blei. ZIEGLER und GIESELER [12] fällen das Silber zunächst als Silbersaccharinat mit Dowex-I-saccharinat im Säulenverfahren aus, lösen es dann mit verd. Ammoniaklösung wieder aus der Säule heraus und bestimmen es als Silberchlorid. Sie erzielen Trennungen bis zum Verhältnis Silber:Blei = 1:200.

MUKHERJI und DEY [13] geben zu einer Ag^+ und Pb^{2+} enthaltenden Lösung Natriumcitratlösung, bis sich der zunächst ausgefallene Niederschlag wieder vollständig gelöst hat. Anschließend kann Ag^+ allein mit Salzsäure ausgefällt werden. Das Blei bestimmt man im Filtrat als Chromat.

10 Beleganalysen mit 46 bis 358 mg Ag neben 64 bis 315 mg Pb zeigen prozentuale Fehler bei der Ag-Bestimmung von $-0,2$ bis $+0,3\%$.

Sonstige Trennungen. Die Fällung und Bestimmung des Silbers als Silberchlorid eignet sich nach GEILMANN und BODE zur Trennung von *Rhenium* [14].

Aus Lösungen, die neben Silber auch *Palladium* enthalten, fällt Pd-haltiges AgCl. LENK [15] empfiehlt, die Fällung aus großer Verdünnung durch Zutropfenlassen höchstens 10%iger Salzsäure unter lebhaftem Umrühren vorzunehmen.

Die Abtrennung des Silbers von den Platinmetallen *Ru, Rh und Pd* im Halbmikromaßstab wird nach DEHMLOW und PREISS [16] durch Fällen als Silberchlorid und einmaliges Umfällen vorgenommen. Bei 10-mg-Mengen wurde für Silber auf radiochemischem Wege (Tracer ^{111}Ag) eine Ausbeute von $92,9 \pm 2,5\%$ ermittelt.

BERG [17] wendet die gravimetrische Bestimmung des Silbers als Silberchlorid auf die Analyse von Stahl an.

Literatur. [1] TREADWELL, W. D.: Lehrbuch der anal. Chemie, Bd. II, 11. Aufl. 1946, S. 269. — [2] WOGRINZ, A.: Anal. Chem. d. Edelmetalle, S. 23, Stuttgart 1936. — [3] WHITTEL: Fr. **24**, 74 (1885). — [4] WHITBY, G. S.: Z. anorg. Ch. **67**, 108 (1910). — [5] RICHARD u. WELLS: Am. Chem. J. **31**, 283 (1904). — [6] RICHARD, T. W.: Experimentelle Untersuchungen über Atomgewichte, übers. v. J. KOPPEL, 1909, 320. — [7] KOHLRAUSCH: Ph. Ch. **50**, 1356 (1905). — [8] GOODWIN: Ph. Ch. **13**, 577 (1894). — [9] DUVAL, C.: Mikrochim. A. **1956**, 1430. — [10] SCHULEK, E., u. I. BOLDIZSÁR: Fr. **120**, 420 (1940). — [11] SPENCER, J. F., u. M. LE PLA: Soc. **93**, 858 (1908). — [12] ZIEGLER, M., u. M. GIESELER: Z. anorg. Ch. **180**, 415 (1961). — [13] MUKHERJI, A. K., u. A. K. DEY: Fr. **145**, 93 (1955). — [14] GEILMANN, W., u. H. BODE: Fr. **132**, 250 (1951). — [15] LENK, G. E.: Erzmetall **32**, 95 (1935). — [16] DEHMLOW, S. S., u. J. L. PREISS: Fr. **194**, 183 (1963). — [17] BERG, W.: Ch. Z. **55**, 259 (1931).

2.2.2 Bestimmung im Mikrobereich.

Arbeitsvorschrift nach El-Badry und Wilson [1]. 200 Milli-Mikroliter (mμl), die 10 μg Ag enthalten, werden in einer Capillare, die vorher 10 Min. bei 340 °C getrocknet worden ist, mit dem gleichen Volumen 0,5n Salzsäure versetzt. Nach 15 Min. zentrifugiert man, entfernt die überstehende Flüssigkeit und wäscht zweimal mit 0,01n Salpetersäure, ohne dabei das Silberchlorid aufzurühren. Die Waschflüssigkeit soll jedesmal wenigstens 10 Min. einwirken. Nach dem Entfernen der zweiten Waschflüssigkeit wird bei 100 °C 10 Min., anschließend bei 330 bis 340 °C 30 Min. getrocknet und schließlich als AgCl ausgewogen. Hierzu wird eine von den Verfassern früher beschriebene [2] Quarzwaage verwendet, mit der auf $\pm 0,04$ μg genau gewogen werden kann.

Literatur. (1) EL-BADRY, H. M., u. C. L. WILSON: Analyst **77**, 596 (1952). — [2] EL-BADRY, H. M., u. C. L. WILSON: Roy. Inst. Chem. Monographs Nr. 4, 1950, S. 23.

2.3 Bestimmung als Silberbromid.

Prinzip. Ag$^+$-Ionen geben mit Br$^-$-Ionen einen schwerlöslichen, leicht gelblich gefärbten Niederschlag von Silberbromid.

Arbeitsweise. Analog der Bestimmung als Silberchlorid unter Verwendung verd. Bromwasserstoffsäure oder Natriumbromidlösung als Fällungsmittel. Umrechnungsfaktor Ag/AgBr: 0,5745.

Bemerkungen. Das Löslichkeitsprodukt beträgt $3,3 \cdot 10^{-13}$ und liegt damit um ~ 3 Zehnerpotenzen unter dem des Silberchlorides $(1,7 \cdot 10^{-10})$. Aus diesem Grund wird die Bestimmung als AgBr manchmal derjenigen als AgCl vorgezogen.

Silberbromid weist — ähnlich wie Silberchlorid — eine vorzügliche Temperaturbeständigkeit auf und erleidet nach thermogravimetrischen Untersuchungen von

Duval selbst beim Erhitzen auf 496 °C keinen nennenswerten Gewichtsverlust. Die Empfindlichkeit gegenüber Belichtung ist größer als beim Silberchlorid.

Literatur. [1] Duval, C.: Mikrochim. A. **1956**, 1430.

2.4 Bestimmung als Silberjodid.

Prinzip. Ag^+-Ionen geben mit J^--Ionen einen schwerlöslichen, gelben Niederschlag von Silberjodid.

Arbeitsweise. Analog den Bestimmungen als Silberchlorid und -bromid. Nach Wogrinz [1] verwendet man zur Fällung eine 10%ige Kaliumjodidlösung und trocknet den Niederschlag bei 110 bis 115 °C. Umrechnungsfaktor Ag/AgJ: 0,4595.

Bemerkungen. Das Löslichkeitsprodukt beträgt $8,5 \cdot 10^{-17}$. Silberjodid ist damit unter den Silberhalogeniden die schwerlöslichste Verbindung.

Die Lichtempfindlichkeit ist noch größer als beim Silberbromid.

Trennungsmöglichkeit. Nach Vortmann und Hecht [2] versetzt man zur Trennung von Silber und Blei die Ag^+- und Pb^{2+}-Ionen enthaltende Lösung mit Weinsäure und Ammoniaklösung und fällt das Silber anschließend als Silberjodid aus. Blei bleibt dabei in Lösung.

Literatur. [1] Wogrinz, A.: Anal. Chem. d. Edelmetalle, S. 23, Stuttgart 1936. — [2] Vortmann, G., u. O. Hecht: Fr. **67** 276 (1925/26).

2.5 Bestimmung als Silbercyanid.

Prinzip. Macht man eine Silbernitratlösung, der Quecksilber(II)-cyanid zugesetzt wurde, alkalisch, so fällt Silbercyanid aus.

Arbeitsvorschrift nach Feigl und Tamchyn [1]. Zu 150 ml einer Silbernitratlösung gibt man einige ml 2%ige $Hg(CN)_2$-Lösung, erhitzt zum Kochen, läßt unter Rühren 0,1 n Natronlauge bis zur schwachen Rotfärbung durch Phenolphthalein zutropfen und filtriert das Silbercyanid nach dem Erkalten in einen Filtertiegel. Man wäscht mit Wasser, dann mit verd. Salpetersäure aus, trocknet bei 110 °C und wägt. Umrechnungsfaktor Ag/AgCN: 0,8057.

Trennungsmöglichkeiten. Die Trennung des Silbers von Thallium ist auf diesem Wege möglich.

Aus Lösungen, die neben Silber auch Blei enthalten, fällt Bleihydroxid mit aus. Es kann aus dem Niederschlag im Filtertiegel durch Waschen mit 1%iger Salpetersäure gelöst werden.

Bemerkungen. Die angeführte Reaktion läßt sich auch für eine maßanalytische Bestimmungsmethode auswerten (s. d.). Nach Wogrinz [2] erhält man beim Ansäuern einer $[Ag(CN)_2]^-$-Lösung mit Salpetersäure nur dann reines Silbercyanid, wenn weder andere Schwermetalle noch Cl^--Ionen vorhanden sind. Ein Erwärmen zum besseren Zusammenballen des Silbercyanids ist nicht zulässig, weil es dabei auch schon von verd. Salpetersäure angegriffen wird. Deshalb säuert Wogrinz zunächst mit Salzsäure gegen Methylorange an und gibt dann nur wenige Tropfen Salpetersäure zu. Der Niederschlag wird dann in ein Papierfilter filtriert und in der unter 2.2.1 beschriebenen Weise zu met. Silber reduziert. Dieses wird wieder in Salpetersäure gelöst und als Silberchlorid bestimmt.

Literatur. [1] Feigl, F., u. J. Tamchyn: B. **62**, 1897 (1929). — [2] Wogrinz, A.: Anal. Chem. d. Edelmetalle, S. 24, Stuttgart 1936.

2.6 Bestimmung als Silbersulfid.

Prinzip. Silbersulfid kann aus saurer Lösung mit Schwefelwasserstoff, aus ammoniakalischer Lösung mit Alkalimetallsulfid, ferner durch Zugabe von Thiosulfat oder Thioharnstoff erhalten werden (s. auch 10.1.1).

Arbeitsvorschrift aus ammoniakalischer Lösung nach Taimni und Salaria [1].
Zur ammoniakalischen Silbernitratlösung gibt man einen Überschuß an Alkalimetallsulfidlösung und schüttelt, bis sich der Silbersulfidniederschlag zusammengeballt hat. Er wird in einen Glasfiltertiegel filtriert, mit Wasser, Äthanol und Äther ausgewaschen, 30 Min. im Vakuumexsiccator getrocknet und ausgewogen.

Arbeitsvorschrift zur Bestimmung des Silbers in schwerlöslichen Silbersalzen (Silberhalogenidniederschlägen) mit Thioharnstoff nach Soloniewicz [2]. 50 bis 200 mg werden mit 20 ml 1 m Thioharnstofflösung und 1 ml 0,5 n HNO_3 versetzt und etwa 30 Min. erwärmt. Zur klaren Lösung fügt man dann 10 bis 20 ml 1 n Natronlauge und erhitzt weitere 15 Min. bis zur beendeten Fällung. Der zusammengeballte Ag_2S-Niederschlag wird durch Dekantieren ausgewaschen, in einen Filtertiegel G 4 gesaugt, mit Wasser und Äthanol gewaschen und bei 110 °C bis zur Gewichtskonstanz getrocknet (Umrechnungsfaktor 0,87060).

Literatur. [1] mit Alkalimetallsulfid: TAIMNI, I. K., u. G. B. S. SALARIA: Anal. chim. Acta (Amsterdam) **12**, 519 (1955). — [2] mit Thioharnstoff: SOLONIEWICZ, R.: Chem. Anal. (Warsaw) **9**, 509 (1964) (poln.). — [3] mit Natriumthiosulfat: FAKTOR, F.: Pharm. Post **33**, 169.

2.7 Bestimmung als Silberselenid.

Prinzip. Silber bildet in Analogie zum Sulfid auch ein sehr schwerlösliches Selenid, das zur Bestimmung des Silbers herangezogen werden kann.

Genauigkeit. Infolge der leichten Oxydierbarkeit von Selenwasserstoff, der zum Ausfällen verwendet wird, enthält das Selenid häufig elementares Selen, wodurch zu hohe Befunde erhalten werden.

Störungen. Au, As, Sb, Sn, Pt, Pd, Ru, Rh, Re und Hg bilden gleichfalls schwerlösliche Selenide.

Bemerkung. Da Selenwasserstoff noch wesentlich toxischer ist als Schwefelwasserstoff, muß in einer geschlossenen Apparatur gearbeitet werden. Nach [2] kann Silber auch als Silbertellurid durch Fällung mit Natriumtelluridlösung aus ammoniakalischer Lösung bestimmt werden.

Literatur. [1] TAIMNI, I. K., u. R. RAKSPHAL: Anal. chim. Acta **25**, 438 (1961). [2] TAIMNI, I. K., u. R. RAKSPHAL: Chim. Anal. **46**, 188 (1964).

2.8 Bestimmung als Silberchromat.

Prinzip. Bei der Zugabe von Silbernitratlösung zu Kaliumchromatlösung fällt Silberchromat, das sich zur gravimetrischen Bestimmung von Silber eignet.

Arbeitsvorschrift nach Pendse, Bhargava und Sant [1]. Zu einem Überschuß an Kaliumchromatlösung (etwa 100 ml) wird die Silbernitratlösung langsam unter Rühren zugegeben. Der braunrote Niederschlag wird in einen gewogenen Glasfiltertiegel filtriert und 3 bis 4mal mit kaltem Wasser gewaschen. Dann wird er in Ammoniaklösung gelöst und diese Lösung so lange gekocht, bis sie frei von Ammoniak ist. Dabei fällt das Silberchromat (Ag_2CrO_4) wieder aus, jetzt als grünlichschwarzer Niederschlag. Man filtriert in denselben Filtertiegel, wäscht zunächst mit kaltem Wasser, dann mit 96%igem Äthanol, absolutem Äthanol und Äther aus und trocknet bei 50 bis 60 °C bis zum konstanten Gewicht.

Genauigkeit. Beleganalysen nach [1]. Angaben in mg Ag_2CrO_4.

Bemerkungen. Das Trocknen des Niederschlags bei 110 bis 120 °C beeinträchtigt die Ergebnisse nicht. Die Menge des Chromatüberschusses ist ohne Bedeutung.

Theoretischer Wert	Gefundener Wert
49,8	49,6
83,0	82,6
165,9	165,0
331,8	331,0
497,7	495,8
663,7	664,0

Nach Köhler [2] hat reines Silberchromat stets eine grünlichschwarze Farbe. Die bräunlichrote Substanz, die man früher als andere Modifikation des Silberchromats angesehen hat, ist danach eine feste Lösung von Nitraten in Silberchromat.

Literatur. [1] Pendse, G. P., H. D. Bhargava u. B. R. Sant: Fr. **160**, 188 (1958). — [2] Köhler, F.: Z. anorg. Ch. **96**, 207 (1916).

2.9 Bestimmung mit 2-Mercapto- und 2-Methylbenzimidazol.

Prinzip. Im schwach alkalischen Bereich (pH 8 bis 10) bilden Ag^+-Ionen mit 2-Mercapto- und 2-Methylbenzimidazol komplexe Niederschläge, die zur gravimetrischen Bestimmung des Silbers geeignet sind.

Arbeitsvorschrift nach Dutta [1]. Die Ag^+-Lösung wird auf pH 8 bis 10 eingestellt und heiß mit einem Überschuß heißer Reagenslösung (1 %ig in verd. Äthanol oder Wasser) unter Rühren gefällt. Nach 15 bis 30 Min. Stehen auf dem Wasserbad wird filtriert, mit heißem Wasser ausgewaschen, bei 120 °C getrocknet und gewogen. Umrechnungsfaktor auf Ag: 0,4513 bzw. 0,4196.

Störungen. Die durch Cu, Ni, Co, Mn, Pb, Zn, Cd, Bi, Tl verursachten Störungen lassen sich durch Maskierung mit ÄDTA beseitigen. Be, Al, Th, U werden mit Tartrat maskiert. In Gegenwart von Hg und ÄDTA gibt nur das 2-Methylderivat, bei großen Ammoniumsalzkonzentrationen nur die Mercaptoverbindung, richtige Ergebnisse.

Bemerkungen. Die Niederschläge sind sehr grobkörnig, leicht filtrierbar, lichtbeständig, unlöslich in heißem Wasser und in verd. Ammoniaklösung, löslich in Thiosulfat- und Cyanidlösung. Bei der Fällung im sauren Bereich erhält man schleimige Niederschläge.

Literatur. [1] Dutta, R. L.: J. Indian chem. Soc. **35**, 562 (1958).

2.10 Bestimmung mit o-Thiolacetylamino-p-nitrophenol.

Prinzip. Ag^+-Ionen bilden in schwach salpetersaurer (pH 1 bis 2) mit o-Thiolacetylamino-p-nitrophenol einen komplexen Niederschlag, der zur gravimetrischen Bestimmung verwendet werden kann.

Arbeitsvorschrift nach Buscaróns und Artigas [1]. Man läßt die essigsaure Reagenslösung in die auf 80 °C erhitzte salpetersaure (pH 1 bis 2) Silbernitratlösung fließen, filtriert in einen Glasfiltertiegel, wäscht mit Wasser, trocknet bei 105 bis 110 °C und wägt. Umrechnungsfaktor auf Ag: 0,3055.

Störungen. Bei pH 1 bis 2 fallen außer Ag: Hg(I u. II), Cu(II), Pd(II), As(III u. V), Au(III), Pt(IV) und Se.

Bei pH 3 fallen außerdem: Bi(III), Pb(II) und Cd(II). Co(II) und Ni(II) fallen aus ammoniakalischer Lösung.

Bemerkungen. Im Prinzip besteht die Möglichkeit, den Niederschlag mit Schwefelsäure und überschüssiger Jodlösung zu versetzen und den Jodüberschuß mit Thiosulfat zurückzutitrieren.

Die Herstellung des Reagens ist an den unter [2] und [3] angeführten Literaturstellen beschrieben.

Literatur. [1] Buscaróns, F., u. J. Artigas: An. Españ., Ser. B, **49**, 375 u. 379 (1953). — [2] An. Españ. **47**, 131 (1951). — [3] An. Españ. **48**, 183 (1952).

2.11 Bestimmung mit Diallyldithiocarbamidohydrazin (Dalzin).

Prinzip. Ag^+-Ionen bilden im pH-Bereich 4,7 bis 5,0 mit Dalzin einen komplexen Niederschlag der Zusammensetzung $C_8H_{13}N_4S_2Ag$.

Arbeitsvorschrift nach Dutt und Sen Sarma [1]. Die Silbernitratlösung wird mit einer verd. Natriumcarbonatlösung neutralisiert und ein etwaiger Niederschlag durch

Zugabe verdünnter Citronensäurelösung in geringem Überschuß gelöst. Nach Verdünnen auf 200 ml werden wenige Tropfen WESSLOWS Indicator zugegeben, dann die äthanolische Reagenslösung unter ständigem Rühren und danach verdünnte Natriumcarbonatlösung, bis die Lösung grau wird und der gebildete Niederschlag sich zusammenballt. Nach einer Stunde wird in einen Filtertiegel filtriert und mit kaltem Wasser und kaltem Methanol gewaschen. Nach dem Trocknen bei 75 °C wird ausgewogen. Umrechnungsfaktor auf Ag: 0,3198.

Genauigkeit. Bei 6 Beleganalysen [1] im Bereich von 25 bis 65 mg Ag wurden relative Fehler von 0,1 bis 0,2% festgestellt.

Störungen. Zink und Nickel stören nicht. In ihrer Gegenwart kann in gleicher Weise wie bei reinen Silberlösungen verfahren werden. Unter [1] angeführte 6 Beleganalysen im Bereich von 30 bis 65 mg Ag neben 20 bis 50 mg Zn bzw. von 20 bis 65 mg Ag neben 20 bis 85 mg Ni zeigen relative Fehler von 0,1 bis 0,3%.

Störungen durch Cd und Bi können durch Zugabe von ÄDTA beseitigt werden.

Bemerkungen. Die Bestimmung wird von den Autoren denjenigen als Silberhalogenide, Ag_2S, $AgCN$, $AgSCN$ und Ag_2CrO_4 gleichgestellt.

Literatur. [1] DUTT, N. K., u. K. P. SEN SARMA: Fr. 177, 7 (1960).

2.12 Bestimmung mit Bismuthiol II.

Prinzip. Silber kann aus sauren (bis 0,2n HNO_3 oder 1n H_2SO_4) und alkalischen (bis 1n Ammoniaklösung) Lösungen mit Bismuthiol II als Komplexverbindung der Zusammensetzung $C_8H_5N_2S_3Ag$ ausgefällt werden, auch in Gegenwart von ÄDTA, Citrat, Tartrat oder Cyanid.

Arbeitsvorschrift für reine Silberlösungen nach Majumdar und Singh [1]. Die Silbernitratlösung wird mit verd. Schwefelsäure, Salpetersäure oder Essigsäure angesäuert oder mit Ammoniaklösung ammoniakalisch gemacht. Nach Zusatz von 1 bis 2 g Ammoniumnitrat wird die Lösung auf 125 ml verdünnt, auf 60 bis 70 °C erwärmt und unter Rühren tropfenweise mit der Reagenslösung (0,5%ige wäßrige Lösung des aus Äthanol umkristallisierten Kaliumsalzes von Bismuthiol II) versetzt, bis die Fällung vollständig ist. Dabei wird ein geringer Überschuß (3 bis 4 ml) an Reagenslösung zugesetzt.

Der Niederschlag wird in einen Saugtiegel filtriert, mit heißem Wasser gewaschen und nach dem Trocknen bei 110 bis 120 °C ausgewogen. Umrechnungsfaktor auf Ag: 0,3238.

Bei der Fällung aus Lösungen, die einen geringeren pH-Wert als 2 aufweisen, wird kein Ammoniumnitrat zugesetzt und die Temperatur unter 50 °C gehalten, zugleich die Zugabe eines größeren Reagensüberschusses vermieden.

Arbeitsvorschrift nach Malínek [2]. Die Lösung mit etwa 5 bis 20 mg Ag wird mit 1 bis 2 ml 1n Ammoniumacetatlösung, der zur Maskierung von Fremdionen ausreichenden Menge ÄDTA und mit Ammoniaklösung bis zur Rotfärbung von Phenolphthalein versetzt. Nach dem Verdünnen auf 200 ml und Erhitzen bis zum Kochen fällt man mit einem geringen Überschuß 5%iger wäßriger Reagenslösung. Der gelbe, noch warme Niederschlag wird nach dem Zusammenballen in einen Glasfiltertiegel filtriert, mit heißem Wasser gewaschen, bei 105 °C getrocknet und ausgewogen.

Genauigkeit. Nach [2] liegen die Fehler — auch in Gegenwart von Fremdmetallen — zwischen $+0,2$ und $-1,5\%$.

Trennungsmöglichkeiten. Bei pH-Werten zwischen 5 und 9 und unter Zusatz von ÄDTA kann Silber mit Bismuthiol II von fast allen anderen Ionen (u. a. von Cu, Pb, Tl, Cd, Bi, Fe, Al, Cr, Ni, Co, Mn, Zn) abgetrennt werden, in Gegenwart von Tartrat oder Citrat auch von Be und vierwertigen Kationen (Sn, Ti), sowie von Sb.

U(VI) wird mit Tiron maskiert. As, W, Mo stören nicht [2].

Störungen. Es stören: Hg(I) u. (II), Pt(IV), Pd(II) und Au(III); jedoch kann Au(III) mit Thiosulfat bei pH 8 bis 9 in Lösung gehalten werden, sowie Pd(II) mit Cyanid bei pH 6. Die Trennung von Pt mit einem Gemisch von ÄDTA und Weinsäure als Maskierungsmittel wird von den Autoren [1] als „nur in begrenztem Ausmaß möglich" bezeichnet. Es werden dafür 4 Beleganalysenergebnisse angegeben.

Von den Ionen der Platinmetalle sollen nicht stören: OsO_4^{2-}, Os^{4+}, Ir^{4+}, Ru^{3+} und Rh^{3+}.

Bemerkungen. Der Silber-Bismuthiol II-Komplex soll bis 280 °C stabil sein. Aus der Möglichkeit, den Komplex in überschüssiger Cyanidlösung zu lösen und den Überschuß Cyanid maßanalytisch zu bestimmen, ergibt sich eine weitere, allerdings nicht sehr genaue Bestimmungsmethode.

Literatur. [1] MAJUMDAR, A. K., u. B. R. SINGH: Fr. 155, 81 u. 166 (1957). — [2] MALÍNEK, M.: Chem. Listy 49, 1400 (1955) (tschech.). — [3] MAJUMDAR, A. K., u. B. R. SINGH: Fr. 156, 265 (1957).

2.13 Bestimmung mit Mercaptobenzthiazol.

Prinzip. Silber fällt aus ammoniakalischer Lösung mit Mercaptobenzthiazol als definierte Verbindung der Zusammensetzung $Ag(C_6H_4NCS_2)$ aus, die sich zur gravimetrischen Bestimmung eignet.

Arbeitsvorschrift nach Malínek und Řehák [1]. Man versetzt die 10 bis 100 mg Ag^+ enthaltende Lösung zur Maskierung störender Ionen (s. u.) mit ÄDTA und Weinsäure, dann mit 1 bis 3 ml 50%iger Ammoniumacetatlösung und mit Ammoniaklösung bis zur alkalischen Reaktion gegen Phenolphthalein. Man fällt aus der bis zum beginnenden Sieden erhitzten, 100 bis 200 ml betragenden Lösung mit einem geringen Reagensüberschuß (5%ige Lösung von gereinigtem Mercaptobenzthiazol in 0,5n Ammoniaklösung). Der gelbe Niederschlag wird sofort in einen Glasfiltertiegel G 3 filtriert, mit etwa 0,1n Ammoniaklösung gewaschen, bei 110 °C getrocknet und gewogen. Umrechnungsfaktor auf Ag: 0,3936.

Genauigkeit. Die Ergebnisse sollen nach [1] auch in Gegenwart von Überschüssen an Fremdmetallen auf wenige Zehntel % genau sein.

Trennungen. In Gegenwart von ÄDTA kann die Bestimmung neben Pb, Cu, Tl, Cd, Bi, Sn, Sb, Fe, Mn, Zn und Ni ausgeführt werden, in Gegenwart von Tartrat neben Be und vierwertigen Kationen.

Störung. Hg stört. Es kann in gleicher Weise bestimmt werden.

Bemerkungen. Nach UBALDINI und NEBBIA [2] erhält man mit einer rein ammoniakalischen Reagenslösung zu hohe Ergebnisse. Sie empfehlen, das Mercaptobenzthiazol zunächst in der kleinstmöglichen Menge Kalilauge zu lösen und erst dann Ammoniaklösung zuzusetzen. Das Silbermercaptobenzthiazolat soll in der Kälte gegen bis zu 20%ige Salpetersäure beständig sein.

Literatur. [1] MALÍNEK, M., u. B. ŘEHÁK: Chem. Listy 50, 157 (1956) (tschech.). — [2] UBALDINI, I., u. L. NEBBIA: Ann. di Chimica 41, 181 (1951).

2.14 Bestimmung mit 1,2,3-Benztriazol.

Prinzip. Aus ammoniakalischer Lösung wird Ag^+ mit 1,2,3-Benztriazol als Komplexverbindung ausgefällt, die zur gravimetrischen Bestimmung des Silbers geeignet ist.

Arbeitsvorschrift nach Cheng [1]. Zur 10 bis 100 mg Ag^+ enthaltenden Lösung gibt man zur Maskierung von Fremdmetallen (s. u.) 1 bis 10 g ÄDTA, neutralisiert mit Ammoniaklösung, erhitzt auf 60 bis 90 °C und fällt mit 10 ml 2,5%iger Reagenslösung, die außerdem 30 ml konz. Ammoniaklösung auf 100 ml enthält. Die Fällung läßt man 15 Min. bei 60 °C stehen, kühlt ab, filtriert in einen Glasfiltertiegel, wäscht 5 bis 6 mal mit je 10 ml Wasser, trocknet 2 Std. bei 110 °C und wägt aus. Umrechnungsfaktor auf Ag: 0,4774.

Arbeitsvorschrift nach Nordling [2] zur Bestimmung von 0,01 bis 0,10% Ag in raffiniertem Wismut. 15 g Wismut werden mit 100 ml Salpetersäure (3:7) gelöst. Nach dem Verkochen der nitrosen Gase werden 30 g ÄDTA (Dinatriumsalz) zugegeben. Falls erforderlich, erhitzt man, um alles zu lösen. Zur abgekühlten Lösung gibt man etwa 30 ml konz. Ammoniaklösung, filtriert, verdünnt auf 300 ml und gibt zur schwach ammoniakalischen Lösung 10 ml Benztriazollösung (2,5 g werden in 30 ml konz. Ammoniaklösung gelöst, die Lösung wird mit Wasser auf 100 ml verdünnt). Man läßt 30 Min. lang warm stehen (80 °C), filtriert den Niederschlag heiß in einen Glasfiltertiegel, wäscht ihn 5- bis 6 mal mit je 10 ml heißem Wasser, trocknet 1 bis 2 Std. bei 100 °C und wägt aus.

Genauigkeit. Nach [1] lassen sich 10 bis 100 mg Ag auf mindestens 0,2 mg Ag genau bestimmten.

Trennungsmöglichkeiten. Nach [1] fällt 1,2,3-Benztriazol aus ammoniakalischer Lösung, die ÄDTA enthält, nur Silber, während andere Metalle maskiert werden.

Störung. Es stört J^- (nicht aber Cl^-, Br^- und F^-).

Bemerkungen. Die Silberverbindung ist in Cyanid- oder Thiosulfatlösung löslich, was zur maßanalytischen Bestimmung (s. d.) ausgenutzt werden kann. Nach DEORHA und Mitarbeitern [3] geben Ag^+-Ionen mit 6-Chlor-4-nitro-1-hydroxy-1,2,3-benztriazol [4] einen scharlachroten Niederschlag der Zusammensetzung $AgC_6H_2O_3N_4Cl$, der sich zur gravimetrischen Silberbestimmung eignet. Man fällt aus schwach saurer Lösung (pH 3,2 bis 5,8) Umrechnungsfaktor 0,3356.

Literatur. [1] CHENG, K. L.: Anal. Chem. **26**, 1038 (1954). — [2] NORDLING, W. D.: Chemist-Analyst **44**, 24 (1955). — [3] DEORHA D. S., N. K. KULSHRESTHA u. B. B. VARMA: Indian J. appl. Chem. **27**, 4 (1964) — [4] TREADWELL u. HALL: ,,Analytical Chemistry‘‘, Vol. II, (1953), 297..

2.15 Bestimmung mit Diäthyldithiophosphorsäure.

Prinzip. Diäthyldithiophosphorsäure bildet im neutralen und sauren Bereich mit Ag^+-Ionen einen schwerlöslichen Niederschlag, der sich zur gravimetrischen Silberbestimmung eignet.

Arbeitsvorschrift nach Bode und Arnswald [1]. 50 bis 100 ml 0,1 n salpetersaurer oder 0,1 bis 3 n schwefelsaurer Ag^+-Lösung mit 5 bis 50 mg Ag werden im Schütteltrichter bei Zimmertemperatur mit so viel Reagenslösung (55 mg Natriumdiäthyldithiophosphat-Trihydrat pro ml) versetzt, daß die Lösung nach der Fällung noch eine Konzentration an (überschüssigem) Reagens von 1 bis $2 \cdot 10^{-2}$ m aufweist. Man schüttelt 5 bis 10 Min., bis sich der Niederschlag zusammengeballt hat, und filtriert ihn in einen Filtertiegel A 2. Niederschlagsreste im Fällungsgefäß werden mit Wasser in den Filtertiegel gespült, das Auswaschen erfolgt gleichfalls mit Wasser (Zimmertemperatur). Man trocknet im Vakuumexsiccator oder bei 105 °C bis zur Gewichtskonstanz. Umrechnungsfaktor auf Ag: 0,3681.

Genauigkeit. Unter [1] nebenstehende Analysenergebnisse.

Störungen. Cd, Hg, Pb, As, Sb, Bi und Pd werden gleichfalls gefällt. Cu(II), Se(IV), Te(VI) gehen Redoxreaktionen mit dem Reagens ein.

Lösung	gegeben	gefunden
	mg Ag	
100 ml 0,1 n H_2SO_4	50,97	50,97
100 ml 0,1 n H_2SO_4	25,37	25,40
50 ml 0,1 n H_2SO_4	10,30	10,30
50 ml 0,1 n H_2SO_4	5,50	5,45
100 ml 1 n H_2SO_4	50,94	50,97
100 ml 5 n H_2SO_4	51,11	51,34
100 ml 0,1 n HNO_3	50,52	50,64

Bemerkungen. Das Silberdiäthyldithiophosphat schmilzt bei 170 °C unter Zersetzung.

Die Löslichkeit der Verbindung in Wasser beträgt nach [1] $1,1 \cdot 10^{-8}$ Mol/l und liegt danach erheblich unter der des Silberchlorids ($1,1 \cdot 10^{-5}$ Mol/l).

Literatur. [1] BODE, H., u. W. ARNSWALD: Fr. **193**, 415 (1963).

2.16 Bestimmung als $(Cu\,pn_2)(AgJ_2)_2$.

Prinzip. Zu einer Lösung, die AgJ_2^--Ionen enthält gibt man $(Cu\,pn_2)SO_4$-Lösung und erhält einen komplexen Niederschlag der Zusammensetzung $(Cu\,pn_2)(Ag\,J_2)_2$, der sich zur gravimetrischen Bestimmung im Makro- und im Mikromaßstab eignen soll.

Arbeitsvorschrift nach Spacu und Spacu [1]. 50 bis 100 ml neutrale oder schwach ammoniakalische Silbernitratlösung werden mit überschüssigem Kaliumjodid versetzt, bis sich der zunächst gebildete Silberjodidniederschlag wieder aufgelöst hat. Dann erhitzt man zum Sieden und gibt eine heiße, konzentrierte, frisch bereitete (man mischt wäßrige Kupfersulfatlösung mit Propylendiamin(-hydrat) im Verhältnis $1\,CuSO_4 : 2\,pn$; ein großer Überschuß pn ist zu vermeiden) $(Cu\,pn_2)SO_4$-Lösung hinzu und läßt zum Erkalten stehen. Es scheiden sich blaßviolette Kristalle aus, die in einen Porzellanfiltertiegel filtriert und mit 1%iger Kaliumjodidlösung mit einem Zusatz von 0,5% an $(Cu\,pn_2)SO_4$, danach mit Äthanol und Äther gewaschen werden. Nach dem Trocknen im Vakuumexsiccator (10 Min.) wägt man aus. Umrechnungsfaktor auf Ag: 0,2307.

Bemerkungen. Schwach saure Lösungen werden mit Ammoniaklösung neutralisiert. Große Mengen Ammoniumsalze verringern die gute Genauigkeit der Methode.

Bei Mikrobestimmungen verwendet man kleine Filtertiegel (2 bis 3 g).

Literatur. SPACU, G., u. P. SPACU: Fr. **90**, 182 (1932).

2.17 Bestimmung mit 2-Mercapto-5-anilino-1,3,4-thiodiazol (MAT).

Prinzip. 20 bis 100 mg Ag^+ werden entweder mit einer äthanolischen (für Einzelbestimmungen) oder wäßrigen (für Serienbestimmungen) MAT-Lösung versetzt und als Komplexverbindung der Zusammensetzung $AgS \cdot N_2C_2S \cdot NHC_6H_5$ ausgefällt und ausgewogen. Umrechnungsfaktor auf Ag: 0,3412.

Bemerkung. Das Reagens oxydiert sich leicht zum Disulfid und sollte stets frisch hergestellt werden.

Literatur. [1] POPPER, E., L. POPA, V. JUNIE u. L. ROMAN: Rev. Chim. (Bucharest) **11**, 44 (1960) (rumän.).

2.18 Bestimmung mit α-Nitroso-β-Naphthol.

Prinzip. Bei pH 8,5 (Borsäure/Borax-Puffer) wird die Ag^+-Lösung mit einer 1%igen alkoholischen Reagenslösung bei Zimmertemperatur gefällt. Die Komplexverbindung wird nach dem Auswaschen mit 30%igem Alkohol bei 110 °C getrocknet und ausgewogen.

Literatur. WENGER, P. E., D. MONNIER u. Z. BESSO: Anal. chim. Acta **3**, 660 (1949).

2.19 Bestimmung mit Natrium-Diäthyldithiocarbamidat.

Prinzip. Bei pH 6 (eingestellt mit Natriumtartratlösung) wird Ag^+ mit 10%iger Natriumdiäthyldithiocarbamidatlösung bei Zimmertemperatur gefällt. Die Silberverbindung eignet sich zur gravimetrischen Bestimmung kleiner Silbermengen (2 bis 10 mg).

Störungen. Ni, Co, Fe, Cu können in gleicher Weise bestimmt werden.

Literatur. [1] MALISSA, H., u. E. SCHÖFFMANN, Mikrochim. A. **1955**, 1057.

2.20 Bestimmung mit S-Methylthioharnstoffsulfat.

Prinzip. Man fällt Silber aus siedender ammoniakalischer Lösung (pH 7,4 bis
10,7) mit der doppelten stöchiometrisch erforderlichen Menge S-Methylthioharnstoff-
sulfat als Silbermethylmercaptid ($AgCH_3S$). Die Verbindung kann bei 110 bis 125 °C
getrocknet und ausgewogen werden.

Trennungsmöglichkeit. Die Methode eignet sich zur Abtrennung des Silbers von Zink.

Literatur: [1] SIDDHANTA, S. K., u. S. N. BANERJEE: J. Indian chem. Soc. **35**, 53 (1958).

2.21 Bestimmung als [Co en$_2$(SCN)$_2$] [Ag(SCN)$_2$].

Prinzip. Man versetzt die neutrale oder schwach salpetersaure Ag^+-Lösung zunächst mit Kaliumthiocyanatlösung, bis sich der anfänglich gebildete Niederschlag
von Silberthiocyanat wieder gelöst hat. Dann fällt man mit einer heißen konzentrierten Lösung von [Co en$_2$(SCN)$_2$] SCN (en = Äthylendiamin). Der orangerote Niederschlag wird mit 1%iger KSCN-Lösung, die 5% des Reagens enthält, dann mit
Äthanol und Äther gewaschen und bei Zimmertemperatur im Vakuum getrocknet.
Umrechnungsfaktor auf Ag: 0,2078.

Literatur: [1] SPACU, P.: Bull. Soc. Stiinte Cluj **7**, 568 (1934).

2.22 Bestimmung als (Cu-ANDA)Ag (ANDA = Anthranilsäure-N,N-diessigsäure).

Prinzip. 30 bis 100 mg Silber werden gravimetrisch unter Verwendung des
Natriumsalzes des Kupfer(II)-kompexes der Anthranil-N,N-diessigsäure als Komplexverbindung Ag(Cu-ANDA) bestimmt.

Genauigkeit. 30 bis 100 mg Silber sollen nach [1] mit einem Fehler von 0,1 bis
0,5% bestimmt werden können.

Trennungsmöglichkeiten. Es stören nicht: Cu, Zn, Cd, Tl.

Bemerkungen. Die Verbindung ist nicht lichtempfindlich, die Methode schnell
durchführbar.

Literatur: [1] DRĂGULESCU, C., T. SIMUNESCU u. R. ANTON: Studii Cercetari (Timisoara),
Stiinte chim. **8**, Nr. 3 bis 4, 191 (1961) (rumän.).

2.23 Bestimmung als Silberthiocyanat.

Prinzip. Ag^+-Ionen geben mit SCN^--Ionen einen schwerlöslichen, in einem
Überschuß des Reagens wieder löslichen, Niederschlag von Silberthiocyanat.

Diese Reaktion wird bei der maßanalytischen Bestimmung des Silbers nach
VOLHARD (s. d.) ausgenutzt, kann jedoch auch Grundlage eines gravimetrischen
Bestimmungsverfahrens sein.

2.24 Bestimmung als Silberoxalat.

Prinzip. Ag^+-Ionen geben mit Oxalationen einen schwerlöslichen Niederschlag
von Silberoxalat $Ag_2C_2O_4$, der nach einer älteren Arbeit [1] für die gravimetrische
Silberbestimmung verwendet werden kann.

Literatur: [1] v. REIS, M. A.: B. **14**. 1154 (1881).

2.25 Bestimmung als Silberoxid.

Bemerkung. Genaue gravimetrische Bestimmungen des Silbers als Silber(I)-oxid
Ag_2O sind nach LEA [1] nicht möglich, da beim Trocknen der Verbindung bereits
Sauerstoff abgespalten wird, ehe das gesamte Wasser ausgetrieben ist.

Literatur: [1] LEA, M. C.: Z. anorg. Ch. **2**, 449 (1892).

3 Elektrogravimetrische Bestimmungsmethoden.

3.1 Aus schwefelsaurer Lösung.

3.1.1 Methode von Brunck [1].

Prinzip. Silber wird aus schwefelsaurer Silbersulfatlösung bei ruhendem Elektrolyten und einer maximalen Badspannung von 1,37 V an Netzelektroden abgeschieden.

Arbeitsvorschrift nach [2]. Von dem Untersuchungsmaterial — meist eine Legierung — wird eine 0,3 bis 0,5 g Ag enthaltende Menge in Salpetersäure (1,2 oder 1,3) gelöst. Nach Zugabe von 5 bis 10 ml Schwefelsäure (1:1) dampft man bis zum Rauchen ein. Nun nimmt man mit 100 bis 150 ml heißem Wasser auf, kocht erforderlichenfalls, bis das gesamte Silbersulfat gelöst ist, und elektrolysiert, ruhend bei 80 bis 90 °C. Dabei darf die Badspannung 1,37 V nicht übersteigen, wenn das Silber in feinkristalliner, festhaftender Form abgeschieden werden soll. Man benutzt zweckmäßig Netzelektroden nach WINKLER oder FISCHER.

Genauigkeit. Diese Methode soll nach [2] zu den genauesten elektrogravimetrischen gehören.

Trennungsmöglichkeiten. Bei einer Höchstspannung von 1,2 V kann Silber von folgenden Elementen getrennt werden: Cu, Bi, Cd, Ni, Co, Zn, Al, Mg, Erdalkalimetallen und Alkalimetallen. Geringe Mengen an Sn, Sb(V) und As(III u. V) stören gleichfalls nicht, wenn man das Entstehen von Niederschlägen durch Zugabe von Weinsäure verhindert. Nach TREADWELL sollen jedoch nicht mehr als 0,5 g As(III) zugegen sein.

Störungen. Nach TREADWELL [3] können größere Mengen Fe und Cr die vollständige Fällung des Silbers verhindern.

Blei fällt als Bleisulfat aus, das abfiltriert werden kann. Dieses enthält jedoch auch nach gründlichem Auswaschen noch Silber. BRUNCK [4] elektrolysiert deshalb in Gegenwart des Bleisulfats, wobei 5 bis 10% freie Schwefelsäure zugesetzt werden.

Bemerkungen. Als Stromquelle ist ein Edison-Akkumulator zweckmäßig, der eine Klemmenspannung von 1,2 V aufweist, wenn er nach dem Aufladen kurze Zeit gebraucht wurde.

Bei größeren Silbermengen fällt das Silber grobkristallin, wenn die Stromstärke 0,2 A überschreitet [2].

Nach FISCHER [5] kann man eine Schnellelektrolyse mit Doppelnetzen unter starkem Rühren innerhalb von 4 Min. durchführen, wobei die Lösung 4 ml freie Schwefelsäure auf 100 ml enthalten soll und man bei 80 °C mit 1,4 V und 0,8 A arbeitet.

Literatur. [1] BRUNCK, O.: Z. El. Ch. 18, 809 (1912). — [2] BERL-LUNGE: II, 2, S. 907, 8. Aufl. 1932. — [3] TREADWELL, W. D.: Elektroanalytische Methoden, S. 175, Berlin 1915. — [4] BRUNCK, O.: Angew. Ch. 24, 1996 (1911). — [5] CLASSEN, A.: Quantitative Analyse durch Elektrolyse, S. 140, Berlin 1920.

3.1.2 Methode von Paweck und Stricks [1] unter Verwendung einer Kathode aus Woodscher oder Lipowitzscher Legierung.

Prinzip. Als Kathodenmaterial werden Legierungen verwendet, die während der Abscheidung des Silbers im flüssigen Zustand, bei der Auswaage jedoch im festen Zustand (Vorteil gegenüber einer Quecksilberelektrode) vorliegen. Die bei den üblichen, elektrogravimetrischen Bestimmungsmethoden für Silber an Platinelektroden häufig auftretende Abscheidung in Schwammform wird vermieden, da das Silber von den flüssigen Legierungen aufgenommen wird.

Arbeitsvorschrift. Die als Kathode dienende Legierung wird nach dem Wägen im Elektrolysiergefäß unter dest. Wasser geschmolzen und dann der Strom eingeschaltet. Nun spült man die in einem Becherglas zum Sieden erhitzte Elektrolytlösung, deren Volumen 100 ml mit 8 bis 10 ml 5,5%iger Schwefelsäure betragen soll, in das Elektrolysiergefäß, das 30 ml Wasser enthält, über und scheidet das Silber mit 8,5 bis 9,5 V und 2,5 bis 3 A im Verlaufe von 30 bis 60 Min. ab. Die abschließend anhand der wieder erstarrten Legierung festgestellte Gewichtszunahme entspricht der Silbermenge.

Genauigkeit. Unter [1] angeführte Beleganalysen (Elektrodengewicht etwa 25 g): Bei 7 Bestimmungen mit der gleichen, gegebenen Silbermenge von 0,1291 g wurden gefunden: 0,1291 (3mal), 0,1292 (2mal), 0,1293 und 0,1289 g.

Literatur. [1] Paweck, H., u. W. Stricks: Fr. **79**, 118 (1930).

3.1.3 Mikromethode von Friedrich und Rapoport [1].

Prinzip. Mikromengen Silber werden aus schwefelsaurer, mit Weinsäure versetzter Lösung mit Hilfe der Apparatur von Pregl [2] bestimmt.

Arbeitsvorschrift. Wasser- oder säurelösliche Silberverbindungen werden am besten mit dem Wägeröhrchen von Lieb und Krainick [3] abgewogen und direkt in das trockene Elektrolysengefäß gegeben. Hier löst man mit 4 bis 5 ml Wasser, 1 ml konz. Schwefelsäure und 1 ml 20%iger Weinsäurelösung.

Andere Proben werden im Kjeldahl-Kölbchen aufgeschlossen, wobei man vor dem Überführen in das Elektrolysengefäß auf 1 ml einengt. Beim letzten Ausspülen des Kolbens verwendet man 1 ml 20%ige Weinsäurelösung. Sollte das Volumen schon 7 ml betragen, setzt man 0,2 g feste Weinsäure zu.

Nun wird das Elektrolysengefäß in den Ring der Apparatur nach Pregl [2] gesteckt und dieser so eingestellt, daß der Gefäßboden 7 cm von der Brennerdüse entfernt ist. In die erhitzte Lösung wird die ähnlich wie bei Pregl [2] vorbehandelte (in der warmen Luft oberhalb einer mit kleiner Flamme erhitzten Nickelschale getrocknete und nach 5 Min. langem Abkühlen gewogene) Kathode eingeführt, einige Male bewegt und in das Quecksilbernäpfchen eingehängt. Man verschiebt das Gefäß so, daß die Kathode von dessen Boden und von der Oberfläche der Lösung gleich weit entfernt ist. Nach dem Einführen der Anode wird die Badspannung auf 1,3 bis 1,4 V eingestellt, die nach 15 Min. auf 1,8 V erhöht wird. Bei dieser Spannung elektrolysiert man 30 Min. Als Stromquelle dient eine Taschenlampenbatterie, als Schiebewiderstand ein solcher von 1350 Ω. Vor dem Herausnehmen der Elektroden wird die Flüssigkeit verdünnt und bei geschlossenem Stromkreis herausgehebert. Die Kathode wird dann nach Pregl [2] gereinigt, getrocknet und zur Wägung vorbereitet. Bei jeder Wägung ist auf den Nullpunkt der Waage zu achten.

Literatur. [1] Friedrich, A., u. S. Rapoport: Mikrochemie **18**, 227 (1935). — [2] Pregl: Die quantitative organische Mikroanalyse, 3. Aufl. 1930, S. 185. — [3] Lieb u. Krainick: Mikrochemie **9**, 367 (1931).

3.1.4 Methode der Elektrolyse bei konstantem Potential.

Prinzip. Mit einer entsprechenden Vorrichtung wird das Kathodenpotential während der gesamten elektrogravimetrischen Bestimmung konstant gehalten. Dazu benötigt man eine Vergleichselektrode (meist eine Kalomelelektrode), gegen die das Potential der Kathode eingestellt werden kann.

Nach Tanaka stellt man das Kathodenpotential für die Bestimmung von Silber aus einer Lösung, die 5 ml Schwefelsäure (1:1) auf 200 ml Lösung enthält, auf + 0,40 V gegen die GKE (ges. Kalomelelektrode) ein.

Literatur. [1] Tanaka, M.: Jap. Analyst. **6**, 341, 409, 477, 617 (1957) (jap.).

3.1.5 Methode der „inneren Elektrolyse".

Prinzip. Auf die bei den sonstigen elektrogravimetrischen Verfahren benötigte äußere Gleichstromquelle wird verzichtet. An ihre Stelle tritt das Potentialgefälle zwischen zwei verschiedenen über einen Stromschlüssel (Diaphragma) verbundenen Halbzellen, von denen die eine das zu bestimmende (edlere) Metall in gelöster Form enthält.

Bemerkungen. Nach SAND [1] ist das Potentialgefälle $Zn/ZnSO_4/H_2SO_4/Ag_2SO_4/$ Ag zu groß. Es bildet sich auch bei kleinen Stromstärken stets ein pulveriger Silberniederschlag. Deshalb verwendet man anstelle des Zinks besser Nickel in einer 2%igen schwach schwefelsauren Nickelsulfatlösung und erhält bei Stromstärken nicht über 0,25 bis 0,30 A gut haftende und gleichmäßige Silberüberzüge. Als Kathode wird dabei ein Silberdrahtnetz verwendet, der Katholyt besteht aus schwach schwefelsaurer Silbersulfatlösung mit 1 bis 1,2 ml Salpetersäure. 0,25 g Ag werden so in 12 Min. abgeschieden.

Nach FIFE [2] können mit der Apparatur von SAND [3] kleine Silbermengen auch in Gegenwart großer Mengen Kupfer und Eisen(II), sowie kleiner Mengen Nickel, Arsen und Zink bestimmt werden. DRUŽININ und KISLICYN [4] verwenden die Methode zur Trennung des Silbers von Kupfer und Wismut.

Literatur. [1] SAND, H. J. S.: Soc. **91**, 373 (1907). — [2] FIFE, J. G.: Analyst **62**, 723 (1937). — [3] SAND, H. J. S.: Analyst **55**, 309 (1930). — [4] DRUŽININ, I. G., u. P. S. KISLICYN: Ž. anal. Chim. (russ.) **6**, 321 (1951).

3.2 Aus salpetersaurer Lösung.

3.2.1 Methode nach Küster und Steinwehr [1].

Prinzip. Silber wird aus warmer, schwach salpetersaurer Silbernitratlösung unter Zusatz von Äthanol entweder ruhend oder schnellelektrolytisch an Netzelektroden abgeschieden.

Arbeitsvorschrift nach [2]. Zur Silbernitratlösung, die 1 bis 2 ml freie Salpetersäure (1,4) auf 150 ml enthalten soll, gibt man 5 ml Äthanol und führt die elektrolytische Abscheidung unter folgenden Bedingungen durch:
ruhend bei 55 bis 60 °C und einer maximalen Klemmenspannung von 1,35 V oder schnellelektrolytisch, gleichfalls bei 55 bis 60 °C und einer Höchstspannung von 1,35 V, wobei 0,5 g Silber in 30 Min. abgeschieden werden.

Trennungsmöglichkeiten. Man erhält reine Silberniederschläge neben folgenden Elementen: Alkali- und Erdalkalimetallen, Mg, geringen Mengen Fe, Al, Cr, As, Sb bei Weinsäurezusatz, Cu und Bi. Bei Gegenwart von Zn, Cd, Ni und Co wählt man die höchstzulässige Menge Salpetersäure und wäscht das erste Mal salpetersauer aus.

Störungen. Außer Hg und Edelmetallen stört auch Blei, das an der Anode zur Abscheidung von silberhaltigem Bleidioxid führt.

Bemerkungen. Die Niederschläge fallen aus salpetersaurer Lösung in nicht gut haftender Form und müssen bei allen Handhabungen sehr vorsichtig behandelt werden.

Das Auswaschen muß ohne Stromunterbrechung, möglichst mit warmer Waschflüssigkeit erfolgen.

Bei Klemmenspannungen über 1,38 V scheidet sich das Silber derart schwammig ab, daß eine einwandfreie Feststellung des Gewichtes nicht mehr möglich ist.

Der Zusatz von Äthanol soll die Abscheidung von Silberoxid an der Anode verhindern.

Literatur. [1] KÜSTER, F. W., u. H. v. STEINWEHR: Z. El. Ch. **4**, 451 (1898). — [2] BERL-LUNGE: II, 2, S. 907, 8. Aufl. 1932.

3.2.2 Methode von Norwitz [1] aus nitrit-salpetersaurer Lösung.

Prinzip. Silber wird aus einer Mischung von Salpetersäure und salpetriger Säure als dichter, glänzender Niederschlag auf Platinelektroden niedergeschlagen.

Arbeitsvorschrift nach Norwitz [2] zur Bestimmung des Silbers in einem aus Ag, Cu, Cd und Zn bestehenden Silberlot. 1 g wird in einem 300-ml-Elektrolysenglas mit 20 ml Salpetersäure (1:1) gelöst. Man verdünnt auf 180 ml und gibt 6 g Natriumnitrit hinzu. Dann elektrolysiert man mit einer Platin-Netzkathode und -Drahtanode 1 Std. lang bei 2 A/dm². Dann zieht man die Kathode ohne Stromunterbrechung unter Abspülen mit Wasser am Schluß heraus, spült in Wasser, dann in Äthanol, trocknet 3 Min. lang bei 105 °C, kühlt und wägt aus. (Es folgen dann nacheinander die elektrogravimetrischen Bestimmungen von Cu nach der Zerstörung des Nitrits, Cd aus schwefelsaurer und Zn aus alkalischer Lösung.)

Trennungsmöglichkeiten. Die Silberbestimmung kann neben folgenden Elementen durchgeführt werden: Cu, Bi, Pb, Ni, Co, Fe, Cr, Mn, Al.

Störungen. Edelmetalle, Hg, As, Se, Te, ferner Sn und Sb durch Niederschlagsbildung im Elektrolyten, stören.

Literatur. [1] Norwitz, G.: Anal. chim. Acta **5**, 106 (1951). — [2] Norwitz, G.: Metallurgia (Manchester) **44**, 276 (1951).

3.2.3 Methode von Norwitz [1] in Gegenwart von Eisen(III).

Prinzip. Die elektrolytische Abtrennung des Silbers von unedleren Metallen wird unter Verwendung des Redoxsystems Fe(III)/Fe(II) durchgeführt. Dabei verhindert die anwesende große Menge Fe(III) das Unterschreiten des Redoxpotentials von 0,76 V, so daß nur Metalle mit höherem Potential reduziert werden.

Arbeitsvorschrift. 0,1 bis 0,3 g Ag neben 5 g Fe (gelöst in Salpetersäure (1:1)) werden aus einem Lösungsvolumen von 170 ml unter Rühren an einer Platinnetzelektrode innerhalb einer Stunde bei 2 A/dm² und Zimmertemperatur abgeschieden.

Genauigkeit. Nach [1] werden die angeführten Silbermengen bis auf wenige Hundertstel bis Tausendstel % gefällt.

Trennungsmöglichkeiten. Die Trennung des Silbers von Cu, Bi, Pb, As, Cd, Mn, Al, Cr, Ni, Co, Zn und Fe ist durchführbar.

Störungen. Bei Gegenwart von Sn und Sb werden 10 ml 85%ige Phosphorsäure zugesetzt; doch gibt es dann für Bi und Pb eine obere Gehaltsgrenze von 7 mg, wenn das Abscheiden der Phosphate dieser Metalle vermieden werden soll.

Bemerkungen. Die Silberniederschläge sollen glänzend und festhaftend sein, während sie aus eisenfreier Lösung dunkel und locker erscheinen.

Literatur. [1] Norwitz, G.: Metallurgia (Manchester) **48**, 47 (1954).

3.2.4 Methode der Elektrolyse bei konstantem Potential.

Prinzip. Siehe 3.1.4. Nach Tanaka [1] stellt man das Kathodenpotential für die Bestimmung von Silber aus einer Lösung, die 0,4 normal an Salpetersäure ist, auf + 0,40 V gegen die GKE (ges. Kalomelelektrode) ein.

Literatur. [1] Tanaka, M.: Jap. Analyst **6**, 341, 409, 477, 617 (1957) (jap.).

3.2.5 Methode der „inneren Elektrolyse".

Prinzip. Siehe 3.1.5.

Arbeitsvorschrift nach Sommer [1] unter Verwendung einer Kupferanode. 50 ml Lösung, die 1 bis 5 mg Ag enthalten, werden mit 5 ml 20%iger Salpetersäure versetzt und unter Verwendung einer Kupferanode 45 bis 50 Min. lang bei 90 bis 95 °C und Stromstärken von anfangs 8 bis 12 mA, später 3 bis 4 mA elektrolysiert. Ein

Zusatz von 5 ml 0,1 m ÄDTA-(Dinatriumsalz-)Lösung beschleunigt die Abscheidung; der Silberüberzug ist dann dichter und haftet gut auf der Kathode. Weinsäure verhindert die quantitative Abscheidung des Silbers.

Trennungsmöglichkeit. Silber kann bei Einhaltung folgender Bedingungen neben einer bis zu 300fachen Menge Kupfer bestimmt werden: 1 bis 2 ml 20%ige Salpetersäure und 5 g Harnstoff auf 50 ml, Stromstärke 8 mA, 90 °C. Noch größere Mengen Kupfer verhindern die quantitative Abscheidung des Silbers.

Arbeitsvorschrift nach Sommer [1] unter Verwendung einer Bleianode. Zu 40 ml Analysenlösung werden 3 bis 5 ml 20%ige Salpetersäure und 10 ml 1 m Weinsäurelösung gegeben. Man elektrolysiert innerhalb von 30 bis 35 Min. bei 90 bis 92 °C und 4 mA Stromstärke.

Trennungsmöglichkeiten. Pb (bis zum Verhältnis Ag:Pb = 1:3000), Cu und Bi stören nicht.

Bemerkungen. Dieses Verfahren kann zur Silberbestimmung in Galenit dienen, den man mit Salpetersäure/Wasserstoffperoxid aufschließt.

Weitere Angaben über ein Verfahren zur Bestimmung von Silber neben großen Mengen Blei, sowie kleinen Mengen Kupfer und Wismut bringt FIFE [2].

Literatur. [1] SOMMER, L.: Chem. Listy 48, 1151 (1954) (tschech.). — [2] FIFE, J. G.: Analyst 62, 723 (1937).

3.2.6 Methode von Růžička [1] unter Verwendung der Isotopenverdünnung.

Prinzip. Der zu untersuchenden Lösung wird eine gemessene Menge aktiver ^{110}Ag-Lösung zugesetzt, dann elektrolysiert. Bei 100%iger Stromausbeute kann die abgeschiedene Silbermenge aus der Coulombzahl berechnet werden. Man mißt die Aktivität des Silberbelages auf der Kathode und kann daraus auf die Gesamtmenge Silber in der Lösung schließen.

Bei nicht 100%iger Stromausbeute werden zwei gleiche Teile der zu untersuchenden Lösung verwendet. Einem Teil wird eine bestimmte Menge mehr (z mg) an aktivem ^{110}Ag zugefügt. Schaltet man nun die Lösungen in zwei gleichen Coulometern in Serie und elektrolysiert, so kann die Menge an nichtaktivem Silber (x mg) aus der Beziehung $x = z(A_1/A_2 - 1)$ berechnet werden, wobei A_1 und A_2 die gemessenen Aktivitäten der Silberbeläge in den beiden Elektrolysengefäßen sind.

Arbeitsbedingungen. Als Elektroden verwendet man Platinringelektroden aus 0,3 mm starkem Blech mit einem Durchmesser von 20 mm. Die Kathode wird an einer Seite mit Bleiglas überzogen. Die Elektroden befinden sich in einem kleinen Gefäß, durch das während der Elektrolyse Stickstoff geleitet werden kann.

Der Elektrolyt ist normal an Natriumnitrat, 0,05 n an Salpetersäure und 0,005 n an Silbernitrat.

Die aktive 0,01 n ^{110}AgNO$_3$-Lösung war 0,1 n an Salpetersäure. Sie besaß eine Aktivität von 10 μc/ml.

Man arbeitet mit einer Klemmenspannung von 1,1 V und einer höchstzulässigen Stromstärke von 0,5 mA/cm².

Genauigkeit. Im Bereich von 0,3 bis 31 mg Ag wurden relative Abweichungen von etwa $\pm 2\%$ erhalten.

Bemerkungen. Die Stromausbeute ist 100%ig, wenn mehr als 40% der Silbermenge in der Lösung verbleiben. Man erhält silberglänzende Überzüge. Das Grauwerden der Überzüge zeigt das Sinken der Stromausbeute an (aus ammoniakalischer oder Cyanidlösung ist die Stromausbeute stets kleiner als 100%). In einer weiteren Arbeit beschreiben RŮŽIČKA und BENEŠ [2] die Anwendung der Isotopenverdünnungsmethode auf Mikromengen Silber. Dabei verwenden sie eine Silber- oder Quecksilberkathode, deren Potential um 50 mV negativer eingestellt wird als dem Abscheidungspotential des Silbers entspricht. Ni(II), Cd(II) und Cu(II) stören nicht.

Für Silberkonzentrationen über 2 µg/ml wird ein mittlerer Fehler von $\pm 5\%$, für 0,2 µg Ag/ml ein solcher von $\pm 25\%$ angegeben.

Literatur. [1] Růžička, J.: Coll. Czechoslov. Chem. Comm. **25**, 199 (1960). —[2] Růžička, J., u. P. Beneš: Coll. Czechoslov. Chem. Commun. **26**, 1784 (1961).

3.3 Aus Cyanid-Lösung.

3.3.1 Methode von Tschawdarov [1].

Prinzip. Silber wird aus einer Lösung, die überschüssiges Kaliumcyanid und Kaliumhydroxid enthält (das Silber liegt als $[Ag(CN)_2]^-$ vor) an einer Platinnetzelektrode oder einer mattierten Platinschale abgeschieden.

Arbeitsvorschrift bei Verwendung einer Netzelektrode nach Winkler. Zur neutralen Silberlösung werden 3 g Kaliumcyanid und 1 g Kaliumhydroxid gegeben, dann wird mit Wasser auf 100 bis 120 ml verdünnt. Nun elektrolysiert man mit 6 bis 8 V, zuerst mit 0,1 bis 0,15 A, nach wenigen Min. mit 0,3 bis 0,5 A. 0,15 bis 0,30 g Ag werden so bei 0,3 A in 6 Std. abgeschieden. Diese Zeit verringert sich auf 1,5 Std., wenn man bei 60 bis 70 °C arbeitet.

Arbeitsvorschrift bei Verwendung einer mattierten Platinschale als Kathode. Zur neutralen Silberlösung werden 3 g Kaliumcyanid, 1 g Kaliumhydroxid und 2 ml 35%ige Formaldehydlösung gegeben. Dann verdünnt man mit Wasser auf 100 bis 120 ml, erhitzt auf 60 bis 80 °C und elektrolysiert mit einer rotierenden Anode bei 400 bis 600 U/Min. sowie 8 V und 0,1 bis 0,3 A. 0,3 g Silber werden so innerhalb einer Stunde abgeschieden.

Bemerkungen. Bei der angegebenen Methode werden nach Tschawdarov die Nachteile der Arbeitsweisen nach Luckow [2] und Rüdorff [3] vermieden. Luckow elektrolysiert aus einer Lösung, die 3 g Kaliumcyanid enthält mit einer Stromdichte von 0,2 bis 0,5 A und 3,7 bis 4,8 V. Dabei soll das verwendete KCN möglichst rein sein, weil schon geringe Verunreinigungen (z. B. mit Cyanat) eine undichte Abscheidung auf der mattierten Platinschale verursachen. Ein erheblicher Nachteil der Methode ist, daß sich an der Anode die Produkte von Nebenreaktionen abscheiden, anfangs in Form gelbbrauner Fasern. Zuletzt färbt sich die gesamte Flüssigkeit dunkelbraun und das abgeschiedene Silber ist graugelblich verfärbt. Die Ergebnisse liegen um 0,3 bis 0,5% zu hoch.

Um diese Abscheidung von Nebenprodukten zu vermeiden, wird die Silberlösung nach Rüdorff lediglich mit einem geringen Überschuß an Kaliumcyanid versetzt. Ansonsten wird in gleicher Weise verfahren. So ist gegen Ende der Elektrolyse lediglich eine gelbe Färbung der Lösung festzustellen, und das abgeschiedene Silber weist eine reinere Farbe auf. Es wird jedoch kein fester Silberniederschlag erhalten und die Ergebnisse liegen um 0,2 bis 0,4% zu tief.

Genauigkeit. Nach Angaben von Berl-Lunge [4] sollen die Ergebnisse der elektrogravimetrischen Bestimmung des Silbers aus Cyanidlösung nicht so genau wie diejenigen aus schwefelsaurer (s. 3.1) bzw. ammoniakalischer Lösung (s. 3.4) sein.

Trennungsmöglichkeiten. Nach Smith [5] sind folgende Trennungen unter speziellen Bedingungen möglich:

Ag-Cd: Zusatz von 2 g KCN zur neutralen Lösung mit je 0,1 bis 0,2 g beider Metalle. Man verdünnt auf 125 ml und elektrolysiert bei 65 bis 75 °C, 2,1 V und 0,02 bis 0,025 A bei ruhendem Elektrolyten.

Ag-Cu: wie bei Ag-Cd, jedoch bei 1,1 bis 1,6 V und 0,03 bis 0,06 A. Bei größeren Kupfermengen (etwa 0,5 g) verdoppelt man die KCN-Menge und arbeitet bei 1,2 V.

Ag-Fe: Das Eisen soll als Fe(II) vorliegen. Man setzt 5 g KCN zu, verdünnt auf 100 ml und elektrolysiert bei 65 °C und 2,7 V (0,04 A).

Ag-Ni(Co): wie bei Ag-Cd angegeben, jedoch mit 1,5 g KCN und 1,6 bis 2,0 V (0,02 bis 0,03 A) bei 60 bis 65 °C.

Ag-Pt: pro 0,2 g Metall werden 1,25 g KCN zugesetzt. Man fällt aus 125 ml ruhend bei 70 °C und 2,5 V (0,04 A).

Ag-Zn: Zur Lösung, die je etwa 0,1 g beider Metalle enthält, wird 1 g KCN gegeben. Man scheidet das Silber aus 125 ml bei 70 °C und 2,75 V (0,03 bis 0,04 A) ab.

Anwendungsbereich. Die Methode der elektrogravimetrischen Bestimmung des Silbers kann auf Silbernitrat- und -sulfatlösungen, ferner auf in Kaliumcyanidlösung lösliche Silberverbindungen wie AgCl, AgBr, AgJ oder $Ag_2C_2O_4$ angewendet werden.

Literatur. [1] TSCHAWDAROV, D.: Fr. **112**, 258 (1938). — [2] CLASSEN, A., u. H. DANNEEL: Quantitative Analyse durch Elektrolyse, 7. Aufl. 1927, S. 142. — [3] RÜDORFF: Angew. Ch. **5**, 5 (1892). — [4] LUNGE-BERL: II, 2, S. 907, 8. Aufl. 1932. — [5] SMITH, E. F.: Quantitative Elektroanalyse, S. 232, Berlin 1908.

3.3.2 Methode von Moldenhauer, Ewald und Roth [1].

Prinzip. Silber wird aus Cyanidlösung an einer Quecksilberkathode abgeschieden. Diese befindet sich im Gegensatz zu sonst üblichen Anordnungen nicht am Boden des Becherglases mit dem Elektrolyten, sondern in einem eingetauchten, löffelartigen Glasgefäß. Als Anode dient ein kleines Platinblech.

Arbeitsvorschrift. Die Silbernitratlösung mit etwa 100 mg Ag wird bis zur Auflösung des anfänglich ausgefallenen Silbercyanids mit Kaliumcyanid versetzt, dann werden noch etwa 1 g Kaliumcyanid im Überschuß und — zur Vermeidung anodischer Dicyanentwicklung — etwas Kaliumhydroxid zugegeben. Man elektrolysiert bei 3 V und einer anfänglichen Stromstärke von 0,3 bis 0,4 A. Dauer: 2 Std.

Trennungsmöglichkeiten. Nach LUNGE-BERL [2] kann Silber aus Cyanidlösung mit einer Quecksilberkathode von As(V) und Sb(V) bei Weinsäurezusatz und 2,3 bis 2,4 V, von Mo, Co und W bei 2 V, sowie von Mg und den Alkalimetallen abgetrennt werden.

Literatur. MOLDENHAUER, W., K. F. A. EWALD u. O. ROTH: Angew. Ch. **42**, 331 (1929). — [2] LUNGE-BERL: II, 2, S. 907, 8. Aufl. 1932.

3.3.3 Methode der Elektrolyse bei konstantem Potential.

Prinzip. Siehe 3.1.4. Nach TANAKA [1] stellt man das Kathodenpotential für die Bestimmung von Silber aus einer Lösung, die 0,4 molar an Kaliumcyanid und 0,2 normal an Kaliumhydroxid ist, auf −0,80 V gegen die GKE (ges. Kalomelelektrode) ein.

Anwendung zur Bestimmung von Silberspuren in Palladium nach Gries jr. und Rogers [2]. Sehr geringe Mengen Silber können beim Beschuß von Palladium mit Neutronen entstehen. Im angeführten Fall betrug das Verhältnis Pd : Ag 109 : Ag 111 = etwa $10^8:60:1$. Zur Abtrennung und zur Bestimmung dieser äußerst geringen Silbermengen wurde die elektrolytische Abscheidung aus Cyanidlösung herangezogen. Dabei soll ein Kathodenpotential eingestellt werden, das um mindestens 0,1 V positiver liegt als das Halbwellenpotential des Pd, das für 0,1 m KCN-Lösung mit etwa −1,2 V gegen die ges. Kalomelelektrode angegeben wird.

Literatur. [1] TANAKA, M.: Jap. Analyst **6**, 341, 409, 477, 617 (1957) (jap.). — [2] GRIESS jr., J. C., u. L. B. ROGERS: J. electrochem. Soc. **95**, 129 (1949).

3.4 Aus ammoniakalischer Lösung.

3.4.1 Methode nach Lunge-Berl [1].

Prinzip. Silber wird aus ammoniakalischer, heißer Lösung unter kräftigem Rühren an einer Platinnetzelektrode abgeschieden.

Arbeitsvorschrift. Man versetzt Silberlösungen, die keine großen Säuremengen enthalten sollen, kalt mit Ammoniaklösung, bis sich der bei größeren Silbermengen zunächst abscheidende Niederschlag wieder aufgelöst hat. Nach Zusatz von weiteren 10 bis 15 ml Ammoniaklösung (0,91) verdünnt man auf 100 ml und fällt das Silber aus der fast zum Sieden erhitzten Lösung auf eine Platinnetzkathode. Dabei wird kräftig gerührt. Die Spannung soll 1,2 V nicht überschreiten; ein Zusatz von einigen g Ammoniumnitrat begünstigt die Abscheidung gut haftender Niederschläge. 0,5 g Ag werden so in 8 Min. abgeschieden.

Bemerkungen. Bei ruhendem Elektrolyten erhält man eine schwammige Abscheidung und zu hohe Ergebnisse. Treten trotz des Rührens dunkelgraue Niederschläge infolge schwammigen Abscheidens der letzten Anteile Silber auf, so fällt man um.

In Ammoniaklösung lösliche Silberverbindungen können nach dem Lösen der Elektrolyse unterworfen werden.

Trennungsmöglichkeiten. Die Methode ermöglicht die Abtrennung des Silbers von beliebigen Mengen Arsen(V) und Antimon(V).

Literatur. [1] LUNGE-BERL: II, 2, S. 907, 8. Aufl. 1932. — [2] aus ammoniakalischer Oxalatlösung: GOOCH, F. A., u. J. P. FREISER: Z. anorg. Ch. **35**, 414 (1903). — [3] aus ammoniakalischer Silberchloridlösung: SCHOCH, E. P., u. F. M. CRAWFORD: Am. Soc. **38**, 1682 (1916).

3.4.2 Methode von Moldenhauer, Ewald und Roth [1].

Prinzip. Siehe 3.3.2.

Arbeitsvorschrift. Die Silbernitratlösung mit etwa 100 mg Ag wird mit 10 ml konz. Ammoniaklösung und 6 g Ammoniumnitrat versetzt und mit einer Stromstärke von 0,5 A bei 3,5 bis 4,0 V Spannung elektrolysiert. Nach 2 Std. beträgt der Fehler noch 0,2 mg Ag.

Literatur. [1] MOLDENHAUER, W., K. F. A. EWALD u. O. ROTH: Angew. Ch. **42**, 331 (1929).

3.4.3 Methode der Elektrolyse bei konstantem Potential.

Prinzip. Siehe 3.1.4. Nach TANAKA [1] stellt man das Kathodenpotential für die Bestimmung von Silber aus Lösungen, die entweder 1,2 normal an Ammoniak und 0,2 molar an Ammoniumchlorid sind oder 20 ml Ammoniaklösung, 0,2 g Ammoniumchlorid und die dreifache molare Menge ÄDTA in 180 ml Wasser enthalten, auf −0,05 V gegen die GKE (ges. Kalomelelektrode) ein.

Anwendung der Methode auf die Trennung Silber-Kupfer nach Diehl und Butler [2]. Es wird mit Hilfe des Potentiostaten nach DIEHL [3] ein konstantes Kathodenpotential von −0,24 V (gegen GKE) eingestellt und während der Elektrolyse ein Sauerstoffstrom durch die Lösung geleitet. Als Elektroden dienen konzentrische Platinnetzelektroden, in deren Achse ein Glasrührer angeordnet ist. Der Sauerstoff wird in Richtung der Achse des Anodenzylinders durch ein Glasrohr mit Fritte in fein verteilter Form eingeleitet.

Arbeitsvorschrift. 0,4 bis 0,7 g Probe werden in 6 ml Salpetersäure (1 : 1) in einem 300-ml-Becherglas gelöst. Nach dem Vertreiben der nitrosen Gase verdünnt man mit

Wasser auf 150 ml, setzt 8 ml konz. Ammoniaklösung zu und leitet 8 bis 10 ml Sauerstoff/Min. ein. Das Kathodenpotential wird auf $-0,24$ V gegen die GKE eingestellt, dann elektrolysiert man unter mäßigem Rühren 25 Min. lang. Nach Beendigung der Elektrolyse nimmt man die Platinelektrode unter Abspülen aus der Lösung, trocknet bei 110 °C und wägt.

(Cu kann in Abwesenheit anderer Metalle aus der ammoniakalischen Lösung nach Reduktion zu Cu(I) mit Hydroxylammoniumchlorid abgeschieden werden. Sind noch andere Elemente vorhanden (Cd, Zn), so muß die Lösung angesäuert werden.)

Bemerkung. Diese Methode stellt eine Verbesserung des Verfahrens von MILLER [4] dar, bei dem mit einem Zusatz an Wasserstoffperoxid gearbeitet wird.

Literatur. [1] TANAKA, M.: Jap. Analyst. **6**, 341, 409, 477, 617 (1957); **8**, 501 (1959) (jap.). — [2] DIEHL, H., u. J. P. BUTLER: Analyst (London) **77**, 268 (1952). — [3] DIEHL, H.: Electrochemical Analyses with Graded Cathode Potential Control, Columbus, Ohio 1948. — [4] MILLER, W. L.: Ind. eng. Chem., Anal. Edit. **8**, 431 (1936).

3.4.4 Methode der „inneren Elektrolyse".

Prinzip. Siehe 3.1.5. Nach FIFE [1] kann Silber durch „innere Elektrolyse" aus ammoniakalischer Lösung in Gegenwart von Kupfer bestimmt werden. Zur Reduktion des Cu(II) zu Cu(I) wird dabei Sulfit in den Kathodenraum gegeben.

Literatur. [1] FIFE, J. G.: Analyst **62**, 723 (1937).

3.5 Sonstige Methoden.

3.5.1 Fällung aus perchlorsaurer Lösung.

Nach BROADBANK und WINRAM [1] wird die Bestimmung von Silber in einem Silberlot (Ag, Cu, Cd und Zn) wie folgt aus perchlorsaurer Lösung vorgenommen: 0,5 bis 1,0 g des Lotes werden in 5 ml Salpetersäure (1:1) gelöst, die Stickstoffoxide verdampft und die Nitrate durch Kochen nach Zugabe von 5 ml 72%iger Perchlorsäure zerstört. Nach dem Erkalten verdünnt man auf 100 ml und scheidet das Silber an einer Platinelektrode bei 1,2 V und 0,25 A unter Rühren (200 U/min) ab.

Literatur. [1] BROADBANK, R. W. C., u. B. C. WINRAM: Metallurgia (Manchester) **47**, 155 (1953).

3.5.2 Elektrolyse unter vermindertem Druck.

Nach FISCHER und Mitarb. [1] und [2] kann man als elektrogravimetrisches Schnellverfahren die Elektrolyse unter vermindertem Druck anwenden. Dabei wird der Elektrolyt durch das bei der Elektrolyse entstehende Gas und Wasserdampf in Bewegung gehalten.

Literatur. [1] FISCHER, F., THIELE u. STECHER: Z. El. Ch. **17**, 906 (1911). — [2] FISCHER u. STECHER: Z. El. Ch. **18**, 809 (1912).

4 Titrimetrische Bestimmungsmethoden.

4.1 Bestimmungen, die auf der Bildung schwerlöslicher Silber(I)-verbindungen beruhen.

4.1.1 Bestimmung mit Halogenid- und Thiocyanationen.

4.1.1.1 Direkte Methoden.

4.1.1.1.1 Methode nach Gay-Lussac [1].

Prinzip. Ag^+-Ionen werden aus mit Salpetersäure angesäuerter Lösung mit Natriumchloridlösung als Silberchlorid ausgefällt. Dabei wird die Hauptmenge Silber mit sog. „Normalkochsalzlösung" ausgefällt, die restlichen, geringen Anteile mit sog. „Zehntelnormalkochsalzlösung", die in kleinen Portionen so lange zugesetzt wird, bis keine Trübung durch ausfallendes Silberchlorid mehr erfolgt.

Arbeitsvorschrift nach Wogrinz [2]. Die „Normalkochsalzlösung" wird durch Lösen von 5,419 g bei 300 °C bis zur Gewichtskonstanz getrocknetem NaCl in Wasser zu einem Liter hergestellt. 100 ml dieser Lösung sollen 1000 mg Silber entsprechen.

Die „Zehntelnormalkochsalzlösung" stellt man sich durch Verdünnen der „Normalkochsalzlösung" auf das Zehnfache, z. B. von 100 ml zu 1 Liter her. 1 ml dieser Lösung entspricht 1 mg Silber.

Titerstellung. Man löst in einer 200 ml-„Schüttelflasche" genau 1 g Feinsilber in 10 ml chloridfreier Salpetersäure (1,2) und erwärmt anschließend zum Entfernen der nitrosen Gase.

Nach dem Erkalten läßt man 100 ml Normalkochsalzlösung in einem Zug (z. B. aus einer Stasschen Pipette) zufließen und schüttelt die mit einem Schliffstopfen verschlossene und vor Licht geschützte Flasche kräftig von Hand oder mit einer Schüttelmaschine etwa 5 Min. lang. Dann hat sich das ausgefallene Silberchlorid zusammengeballt, und die überstehende Flüssigkeit ist klar. Nun fügt man aus einer Bürette oder Meßpipette 0,5 ml-Mengen der „Zehntellösung" zu, schüttelt nach jeder Zugabe wie beschrieben, falls noch eine Trübung durch ausgefallenes

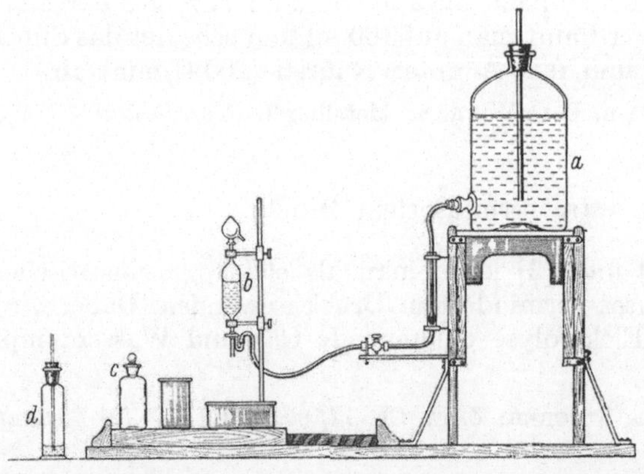

Abb. 1 Apparat zur Silberbestimmung nach Gay-Lussac. *a* Vorratsflasche für n/10 NaCl-Lösung; *b* geeichte Pipette; *c* Schüttelgefäß für Titration; *d* Vorratsflasche für n/100 NaCl-Lösung mit graduierter geeichter Pipette (aus Edelmetall-Analyse).

Silberchlorid entsteht, und ermittelt so diejenige 0,5 ml-Menge, bei der nach 2 Min. keine Trübung mehr eingetreten ist. Dabei hält man die Flasche vor einen schwarzen Hintergrund, nachdem man die zugesetzte Menge „Zehntellösung" an der Innenwand der Flasche vorsichtig hat herunterlaufen lassen.

Hat man z. B. bei der dritten Zugabe von 0,5 ml keine Trübung mehr erhalten, errechnet man den Titer der Lösung in der Weise, daß man die letzte zugegebene

Menge nicht und die vorletzte nur halb anrechnet, wobei sich ergibt: 1 g Silber entspricht 100,00 ml „Normallösung" $+ 0,5 + 0,25 = 0,75$ ml „Zehntellösung" $= 0,075$ ml „Normallösung", somit 100,075 ml „Normallösung".

Bestimmung des Silbergehaltes der Probe. Zunächst muß eine Vorprobe (auf dokimastischem Wege oder durch eine annähernde Titration) durchgeführt werden, um nach dem dabei erhaltenen Ergebnis die Einwaage für die GAY-LUSSAC-Probe errechnen zu können. Hat sich z. B. ergeben, daß die Probe — etwa eine Ag-Cu-Legierung — 900/1000 „fein" ist, werden $10/9 = 1,111$ g eingewogen, um 1 g Silber in der Probemenge zu haben. In der Praxis wählt man die Einwaage geringfügig höher, in dem angeführten Beispiel etwa 1,112 g, und titriert dann in der gleichen Weise wie beim Einstellen der „Normalkochsalzlösung".

Falls dabei nach der fünften Zugabe von je 0,5 ml „Zehntellösung" keine Trübung mehr erhalten wurde, hat man für 1,112 g der Legierung 100,00 ml „Normallösung" und $3 \cdot 0,5 + 0,25 = 1,75$ ml „Zehntellösung" $= 0,175$ ml „Normallösung", somit insgesamt 100,175 ml „Normallösung" benötigt.

Die in der Probe enthaltene Silbermenge errechnet sich dann zu 100,175/100,075 $= 1,001$ g Ag. Da diese Menge in 1,112 g Einwaage enthalten war, ergibt sich der Feingehalt der Legierung zu $1001 \cdot 1000/1112 = 900,18/1000$.

Genauigkeit. Diese Methode zählt zu den genauesten Bestimmungsverfahren für Silber in Legierungen, die in verd. Salpetersäure löslich sind. Sie wurde schon bald nach ihrer Veröffentlichung durch GAY-LUSSAC im Jahre 1832 zu einer „offiziellen" Methode der Münzen und Scheideanstalten und ist es bis heute geblieben.

Störungen. Es stören Pb, Tl, Hg, Bi, ferner Sb und Sn, in deren Gegenwart man Weinsäure zur Maskierung zusetzt, schließlich nach LENK [3] auch Pd, weswegen das Verfahren nicht bei Au-Pd-Ag-Legierungen angewendet werden kann. Bei der Bestimmung des Silbers in Legierungen, die größere Mengen Gold enthalten, muß beachtet werden, daß in dem ausgeschiedenen Gold stets etwas Silber enthalten ist. Nach WOGRINZ [2] wählt man bei Legierungen mit größeren Gehalten an Fremdmetallen Einwaagen mit maximal 200 mg der Fremdmetalle und ergänzt die in dieser Probemenge enthaltene Silbermenge durch Zuwägen von Feinsilber zu 1 g, um die Bestimmung in der üblichen Weise durchführen zu können.

Bemerkungen. Die 1832 von GAY-LUSSAC im Anschluß an zwischenstaatliche Erörterungen münztechnischer Fragen in seiner Schrift „Instruction sur l'essai des matières d'argent par la voie humide" genau beschriebene Methode wurde später von LEVOL [4], MULDER [5], HOITSEMA [6] und STAS [7] weiter verbessert. Ein Vorschlag von STAS, anstelle von NaCl-Lösung eine HBr-Lösung zu verwenden, hat sich nicht durchgesetzt.

Die Methode wird hauptsächlich für Münz-, Hütten- und Feinsilber, Silbernitrat und Legierungen mit mehr als 50% Ag verwendet.

Um den Endpunkt der Titration besser erkennen zu können, hat WOODHOUSE [8] eine Apparatur konstruiert, bei der das Silberchlorid durch Aufkochen der Lösung zum Sichzusammenballen gebracht wird, worauf ein kleiner Anteil der über dem Silberchlorid stehenden Flüssigkeit durch ein Sandfilter in ein kleines Glasgefäß gedrückt wird, wo man die Prüfung mit NaCl-Lösung vornimmt.

Eine vergleichende Untersuchung von LINDEMANN[9] hat ergeben, daß im Mittel von je 10 nach der Gay-Lussac-Methode und dem Verfahren nach VOLHARD (s. 4.1.1.1.2) an 10 verschiedenen Proben durchgeführten Bestimmungen nur eine Abweichung von 0,01% Ag zu verzeichnen war.

WOGRINZ [10] vertritt die Meinung, daß die GAY-LUSSAC-Probe durch die später entwickelten Methoden der Titration mit Adsorptionsindicatoren bzw. der potentiometrischen Titration „fast überholt" sei. Er bringt theoretische Betrachtungen über die Fehlerursachen der Methode und Möglichkeiten zu ihrer Verringerung.

Literatur. [1] Gay-Lussac, J. L.: A. Ch. (2) **58**, 318 (1835). — [2] Wogrinz, A.: Analytische Chemie der Edelmetalle, Stuttgart 1936, S. 28f (Band XXXVI der Sammlung „Die Chemische Analyse"). — [3] Lenk, G. E.: Erzmetall **32**, 95 (1935). — [4] Levol: A. Ch., (3) **16**, 504 (1846). — [5] Mulder, G. I.: „Die Silberprobiermethode", übersetzt von Grimm, Leipzig 1859 aus „Scheikundige Verhandelingen en Onderzoekingen", Rotterdam 1857. — [6] Hoitsema: Ph. Ch. **20**, 272 (1896). — [7] Stas: A. Ch. (4) **25**, 22 (1872); (5) **3**, 145, 289 (1874), sowie C. r. **67**, 1107 (1868); **73**, 998 (1871). — [8] Woodhouse, J. O.: J. chem. Soc. **93**, 1037 (1908). — [9] Lindemann, O.: Berg- u. Hüttenmänn. Ztg. **35**, 333 (1876). — [10] Wogrinz, A.: Erzmetall **34**, 100 (1937).

4.1.1.1.2 Methode nach Volhard [1].

Prinzip. Ag^+-Ionen werden aus salpetersaurer Silbernitratlösung mit Ammoniumthiocyanatlösung als Silberthiocyanat ausgefällt. Als Indicator dient Fe(III), das in Form einer Ammoniumeisenalaunlösung zugesetzt wird. Der Endpunkt der Titration wird durch das Entstehen einer Rosafärbung angezeigt.

Arbeitsvorschrift nach Wogrinz [2]. Im Gegensatz zu der bei der Gay-Lussac-Methode (s. 4.1.1.1.1) verwendeten Natriumchloridlösung ist es bei der hier benötigten Ammoniumthiocyanatlösung nicht möglich, eine Lösung bestimmten Gehaltes durch Einwägen einer bestimmten Menge des Salzes und Auflösen zu einer bestimmten Lösungsmenge herzustellen, weil Ammoniumthiocyanat hygroskopisch ist. Man löst deshalb etwa 7 g NH_4SCN (theoretisch erforderlich: 7,05 g) zu einem Liter Lösung, um eine Lösung zu erhalten, von der 100 ml 1 g Ag ausfällen.

Titerstellung. 0,4 g Feinsilber werden in 10 ml Salpetersäure (1,2) gelöst. Nach dem Erwärmen zum Vertreiben der nitrosen Gase fügt man 2 ml Indicatorlösung (eine Mischung gleicher Teile ges. Ammoniumeisenalaunlösung und Salpetersäure (1,2)) zu, verdünnt auf etwa 160 ml und titriert mit der Ammoniumthiocyanatlösung (50-ml-Bürette) unter kräftigem Rühren, bis ein zarter Rosaton bestehenbleibt. (Treadwell [3] benutzt eine verschließbare Flasche wie bei der Gay-Lussac-Methode und schüttelt nach dem Auftreten der Rosafärbung, wobei diese meistens verschwindet, und fügt dann weiter so lange und tropfenweise Thiocyanatlösung hinzu, bis die rötliche Färbung auch nach kräftigem Schütteln erhalten bleibt.) Entsprechend dem so erhaltenen Ergebnis korrigiert man den Gehalt der Ammoniumthiocyanatlösung unter Berücksichtigung des bereits verbrauchten Anteils durch Zugabe der noch erforderlichen Menge Ammoniumthiocyanat.

Bei der Bestimmung des Silbergehaltes von Legierungen verfährt man in der gleichen Weise wie beim Einstellen der Ammoniumthiocyanatlösung.

Genauigkeit. Nach Wogrinz [2] haben lange Versuchsreihen ergeben, daß der Fehler der Methode bei Verwendung einer 50-ml-Bürette stets kleiner als 0,1% ist.

Untersuchungen von Prinz [4] ,bei denen die Ergebnisse von 300 Testtitrationen ausgewertet wurden, haben ergeben, daß bei Verwendung einer gelben Neophanglasbrille (50% Absorption) — im Einklang mit der Berechnung der Helmholtz-Farbmaßzahlen vor und nach dem Farbumschlag — geringere Standardabweichungen zu verzeichnen waren als ohne Neophanglasbrille (0,05% gegenüber 0,11% bzw. 0,06% gegenüber 0,28%).

Zur Verringerung des durch das „Nachfließen" der Bürette verursachten Fehlers hat Wogrinz [2] in Übereinstimmung mit Lindemann [5] vorgeschlagen, zunächst genau 35 ml Ammoniumthiocyanatlösung zuzusetzen und dann aus einer 10-ml-Bürette mit 0,02-ml-Einteilung weiter zu titrieren.

Hoitsema [6] vertritt in einer Stellungnahme zu von F. K. Rose an der Londoner Münze durchgeführten Versuchen die Ansicht, daß die Adsorptionsfähigkeit frisch gefällten Silberthiocyanats Ursache fehlerhafter Bestimmungen sein könnte.

Störungen. Hg stört, weil es gleichfalls unlösliches Thiocyanat bildet. Fe, Pb, Cd, Tl und As stören nicht. Bi und Sn können beim Verdünnen der salpetersauren

Lösung infolge Hydrolyse ausfallen. Sb wird mit Weinsäure maskiert. Geringe Mengen Au beeinflussen die Bestimmung nicht. Gefärbte Ionen wie Ni^{2+}, Co^{2+} und Cu^{2+} stören durch ihre Eigenfärbung. Nach WOGRINZ [2] wählt man in ihrer Gegenwart entweder geringere Einwaagen oder wägt Feinsilber zu. Bei Cu-Ag-Legierungen mit mehr als 60% Cu verfährt man nach TREADWELL [3] in Abwandlung eines schon von VOLHARD [1] angegebenen Verfahrens so, daß man zunächst einen geringen Überschuß Thiocyanatlösung zusetzt, um das Silber vollständig als Silberthiocyanat auszufällen, und den Niederschlag nach dem Abfiltrieren und Auswaschen wieder löst [in heißer Salpetersäure (1,4)]. Die dabei gebildete Menge Sulfat wird anschließend vollständig mit Bariumnitratlösung ausgefällt, dann erfolgt die Titration des Silbers nach VOLHARD, ohne das Bariumsulfat abzufiltrieren.

Bemerkungen. Nach WICK [7] ist es vor der Bestimmung des Silbers nach VOLHARD in Cyanidlösungen erforderlich, zunächst entweder das Ag auszufällen oder das Cyanid zu zerstören. Dazu gibt er die folgenden Verfahren an: a) Abtrennung des Silbers durch Ausfällen als Silbersulfid mit Ammoniumsulfidlösung und Lösen des Sulfids in heißer verd. Salpetersäure, b) Zementieren mit Zink, Lösen des auszementierten Silbers zusammen mit überschüssigem Zink in Salpetersäure und Reinigung durch eine Silberchloridfällung, sowie c) Zerstörung des Cyanids mit Schwefelsäure. Dabei geht zunächst ausfallendes Silbercyanid (unter Blausäure-Entwicklung!) in Lösung. — In allen drei Fällen folgt die Volhard-Titration. Die Methoden sollen gleichwertig sein. WOGRINZ [8] zementiert mit Aluminium aus der mit zusätzlichem Kaliumhydroxid versetzten Lösung.

DE CHAVES [9] beschreibt eine Methode zur Bestimmung des Silbers in Elektrolysenschlämmen der Kupferraffination. Dabei wird die Probe in Salpetersäure gelöst, anschließend das Silber als Silberchlorid gefällt und dieses mit einer Mischung von Kaliumhydrogensulfat und Natriumnitrat im Schmelzfluß aufgeschlossen.

STRISHEWSKI [10] führt die Titration nach VOLHARD im Anschluß an die Ausfällung des Silbers durch Reduktion mit Acetylen durch.

GAGLIARDI und Mitarb. [11] trennen Silber von Blei durch Extraktion mit einer Lösung von Dithio-β-isoindigo in n-Butanol und bestimmen das Silber durch Titration nach der Zerstörung des Komplexes mit Salpetersäure.

Zur Bestimmung des Silbers nach VOLHARD in Substanzen mit mehr als 50% Cu benutzen SHUKLA und BHATNAGAR [12] ein sulfuriertes Kohleharz, an dem Cu und Ag zunächst vollständig adsorbiert werden. Es folgt das Eluieren mit verd. Salpetersäure.

Nach einer Methode von SHRIMAL [13] wird die Bestimmung des Silbers nach VOLHARD in kobalthaltigen Materialien durch die Verwendung einer Austauschersäule ermöglicht. Dabei wird das Silber auf der Austauschersäule zurückgehalten, während das Kobalt in Form des Co(III)-ÄDTA-Komplexes durchläuft. Man eluiert mit 16%iger Salpetersäure.

MARTI und HERRERO [14] geben eine Lösung von Ag^+ und Ni^{2+} in Na-ÄDTA-Lösung auf eine Säule mit dem Kationenaustauscher Zerolit 225, eluieren zunächst Ni^{2+} mit Wasser, dann Ag^+ mit 7%iger Natriumnitrit-Lösung und bestimmen dieses nach VOLHARD. Die Methode wird für Nickelerze und -legierungen empfohlen.

Literatur: [1] VOLHARD: J. pr. (2) 9, 217 (1874). — [2] WOGRINZ, A.: Analytische Chemie der Edelmetalle, Stuttgart 1936, S. 31—33 (XXXVI. Band der Sammlung „Die chemische Analyse"). — [3] TREADWELL, W. D.: Lehrbuch der Analytischen Chemie, II. Band Quantitative Analyse, Wien 1946, S. 612. [4] PRINZ, W.: Glastechn. Ber. 33, 224 (1960). — [5] LINDEMANN, O.: Fr. 16, 352 (1877). — [6] HOITSEMA: Angew. Ch. 17, 647 (1904). — [7] WICK, R. M.: Bur. Stand. J. Res. 7, 913 (1931). — [8] WOGRINZ, A.: Fr. 89, 120 (1932). — [9] DE CHAVES, F.: An. Españ. 29, 651 (1931). — [10] STRISHEWSKI, I. I.: Betriebslab. (russ.) 5, 590 (1936). — [11] GAGLIARDI, E., M. THEIS u. W. KLEMENTSCHITZ: Mikrochim. A. 1954, 653. — [12] SHUKLA, R. P., u. R. P. BHATNAGAR: J. Indian. chem. Soc. 33, 43 (1956). — [13] SHRIMAL, R. L.: Analyst 84, 568 (1959). — [14] MARTI, F. B., u. C. A. HERRERO: Inform. Quím. Anal. (Madrid) 18 (3), 61 (1964).

4.1.1.1.3 Methode nach MOHR.

Prinzip. Eine neutrale Alkalimetallhalogenidlösung wird mit der Untersuchungslösung, einer neutralen Silbernitratlösung, titriert. Als Indicator wird Kaliumchromatlösung zugesetzt. Überschüssige Ag^+-Ionen bilden rotbraunes Silberchromat.

Arbeitsvorschrift. Da sich in saurer Lösung (pH $<$ 6,5) aus dem zugesetzten Chromat Dichromat bildet, das mit Ag^+-Ionen keinen schwerlöslichen Niederschlag ergibt, kann man die Titration nach MOHR nicht in saurer Lösung durchführen. Saure Lösungen werden mit Natriumhydrogencarbonat oder Borax abgestumpft. — Andererseits kann es bei pH-Werten über 10,5 zum Ausfallen von Silberhydroxid oder Silbercarbonat kommen.

Man titriert die neutrale Alkalimetallhalogenidlösung bekannten Gehaltes (etwa 0,1 n) unter Zusatz von 2 ml 5%iger Kaliumchromatlösung pro 25 ml Lösung bei Zimmertemperatur mit der zu bestimmenden neutralen Silbernitratlösung. Dabei wandelt sich das an der Eintropfstelle anfänglich entstehende Silberchromat beim Umschütteln in Silberhalogenid um. Überschüssige Ag^+-Ionen führen zu einer rotbraunen Färbung der Lösung, die einige Minuten bestehen bleibt, wodurch der Endpunkt der Titration angezeigt wird. Beim Einstellen der Alkalimetallhalogenidlösung und bei der Gehaltsbestimmung der Probelösung muß vollkommen gleichartig verfahren werden. Es ist besonders darauf zu achten, daß man auf den gleichen rotbraunen Farbton titriert.

Bemerkungen. Die Titration nach MOHR wird hauptsächlich zur Bestimmung von Halogenidionen verwendet. Nach TREADWELL [2] soll der Endpunkt bei der Bestimmung von Jodid nicht scharf zu erkennen sein.

RUOSS [3] legt die Silbernitratlösung vor, setzt eine solche Menge 5%iger Kaliumchromatlösung zu, daß am Ende der Titration 1 bis 2 Tropfen auf 25 ml Lösung kommen, und erhält einen Farbumschlag von Braunrot nach Grüngelb. Sauren Lösungen setzt er Calciumcarbonat zu, bis die Lösung milchig weiß aussieht.

Literatur: [1] MOHR, F., u. A. CLASSEN: Lehrbuch der chemisch-analytischen Titriermethoden, 7. Aufl. 1896, S. 427. — [2] TREADWELL, W. D.: Lehrbuch der analytischen Chemie, II. Band Quantitative Analyse, 11. Aufl. Wien 1946, S. 617. — [3] ROUSS, H.: Fr. 81, 385 (1930).

4.1.1.1.4 Bestimmungen unter Verwendung von Adsorptionsindicatoren.

Prinzip. FAJANS [1] fand zuerst, daß man zur Indication argentometrischer Titrationen Adsorptionseffekte an den Silberhalogenid- bzw. Silberthiocyanatniederschlägen, die in Gegenwart organischer Farbstoffe auftreten, ausnutzen kann. Ursache dieser Farbeffekte ist die unterschiedliche Aufladung der kolloiden Niederschläge vor und nach dem Endpunkt der Titration.

Bei den Oxy-adsorptionsindicatoren entsteht der Farbstoff erst am Ende der Titration bei einem Überschuß an Fällungsmittel (Halogenid- oder Thiocyanatlösung).

Arbeitsvorschrift nach Fajans. Vorgelegt wird eine bestimmte Menge Halogenid- bzw. Thiocyanatlösung bekannten Gehaltes. Nach Zusatz 1%iger wäßriger Eosinnatriumlösung (2 Tropfen je 10 ml 0,1 n Lösung) titriert man in schwach essigsaurer Lösung unter kräftigem Schütteln mit der silberhaltigen Probelösung, bis der Niederschlag deutlich rot, bei 0,01 n Lösungen rosarot wird. In 0,001 n Lösungen flockt der Niederschlag nicht mehr aus; die Farbe der Lösung ändert sich jedoch am Äquivalenzpunkt scharf von Rosa nach Purpurrot.

In der angegebenen Weise kann man bei Verwendung von Br^-, J^- und SCN^- verfahren, nicht jedoch bei der Titration mit Cl^-, weil das Silberchlorid den Farbstoff schon zu Beginn der Bestimmung adsorbiert. Hier verwendet man Fluorescein als Indicator.

Bei Verwendung von „Rhodamin 6 G" ist es möglich, die Silbernitratlösung vorzulegen und mit Bromidlösung zu titrieren. Der Endpunkt ist an der plötzlich auftretenden Blauviolettfärbung des Silberbromids zu erkennen. Die Genauigkeit wird mit etwa 0,1% angegeben.

Weitere Methoden unter Verwendung von Adsorptionsindicatoren. Nach SIERRA und SÁNCHEZ-PEDREÑO [2] kann man die Bestimmung des Silbers mit Halogenidionen in salpetersaurer Lösung mit Eosin als Indicator vornehmen. Der entstehende Niederschlag ist dabei während des größten Teils der Titration intensiv rot gefärbt. Im Äquivalenzpunkt vollzieht sich ein plötzlicher Farbwechsel zu gelblichen (Cl^-, Br^- und (ausgeprägter) J^-) und rosafarbenen (SCN^-) Tönen. MEHROTRA [3] titriert Ag^+-Ionen unter Verwendung von Kongorot (Diphenyl-bis-azo-α-Naphthylamin-4-sulfosäure) im pH-Bereich 3 bis 5 mit Cl^-, Br^-, J^- und SCN^-. Dabei wird der Indicator (1 ml einer 1%igen Lösung pro 10 ml) erst kurz vor dem Titrationsende zugesetzt. Mit Cl^- läßt sich noch eine 0,02n, mit SCN^- eine 0,01n und mit J^- eine 0,005n Lösung scharf titrieren.

MANNELLI [4] bestimmt Ag in Blei durch Titration mit 0,02n oder noch verdünnterer Kaliumjodidlösung und Bromphenolblau als Adsorptionsindicator in Ammoniumacetatlösung. 0,1 mg Ag kann bei einem Ag:Pb-Verhältnis von 1:14000 titriert werden.

Arbeitsvorschriften nach Sierra, Romojaro und Hernández-Cañavate [5 bis 11] unter Verwendung von Oxyadsorptionsindicatoren.

Titration von Silber mit Bromid oder Jodid und o-Dianisidin in Gegenwart von Cu(II) als Indicator [5]. Zur Silberlösung, die maximal 20% HNO_3 enthalten darf, gibt man 0,5 ml 1%ige Kupfernitratlösung, dann einige Tropfen 1%ige o-Dianisidinlösung in 95%igem Äthanol und titriert tropfenweise mit KBr(KJ)-Lösung. Die Farbe des ausfallenden Niederschlages ist zunächst gelblich, nimmt dann einen violetten Farbton an und schlägt am Titrationsende in Grünblau um.

Titration von Silber mit Thiocyanat und o-Tolidin (Benzidin) in Gegenwart von Cu(II) als Oxyadsorptionsindicator [6]. Die Bestimmung wird in stark essigsaurer Lösung vorgenommen. Pb(II), Cu(II), Ni(II), Co(II) und Cr(III) sind auch in größeren Mengen ohne Einfluß. 0,1 bis 0,001n Lösungen können titriert werden.

Man versetzt die neutrale 0,1n Ag^+-Lösung (saure Lösungen werden nach Zusatz eines Tropfens 0,1%iger Tropäolin OO-Lösung mit 4n Natriumacetatlösung bis zur schwachen Orangefärbung abgestumpft) mit 5 ml Eisessig (bei 0,01 bzw. 0,001n Ag^+-Lösung mit 1 bzw. 0,5 ml), bringt das Volumen der Lösung auf 30 ml, fügt 0,5 ml einer Lösung von 4,6 g Kupfernitrathexahydrat in 100 ml Wasser und 6 Tropfen einer 1%igen, mit 1 ml Eisessig angesäuerten Lösung von o-Tolidin in 96%igem Äthanol hinzu und titriert mit SCN^--Lösung bis zur Blaufärbung.

Titration von Silber mit Jodid und o-Dianisidin in Gegenwart von Au(III) als Oxyadsorptionsindicator [7]. In stark salpetersaurer Lösung können 0,01n Ag^+-Lösungen bestimmt werden.

Man verdünnt die salpetersaure 0,1n Silbernitratlösung mit dem gleichen Volumen Wasser, fügt 5 Tropfen o-Dianisidinlösung (1 g in 99 ml 95%igem Äthanol gelöst und mit 1 ml Eisessig versetzt) und 2 Tropfen 4%iger $AuCl_3$-Lösung zu und titriert mit 0,1n Kaliumjodidlösung, bis die zuerst rote Lösung farblos wird und sich der Niederschlag bläulich färbt.

Für 0,01n Ag^+-Lösungen verwendet man nur 1 Tropfen Reagenslösung und 2 Tropfen einer 0,4%igen $AuCl_3$-Lösung. Titriert wird mit 0,01n Kaliumjodidlösung.

Weitere Methoden. Ag^+ kann mit Br^- unter Verwendung von Benzidin neben Vanadat als Adsorptionsindicator bestimmt werden [8]. Farbumschlag: gelbgrün–violett.

Benzidin kann auch bei der Titration mit J^- in Gegenwart von Fe(III) als Oxyadsorptionsindicator Verwendung finden. Dabei entsteht zuerst ein gelber Niederschlag, und die Lösung wird je nach Säurekonzentration graugrün, blaugrün oder violett. Der Farbumschlag erfolgt nach Grünlichgelb [9].

o-Dianisidin kann auch bei der Titration von Ag^+ mit SCN^- in Gegenwart von Cu^{2+} als Indicator dienen [10]. Eine weitere Methode verwendet o-Tolidin oder Benzidin in Gegenwart von Fe^{3+} bei der Titration mit Br^- [11]. Dabei werden salpetersaure 0,1 bis 0,001n Ag^+-Lösungen titriert.

Literatur: [1] FAJANS, K., u. O. HASSEL: Z. El. Ch. **29**, 495 (1923). — [2] SIERRA, F., u. M. C. SÁNCHEZ-PEDREÑO: An. Real. Soc. españ. Fisic. Quím., Ser. B, **53**, 429 (1957). — [3] MEHROTRA, R. C.: Anal. chim. Acta **2**, 36 (1948). — [4] MANNELLI, G.: Anal. chim. Acta **9**, 232 (1953).— [5] SIERRA, F., u. J. HERNÁNDEZ-CAÑAVATE: An. Real. Soc. españ. Fisic. Quím., Ser. B, **47**, 277 (1951). — [6] wie [5], S. 269. — [7] SIERRA, F., u. F. ROMOJARO: gleiche Zeitschrift **49**, 131 (1953). — [8] wie [7], S. 351. — [9] wie [7], S. 361. — [10] SIERRA, F., u. J. HERNÁNDEZ-CAÑAVATE: gleiche Zeitschrift **46**, 557 (1950). — [11] HERNÁNDEZ-CAÑAVATE, J.: Inform. Quím. analit. **8**, 1 (1954)..

4.1.1.1.5 Bestimmungen unter Verwendung von Fluorescenz-Indicatoren.

Prinzip. Die Titration von Ag^+ mit 0,1n Lösungen von Natriumchlorid, Kaliumbromid und -jodid [auch von Kaliumchromat und Kaliumhexacyanoferrat(II)] wird im Dunkeln bei Zimmertemperatur in nicht lumineszierenden Titrierbechern unter stetem Umrühren mit einem gleichfalls nicht lumineszierenden Glasstab im auffallenden Licht einer Ultraviolettlampe durchgeführt. Im Äquivalenzpunkt treten Fluorescenzen auf oder sie verschwinden.

Indicatoren: Fluorescein-Na (geeignet für die Titration mit Cl^-, Br^-, J^-). Die grüne Farbe erlischt bei Zugabe der ersten Tropfen Maßlösung. Im Äquivalenzpunkt tritt ein lebhaftes Grün auf.

Thioflavin S (Cl^-, Br^-, J^-). Die dunkelblaue Farbe erlischt zu Beginn der Titration. Am Äquivalenzpunkt: hellblaue Fluorescenz.

Primulin. Wie Thioflavin S.

Trypaflavin (Cl^-). Die gelbgrüne Farbe verblaßt im Äquivalenzpunkt plötzlich, jedoch nicht vollständig.

Rhodamin G (Cl^-). Die gelbgrüne Farbe erlischt am Äquivalenzpunkt.

β-Methylumbelliferon und umbelliferonessigsaures Na (Cl^-, Br^-, J^-). Am Äquivalenzpunkt scharfer Übergang von Farblos nach Blau.

Eosin bläulich (J^-). Die blaßgrüne Farbe erlischt zu Beginn der Titration. Im Äquivalenzpunkt tritt deutliche Grünfärbung auf.

Erythrosin (J^-). Wie Eosin; hellgrüne Färbung am Äquivalenzpunkt.

Umbelliferon (J^-). Am Äquivalenzpunkt Farbänderung von Farblos nach Blau.

Genauigkeit. Im allgemeinen bei 0,1 bis 0,2%.

Bemerkungen. Ein großer Vorteil dieser Methode ist es nach Meinung von KOCSIS und Mitarb. [1], daß die Bestimmungen z. T. auch in gefärbten Lösungen, z. B. neben Co^{2+}, Ni^{2+}, Cu^{2+} und Fe^{3+} durchführbar sind. Thioflavin S, Primulin, Eosin bläulich und Erythrosin sind als Indicatoren geeignet. BOGNÁR [2] verwendet Magdalarot als Fluorescenzindicator bei gleichzeitigem Zusatz eines Schutzkolloides.

Literatur: [1] KOCSIS, E. A., G. ZÁDOR u. J. F. KALLÓS: Fr. **126**, 138 (1943/44). — [2] BOGNÁR, J.: Magyar Chem. Folyóirat **65**, 123 (1959).

4.1.1.1.6 Bestimmungen mit Kaliumjodidlösung und Jodstärke als Indicator.

Prinzip. Ag^+-Ionen werden in saurer Lösung mit J^--Ionen als AgJ ausgefällt. Überschüssiges Jodid wird durch ein zugesetztes Oxydationsmittel zu Jod oxydiert, das mit Stärke blaue Jodstärke bildet.

Arbeitsvorschrift nach Suryanarayana und Das Gupta [1] unter Verwendung von Kaliumdichromat als Oxydationsmittel. Man löst die Probe in Salpetersäure (1:1), dampft zur Trockne ein, nimmt den Rückstand mit Wasser auf und verdünnt auf ein bestimmtes Volumen. Ein Anteil dieser Lösung wird mit 20 ml Schwefelsäure (1:10), 1 ml 1%iger Kaliumdichromatlösung und 2 ml frisch hergestellter Stärkelösung versetzt., Man titriert mit 0,01 oder 0,001 n Kaliumjodidlösung (gelöst in schwach ammoniakhaltigem Wasser; eingestellt gegen Feinsilber) bis zum Auftreten der Blaufärbung.

Störungen. Es stören nicht: Cu, Zn, Ni, Sb, Fe(III), Pb bis zum Verhältnis Pb:Ag = 2:1 und As bis zum Verhältnis As:Ag = 1:2, ferner Oxalat, Nitrat und Sulfat.

Hg stört durch Reaktion mit dem Jodid.

Andere Oxydationsmittel. SURYANARAYANA, BOSE und DAS GUPTA [2] verwenden Wasserstoffperoxid, BLOOM und McNABB [3] Cer(IV)-ammoniumsulfat; VOGEL [4] benutzt Salpetersäure mit einem Gehalt an salpetriger Säure.

Mikrobestimmung nach Titova [5]. Vorgelegt wird eine durch Jodstärke gefärbte Jodidlösung. Die Methode beruht darauf, daß Stärke nur in Gegenwart von J^- mit Jod Jodstärke bildet. Nach der Ausfällung der J^--Ionen durch Ag^+-Ionen verschwindet die Blaufärbung. 2 bis 15 µg Ag sollen mit einem Fehler von 1,5 bis 3% titriert werden können.

Arbeitsvorschrift. 3 bis 12 mm³ 0,01 n Kaliumjodidlösung, 1,5 bis 2,0 mm³ 0,05%ige Jodlösung und 20 bis 30 mm³ 0,5%ige Stärkelösung werden mit der zu untersuchenden Silberlösung bis zum Verschwinden der Blaufärbung titriert.

Literatur: [1] SURYANARAYANA, S. V., u. N. H. DAS GUPTA: Ind. J. appl. Chem. **23**, 209 (1960). — [2] SURYANARAYANA, S. V., A. K. BOSE u. H. N. DAS GUPTA: Ind. J. appl. Chem. **22**, 119 (1959). — [3] BLOOM, A., u. W. M. McNABB: Ind. eng. Chem. Anal. Edit. 8, 167 (1936). — [4] VOGEL, H.: POGG. Ann. **124**, 347. — [5] TITOVA, J. G.: Ž. anal. Chim. (russ.) 6, 51 (1950).

4.1.1.1.7 Bestimmung mit potentiometrischer Indication.

Prinzip. Die Potentialänderung einer Indicatorelektrode (meist einer Silberelektrode) gegenüber einer Vergleichselektrode wird während der Titration von Ag^+-Ionen mit Halogenid- oder Thiocyanationen verfolgt. Sie ist bei Zugabe einer bestimmten Reagensmenge am Äquivalenzpunkt am größten.

Arbeitsvorschrift nach [1]. Von Feinsilber oder Silberlegierungen mit mehr als 10% Ag wird eine einem Silberinhalt von 400 mg entsprechende Menge in Salpetersäure (1:2) gelöst (pro g Legierung etwa 10 ml Säure). Dann verkocht man die Stickstoffoxide und titriert nach dem Erkalten in einem 400-ml-Becherglas mit 0,1 n Maßlösung. Dabei wird eine Silberelektrode benutzt, deren Potential gegenüber einer Quecksilbersulfat-Vergleichselektrode mit einem Potentiometer gemessen wird. Die Bestimmung kann auch mit 0,01 und 0,001 n Lösungen ausgeführt werden.

Genauigkeit. KOLTHOFF und LINGANE [2] bestimmen 500 ml einer 10^{-5} n Ag^+-Lösung mit einer Genauigkeit von $\pm 0,2\%$ und einer $5 \cdot 10^{-7}$ n Ag^+-Lösung mit einer Genauigkeit von $\pm 3\%$ unter Verwendung von Jodid als Titrationsmittel. — Bei 60 °C erfolgt die Einstellung der Potentiale schneller als bei Zimmertemperatur, jedoch sind die Potentialänderungen pro zugesetzter Reagensmenge wegen der bei 60 °C größeren Löslichkeit des AgJ geringer. — Es wird empfohlen, auf das sog. „Äquivalenzpotential" zu titrieren.

Störungen. MOSER, RAUB und STEIN [3] haben Untersuchungen darüber angestellt, welche Elemente bei der Titration des Silbers mit Cl^-, Br^- und SCN^- bei potentiometrischer Indication stören. Dabei wurden berücksichtigt: Cu, Pt, Pd, Pb, Bi, Cd, Sb, Sn, Ni, Co, Cr, Mn, Al, Zn, Be, Mg, Si, P, Alkali- und Erdlakalimetalle.

Cu stört bei der Titration mit SCN^- (wie auch Hg).

Fe^{3+} stört infolge Reaktion mit der Indicatorelektrode: $Fe^{3+} + Ag \rightarrow Ag^+ + Fe^{2+}$. Man kann es durch Zusatz von NaF in Gegenwart von viel Na^+ ausfällen. Der Niederschlag braucht nicht abfiltriert zu werden.

Pd stört und wird aus schwach saurer Lösung mit Diacetyldioxim oder aus neutraler Lösung mit α-Nitroso-β-Naphthol ausgefällt.

Pt stört gleichfalls. Man vermeidet das Inlösunggehen dieses Elementes dadurch, daß man die betreffende Legierung in Schwefelsäure löst. Kleinere Mengen Pt (bis zu 3,3%) stören nicht.

Nach [2] ist Bariumnitrat ohne Einfluß. Sulfat kann beträchtliche positive Fehler verursachen.

Bemerkungen. HAHN [4] hat eine Abhängigkeit des Elektrodenpotentials von der Rührgeschwindigkeit festgestellt und empfiehlt zu ihrer Beseitigung eine Vorbehandlung der Elektrode durch anodische Polarisation in Kaliumchlorid- (oder besser 0,1 n Kaliumjodid-) Lösung.

MOSER, RAUB und STEIN konnten bei der Titration mit J^- von Lösungen, die Ag und Pd nebeneinander enthalten, nur einen „Sprung" erhalten, der der Summe beider Metalle entspricht [5].

HILTNER und GITTEL [6] bestimmen Ag neben Bi, Pb, Cu und Cd im Anschluß an eine Schwefelwasserstofftrennung mit Salzsäure unter Verwendung einer AgJ-Elektrode.

PLASENCIA [7] beschreibt ein Verfahren zur Bestimmung des Silbers in photographischen Emulsionen.

SIERRA und CARPENA [8] verwenden für die Titration in neutraler, schwefelsaurer oder salpetersaurer Lösung anstelle der Silberindicatorelektrode eine Pt-Elektrode. Desgleichen GAUGUIN [9] für die Bestimmung mit SCN^-, wobei die Ag^+-Ionenkonzentration vor der Zugabe des letzten Tropfens nicht kleiner als 10^{-4} m sein soll.

Nach einem Verfahren von SCHULEK und PUNGOR [10] läßt sich Silber mit J^- potentiometrisch unter Verwendung einer Glaselektrode titrieren und indizieren, wenn eine genügende Menge p-Äthoxychrysoidin in der Lösung vorhanden ist. Diese Indizierung beruht darauf, daß das entstehende Farbstoffadsorbat die Eigenschaft der Protonenabgabe bzw. -aufnahme besitzt, die in der Nähe des Äquivalenzpunktes ein Maximum erreicht. — Titriert werden 0,002 bis 0,0005 n Ag^+-Lösungen mit 0,01 n Maßlösung nach Zusatz von 12 Tropfen 0,2%iger äthanolischer p-Äthoxychrysoidinlösung.

Weitere Arbeiten über die Verwendung einer Glaselektrode sind von GEYER und Mitarb. [11], PIRT und CHAIN [12], sowie LYKKEN und TUEMMLER [13] veröffentlicht worden.

MÜLLER und HENTSCHEL [14] titrieren Ag^+ mit Cl^- neben Pb^{2+} und verwenden dabei die Methode des gegengeschalteten Umschlagspotentials, die auch zur Bestimmung des Silbers neben Zn und Cd [15] verwendet werden kann.

Arbeitsvorschrift nach Schtschigol [16] zur Bestimmung des Silbers mit SCN^- oder J^- in ammoniakalischer Lösung. Zu 0,05 bis 1 ml 0,05 n Silbernitratlösung gibt man 0,1 n Ammoniaklösung bis zur Auflösung des gebildeten Niederschlags, verdünnt mit Wasser auf 100 ml und titriert mit 0,025 n KJ- oder KSCN-Lösung. Der KJ-Lösung werden zur Erhöhung der Stabilität 10 ml 0,1 n Natriumcarbonatlösung pro Liter zugesetzt. Als Elektroden werden eine Silber- und eine Kalomelelektrode verwendet.

Die Bestimmung kann neben den Anionen Chlorid, Nitrit, Jodat, Bromat, Oxalat und Phosphat sowie neben den Kationen Fe^{3+}, Cu^{2+} und Pb^{2+}, in deren Gegenwart man 5%ige Kaliumnatriumtartratlösung und n Ammoniaklösung zusetzt, ausgeführt werden.

Mikromethode von Zürcher und Hoepe [17]. Zur Bestimmung sehr geringer Silbermengen (10^{-9} g) wird eine spezielle Anordnung zur potentiometrischen Titration mit Kaliumjodidlösung gleicher Konzentration angegeben, wobei als Titrationsgefäß ein mit einer Vertiefung versehenes Paraffinplättchen von 1 cm Seitenlänge verwendet wird. Elektroden: Silberdraht und Kalomelelektrode (über ein Heberrohr). Titriert wird ein einziger Tropfen der Lösung. Die Durchmischung erfolgt durch eine Vibrationseinrichtung. Als Bürette dient eine horizontal gelagerte Glascapillare von 0,4 mm Durchmesser, die am Ende abwärts gebogen und zu einer feinen Spitze ausgezogen ist (Ablesegenauigkeit = 2 mm, entsprechend 0,09 mm^3. Das Füllen erfolgt durch Ansaugen, das Entleeren mit Preßluft.)

Literatur: [1] Edelmetallanalyse, Probierkunde und naßanalytische Verfahren, herausgeg. vom Chemikerausschuß der GDMB, Berlin/Göttingen/Heidelberg: 1964, S. 94. — [2] KOLTHOFF, I. M., u. J. J. LINGAVE: Am. Soc. **58**, 2457 (1936). — [3] MOSER, H., E. RAUB u. W. STEIN: Z. El. Ch. **39**, 623 (1933). — [4] HAHN, F. L.: Anal. chim. Acta **29**, 285 (1963); **30**, 293 (1964). — [5] MOSER, H., E. RAUB u. W. STEIN: Z. El. Ch. **39**, 623 (1933). — [6] HILTNER, W., u. W. GITTEL: Fr. **99**, 169 (1934). — [7] PLASENCIA, H. T.: Sci. Ind. photogr. **14**, 101 (1943) (franz.). — [8] SIERRA, F., u. O. CARPENA: An. Real. Soc. españ. Fisic. Quím., Ser. B, **46**, 627, 688 (1950); **47**, 215, 345 (1951). — [9] GAUGUIN, R.: Anal. chim. Acta **5**, 200 (1951). — [10] SCHULEK, E. u. E. PUNGOR: Anal. chim. Acta **5**, 422 (1951). — [11] GEYER, R., K. CHOJNACKI u. C. STIEF: Fr. **200**, 326 (1964). — [12] PIRT, S. J., u. E. B. CHAIN: Ric. Ist. sup. Sanitá **16**, 363 (1953). — [13] LYKKEN, L., u. F. D. TUEMMLER: Ind. Eng. Chem. Anal. Edit. **14**, 67 (1942). — [14] MÜLLER, E., u. H. HENTSCHEL: Fr. **72**, 1 (1927). — [15] dieselben Verfasser, Fr. **75**, 240 (1928). — [16] SCHTSCHIGOL, M. B.: Betriebslab. (russ.) **15**, 1420 (1949). — [17] ZÜRCHER, M., u. G. HOEPE: Helv. **21**, 1272 (1938).

4.1.1.1.8 Bestimmung mit amperometrischer Indication.

Prinzip. Das Verfahren beruht auf der Messung des Stroms, der bei angelegter konstanter äußerer Spannung während der Titration durch die Lösung fließt. Man verwendet entweder eine polarisierte und eine unpolarisierte Elektrode („Verfahren mit einer polarisierten Elektrode") oder zwei polarisierte Elektroden („Verfahren mit zwei polarisierten Elektroden, dead stop-Verfahren"). Aus dem Verlauf der in Abhängigkeit von der zugesetzten Reagensmenge aufgezeichneten Stromkurve ist der Endpunkt der Titration erkennbar.

Arbeitsvorschrift nach Kiss [1] zur Bestimmung des Ag$^+$ mit J$^-$ nach der „dead stop"-Methode. 20 ml Lösung mit 30 bis 50 mg Ag$^+$ werden in einem Becherglas mit 10 ml 0,5n Schwefelsäure und 1 Tropfen 0,1n Kaliumdichromatlösung versetzt und unter Verwendung der üblichen „dead stop"-Indication mit Kaliumjodidlösung titriert.

Ausrüstung. Magnetrührer, Pt-Pt-Elektrode, Galvanometer mit einer Empfindlichkeit von 2 · 10^{-8} A für 50 mV. Im Endpunkt wächst die Stromstärke sprunghaft an.

Genauigkeit. Die prozentuale Abweichung bei unter [1] angeführten Beleganalysen im Bereich von 30 bis 50 mg Ag liegt zwischen $-0,1$ und $+0,3\%$.

Störungen. Hg wird mittitriert; geringe Mengen As, Sb, Pb stören nicht.

Anwendungen des „Verfahrens mit einer polarisierten Elektrode". KOLTHOFF und LAITINEN [2] titrieren eine 0,001n Silbernitratlösung, die 0,1n an Kaliumnitrat ist und 0,05% Gelatine enthält, mit Cl$^-$ auf 0,5% genau. Als Elektroden werden eine rotierende Pt-Elektrode und eine Kalomelelektrode verwendet.

KALVODA und ZÝKA [3] bestimmen Silber im Konzentrationsbereich von 5 · 10^{-2} bis 10^{-4} m mit Ammoniumthiocyanatlösung (auch mit Kaliumhexacyanoferrat(II) oder Nitroprussid-Na) unter Verwendung einer Hg-Tropfelektrode und einer Kalomelelektrode. Es werden L-förmige Titrationskurven erhalten. Vor und während der Titration wird Stickstoff durch die Lösung geleitet.

PARKS und LYKKEN [4] führen die amperometrische Titration des Ag$^+$ mit 0,01n Kaliumjodidlösung in ammoniakalischer Lösung durch.

PASCHTSCHENKO und SSONGINA [5] nutzen die Methode zur Bestimmung des Silbers in Rohkupfer mit 2000 bis 3500 g Ag/t. Sie titrieren bei pH 2 bis 3 mit 0,005n Kaliumjodidlösung bei $+1,0$ V.

Literatur: [1] Kiss, S. A.: Fr. **195**, 249 (1963). — [2] Kolthoff, I. M., u. H. A. Laitinen: J. phys. Chem. **45**, 1079 (1941). — [3] Kalvoda, R., u. J. Zýka: Coll. Czechoslov. Chem. Comm. **15**, 630 (1950). — [4] Parks, T. D., u. L. Lykken: Anal. Chem. **22**, 1505 (1950). — [5] Paschtschenko, A. I., u. O. A. Ssongina: Betriebslab. (russ.) **30**, 1064 (1964).

4.1.1.1.9 Bestimmung mit radiometrischer Indication.

Prinzip. Bei der Titration setzt man entweder der zu bestimmenden Silberlösung radioaktives ^{110}Ag oder der betreffenden Maßlösung radioaktives Halogenid, z. B. ^{131}J$^-$ zu und mißt die Aktivität der Lösung nach Zugabe einer Reagensmenge und dem Sichabsetzen des Silberhalogenid-Niederschlages.

Arbeitsvorschrift nach Tölgyessy und Schiller [1]. Apparatur (s. Abb.): In ein 200-ml-Becherglas taucht eine durch eine Sinterglasplatte abgeschlossene Glas-

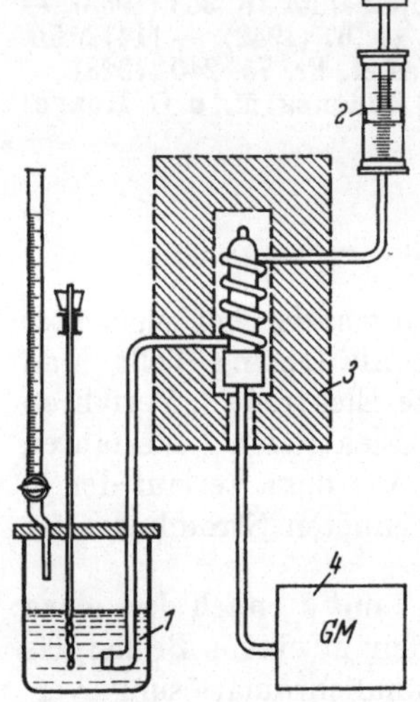

röhre [*1*], die spiralförmig um ein Geiger-Müller-Zählrohr gelegt und mit einer Injektionsspritze [*2*] verbunden ist. Das Geiger-Müller-Rohr ist in einen Bleiblock gebettet [*3*] und mit einem Zähler [*4*] verbunden.

Als Maßlösung dient 0,1 n Kaliumjodidlösung, die auf 200 ml 1 ml ^{131}J$^-$-Lösung enthält. Die spez. Aktivität der Lösung betrug 0,842 mC/ml.

Zu 50 ml Probelösung wird die Maßlösung in bestimmten Anteilen gegeben. Man rührt gut, wartet das Absetzen des Niederschlags ab, saugt dann mit der Spritze einen Teil der Lösung in die Spirale und mißt ihre Aktivität. Die Auswertung erfolgt graphisch oder rechnerisch. Bei 2 Meßwerten dauert eine Bestimmung 8 bis 10 Minuten.

Bemerkung. Cu(I) und Pd(II) können in gleicher Weise bestimmt werden.

Arbeitsvorschrift nach Plotnikov [2] zur Bestimmung von Silber in Kupfer- und Bleilegierungen. Man löst 20 g Legierung in konz. Salpetersäure, filtriert und verdünnt das Filtrat auf 1 Liter unter Zusatz von so viel Salpetersäure, daß eine 10%ige Lösung entsteht.

Abb. 2. Apparatur zur radiometrischen Titration nach Tölgyessy und Schiller

Einem Anteil dieser Lösung wird eine genau bestimmte Menge ^{110}AgNO$_3$ zugesetzt. Dann wird mit 0,005 oder 0,1 n Salzsäure in der Weise titriert, daß man nach jeder Reagenszugabe 1 ml der Lösung zentrifugiert und in der überstehenden klaren Lösung die Strahlungsintensität mißt.

Die Auswertung erfolgt graphisch unter Berücksichtigung der zugesetzten Menge ^{110}Ag.

Genauigkeit. Auch bei 400fachen Überschüssen an Kupfer und Blei beträgt der Fehler maximal 5%. Für eine Bestimmung werden 40 bis 50 Min. benötigt.

Störungen. Bi, As, Sb, Se stören nicht.

Literatur: [1] Tölgyessy, G., u. P. Schiller: Magyar Chem. Folyóirat **63**, 269 (1957) — [2] Plotnikov, V. I.: Betriebslab. (russ.), **24**, 927 (1958).

4.1.1.1.10 Bestimmung mit konduktometrischer Indication.

Prinzip. Die Leitfähigkeit der Probelösung wird in Abhängigkeit von der zugesetzten Reagensmenge bestimmt. Die Auswertung erfolgt graphisch.

Nach Immig und Jander [1] lassen sich geringe Mengen Silber (bis herab zu 1 μg) unter gewissen Vorkehrungen konduktometrisch mit Schwefelwasserstoffwasser bestimmen.

Ferner ist es möglich, unter Verwendung von Natriumchloridlösung als Maßlösung geringe Mengen Silber neben großen Überschüssen Blei (1 mg Ag neben 1 bis 500 mg Pb) zu erfassen. Bis zu 50 mg Blei verwendet man dabei 0,1 n Maßlösung bei einem Fehler von maximal 1%, bei Bleimengen zwischen 250 und 500 mg 0,5 n Natriumchloridlösung (Fehler etwa 2%). Der Knickpunkt in der Leitfähigkeitskurve ist mit steigenden Bleimengen schwieriger zu ermitteln [2].

Literatur: [1] IMMIG, H., u. G. JANDER: Z. El. Ch. **43**, 207 (1937). — [2] JANDER, G., u. H. IMMIG: Z. El. Ch. **43**, 214 (1937).

4.1.1.1.11 Bestimmung durch Hochfrequenzindication.

Prinzip. Die Titrationen werden in Kapazitäts- oder Induktionszellen durchgeführt, die mit einem Kondensator bzw. einer Induktionsspule zu einem Hochfrequenz- (MHz-) Schwingkreis ergänzt werden. Im Äquivalenzpunkt der Titration ist eine charakteristische Änderung der Meßgröße festzustellen. Als solche können die Frequenz oder der Strom bei konstanter Frequenz, auch die Durchlässigkeit der Zellen für hochfrequenten Wechselstrom dienen.

MAJUMDAR, MUKHERJEE und MITRA [1] titrieren Ag^+ mit KCl, KBr, KJ und NH_4SCN unter Verwendung einer modifizierten Form des Titrators von HALL [2] und erzielen gute Resultate (5,77 MHz).

LANE [3] hat ein Hochfrequenztitrimeter für höhere Konzentrationen entwickelt (250 MHz). 0,1 n Silbernitratlösung kann mit 0,1 n Kaliumchloridlösung bestimmt werden.

SANT und MUKHERJEE [4] haben die Genauigkeit der Hochfrequenztitration von Ag^+ mit NH_4SCN und KSCN bei Verwendung des Oscillometers V (Sargent) und einer 100-ml-Zelle untersucht.

Im Bereich von 3,2 bis 8,1 mg Ag/100 ml (entsprechend $3 \cdot 10^{-4}$ bis $7 \cdot 10^{-4}$ n) wurde bei der Titration mit 0,05 n Thiocyanatlösung an der L-förmigen Titrationskurve ein maximaler Fehler von 5% festgestellt.

Literatur: [1] MAJUMDAR, A. K., A. K. MUKHERJEE u. B. K. MITRA: Anal. chim. Acta **20**, 511 (1959); **21**, 29 (1959). — [2] HALL, J. L.: Anal. Chem. **24**, 1244 (1952). — [3] LANE, E. S.: Analyst **82**, 406 (1957). — [4] SANT, B. R., u. A. K. MUKHERJEE: Anal. chim. Acta **20**, 124 (1959).

4.1.1.2 Indirekte Methoden.

4.1.1.2.1 Rücktitration mit Quecksilber(II)-nitratlösung.

Prinzip. Ag^+ wird aus schwach saurer Lösung mit einem bekannten Überschuß 0,1 n Natrium- oder Kaliumchloridlösung als Silberchlorid ausgefällt. Den Überschuß titriert man mit 0,1 n Quecksilber(II)-nitratlösung unter Verwendung von Diphenylcarbazid oder Diphenylcarbazon zurück. Dabei ist Diphenylcarbazon der bessere Indicator, der den intensiveren Farbumschlag (nach Rotviolett) gibt. Mit steigender Säurekonzentration nimmt die Empfindlichkeit des Indicators ab, weswegen man der Quecksilber(II)-nitratlösung nur die zur Vermeidung einer Hydrolyse notwendige Menge Salpetersäure (1 bis 3 ml/l) zusetzt.

Blei und Quecksilber stören [1].

Literatur: [1] DUBSKÝ, J. V., u. J. TRTÍLEK: Fr. **93**, 345 (1933).

4.1.1.2.2 Rücktitration überschüssigen Thiocyanats mit Cer(IV)-sulfat- bzw. Silbernitratlösung.

Prinzip. Ag^+ wird mit einem Überschuß SCN^- als Silberthiocyanat ausgefällt und der Überschuß mit n Cer(IV)-sulfatlösung gemäß der Reaktionsgleichung

$$6\,Ce^{4+} + SCN^- + 4\,H_2O = 6\,Ce^{3+} + HSO_4^- + HCN + 6\,H^+$$

zurücktitriert. 1 ml Cer(IV)-sulfatlösung entspricht 17,98 mg Ag. Unter [1] angeführte Beleganalysen zeigen praktisch keine Abweichungen zwischen den nach dieser Methode erhaltenen Ergebnissen und Resultaten nach MOHR.

Nach MEHROTRA [2] kann man den Überschuß Thiocyanat auch durch Rücktitration mit Silbernitrat unter Verwendung von Bromphenolblau als Indicator bestimmen. Tl(I) wird dabei nicht mit erfaßt.

Literatur: [1] JOSHI, M. K.: Fr. **152**, 355 (1956). — [2] MEHROTRA, R. C.: Anal. chim. Acta **3**, 78 (1949).

4.1.1.2.3 Indirekte Bestimmung nach Fällung als Silberthiocyanat.

Prinzip. Ag^+ wird zunächst mit SCN^- als Silberthiocyanat ausgefällt, dieses in Ammoniaklösung gelöst, die Lösung mit Salzsäure angesäuert und das ausgefallene Silberchlorid abfiltriert. Das im Filtrat befindliche Thiocyanat kann anschließend durch Titration mit Permanganat bestimmt werden.

Das Verfahren wird von WAGSTAFF [1] zur Bestimmung des Silbers in Blei angewendet.

Literatur: [1] WAGSTAFF, W. R.: Ind. eng. Chem. Anal. Edit. **4**, 51 (1932).

4.1.1.2.4 Indirekte Bestimmung nach Fällung als Doppeljodid $HgJ_2 \cdot 2\,AgJ$.

Prinzip. Nach GOLSE [1] wird einer Silbernitratlösung eine mit Quecksilber(II)-jodid gesättigte Kaliumjodidlösung (2,5 g KJ/l) zugesetzt, worauf das Doppeljodid $HgJ_2 \cdot 2\,AgJ$ ausfällt. Der Niederschlag wird abgetrennt und das im Filtrat nach Oxydation mit Permanganat enthaltene Jod durch Titration mit Thiosulfatlösung bestimmt.

Literatur: [1] GOLSE, J.: Bl. **47**, 760 (1930).

4.1.1.2.5 Rücktitration überschüssigen Chlorids oder Bromids mit Silbernitratlösung und amperometrischer Indication.

Prinzip. Die Bestimmung geringer Silbermengen kann durch Titration mit 0,01 n HCl- oder KBr-Lösung, am besten durch Rücktitration überschüssigen Chlorids oder Bromids mit 0,01 n Silbernitratlösung und amperometrischer Indication durchgeführt werden. Man verwendet eine auf $+\,0{,}05$ V gegen eine Kalomelelektrode polarisierte rotierende Pt-Elektrode (Verfahren mit einer polarisierten Elektrode) und setzt Gelatine oder Gummi arabicum zur Verhinderung des Ausflockens des Niederschlags zu.

Arbeitsvorschrift nach Bozsai [1]. Man löst die Probe in Schwefelsäure/Salpetersäure, verkocht die Stickstoffoxide und versetzt einen 1 bis 2 mg Ag enthaltenden Anteil mit 5 ml 2%iger Gummiarabicum-Lösung und 5 ml HNO_3 (1:1), dann füllt man auf 100 ml auf, gibt 5 ml 0,01 n KBr-Lösung zu, stellt nach 1 bis 2 Min. die auf $+\,0{,}05$ V polarisierte Pt-Elektrode auf 1200 U/min ein und titriert den Bromidüberschuß mit 0,01 n Silbernitratlösung. Der Endpunkt wird graphisch ermittelt.

Genauigkeit. 1 mg Ag/50 ml kann mit einer Genauigkeit von $\pm\,0{,}5\%$ bestimmt werden.

Bemerkung. Das Verfahren soll zur Silberbestimmung in Silberloten, Kontaktlegierungen und E-Schlämmen geeignet sein. Cu(II) stört auch in 1000 fachem Überschuß nicht.

Literatur: [1] BOZSAI, I.: Magyar Chem. Folyóirat **62**, 386 (1956).

4.1.1.2.6 Rücktitration überschüssigen Jodids mit Permanganat und Fluorescenz-Indication.

Prinzip. Ag^+ wird mit einer bekannten überschüssigen Menge Jodid als Silberjodid ausgefällt und der Überschuß ohne vorherige Abtrennung des Niederschlags mit Permanganat titriert. Der Endpunkt der Titration wird in der dunklen und trüben Lösung mit Siloxen als Indicator durch eine sich auf die ganze Lösung ausbreitende Luminescenz angezeigt.

Arbeitsvorschrift nach Erdey, Buzás und Pólos [1]. Die Lösung mit etwa 50 bis 500 mg Ag wird in einem 200-ml-Titrierkolben mit so viel überschüssigem 0,1n Kaliumjodid versetzt, daß ein Permanganatverbrauch von etwa 20 bis 30 ml zu erwarten ist. Dann säuert man mit 20 ml 2 n Schwefelsäure an, kühlt auf etwa 15 °C ab, versetzt mit einer Messerspitze Siloxen (50 bis 100 mg) und titriert im Dunkeln mit 0,1n Permanganatlösung. An den Eintropfstellen ist ein scharfes Aufblitzen zu beobachten. Im Endpunkt leuchtet die gesamte Lösung gelblichrot.

1 ml Permanganatlösung (0,1n) entspricht 16,60 mg KJ. Bei Verwendung von 50 bis 100 mg Indicator ist mit einem Mehrverbrauch von etwa 0,07 ml Maßlösung zu rechnen. Die Menge der Ag^+-Ionen läßt sich aus der Differenz der zugesetzten KJ-Lösung und der verbrauchten Permanganatlösung errechnen. 1 ml 0,1n KJ-Lösung entspricht 10,787 mg Ag.

Lösungen: 0,1n $KMnO_4$-Lösung. 3,2 g $KMnO_4$ werden in Wasser zu 1 Liter gelöst. Nach einstündigem Erwärmen auf 80 bis 90 °C, Versetzen mit 10 bis 15 g bei 200 °C getrocknetem Kaolin und Filtrieren nach einstündigem Absetzen durch ein feinporiges Glasfilter wird die Lösung in einer braunen Flasche aufbewahrt (Titerstellung mit $Na_2C_2O_4$).

0,1n KJ-Lösung. 16,6006 g KJ werden in Wasser zu 1 Liter gelöst. Der Titer wird argentometrisch kontrolliert.

Indicator. 5 g gepulvertes technisches Calciumsilicid werden in ein hohes 800-ml-Becherglas eingewogen und mit 50 ml konz. Salzsäure in kleinen Portionen unter Umrühren versetzt. Nach Ablauf der heftigen Reaktion werden weitere 25 ml Salzsäure zugefügt. Dann kocht man 5 Min., verdünnt mit 150 ml heißem Wasser und hält weitere 5 Min. im Sieden. Das gelb schillernde Siloxen wird durch Dekantieren von den grauen, rasch sedimentierenden Teilen des Calciumsilicids getrennt, die nicht umgesetzt worden sind. Man wäscht das Siloxen mit Wasser, Äthanol und Äther. Dann läßt man die gelbe Substanz auf einem Uhrglas ausgebreitet 1 bis 2 Std. an der Luft im Dunkeln trocknen und bewahrt es in braunen Glasgefäßen auf. Sie ist 1 bis 2 Wochen als Indicator verwendbar.

Genauigkeit. Beleganalysen nach [1], Angaben in mg Ag.

Gegeben	Gefunden			Mittelwert	Abweichung [%]
54,05	53,25;	53,48;	53,50	53,41	−1,2
107,66	106,67;	106,95;	107,44	107,02	−0,6
216,40	216,52;	216,71;	217,26	216,83	+0,2
325,15	325,86;	325,47;	326,07	325,80	+0,2

Bemerkung. Dieses Titrationsverfahren war vor der Veröffentlichung der Arbeit von ERDEY und Mitarb. [1] nur mit potentiometrischer Indication ausführbar.

Literatur: [1] ERDEY, L., I. BUZÁS u. L. PÓLOS: Fr. **169**, 187 (1959).

4.1.2 Bestimmung mit Jod- bzw. Jodstärkelösung.

Prinzip. Ag^+-Ionen reagieren in neutraler Lösung mit Jod gemäß:

$$5\,Ag^+ + 3\,J_2 + 3\,H_2O = 5\,AgJ + HJO_3 + 5\,H^+$$

bzw.:

$$6\,Ag^+ + 3\,J_2 + 3\,H_2O = 5\,AgJ + AgJO_3 + 6\,H^+.$$

Bei Verwendung einer Jod-Jodid-Maßlösung und einem Zusatz an Stärke zur Ag^+-Lösung tritt die Blaufärbung erst auf, wenn überschüssiges Jod in der Lösung vorhanden ist. — Arbeitet man mit einer Jodstärkemaßlösung, so wird diese so lange entfärbt, wie noch Ag^+-Ionen in der Lösung vorhanden sind.

Arbeitsvorschrift nach Seal [1] zur Bestimmung des Silbers neben Kupfer und Nickel. 2,5 g Probe werden in Salpetersäure (1,2) gelöst, die Lösung wird mit 10 ml konz. Schwefelsäure versetzt und weitgehend abgeraucht. Der Rückstand wird mit Wasser aufgenommen, die Lösung filtriert, falls das erforderlich ist, und auf 250 ml aufgefüllt. Ein Anteil davon wird mit konz. Natriumhydrogencarbonatlösung neutralisiert und nach Zugabe von 25 ml 20%iger Natriumacetatlösung und 2 bis 3 ml 1%iger Stärkelösung mit der gegen Silbernitratlösung eingestellten Jod-Jodid-Lösung (10 g KJ + 6,3 g Jod werden in 15 bis 20 ml Wasser gelöst, die Lösung dann auf 2 Liter verdünnt) bis zum Auftreten der Blaufärbung titriert.

Genauigkeit. Der Fehler soll nach [1] im Bereich von 4 bis 50 mg Ag maximal bei $\pm 1\%$ liegen.

Arbeitsweise nach Pisani [2] und Andrews [3]. Zur Neutralisation der Silbernitratlösung wird festes Calciumcarbonat, als Maßlösung eine Jodstärkelösung verwendet. ANDREWS [3] hat versucht, die der Methode von PISANI anhaftenden Fehler, die er auf Nebenreaktionen zurückführt, zu beseitigen.

Bemerkungen. KORENMAN [4] titriert 0,001 n Ag^+-Lösungen, wobei er die Jodstärkelösung vorlegt. Pb, Cu und Cd stören nicht. EINECKE [5] bestimmt Silber in Silbersolen durch Umsetzen mit überschüssigem Jod und Rücktitration mit Thiosulfat. BAINES [6] titriert in Gegenwart von Halogenid- und Cyanidionen nach folgender Reaktionsgleichung: $[Ag(CN)_2]^- + 2\,J_2 = 2\,JCN + AgJ + J^-$. Die Methode soll sich bei der Untersuchung photographischer Materialien bewährt haben.

Arbeitsvorschrift. Die 50 bis 70 mg Ag enthaltende Probe wird in 5 bis 9 ml Kaliumcyanidlösung (13 g KCN + 5 ml NH_3-Lösung (0,88) im Liter) gelöst, dann werden 50 ml 10%ige Natriumchloridlösung zugefügt. Jetzt wird aus einer Bürette 0,1 n Jodlösung zugesetzt, bis sich ausscheidendes Silberjodid eine dauernde Trübung bewirkt. Nun verdünnt man auf 900 bis 1000 ml, setzt Stärkelösung zu und titriert bis zur Blaufärbung.

Literatur: [1] SEAL, K. C.: J. Indian chem. Soc. **35**, 453 (1958). — [2] PISANI: C. r. **43**, 1118 (1856). — [3] ANDREWS, L. W.: Am. Chem. J. **24**, 256 (1900). — [4] KORENMAN, I. M.: Mikrochemie **14**, 181 (1934). — [5] EINECKE, E.: Fr. **89**, 90 (1932). — [6] BAINES, H.: Soc. **1929**, 2037.

4.1.3 Bestimmung durch Ausfällen als Silbercyanid.

Prinzip. Setzt man einer Lösung, die Ag^+ und Quecksilber(II)-cyanid nebeneinander enthält, Lauge zu, so fällt Silbercyanid aus. Überschüssige Lauge wird durch Phenolphthalein angezeigt.

Arbeitsvorschrift nach Feigl und Tamchyn [1]. Man setzt der neutralen Silbernitratlösung 2%ige Quecksilber(II)-cyanidlösung und Phenolphthalein zu, sodann wird unter starkem Rühren mit 0,1 n Natronlauge bis zum Farbumschlag titriert. Saure Lösungen werden durch überschüssiges Bariumcarbonat neutralisiert. Bei Anwesenheit von Blei versetzt man mit Natriumsulfat und titriert in Anwesenheit des Bleisulfatniederschlages gegen Methylrot.

Bemerkung. Die meisten Titrationsverfahren unter Verwendung von Cyanid beruhen auf der Bildung des Komplexes $[Ag(CN)_2]^-$ (s. 4.2.3).

Literatur: [1] FEIGL, F., u. J. TAMCHYN: B. **62**, 1897 (1929).

4.1.4 Bestimmung mit Sulfidionen.

4.1.4.1 Titration mit visueller Indication.

Prinzip. Man setzt einer mit Chloroform, Schwefelkohlenstoff oder Kohlenstofftetrachlorid unterschichteten sauren Ag^+-Lösung so lange Natriumsulfidlösung zu, bis die wäßrige Phase beim Schütteln nicht mehr durch kolloides Silbersulfid verfärbt ist.

Arbeitsvorschrift nach Koch [1]. Die etwas freie Salpeter- und Schwefelsäure enthaltende Silberlösung wird in einer Schüttelflasche (400 bis 500 ml) nach Zusatz von 60 ml Chloroform, Schwefelkohlenstoff oder Kohlenstofftetrachlorid mit der Natriumsulfidlösung titriert. Diese wird durch Lösen von 6 g Natriumhydroxid in Wasser, Sättigen der einen Hälfte mit Schwefelwasserstoff, Hinzufügen der anderen Hälfte und Auffüllen auf 1 Liter hergestellt. Nach jeder Zugabe an Natriumsulfidlösung wird geschüttelt. Das Silbersulfid ballt sich größtenteils zusammen und setzt sich auf der Oberfläche der schwereren Phase als Haut fest. Solange die Fällung noch nicht vollständig ist, bleibt die obere wäßrige Schicht durch kolloides Silbersulfid gefärbt. Am Ende der Titration wird sie farblos und klar.

Bemerkung. In gleicher Weise kann zur Bestimmung von Cu, Pb, Bi, Cd verfahren werden.

Literatur: [1] KOCH, H.: Ch. Z. **32**, 124 (1908); Fr. **46**, 29 (1907).

4.1.4.2 Titration mit differentialpotentiometrischer Indication.

Prinzip. Die zur Indication erforderlichen temporären Konzentrationsunterschiede werden in einfacher Weise ohne Trennung der Elektrodenräume durch eine entsprechende geometrische Anordnung der Eintropfstelle und der Ag/Ag_2S-Elektroden erreicht. Die Lösung im Titriergefäß erreicht nach der Reaktion eine der beiden gleichartigen Elektroden mit einem konstanten, zeitlichen Vorlauf. Nur in der Nähe des Äquivalenzpunktes können sich so große Konzentrationsunterschiede ausbilden, daß zwischen beiden Elektroden eine meßbare Potentialdifferenz entsteht. Die Bestimmung wird mit 0,05 n Natriumsulfidlösung im schwach alkalischen Medium ausgeführt.

Anordnung. Die Eintropfstelle und die beiden Ag/Ag_2S-Elektroden werden geometrisch so angeordnet, daß sie sich auf einer schwach gekrümmten Spirale befinden. Die Geschwindigkeit des genau im Zentrum befindlichen Rührers wird so eingestellt, daß die Strömung gerade noch laminar bleibt. Der Bürettenauslauf ist zur Spitze ausgezogen, aus der die Lösung mit einem kontinuierlichen Strahl von 0,2 ml/sec ausfließt. Als Anzeigegerät dient ein Galvanometer geringer Trägheit. Der Endpunkt der Titration ist als Umkehrpunkt des Ausschlages erkennbar.

Der Faktor der Natriumsulfidlösung wird unter den gleichen Bedingungen wie bei der späteren Titration mit Silbernitratlösung eingestellt. Dadurch werden Fehler, die durch unterschiedliche Titrier- und Rührgeschwindigkeiten verursacht werden können, weitgehend vermieden.

Genauigkeit. Von SCHULZE [1] angeführte Beleganalysen zeigen eine maximale Abweichung von 2% gegenüber Werten, die nach VOLHARD erhalten wurden.

Literatur: [1] SCHULZE, A.: Fr. **158**, 192 (1957).

4.1.5 Bestimmung mit Hexacyanoferrat(II) bzw. Hexacyanoferrat(III).

Prinzip. Ag^+-Ionen geben mit $[Fe(CN)_6]^{4-}$ und $[Fe(CN)_6]^{3-}$ schwerlösliche Niederschläge. Die sich darauf aufbauenden Titrationsverfahren können visuell, potentiometrisch, amperometrisch und radiochemisch indiziert werden.

4.1.5.1 Titration mit $[Fe(CN)_6]^{4-}$ und visueller Indication.

Die Bestimmung kann direkt — mit Mohrschem Salz als Indicator — nach der Tüpfelmethode oder indirekt, wobei der zugesetzte Überschuß Hexacyanoferrat(II) jodometrisch festgestellt wird, durchgeführt werden. Die von PERIÉ und LOBUNETZ [1] nach der indirekten Methode erhaltenen Ergebnisse liegen ohne Abfiltrieren des Niederschlags um 0,6%, mit Abfiltrieren um 0,3% zu tief.

Literatur: [1] PERIÉ, M. I., u. M. M. LOBUNETZ: Bull. sci. Univ. Etat Kiew (ukrain.) **1**, 141 (1935).

4.1.5.2 Titration mit $[Fe(CN)_6]^{4-}$ und radiometrischer Indication.

Ag^+ wird in neutraler oder schwach alkalischer Lösung mit markierter Hexacyanoferrat(II)-lösung titriert. Diese wird durch Reduzieren eines Gemisches von $^{59}FeCl_3$- und inaktiver $FeCl_3$-Lösung mit Eisen, Alkalisieren und Umsetzen mit Kaliumcyanid hergestellt (0,025 m).

Arbeitsvorschrift nach Tölgyessy [1]. In Zentrifugengläsern werden gleiche Volumina der Versuchslösung mit wechselnden Mengen der radioaktiven Maßlösung vermischt, mit Wasser auf gleiche Volumina ergänzt und zentrifugiert. Danach werden von jeder Lösung 0,2 ml entnommen, auf runden Filterpapierscheiben eingesaugt, unter einer Infrarotlampe getrocknet und gemessen. Die Aktivitätsmessung erfolgt mit einem rotierenden Probenwechsler.

Literatur: [1] Tölgyessy, G.: Magyar Chem. Folyóirat **65**, 149 (1959).

4.1.5.3 Titration mit $[Fe(CN)_6]^{3-}$ und amperometrischer Indication.

Eine 0,01 n Ag^+-Lösung, die 1 n an Kaliumnitrat ist und auf je 50 ml 0,5 ml 0,5%ige Tyloselösung enthält, wird mit jodometrisch eingestellter 0,1 n Kaliumhexacyanoferrat(III)-lösung titriert. Vor und während der Titration wird Stickstoff durch die Lösung geleitet. 0,001 n Ag^+-Lösung bestimmt man in 0,1 n KNO_3-Lösung, die 30 bis 50% Äthanol enthält.

Der Endpunkt wird amperometrisch unter Verwendung einer Hg-Tropfelektrode und einer (ges.) Kalomelelektrode, die an einen Polarographen angeschlossen werden, festgestellt. Die anzulegende Spannung beträgt $-0,3$ V.

Dieses Verfahren kann zur Bestimmung des Silbers neben Blei eingesetzt werden, da Pb^{2+} keine Fällung mit $[Fe(CN)_6]^{3-}$ gibt.

Literatur: [1] Kalvoda, R., u. J. Zýka: Chem. Listy **45**, 462 (1951) (tschech.).

4.1.5.4 Indirekte Titration mit Hydrochinon und potentiometrischer Indication.

Prinzip. Zur Ag^+-Lösung wird ein Überschuß Hexacyanoferrat(III) gegeben und dann mit Hydrochinon titriert, wobei durch Reduktion entstehendes Hexacyanoferrat(II) zunächst $KAg_3[Fe(CN)_6]$ bildet. Der Endpunkt der Titration wird durch eine starke Potentialänderung im Redoxsystem Hexacyanoferrat(II)/Hexacyanoferrat(III), hervorgerufen durch den ersten Überschuß Hexacyanoferrat(II), angezeigt.

Elektroden: Platin- und (ges.) Kalomelelektrode.

Arbeitsvorschrift nach Blažek, Doležal und Zýka [1]. Zur Ag^+-Lösung (50 ml; 1 bis 200 mg Ag; pH 3 bis 4) werden 1 bis 10 ml 0,1 n Kaliumhexacyanoferrat(III)-lösung und 3 bis 5 ml einer 3:1-Mischung von 0,1 n Salpetersäure und 0,1 n Ammoniaklösung gegeben. Dann titriert man bei Zimmertemperatur mit 0,1 n Hydrochinonlösung. In der Nähe des Äquivalenzpunktes muß nach jeder Zugabe an Maßlösung 2 bis 3 Min. zur Potentialeinstellung gewartet werden.

Genauigkeit. Der durchschnittliche Fehler liegt nach [1] unter 0,5%. Eine Temperaturerhöhung während der Titration führt zu einem erhöhten Verbrauch an Hydrochinon.

Störungen. Es stören Zn, Co, Ni, Fe, Mn, Hg, Cu, Chlorid, Bromid, Jodid. Es stören nicht Alkalimetalle und Mg in 10fachem, Erdalkalimetalle und Pb (in Gegenwart von Schwefelsäure) in 5fachem Überschuß, ferner Sulfat- und Nitrationen.

Literatur: [1] Blažek, J., J. Doležal u. J. Zýka: Z. anorg. Ch. **180**, 241 (1961).

4.1.6 Bestimmung mit Jodat.

Prinzip. Ag^+-Ionen geben mit JO_3^--Ionen schwerlösliches Silberjodat. Man titriert eine Silbernitratlösung (bis herab zu 0,001 m) mit Kaliumjodatlösung und bestimmt den Endpunkt potentiometrisch. Als Elektroden werden eine Silber- und eine Kalomelelektrode verwendet.

Literatur: [1] Radhakrishna, M. N.: Fr. **148**, 401 (1955/56).

4.1.7 Bestimmung mit Chromat.

Prinzip. Ag^+-Ionen bilden mit CrO_4^{2-}-Ionen schwer lösliches Silberchromat. Die direkte Titration kann nach Kumar und Singh [1] durch Hochfrequenzindication, nach Kolthoff [2] durch konduktometrische Indication ermöglicht werden. Nach Bosworth und Gooch [3] fällt man das Silberchromat zunächst mit überschüssigem Kaliumchromat aus, löst es in Ammoniaklösung und fällt es durch das Verkochen des Ammoniaks wieder aus. Anschließend wird das an Ag^+ gebundene Chromat jodometrisch bestimmt. Falls zur Fällung eine bekannte überschüssige Menge Chromat verwendet wird, kann man auch die im Filtrat der Fällung verbliebene Menge Chromat ermitteln.

Literatur: [1] Kumar, A. N., u. R. P. Singh: Proc. Indian Acad. Sci., Sect. A, **57**, 79 (1963). — [2] Kolthoff, I. M.: Fr. 62, 101 (1923). — [3] Bosworth, R. S., u. F. A. Gooch: Am. J. Sci. **27**, 302.

4.1.8 Bestimmung mit Selenat(IV).

Prinzip. Unter bestimmten Bedingungen bildet Ag^+ ein normales Selenat(IV). Dieses wird abfiltriert und der Überschuß Se(IV) mit NaOBr-Lösung und amperometrischer Indication bestimmt. Die Fällung erfolgt nach Balakrishnan und Eshwar [1] quantitativ im pH-Bereich 6 bis 8 bei Zugabe eines Überschusses Se(IV).

Literatur: [1] Balakrishnan, E., M.C. Eshwar, G. S. Desmukh u. M. G. Bapat: Fr. **170**, 381 (1959).

4.1.9 Indirekte Bestimmung mit Cer(IV) nach Fällung als Silberoxalat.

Prinzip. Ag^+ wird mit einem Überschuß Oxalat als Silberoxalat ausgefällt. Der Überschuß Oxalat kann durch Titration mit Cer(IV)-Maßlösung ermittelt werden. Die photometrische Indication des Verfahrens beruht darauf, daß Ce(IV) bei 365 nm sehr stark, Ce(III) dagegen nicht absorbiert. Man titriert bis zur „plötzlichen Verdunkelung". Eine Quarzoptik ist nicht erforderlich. Der störende Wellenbereich von 313 bis 254 nm wird herausgefiltert.

Literatur: [1] Smoljarov, K. P.: Ž. anal. Chim. (russ.) **9**, 141 (1954).

4.1.10 Bestimmung mit Tetraphenyloborat.

Prinzip. Ag^+-Ionen bilden mit Tetraphenyloborat schwerlösliches Silbertetraphenyloborat. Man bestimmt entweder das in dem abgetrennten Niederschlag vorhandene Tetraphenyloborat oder den Überschuß des Fällungsmittels chromatometrisch. Die Reaktion nach der Gleichung

$$[(C_6H_5)_4B]^- + 60\ O \rightarrow 24\ CO_2 + 10\ H_2O + BO_2^-$$

wird in konzentriert schwefelsaurer Lösung durchgeführt.

Arbeitsvorschrift nach Schneer und Hartmann [1] zur Bestimmung von 1 bis 4 mg Tetraphenyloborat bzw. der äquivalenten Menge Ag. Die Lösung wird in einem 300-ml-Kolben mit Wasser auf 5 ml verdünnt, mit 10 ml 0,25n Natriumdichromatlösung in 77%iger Schwefelsäure versetzt und 20 Min. in einem auf 115 °C eingestellten Luftbad erhitzt. Nach dem Erkalten werden 100 ml Wasser und 3 Tropfen Ferroinlösung zugesetzt und der Chromatüberschuß wird mit 0,1n Eisen(II)-sulfatlösung bestimmt. In gleicher Weise wird eine Blindprobe ausgeführt. 1 ml 0,1n Natriumdichromatlösung entspricht 0,2660 mg Tetraphenyloborat.

Bemerkung. In gleicher Weise können auch K, Tl, Hg, Rb, Cs und NH_4^+ indirekt bestimmt werden.

Literatur: [1] SCHNEER, A., u. H. HARTMANN: Magyar Chem. Folyóirat **67**, 309 (1961). — [2] MUKHERJI, K., u. B. R. SANT: Anal. Chem. **31**, 608 (1959) (Hochfrequenz-Indication).

4.1.11 Bestimmung mit Benztriazol bzw. Brombenztriazol.

Prinzip. Ag^+-Ionen bilden mit Benztriazol und mit Brombenztriazol schwerlösliche Komplexverbindungen. Die direkte Titration kann potentiometrisch indiziert werden. Durch das Lösen des Niederschlags in überschüssiger Cyanidlösung und Rücktitration mit Silbernitratlösung ergibt sich die Möglichkeit der indirekten Bestimmung.

4.1.11.1 Direkte Titration mit potentiometrischer Indication.

Die Bestimmung wird wegen der geringeren Löslichkeit des Silberkomplexes gegenüber dem mit Benztriazol ($C_6H_4N_3H$) gebildeten mit Brombenztriazol ($C_6H_3BrN_3H$) ausgeführt. Man kann in 0,05 bis 0,1n salpetersaurer, neutraler oder schwach ammoniakalischer Lösung arbeiten.

Arbeitsvorschrift nach Lomakina, Tarasovič und Agasjan [1] zur Bestimmung des Silbers in Ag-Cu-Ni-Legierungen oder Bleierzen. Nach dem Lösen der Probe in Salpetersäure (1:1) verdampft man den Säureüberschuß, löst den Rückstand in Wasser und füllt auf ein bestimmtes Volumen auf. Ein 0,5 bis 2 mg Ag enthaltender Anteil wird mit einem geringen Überschuß Ammoniaklösung sowie 1 g Na-ÄDTA je 100 mg Fremdmetall versetzt. Dann fügt man 10%ige Salpetersäure bis zum Auftreten einer Trübung zu, die man mit wenigen Tropfen Ammoniaklösung wieder beseitigt. Die Lösung soll nicht mehr als 0,5% freies Ammoniak enthalten.

Diese Lösung wird mit der Reagenslösung unter Verwendung einer Mikrobürette titriert, wobei ein langsamer Stickstoff- oder Kohlendioxidstrom durchgeleitet wird. Zur potentiometrischen Indication werden eine Silber(draht)elektrode und eine Quecksilbersulfatelektrode verwendet.

0,01 mg Ag^+/ml sind noch bestimmbar.

Störungen. In saurer Lösung stören 100fache Überschüsse Pb, Zn, Ni, Co nicht. Cu verursacht Fehler.

In ammoniakalischer und ÄDTA enthaltender Lösung ist das Verfahren weitgehend spezifisch. 200fache Überschüsse Cu, Tl, Pb, Ni, Co, Zn stören nicht. Die Titration kann in Cl^--haltiger Lösung durchgeführt werden. J^-, CN^- und $S_2O_3^{2-}$ dürfen nicht anwesend sein.

Literatur: [1] LOMAKINA, L. N., N. I. TARASOVIČ u. P. K. AGASJAN: Betriebslab. (russ.) **24**, 270 (1958).

4.1.11.2 Indirekte Bestimmung durch Rücktitration mit Silbernitratlösung und visueller Indication.

Man fällt aus ammoniakalischer, ÄDTA-haltiger Lösung, löst den Niederschlag in überschüssiger Cyanidlösung und titriert den Überschuß mit Silbernitratlösung unter Zusatz von Jodid als Indicator zurück.

Arbeitsvorschrift nach Cheng [1]. Zur 10 bis 100 mg Ag^+ enthaltenden Lösung gibt man 1 bis 10 g Na-ÄDTA, neutralisiert mit Ammoniaklösung, erhitzt auf 60 bis 90 °C und fällt mit 10 ml 2,5%iger Benztriazollösung, die außerdem noch 30 ml konz. Ammoniaklösung auf 100 ml enthält. Man läßt 15 Min. bei 60 °C stehen, kühlt ab, filtriert den Niederschlag ab und wäscht ihn 5- bis 6mal mit je 10 ml Wasser.

Dann löst man ihn in einem 250-ml-Becherglas mit 10 ml Salpetersäure (1:1), verdünnt mit Wasser auf 50 ml, macht mit Ammoniaklösung alkalisch und löst die entstandene Fällung in einem Überschuß eingestellter 0,05 m Cyanidlösung. Den Überschuß titriert man mit Silbernitratlösung unter Zusatz von 1 ml 2%iger Kaliumjodidlösung als Indicator zurück. Der Endpunkt ist am Auftreten des gelben Silberjodids zu erkennen.

Genauigkeit. 10 bis 100 mg Ag lassen sich nach [1] auf mindestens 0,2 mg genau bestimmen.

Bemerkung. Die Bestimmung kann auch gravimetrisch erfolgen (s. 2.14).

Literatur: [1] CHENG, K. L.: Anal. Chem. **26**, 1038 (1954).

4.1.12 Bestimmung mit Mercaptobenzthiazol bzw. Mercaptophenylthiothiadiazolon ("Bismuton").

Prinzip. Die beiden Reagenzien, die auch zur gravimetrischen Bestimmung des Silbers Verwendung finden können (s. 2.13 und 2.12), bilden mit Ag^+-Ionen die Komplexverbindungen $Ag(C_2N_2S_3 \cdot C_6H_5)$ bzw. $Ag(CNS_2 \cdot C_6H_4)$. Die Indication der titrimetrischen Bestimmungen kann potentiometrisch oder amperometrisch erfolgen.

4.1.12.1 Titration mit potentiometrischer Indication.

Man kann in neutraler oder ammoniakalischer, heißer oder kalter Lösung mit einer Silber-Indicator-Elektrode arbeiten. Das Potential der Elektrode stellt sich schnell ein.

Genauigkeit. Von MALÍNEK und ŘEHÁK [1] werden folgende Beleganalysenergebnisse angeführt (in mg Ag):

Ag gegeben	Fremdmetalle [mg]	ÄDTA [g]	Ag gefunden	Abweichungen [%]
10,00	—	1	9,98	−0,2
10,00	1000 Cu	6	9,99	−0,1
15,01	—	5	15,05	+0,3
15,01	1000 Pb	7	15,02	+0,1
20,01	10 Cd 10 Bi 10 Fe	2	20,00	±0,0
20,01	10 Zn, 10 Co, 10 Mn	2	20,07	+0,3

Störungen. Die Bestimmung ist neben Cu, Cd, Pb, Bi, As, Sb, Sn, Mo, W, Fe, Al, Cr, Ni, Co, Mn, Zn, Mg, Erdalkali- und Alkalimetallen möglich. In ammoniakalischer Lösung stört auch Cl^- nicht. Zur Maskierung von Fremdelementen wird ÄDTA zugesetzt.

Bemerkung. ČIHALIK und Mitarbeiter [2] geben eine Methode an, bei der das Ag^+ mit überschüssigem Bismuton gefällt und der Überschuß des Reagens mit JCl-Maßlösung bestimmt wird.

Literatur: [1] MALÍNEK, M., u. B. ŘEHÁK: Fr. **150**, 329 (1956). — [2] ČIHALIK, I., I. RŮŽIČKA u. K. TEREBOVA: Chem. Listy **51**, 264 (1957).

4.1.12.2 Titration mit amperometrischer Indication.

Arbeitsvorschrift nach Malínek und Řehák [1] unter Verwendung einer rotierenden Pt-Elektrode und einer Hg-HgJ$_2$-Halbzelle. Die Lösung mit 0,1 bis 10 mg Ag^+

soll frei von Cl⁻ sein und genügend ÄDTA zur Maskierung der Fremdionen enthalten. Sie wird mit 0,2n Natronlauge gegen Bromkresolblau auf pH 5 bis 8 gebracht, auf 100 ml verdünnt, mit 0,5 ml einer 2%igen Gelatinelösung versetzt und mit 0,01 bis 0,1 m Reagenslösung titriert, wobei eine rotierende Platinelektrode und eine $Hg\text{-}HgJ_2$-Halbzelle über ein Mikroamperemeter kurzgeschlossen werden.

Genauigkeit. Beleganalysenergebnisse nach [1] (in mg Ag):

Ag gegeben	Fremdmetalle [mg]	ÄDTA [g]	Ag gefunden	Abweichung [%]
1,00	—	1	0,99	−1,0
1,00	10 Cu	0,1	1,01	+1,0
1,50	10 Cu, 10 Pb, 10 Cd, 10 Bi	0,5	1,48	−1,3
1,50	100 Cu	1	1,50	±0,0
2,00	500 Pb	5	1,99	−0,5
2,00	100 Cu, 100 Pb	2	2,03	+1,5
2,50	10 Zn, 10 Cd, 10 Mn, 10 Ni, 10 Co	5	2,51	+0,4
2,50	50 Cu, 50 Pb, 50 Cd, 50 Bi	3	2,51	+0,4
3,00	100 Fe, 100 Al, 100 Cr	5	3,01	+0,3
4,00	100 Cu, 1000 Pb	10	3,99	−0,25
5,00	500 Pb	5	5,05	+1,0

Störungen. Es stören nur Au, Hg und einige der Pt-Metalle.

Bemerkungen. USATENKO und BEKLEŠOVA [2] titrieren 0,05 bis 10 mg Ag mit einer 0,05 bis 0,005 m Mercaptobenzthiazollösung unter Verwendung rotierender Platinelektroden bei einer angelegten EMK von 0,5 V im pH-Bereich 3 bis 7 (Acetat- oder Boratpuffer) oder in ammoniakalischer Lösung.

ČÍHALÍK und KUDRNOVSKÁ-PAVLÍKOVÁ [3] benutzen als Indicatorelektrode eine Hg-Tropfelektrode und als Vergleichselektrode eine Kalomelelektrode. Sie bestimmen 2 bis 10 mg Ag in 20 bis 30 ml, 0,2 mg in 5 bis 10 ml Lösung mit 0,005 oder 0,001 m Reagenslösung. Die Titrationen werden im pH-Bereich 3 bis 7 durchgeführt. Der mittlere Fehler wird mit ±0,4 bis 0,5% angegeben.

Literatur: [1] MALÍNEK, M., u. B. ŘEHÁK: Fr. **150**, 329 (1956). — [2] USATENKO, J. I., u. G. E. BEKLEŠOVA: Ukrain. chim. Ž. **25**, 512 (1959) (russ.). — [3] ČÍHALÍK, J., u. E. KUDRNOVSKÁ-PAVLÍKOVÁ: Chem. Listy **51**, 76 (1957) (tschech.).

4.1.13 Bestimmung mit Natrium- (Kupfer-) Diäthyldithiocarbamidat.

Prinzip. Die direkte Titration von Ag^+ mit Na-Diäthyldithiocarbamidat unter Bildung von Ag-Diäthyldithiocarbamidat kann potentiometrisch indiziert werden. Die Möglichkeit einer indirekten Methode ist gegeben, indem man zunächst Ag^+-Ionen mit Cu-Diäthyldithiocarbamidat umsetzt und das dabei freigesetzte Cu^{2+} bestimmt.

Arbeitsvorschrift nach Kemula und Hulanicki [1] zur Bestimmung des Silbers in erschöpften photographischen Fixierbädern (direktes Verfahren mit potentiometrischer Indication). Die Probe des Fixierbades wird zunächst mit Wasser auf das 10fache verdünnt. Von dieser Lösung entnimmt man eine Menge, die zwischen 0,1 und 0,5 bzw. 0,5 und 2,5 mg Ag enthält, verdünnt mit Wasser auf 100 ml und titriert mit 0,01 m Natriumdiäthyldithiocarbamidatlösung. Zur Indication werden eine Silber- und eine (ges.) Kalomelelektrode verwendet. Man titriert in den beiden angeführten Konzentrationsbereichen, bis ein Potential von −260 bzw. −290 mV erreicht ist.

Vorbereitung der Silberelektrode. Die Elektrode soll mit Salpetersäure gereinigt, mit Wasser gewaschen und in 1n Schwefelsäure kathodisiert werden. Außerdem wird empfohlen, die gereinigte Elektrode vor der eigentlichen Messung für einige Stunden in 0,01 Na-Diäthyldithiocarbamidatlösung aufzubewahren. Bei rasch aufeinanderfolgenden Titrationen taucht man die Elektrode maximal 1 Min. in 1%ige Kaliumcyanidlösung.

Herstellung der Reagenslösung. 2,25 g Na-Diäthyldithiocarbamidat-3-hydrat werden in 1 Liter Wasser gelöst. Die Lösung bewahrt man in einer braunen Flasche auf und stellt sie gegen Silbernitratlösung, die 10^{-2} bis 10^{-3}m an Natriumthiosulfat ist, ein. Die Lösung muß stets frisch bereitet werden. Andernfalls ist der Titer alle 2 bis 3 Tage zu überprüfen.

Genauigkeit. Nach [1] beträgt die Standardabweichung im Konzentrationsbereich von 1 bis 5 mg Ag/100 ml 0,025 mg.

Störungen. Br^-, SO_3^{2-}, SO_4^{2-} stören nicht [1]. HULANICKI [2] bestimmt andere Metalle (Cu, Pb, Zn, Ni, Cd) in gleicher Weise.

Bemerkungen. Genauigkeit und Reproduzierbarkeit sollen besser sein als bei polarographischen, colorimetrischen und elektrolytischen Methoden. Das Verfahren wird auch für die Silberbestimmung in photographischen Emulsionen empfohlen, wobei ein Löseprozeß mit Thiosulfatlösung erfolgt.

Arbeitsvorschrift nach Komatsu, Kitazawa und Hatanaka [3] (indirektes Verfahren). Die bis zu 3 mg Ag^+ enthaltende Lösung wird zu einer Suspension von 50 bis 60 mg Cu-Diäthyldithiocarbamidat in etwa 50 ml gegeben; dann schüttelt man 30 Min., filtriert, stellt den pH-Wert des Filtrates mit Ammoniumchloridpuffer auf 8,5 ein und titriert das Cu^{2+} mit 0,002m ÄDTA-Lösung gegen Murexid.

Störungen. Pd, Hg(II), Pt, Au(III) reagieren wie Ag und stören. 0,55 mg Cl^-, sowie je 0,05 mg Br^- und J^- dürfen anwesend sein.

Literatur: [1] KEMULA, W., u. A. HULANICKI: Chem. Anal. (Warsaw) **6**, 705 (1961). — [2] HULANICKI, A.: Acta Chim. Acad. Sci. Hung. **27**, 41 (1961). — [3] KOMATSU, S., C. KITAZAWA u. T. HATANAKA: Nippon Kagaku Zasshi **85** (7), 435 (1964).

4.1.14 Indirekte Bestimmung mit Cer(IV) nach Fällung als Silberanthranilat.

Prinzip. Ausgefälltes und abgetrenntes Silberanthranilat wird in verd. Perchlorsäure gelöst und mit überschüssiger Perchloratocerat(IV)-Lösung umgesetzt. Den Überschuß Ce(IV) titriert man mit Oxalat zurück.

Arbeitsvorschrift nach Holmes und Crimmin [1]. Das Ag-Anthranilat wird bei pH 6 bis 7 mit Anthranilsäure ausgefällt, durch Zentrifugieren abgetrennt, 4mal mit je 1 ml Äthanol gewaschen und in 2n Perchlorsäure gelöst. Diese Lösung, die etwa 0,7 mg Anthranilsäure enthalten soll, wird zu 25 ml einer 0,01n Perchloratocerat(IV)-lösung in 2n Perchlorsäure gegeben, 60 Min. auf 95 °C erhitzt und mit 0,01n Natriumoxalatlösung in 2n Perchlorsäure gegen 5-Nitroferroin als Indicator zurücktitriert.

Elektrolytische Darstellung und Einstellen der Perchloratocerat(IV)-Lösung in Perchlorsäure nach Smith [2]. Man löst 220 g Ammoniumhexanitrocerat(IV) bei 60 °C in 120 ml Wasser, reduziert mit 25 ml Perhydrol zu Ce(III), erhitzt zum Sieden, versetzt mit 500 ml Salzsäure (1,19) in 25-ml-Portionen und dampft die Lösung im Wasserstrahlvakuum bis auf 200 ml ein, wodurch die gesamte Salpetersäure entfernt wird. Dann gibt man 240 ml 70%ige Perchlorsäure hinzu, kocht, bis weiße Nebel auftreten, verdünnt die farblose Lösung nach dem Erkalten auf 500 ml und oxydiert elektrolytisch an einer Pt-Netz-Elektrode bei 6 V. Die Oxydation ist in 20 bis 24 Std. beendet, die auf 600 ml verdünnte Lösung etwa 1n an Cer(IV) und an Perchlorsäure.

Diese Lösung wird gegen bei 110 °C getrocknetes Natriumoxalat unter Verwendung von Nitroferroin (5-Nitro-1,10-phenantrolineisen(II)-sulfat) eingestellt.

Störungen. Außer Ag können auch Zn, Cd, Mn, Ni, Co, Pb, Hg, UO_2^{2+} und Cu in gleicher Weise bestimmt werden.

Literatur: [1] HOLMES. F., u. W. R. C. CRIMMIN: Anal. chim. Acta **13**, 135 (1955). — [2] SMITH, G. F.: Anal. Chem. **27**, 1142 (1955).

4.1.15 Bestimmung mit α-Nitroso-β-naphthol.

Prinzip. Ag^+ bildet im pH-Bereich 7,5 bis 8,0 mit α-Nitroso-β-Naphthol eine braunrote 1:1-Verbindung. Bei niedrigeren pH-Werten fallen grüne Adsorptionsverbindungen, bei höheren bildet sich Silberoxid. Man arbeitet in gepufferter Lösung (Borsäure-Borat-Puffer pH 7,5 bis 8,0; dazu werden 14 bis 25 ml 0,05 m Boraxlösung zu 86 bis 75 ml 0,2 m Borsäurelösung gegeben) und verwendet eine etwa $2,5 \cdot 10^{-2}$ molare Reagenslösung in 94%igem Äthanol. Die Indication erfolgt potentiometrisch unter Verwendung einer Silberdraht- und einer Kalomelelektrode.

Genauigkeit. Nach WENGER, MONNIER und JACCARD [1] wird bei einer $2,3 \cdot 10^{-2}$ molaren Silbernitratlösung eine Genauigkeit von 0,5% erreicht.

Bemerkung. Ag^+-Lösungen mit geringeren Konzentrationen als 10^{-3} m sind nicht mehr titrierbar.

Literatur: [1] WENGER, P. E., D. MONNIER u. F. JACCARD: Helv. **33**, 1154 (1950).

4.1.16 Bestimmung mit p-Dimethylaminobenzylidenrhodanin.

Prinzip. Ag^+-Ionen bilden mit p-Dimethylaminobenzylidenrhodanin eine schwerlösliche, rotviolette Komplexverbindung. Die Indication kann nach JIRKOVSKÝ [1] durch Tüpfeln und nach BOBTELSKY und EISENSTADTER [2] photometrisch bei 525 nm erfolgen.

LUX, NIEDERMAIER und PETZ [3] bestimmen 2 bis 20 µg Ag nach einer Methode, die sie „Dreiphasentitration" nennen. Dabei wird die Erscheinung ausgenutzt, daß sich der entstehende Niederschlag beim Durchschütteln der wäßrigen Phase mit verschiedenen organischen Flüssigkeiten rasch und praktisch quantitativ an der Grenzfläche beider flüssigen Phasen ansammelt. Die wäßrige Schicht wird nach kurzer Zeit völlig klar und farblos, die organische ebenfalls klare Phase weist nur dann eine Färbung auf, wenn das Reagens im Überschuß vorliegt.

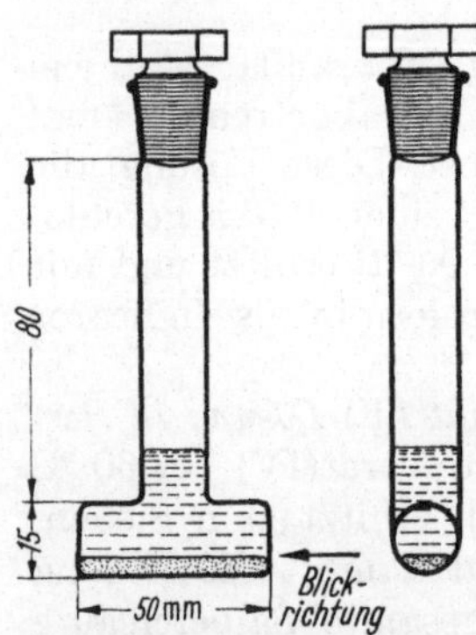

Abb. 3. Titriergefäß nach LUX NIEDERMAIER und PETZ.

Arbeitsvorschrift nach [3]. 5 ml Ag^+-Lösung mit 3 bis 15 µg Ag^+ (pH 2 bis 5) werden in das Titriergefäß (siehe Abb. 3) pipettiert. Dann setzt man die Reagenslösung aus einer 5-ml-Bürette in kleinen Anteilen so lange zu, bis die Gelb- oder Orangefärbung der CCl_4-Schicht beim Umschütteln nicht mehr verschwindet. Nach jedem Reagenszusatz muß 2 bis 3 Min. geschüttelt werden. Da auch der Trennvorgang der beiden Phasen einige Min. dauert, beträgt die Dauer einer Einzelbestimmung 15 bis 20 Minuten.

Es besteht auch die Möglichkeit, entweder zurückzutitrieren oder den Reagensüberschuß in der CCl_4-Phase photometrisch zu bestimmen.

Der während der Titration entstehende Niederschlag muß intensiv rotviolett sein; nur dann verläuft die Reaktion einwandfrei. Bei Überschüssen an Salz- oder Salpetersäure erhält man eine gelbe oder braune Fällung.

Bereitung der Reagenslösung. Man erwärmt eine Suspension von einer Spatelspitze Reagens in 100 ml Kohlenstofftetrachlorid auf dem Wasserbad 15 bis 20 Min. auf 50 °C. Nach dem Stehen über Nacht wird die Lösung filtriert, mit 100 ml CCl_4

verdünnt und in einer braunen Schliffflasche unter einer Schicht 0,1%iger Schwefelsäure aufbewahrt. Der gegen bekannte Silbermengen eingestellte Titer der Lösung bleibt unter den genannten Bedingungen 3 bis 4 Wochen lang unverändert.

Genauigkeit. Nach [3] wurden bei Titrationszeiten von 20 bzw. 10 Min. folgende relative Fehler im Mittel von je 4 Bestimmungen festgestellt:

Störungen. Störungen durch Cu^{+1} bzw. Hg werden bei der Tüpfelmethode [1] durch Oxydation bzw. Verglühen beseitigt.

Zeit	bei etwa [μg Ag^+]	Abweichung [%]
20 min	15	± 0,4
	9	± 0,7
	3	± 2,0
10 min	14	± 2,3
	12	± 5
	3	± 8

Die unter [2] angeführte photometrische Methode soll mit einem maximalen Fehler von 2% im Bereich von 0,05 bis 0,1 mg Ag in Gegenwart großer Mengen Ca, Ba, Mg, Zn, Mn, Ni, Co, Al, Cr, Fe^{3+}, Pb, Cu, Sb, Bi, U, Hg, Zr, Ce, Th, Tl und mit einem maximalen Fehler von 3% in Gegenwart großer Überschüsse an Pd, Au(III) und Pt(IV) mit 0,002 m Reagenslösung in Aceton und Äthanol ausgeführt werden können.

Bemerkung. Die „Dreiphasentitration" kann auch mit 5-Rhodanyl-N-methylanilinotrimethin (Lösung gelbgrün, Fällung orangerot) durchgeführt werden.

Literatur: [1] JIRKOVSKÝ, R.: Mikrochemie 17, 135 (1935). — [2] BOBTELSKY, M., u. J. EISENSTADTER: Anal. chim. Acta 17, 503 (1957). — [3] LUX, H., T. NIEDERMAIER u. K. PETZ: Fr. 171, 173 (1959/60).

4.1.17 Indirekte jodometrische Bestimmung nach Fällung mit „Thionalid".

Prinzip. Ag^+ wird aus verd. schwefel- oder salpetersaurer Lösung mit „Thionalid" (Thioglykolsäure-β-aminonaphthalid) als Komplexverbindung ausgefällt, die mit überschüssiger Jodlösung umgesetzt wird. Den Überschuß bestimmt man mit Thiosulfat.

Arbeitsvorschrift nach Berg und Roebling [1]. 150 bis 250 ml Lösung werden zum Sieden erhitzt und unter Umrühren mit einem Überschuß der 2%igen äthanolischen oder essigsauren Reagenslösung versetzt. Der Niederschlag ballt sich beim Umrühren gut zusammen und wird dann sofort in ein Papierfilter filtriert und ausgewaschen. Er wird dann in das Fällgefäß zurückgegeben und mit 50 ml Eisessig sowie 4 bis 5 ml 5 n Schwefelsäure aufgeschlämmt. Man fügt etwa 0,1 g Kaliumjodid zu und versetzt mit einem Überschuß 0,02 n Jodlösung. Dann verdünnt man mit Wasser und titriert den Überschuß Jod mit 0,02 n Natriumthiosulfatlösung gegen Stärke als Indicator zurück (1 ml 0,02 n Maßlösung = 2,157 mg Ag).

Bemerkungen. Die Methode eignet sich zur Bestimmung des Silbers in Blei oder Thallium. „Thionalid" kann auch zur gravimetrischen Bestimmung verwendet werden (s. 2.1.1.9).

Literatur: [1] BERG, R., u. W. ROEBLING: Angew. Ch. 48, 597 (1935).

4.1.18 Bestimmung mit Dithiobiuret oder Phenyldithiobiuret.

Prinzip. Dithiobiuret (DB) und Phenyldithiobiuret (PDB) bilden mit Ag^+ eine Anzahl von schwerlöslichen Komplexverbindungen, deren Zusammensetzung stark pH-abhängig ist. Deshalb titriert man in saurer Lösung, wo mit PDB bei pH-Werten unter 5,6 ein Komplex der Zusammensetzung Ag_2PDB und mit DB bei pH-Werten unter 2 ein Komplex der Zusammensetzung Ag_2DB erhalten werden.

Titriert wird mit einer 0,001 n DB-Lösung in Wasser bzw. einer 0,01 n PDB-Lösung in Äthanol. Die Lösungen sind vor Licht und Luft zu schützen.

Die Indication erfolgt amperometrisch unter Verwendung einer Hg-Tropfelektrode, deren Potential auf $-0,5$ V gegen eine ges. Kalomelelektrode eingestellt wird.

Störungen. Es stören Pd, Au, Hg. 500fache Überschüsse Ni, Pb, Al, ein 400facher Überschuß Zn, 100fache Überschüsse Fe und Bi, sowie die gleiche Menge Cu sind zulässig. Die Bestimmungen werden durch Schwefel- und Salpetersäure nicht beeinflußt.

Literatur: [1] Usatenko, J. I., u. A. S. Suchoručkina: Ž. anal. Chim. (russ.) 18, 1447 (1963).

4.1.19 Bestimmung mit Thioacetamid.

Prinzip. Ag^+ kann in alkalischer Lösung mit Thioacetamidlösung titriert werden, wobei sich Silbersulfid bildet. Die Indication erfolgt potentiometrisch oder amperometrisch.

Arbeitsvorschrift zur Bestimmung von minimal 5 mg Ag in photographischen Emulsionen nach Bush, Zuehlke und Ballard [1]. Die mindestens 5 mg Ag enthaltende Probe versetzt man mit 10 ml 24%iger Natriumthiosulfatlösung, gibt 5 ml 0,4%ige Gelatinelösung (mit 0,5 g Thymol/l) und 25 ml ÄDTA-Lösung (80 g NaOH und 4 g ÄDTA im Liter) hinzu und titriert mit 0,001n Thioacetamidlösung. Die potentiometrische Indication erfolgt mit Hilfe einer Silbersulfid- und einer ges. Kalomelelektrode.

Herstellung der Silbersulfidelektrode. Man reinigt eine Silberelektrode mit einem Tuch, wäscht sie in dest. Wasser und steckt sie 3 Min. in eine 20%ige Natriumsulfidlösung.

Thioacetamidlösung. 7,6 g werden in 1 Liter Pufferlösung (0,1 m Kaliumhydrogenphthalatlösung und 0,05 m Trinatriumphosphatlösung im Verhältnis 50:24 gemischt, Zusatz von 0,5 g Thymol im Liter; pH 5) gelöst (Stammlösung) und mit der gleichen Pufferlösung verdünnt.

Genauigkeit. Nach [1] $\pm 1\%$.

Störungen. Ohne Zusatz von ÄDTA stören alle Metalle, die schwerlösliche Sulfide bilden, mit Zusatz von ÄDTA nur noch Hg (bildet HgS) und Fe(II) (reduziert Ag^+).

Oxydationsmittel wie Permanganat, Chromat und Jod müssen vorher reduziert werden.

Bemerkungen. Zur Bestimmung des Silbers in photographischen Schichten werden die Silberhalogenide mit 10 ml 24%iger Natriumthiosulfatlösung herausgelöst, dann verfährt man weiter wie oben angegeben. Die Bestimmung in Fixierbädern wird ohne Zusatz von Thiosulfat in gleicher Weise ausgeführt.

Andreasov und Mitarb. [2] geben eine Methode zur Bestimmung von 10 bis 20 mg Ag in ammoniakalischer, natrium- und calciumnitrathaltiger Lösung mit potentiometrischer Indication an. Nach Pryszczewska [3] wird die Titration mit 0,01 m Thioacetamidlösung in mit ammoniakalischem Puffer auf pH 9,3 eingestellter Lösung und amperometrischer Indication ausgeführt. An die Hg-Tropfelektrode wird ein Potential von 0,4 V gegen die ges. Kalomelelektrode gelegt. Im Konzentrationsbereich 10^{-3} bis 10^{-4} m/l sollen Resultate erhalten werden, die sich höchstens um $\pm 5\%$ voneinander unterscheiden.

Literatur: [1] Bush, D. G., C. W. Zuehlke u. A. E. Ballard: Anal. Chem. **31**, 1368 (1959). — [2] Andreasov, L. M., E. I. Vail, V. A. Kremer u. V. A. Šelichovskij: Ž. anal. Chim. (russ.) **13**, 657 (1958). — [3] Pryszczewska, M.: Chem. Anal. (Warsaw) **5**, 931 (1960).

4.1.20 Bestimmung mit Thioharnstoff.

Prinzip. Ag^+ kann in alkalischer Lösung mit Thioharnstoff titriert werden, wobei sich Silbersulfid bildet. Die Indication erfolgt potentiometrisch.

Arbeitsvorschrift nach Ždanova [1] zur Bestimmung des Silbers in photographischen Materialien. 5 ml der Emulsion werden in einem Titriergefäß mit 20 ml ammoniakalischer Natriumthiosulfatlösung (150 ml 25%ige Ammoniaklösung + 500 ml 20%ige Natriumthiosulfatlösung + 50 ml 20%ige Natronlauge) behandelt, wobei die Silberverbindungen in Lösung gehen.

Nach einigen Min. verdünnt man mit Wasser auf 150 bis 200 ml, erwärmt auf 65 °C und titriert bei dieser Temperatur mit 0,1 n Thioharnstofflösung bei potentiometrischer Endpunktsanzeige. Dauer einer Bestimmung: 10 bis 15 Minuten. Der Fehler soll im Mittel bei 3 bis 4% liegen.

DOHLE [2] verfährt bei der Silberbestimmung in photographischen Schichten ähnlich. Er löst in neutraler 70 °C warmer Thiosulfatlösung und titriert nach Zusatz von Natronlauge.

Literatur: [1] ŽDANOVA, M. V.: Betriebslab. (russ.) **29**, 1307 (1963). — [2] DOHLE, F.: Photo-Tech.-Wirtsch. **15**, 439 (1964).

4.2 Bestimmungen, die auf der Bildung löslicher Silberkomplexe beruhen.

4.2.1 Bestimmung mit Dithizon.

Prinzip. Ag⁺ kann aus schwach salpetersaurer Lösung mit Dithizonlösung in Kohlenstofftetrachlorid als gelbes Silberdithizonat extrahiert werden. Der Endpunkt der Titration, die durch portionsweise Zugabe der Dithizonlösung erfolgt, wird durch eine gelbgrüne Mischfarbe angezeigt.

Arbeitsvorschrift nach Fischer, Leopoldi und v. Uslar [1].

Vortitration. In einem Scheidetrichter setzt man der mit Salpeter- oder Schwefelsäure angesäuerten (2 ml 15%ige HNO₃ pro 10 ml) Ag⁺-Lösung Anteile Dithizonlösung von einigen ml zu und schüttelt nach jedem Zusatz. Zunächst tritt die rein gelbe Farbe des Silberdithizonats auf. Die einzelnen Kohlenstofftetrachloridmengen werden abgetrennt und gesammelt. Ihr Farbton kann gegebenenfalls mit dem der vorigen Extraktionsstufe oder mit reiner Silberdithizonatlösung verglichen werden. Erscheint sie im Vergleich zu dieser grünlich, so ist der Endpunkt überschritten.

Haupttitration. Man setzt zunächst wieder unter gründlichem Umschütteln größere Anteile Dithizonlösung zu, bis man diejenige Menge erreicht hat, die bei der Vortitration gerade noch eine reine Gelbfärbung ergeben hat. Nach dem Abtrennen wird die wäßrige Schicht mit reinem Kohlenstofftetrachlorid nachgewaschen.

Jetzt werden nur noch geringe Anteile Dithizonlösung zugegeben, deren Größe sich nach dem Gesamtverbrauch und der gewünschten Genauigkeit richtet (z. B. bei einem Gesamtverbrauch von mehr als 10 ml Portionen von 0,2 ml). Dabei verwendet man zweckmäßig eine Mikrobürette. Vor jedem Zusatz wird die wäßrige Phase mit etwa 0,2 bis 0,5 ml Kohlenstofftetrachlorid unterschichtet. Vor dem Abtrennen schüttelt man 30 Sekunden. Nach dem Abtrennen jeder einzelnen Menge Kohlenstofftetrachlorid wird mit dem reinen Lösungsmittel ausgewaschen. Der Endpunkt der Titration ist bei einiger Übung gut zu erkennen.

Das Arbeiten bei direktem Sonnenlicht soll vermieden werden; u. U. ist eine Bürette aus braunem Glas zu verwenden.

Herstellen der Dithizonlösung mit 2 bis 4 mg Dithizon in 100 ml Kohlenstofftetrachlorid. Reinigung und Aufbewahrung erfolgen in gleicher Weise wie bei der photometrischen Bestimmung (s. 5.1.1). Die Lösung ist in einer braunen Flasche unter verd. Schwefelsäure mindestens einen Monat lang haltbar. Eine erfolgte Oxydation des Reagens zeigt sich durch das Auftreten eines gelben Farbtons, der im Unterschied zu der durch die Dithizonate von Ag, Hg und Au hervorgerufenen Gelbfärbung beim Schütteln mit Kaliumcyanidlösung nicht verschwindet.

Genauigkeit. Ergebnisse von Beleganalysen nach [1] (in µg Ag^+):

Gegeben	Gefunden	Abweichung
93,0	92,1; 93,0	−0,9; 0,0
62,0	62,4; 62,7	+0,4; +0,7
24,8	24,9; 25,2	+0,1; +0,4
6,2	6,2; 6,5	0,0; +0,3
1,36*	1,37; 1,25	+0,01; −0,11
0,62*	0,60; 0,54	−0,02; −0,08

* unter Verwendung einer Mikrobürette.

Störungen. Das Verfahren kann neben den Ionen derjenigen Elemente, die keine Dithizonate bilden (Alkali- und Erdalkalimetalle, Aluminium u. a.) oder deren Dithizonate in saurer Lösung nicht mehr beständig sind, zur Bestimmung kleiner Silbermengen in der Größenordnung von 0,01 bis 0,001% verwendet werden, ohne daß Schwierigkeiten auftreten.

Von FISCHER und Mitarb. werden spezielle Vorschriften für die Silberbestimmungen in *Blei* (in salpetersaurer Lösung, Farbumschlag von Gelb nach Rot oder Rosa), *Zink* (in salpetersaurer Lösung, Farbumschlag bei großen Zn-Mengen nach Rot), *Cadmium* (wie bei Zink), *Wismut* (in schwach saurer Lösung, Farbumschlag neben 400 mg Bi von Gelb über Olivgrün nach Rötlichorange), neben *Kupfer* (in mineralsaurer Lösung, neben 1 bis 5 mg Cu Farbumschlag von Gelb nach Rötlich, neben größeren Kupfermengen Ausbildung von Mischfarben und nur schlecht zu erkennender Farbumschlag nach Rötlichbraun, wobei zu niedrige Ergebnisse erhalten werden) und *Quecksilber* (nur indirekt über die Umsetzung des Silberdithizonates mit Thiocyanat durchführbar, da Hg gleichfalls ein gelbes Dithizonat bildet, das noch stabiler als die Silberverbindung ist), angegeben. Für die Bestimmung geringer Silbermengen neben großen Überschüssen *Kupfer* kann man gleichfalls (wie neben Hg) die Umsetzung des Silberdithizonates mit Thiocyanat heranziehen. Man extrahiert aus schwach salpetersaurer Lösung, bis man die rein violette Farbe des Kupferdithizonates erhält und hat damit das gesamte Ag neben geringen Cu-Mengen vorliegen. Nun schüttelt man mehrfach mit 2%iger Kaliumthiocyanatlösung, der $^1/_5$ des Volumens an 1%iger Schwefelsäure zugesetzt ist, dampft die vereinigten Extrakte ein und raucht mit etwas konz. Schwefelsäure ab. Der Rückstand wird dann in Salpetersäure gelöst und nach dem Verdünnen mit Dithizon in der angegebenen Weise titriert.

Die Bestimmung des Silbers in *Gold* kann nur nach der Abtrennung des Goldes erfolgen. — Für diese Verfahren sind Beleganalysen angegeben.

Durch die Verwendung von ÄDTA als Maskierungsmittel ist es nach ERDEY, RÁDY und FLEPS [2], sowie GORJUŚINA und GAJLIS [3] möglich, die Methode selektiver zu gestalten. Lediglich Hg stört auch bei Zugabe von ÄDTA. Selbst 100000fache Überschüsse an Cu, Bi und Pb beeinflussen die Ergebnisse nicht, wenn die Extraktion mit 0,005%iger Dithizonlösung in CCl_4 bei pH 4,7 (Acetatpuffer) vorgenommen wird. Zur Beseitigung des Au-Einflusses kocht man nach der ÄDTA-Zugabe 2 bis 3 Min., wobei elementares Gold gebildet wird, das nicht mit Dithizon reagiert.

Halogenidionen dürfen nicht anwesend sein.

Bemerkungen. Zur Bestimmung von Silber in halogenid- (chlorid-) haltigen Erzen ist es erforderlich, nach dem Lösen der Probe mit Schwefelsäure abzurauchen, wobei die Silberhalogenide zerstört werden.

Die Verwendung von ÄDTA als Maskierungsmittel bringt den Vorteil mit sich, daß Reagentien und Lösungsmittel verwendet werden können, die Metallspuren enthalten.

ČERNICHOV und DOBKINA [4] benutzen zur Bestimmung von Ag in met. Zirkon eine 0,002%ige Dithizonlösung.

Literatur: [1] FISCHER, H., G. LEOPOLDI u. H. v. USLAR: Fr. **101**, 1 (1935). — [2] ERDEY, L., G. RÁDY u. V. FLEPS: Magyar Chem. Folyóirat **60**, 193 (1954) (ungar.). — [3] GORJUŠINA, V. G., u. J. J. GAJLIS: Betriebslab. (russ.) **22**, 905 (1956). — [4] ČERNICHOV, J. A., u. B. M. DOBKINA: Betriebslab. (russ.) **22**, 1019 (1956).

4.2.2 Bestimmung mit Äthylendiamintetraessigsäure (ÄDTA).

Prinzip. Ag^+-Ionen reagieren mit ammoniakalischer Tetracyanoniccolat(II)-lösung gemäß:

$$2\ Ag^+ + [Ni(CN)_4]^{2-} \rightarrow 2\ [Ag(CN)_2]^- + Ni^{2+}.$$

Die dabei in Freiheit gesetzte, der anwesenden Silbermenge äquivalente Menge Nickel läßt sich mit ÄDTA unter Verwendung von Murexid als Indicator titrieren, wodurch sich ein indirektes Verfahren zur Bestimmung des Silbers ergibt.

Arbeitsvorschrift nach Flaschka und Huditz [1] zur Bestimmung des Silbers in Silberhalogenidniederschlägen. Der ausgewaschene Ag-Halogenid-Niederschlag wird samt dem Papierfilter in einem Titrierkolben oder (besser) in einem Becherglas mit Ammoniaklösung (1 + 1) (etwa 9 m) und einer Spatelspitze festem Kaliumtetracyanoniccolat(II) behandelt. Bei Silberjodid ist leichtes Erwärmen notwendig. Auch durch Lichteinwirkung dunkel verfärbte Niederschläge gehen vollständig in Lösung. Dann setzt man eine solche Menge Murexid-NaCl-Verreibung (1:100) zu, daß der Farbumschlag bei der Titration gerade deutlich zu erkennen ist (bei einer zu großen Menge Indicator schleppt der Umschlag etwas) und verdünnt auf eine Ag^+-Konzentration von etwa 0,001 m. Die klare gelbe Lösung wird nun unter Rühren langsam mit 0,1 m ÄDTA-Lösung, am besten aus einer Halbmikrobürette, bis zum Farbumschlag nach Violett titriert (1 ml 0,1 m ÄDTA-Lösung = 21,57 mg Ag).

Arbeitsvorschrift nach Flaschka [2] zur Bestimmung des Silbers in Ag^+-Lösungen. Man setzt einer Kaliumtetracyanoniccolat(II)-lösung (100 mg/10 ml Wasser) Murexid und einige Tropfen 3n Ammoniaklösung zu, dann eine abgemessene Menge der zu bestimmenden Ag^+-Lösung und titriert das freigesetzte Nickel wie oben angegeben. Die Titration kann mit 0,01 m ÄDTA-Lösung (1 ml = 2,1574 mg Ag) ausgeführt werden.

Arbeitsvorschrift nach Gedansky und Gordon [3] mit photometrischer Indication. 25 mg Kaliumtetracyanoniccolat(II) werden in wenig Wasser gelöst. Dann gibt man 5 ml konz. Ammoniaklösung hinzu und löst darin eine Tablette Murexidindicator (mit KCl stabilisiert). Im Titrationsbecher verdünnt man mit Wasser auf 70 ml und fügt die Ag^+-Lösung (0,1 bis 10 mg Ag/15 ml) hinzu. (Liegt ein Silberhalogenid (AgCl oder AgBr) vor, wird es vorher in konz. Ammoniaklösung gelöst. Die Gesamtmenge konz. Ammoniaklösung soll in der zu titrierenden Lösung zwischen 3 und 10 ml betragen.) Nun stellt man das Photometer zwischen 400 und 480 nm auf die Extinktion Null ein, titriert bei mehr als 1 mg Ag^+ mit 0,005 m, bei weniger als 1 mg Ag^+ mit 0,0006 m ÄDTA-Lösung und trägt die gemessene Extinktion gegen die verbrauchte Menge ÄDTA-Lösung auf. Der Endpunkt ergibt sich durch Extrapolieren. Die photometrische Endpunktsbestimmung soll der visuellen weit überlegen sein.

Genauigkeit. Bei Anwendung der photometrischen Indication soll der maximale Fehler im Bereich von 1 bis 10 mg Ag bei 3%, und bei 0,1 mg Ag um etwa 9% liegen.

Von FLASCHKA und HUDITZ [1] werden folgende Ergebnisse angegeben (in mg Ag):

Gegeben	Gefunden	Abweichungen mg	[%]
7,37	7,57	+ 0,2	+ 2,7
13,7	13,4	− 0,3	− 2,2
16,5	16,5	0,0	0,0
28,9	28,7	− 0,2	− 0,7
32,2	32,2	0,0	0,0
52,7	52,5	− 0,2	− 0,4
79,9	79,6	− 0,3	− 0,4
143,7	143,3	− 0,4	− 0,2
250.0	250,2	+ 0,2	+ 0,1

Störungen. Nach [3] stören Li, Ba, Sr, Tl, Ca, Mg, Pb, Zn, Hg, Cu, von denen das Ag nach konventionellen Methoden getrennt werden muß.

Bemerkungen. SJÖSTEDT und GRINGRAS [4] verwenden die indirekte Methode zur Bestimmung von Silber in photographischen Materialien (Filmen), wobei sie zunächst darin enthaltenes Ca mit Salzsäure entfernen, dann mit ammoniakalischer Kaliumtetracyanoniccolat(II)-lösung unter Zusatz von NH_4Cl-NH_3-Puffer behandeln, bis die Silberhalogenide vollständig gelöst sind (der Film muß völlig durchsichtig sein) und anschließend mit 0,01 m ÄDTA-Lösung gegen Murexid titrieren.

SIERRA und SÁNCHEZ-PEDRENO [5] geben eine Methode an, bei der die ÄDTA-Lösung vorgelegt und nach Zusatz von 1 bis 3 Tropfen ges. Murexidlösung in bidest. Wasser und 0,5 ml Boraxpufferlösung (pH 8,51) mit der zu bestimmenden Ag^+-Lösung titriert wird. Der Farbumschlag soll bei geringen Konzentrationen von Rosa nach Violett erfolgen.

Literatur: [1] FLASCHKA, H., u. F. HUDITZ: Fr. **137**, 104 (1952/53). — [2] FLASCHKA, H.: Mikrochemie Mikrochim. A. **40**, 21 (1953). — [3] GEDANSKY, S. J., u. L. GORDON: Anal. Chem. **29**, 566 (1957). — [4] SJÖSTEDT, G., u. L. GRINGRAS: Chemist-Analyst **46**, 58 (1957). — [5] SIERRA, F., u. C. SÁNCHEZ-PEDRENO: An. Soc. españ. Fisica Quím., Ser. B, **56**, 5 (1960).

4.2.3 Methoden, die auf der Bildung des Komplexes $[Ag(CN)_2]^-$ beruhen.

Prinzip. Ag^+-Ionen bilden mit überschüssigen CN^--Ionen den löslichen Komplex $[Ag(CN)_2]^-$. Diese Tatsache kann zur indirekten titrimetrischen Bestimmung ausgenutzt werden. Nach DENIGÈS titriert man den Überschuß Cyanid mit Silbernitratlösung unter Verwendung von Jodid als Indicator zurück, DOLEŽAL und Mitarb. verwenden eine Nickelsulfatlösung und Murexid als Indicator zu dem gleichen Zweck, SCHULEK setzt das an das Ag gebundene Cyanid zunächst zu Bromcyan, dann zu Jod um, das mit Thiosulfat bestimmt wird.

Arbeitsvorschrift nach Denigès [1] zur Bestimmung des Silbers in Silbersalzen. Man löst die Probe in 10 ml Ammoniaklösung und 5 ml Wasser, versetzt mit einem Überschuß eingestellter Kaliumcyanidlösung und titriert nach dem Verdünnen mit 100 ml Wasser und dem Zusatz von etwas Kaliumjodid mit 0,1 n Silbernitratlösung zurück, bis durch ausfallendes Silberjodid eine Opalescenz erzeugt wird.

Silberhexacyanoferrat(II), -bromid und -jodid müssen unter gleichzeitiger Zugabe von eingestellter Kaliumcyanidlösung zur ammoniakalischen Flüssigkeit gelöst werden. Silberphosphat, -arsenat, -chromat, -oxid und -sulfid erwärmt man zunächst mit Salpetersäure, übersättigt dann mit Ammoniaklösung und fügt nach dem Erkalten die Kaliumcyanidlösung zu.

Abänderung der Arbeitsweise durch Eggert und Zipfel [2]. Nach Angaben der Verfasser soll der bei der Arbeitsweise von DENIGÈS auftretende Fehler von etwa 1,6 % Ag vermieden werden, wenn man eine dem KCN-Zusatz äquivalente Menge

KJ zusetzt und wie folgt verfährt: Eine bestimmte Menge der eingestellten 0,1n Kaliumcyanidlösung wird auf das Fünffache verdünnt und mit Ammoniaklösung mindestens 0,25n ammoniakalisch gemacht. Nach Zusatz der dem verwendeten Kaliumcyanid äquivalenten Menge Kaliumjodid titriert man mit der zu bestimmenden Silbernitratlösung, bis eine Trübung erfolgt. Große Mengen Ammoniumsalze sollen nicht anwesend sein.

Arbeitsvorschrift nach Doležal, Simon und Zýka [3]. Die Ag^+-Lösung wird ammoniakalisch gemacht, mit einem Überschuß an Standard-Kaliumcyanidlösung versetzt, mit Wasser auf 50 ml verdünnt und nach dem Zusatz von wenig Murexid (die Lösung soll schwach rotviolett sein) mit 0,1n oder 0,01n Nickelsulfatlösung bis zur Gelbfärbung titriert.

Hg, Au, Pd und Ni können in gleicher Weise bestimmt werden.

Arbeitsvorschrift nach Schulek [4] zur Bestimmung geringer Silbermengen durch jodometrische Titration. Die *neutrale* Lösung mit 0,25 bis 5 mg Ag^+ wird in einer 100-ml-Glasstöpselflasche mit Wasser auf 30 ml verdünnt und mit 2%iger Kaliumcyanidlösung bis zur vollständigen Auflösung des anfangs ausgefallenen Silbercyanidniederschlages versetzt (bei sehr wenig Ag^+ mit 1 bis 2 Tropfen). Nun werden 1 bis 2 Tropfen genau neutralisierter 5%iger Formaldehydlösung zugegeben, dann wartet man 5 Min. und säuert mit 5 ml 20%iger Phosphorsäure an. Danach versetzt man mit ges. Bromwasser, bis die Gelbfärbung bestehenbleibt, und nach 10 Min. mit 2 ml 5%iger Phenollösung. Nach weiteren 2 Min. wird Kaliumjodid zugegeben. Die Flasche läßt man 10 Min. im Dunkeln stehen und titriert das durch das Brom des Bromcyans in Freiheit gesetzte Jod mit 0,01n Natriumthiosulfatlösung (1 ml = 0,2697 mg Ag).

Bemerkungen. Das Verfahren kann neben 50 mg Natriumchlorid oder -bromid ausgeführt werden. Es eignet sich auch zur Bestimmung des Silbers in organischen Silberpräparaten, die mit Schwefelsäure/Wasserstoffperoxid aufgeschlossen werden. Die Lösung ist vor der Weiterbehandlung mit n/1 Lauge zu neutralisieren. Dazu verwendet man einen Tropfen 1%ige äthanolische Thymolphthaleinlösung. Die Lösung soll 1 Min. lang rein blau aussehen.

Literatur: [1] DENIGÈS, G.: C. r. **117**, 1078 (1893). — [2] EGGERT, J., u. L. ZIPFEL: B. **52**, 1177 (1919). — [3] DOLEŽAL, J., V. SIMON u. J. ZÝKA: Chem. Listy **51**, 880 (1957) (tschech.). — [4] SCHULEK, E.: Mikrochemie, EMICH-Festschrift, 260 (1930).

4.2.4 Bestimmung mit Thiofluorescein.

Prinzip. Alkalische Thiofluoresceinlösung wird infolge der Bildung wenig dissoziierter Komplexe mit Ag^+ (und Hg^{2+}) entfärbt. Umgekehrt tritt die Blaufärbung durch das Reagens erst dann ein, wenn alle Ag^+ (und Hg^{2+})-Ionen gebunden sind. Hg^{2+} kann jedoch mit Allylalkohol und ÄDTA maskiert werden, wodurch sich die Möglichkeit ergibt, Ag^+ neben Hg^{2+} bestimmen zu können.

Arbeitsvorschrift nach Wroński [1] zur Bestimmung von Ag^+ und Hg^{2+}. Man versetzt die 0,005 bis 0,2 mg Ag und Hg enthaltende Lösung mit 5 ml n Ammoniaklösung, verdünnt auf 50 ml und titriert mit der Reagenslösung bis zur schwach blauen Färbung.

In einer Blindprobe wird jene Menge Maßlösung ermittelt, die den gleichen Blauton hervorruft. Sie beträgt etwa 0,2 ml und wird abgezogen.

Arbeitsvorschrift nach Wroński [1] zur Bestimmung des Silbers neben Quecksilber(II). Zur neutralen oder schwach sauren Probelösung gibt man 0,3 ml Allylalkohol, nach 5 Min. 1 ml 0,1 m Na-ÄDTA-Lösung sowie 5 ml n-Ammoniaklösung und verdünnt auf 50 ml. Die Titration mit der Thiofluoresceinlösung erfolgt wie oben angegeben. Hg^{2+}-Ionen werden dabei durch Anlagerung an die Doppelbindung des Allylalkohols und die zusätzliche Bildung eines Komplexes mit ÄDTA maskiert.

Störungen. Nach [1] haben außer Au^{3+} keine anderen Ionen einen Einfluß, es sei denn, sie sind in großen Überschüssen vorhanden. Es ist möglich, auch große Mengen an Schwermetallen mit der stöchiometrisch erforderlichen Menge ÄDTA zu maskieren.

Herstellen der Thiofluoresceinlösung. 5 mg werden in 100 ml 2%iger Äthanolaminlösung gelöst. Die Lösung wird nach dem Filtrieren wegen ihrer Lichtempfindlichkeit in einer braunen Flasche aufbewahrt. Der Titer wird jeweils unmittelbar vor Gebrauch mit einer $Ag^+(Hg^{2+})$-Lösung bekannten Gehaltes überprüft.

Literatur: [1] WROŃSKI, M.: Chem. Anal. (Warsaw) 5, 289 (1960) (poln.).

4.2.5 Bestimmung mit Thioharnstoff.

Prinzip. Die leichte Oxydierbarkeit von Thioharnstoff an einer rotierenden Platinmikroelektrode in sauren und neutralen Lösungen — in Verbindung mit der Tendenz zur Bildung stabiler Komplexe mit Ag^+ (und Hg^{2+}) — ermöglicht eine Bestimmungsmethode für Silber (und Hg) mit amperometrischer Endpunktsbestimmung.

Arbeitsvorschrift zur Bestimmung des Silbers in Cu-Ag-Legierungen nach Usatenko und Šumskaja [1]. 0,6 bis 0,7 g Probe werden unter Erwärmen in etwas Salpetersäure (1 + 1) (etwa 7 m) gelöst und nach dem Entfernen der Stickstoffoxide verdünnt. 10 ml dieser Lösung, die 2 bis 12 mg Ag^+ enthalten sollen, werden mit n HNO_3 auf etwa 50 ml gebracht. — Dann titriert man mit wäßriger 0,02m Thioharnstofflösung unter Verwendung einer rot. Platinmikroelektrode und einer ges. Kalomelelektrode. Das Potential der Pt-Elektrode gegen die Kalomelelektrode wird auf etwa 1,0 V eingestellt. Ag^+ bildet mit Thioharnstoff einen 1:1-Komplex.

Störungen. Hg kann in gleicher Weise bestimmt werden. Cu stört bei 200fachem Überschuß nicht.

Bemerkung. GINSBURG und WIGER [2] bestimmen geringe Mengen Ag^+ neben Cu, Fe^{3+}, Zn und Cd in schwefelsaurer Lösung gleichfalls mit amperometrischer Indication.

Literatur: [1] USATENKO, J. I., u. A. I. ŠUMSKAJA: Betriebslab. (russ.) 26, 149 (1960). — [2] GINSBURG, W. I., u. G. I. WIGER: J. analyt. Chem. (russ.) 17, 631 (1962).

4.3 Methoden, die auf der Reduktion der Ag^+-Ionen zu elementarem Silber beruhen.

4.3.1 Reduktion mit Hydrazin.

Prinzip. In Gegenwart von Ammoniak und Alkalimetallhydroxid verläuft die Reduktion der Ag^+-Ionen zum met. Silber durch Hydrazin nach der Gleichung

$$4\,[Ag(NH_3)_2]^+ + N_2H_4 + 4\,OH^- = 4\,Ag + N_2 + 8\,NH_3 + 4\,H_2O$$ und kann zur potentiometrischen Bestimmung ausgenutzt werden.

Arbeitsvorschrift nach Vulterin und Zýka [1]. Die 40 bis 200 mg Ag^+ enthaltende Lösung wird mit 10%iger Ammoniaklösung versetzt; nach Zusatz von 20 ml 30%iger Natriumhydroxidlösung wird auf etwa 50 ml verdünnt und mit 0,05m Hydrazinsulfatlösung titriert. Die Indication erfolgt potentiometrisch, wobei eine Silber- und eine Kalomelelektrode verwendet werden (1 ml = 21,574 mg Ag).

Störungen. Es stören nicht: Cu (im Verhältnis Cu:Ag = 1:3), Zn (25:1), Ni (3:1), Pb (5:1), Al (2:1), Cd (5:1), Fe (2:1), Cl^- (20:1), NO_3^- (20:1), SO_4^{2-} (40:1) und CO_3^{2-} (10:1).

Es stören: Mn^{2+}, Co^{2+} und Hg^{2+}.

Literatur: [1] VULTERIN, J., u. J. ZÝKA: Coll. Czechoslov. Chem. Comm. 25, 206 (1960).

4.3.2 Reduktion mit Hydrochinon.

Prinzip. Ag$^+$-Ionen werden in ammoniakalischer Lösung durch Hydrochinon zum met. Silber reduziert.

Arbeitsvorschrift nach Berka, Tichý und Zýka [1]. Zur 5 bis 20 mg Ag$^+$ enthaltenden Lösung wird so viel Ammoniaklösung gegeben, daß sich zwischen einer Platin- und einer ges. Kalomelelektrode ein Potential von 250 bis 260 mV einstellt, wozu etwa 25 ml 0,1%ige Ammoniaklösung benötigt werden. Nach dem Verdünnen mit Wasser auf etwa 80 ml titriert man mit 0,01 n Hydrochinonlösung, die man in der Nähe des Äquivalenzpunktes in 0,1-ml-Mengen zulaufen läßt. Nach jeder Zugabe wird unter starkem Rühren 3 bis 4 Min. gewartet. Während der Titration bildet sich ein hellbrauner Niederschlag (Ag), dessen Farbe mit der Zeit dunkler wird. Der Endpunkt der Bestimmung wird potentiometrisch ermittelt. (1 ml 0,01 n Hydrochinonlösung entspricht 1,079 mg Ag.)

Genauigkeit. Nach [1] wurden bei insgesamt 14 Beleganalysen im Bereich von 5 bis 27 mg Ag Fehler zwischen $+2,0$ und $-2,4\%$ festgestellt.

Bemerkung. Die Ergebnisse werden von der Alkalität der Lösungen beeinflußt. Höhere Alkalitäten als in der Arbeitsvorschrift angegeben bewirken einen Reagensminderverbrauch, weil dann die Oxydation des Hydrochinons nicht beim Chinon haltmacht, sondern weitergeht.

Literatur: [1] BERKA, A., M. TICHÝ und J. ZÝKA: Fr. 182, 335 (1961).

4.3.3 Reduktion mit Eisen(II)-ionen.

Prinzip. Ag$^+$-Ionen werden in neutraler oder schwach saurer Lösung durch Fe^{2+}-Ionen zu met. Silber reduziert. Die Indikation kann visuell, potentiometrisch oder amperometrisch erfolgen.

Arbeitsvorschrift nach Erdey und Vigh [1] mit visueller Indication. Die nahezu neutrale, 50 bis 320 mg Ag enthaltende Lösung wird mit 20 ml 0,1 n Standardacetatpuffer, 1 g Natriumfluorid und so viel chloridfreiem Wasser versetzt, daß das Endvolumen etwa 200 ml beträgt. Man erwärmt auf 60 °C, versetzt mit 0,2 ml 1%iger Variaminblauacetat-Indicatorlösung und titriert mit 0,1 n Eisen(II)-sulfatlösung. Der Farbumschlag erfolgt von Tiefviolett nach Farblos. — Die Ergebnisse sollen um etwa 0,35% höher als der Sollwert liegen. Ist es erforderlich, eine höhere Genauigkeit zu erzielen, so wiederholt man die Bestimmung, wobei man zunächst eine um 1 ml gegenüber dem ersten Verbrauch verringerte Menge Eisen(II)-sulfatlösung zusetzt. Dann wird auf offener Flamme unter kräftigem Rühren auf 60 °C erwärmt und tropfenweise weitertitriert, wobei vor dem Zusatz eines neuen Tropfens jeweils 15 bis 20 Sek. gewartet wird (1 ml 0,1 n FeSO$_4$-Lösung $=$ 10,787 mg Ag).

Herstellen der Eisen(II)-sulfatlösung. 280 g FeSO$_4 \cdot$ 7 H$_2$O werden in 1 Liter 1 n Schwefelsäure gelöst und mit Wasser auf genau 10 Liter verdünnt. Die Lösung wird in einer Deville-Flasche aufbewahrt, deren untere Ausflußmündung mit einem etwa 30 cm langen, mit einem Hahn verschließbaren Reduktorrohr verbunden ist. Im unteren Teil des Rohres befinden sich Glasperlen, darüber Cadmium- oder Aluminiumgrieß.

Man läßt die Lösung mit einer solchen Geschwindigkeit durch das Reduktorrohr in die Bürette fließen, daß die einzelnen Tropfen eben noch zu zählen sind. Der Faktor der Lsöung wird vor Gebrauch chromatometrisch mit Diphenylamin als Indicator in phosphorsaurer Lösung überprüft. Es genügt ein einmaliges Einstellen, da sich der Faktor nicht ändert. Fe^{3+} wird bei Passieren des Reduktors zu Fe^{2+} reduziert. Dabei in die Lösung gelangendes Cd^{2+} stört nicht.

Herstellen der Indicatorlösung. Käufliches Variaminblau (4-Amino-4'-methoxydiphenylamin-HCl) enthält Cl$^-$ und kann deshalb nicht direkt verwendet werden. Es wird auf folgendem Wege in das Acetat überführt: 200 mg werden in 20 ml

Wasser gelöst und in einem Scheidetrichter mit 1 bis 2 ml 0,1n Ascorbinsäurelösung und 5 ml 1n Natronlauge versetzt. Die freigesetzte Variaminblaubase wird mit insgesamt 20 ml Benzol in 3 Anteilen extrahiert, wobei die verschiedenen Benzolmengen getrennt gesammelt werden. Dann nimmt man die Reextraktion mit insgesamt 20 ml 20%iger Essigsäure vor. Diese Lösung wird als Indicator verwendet. Sie ist 2 bis 3 Wochen lang beständig.

Standard-0,1n-Acetatpufferlösung. 50 ml n Essigsäure werden mit Cl^--freier n-Natronlauge gegen Phenolphthalein neutralisiert, mit 50 ml n Essigsäure versetzt und mit CO_2-freiem Wasser auf 500 ml verdünnt.

Genauigkeit. Im Mittel von 12 Bestimmungen wurde bei etwa 220 mg Ag eine Abweichung vom Sollwert von $+0,15\%$ festgestellt. Die Standardabweichung beträgt nach [1] $\pm 0,12\%$.

Störungen. Es stören Ionen, die mit Ag^+-Ionen Niederschläge bilden oder stark oxydierend wirken, wie Jodat, Bromat, Permanganat, Dichromat u. a.

Alkalimetallionen in 100fachem, Mn-, Zn-, Ni-, Cd-, Mg-, Cu-Ionen in 10fachem Überschuß stören nicht. Bei Anwesenheit von Mg ist wegen der Ausscheidung von Magnesiumfluorid ein Zusatz von 3 g Natriumfluorid erforderlich.

Erdalkalimetall- sowie Cr-, Co-, Bi-, Pb und Al-Ionen stören im Molverhältnis 1:1 nicht (bei Gegenwart von Al^{3+} setzt man 2 g Natriumfluorid zu).

In Gegenwart von Cu muß das Verfahren modifiziert werden (s. u.). As, Sb, Sn und Hg stören.

Aus arsenhaltigen Lösungen muß man das Silber zunächst mit Ascorbinsäure abtrennen, wieder lösen und dann titrieren.

Neben Sb soll die Reduktion mit Fe(II) aus NaF enthaltender, gepufferter, siedendheißer Lösung erfolgen.

Die Trennung von Sn kann durch das Alkalisieren der weinsäurehaltigen Lösung, Aufkochen mit Formaldehydlösung und Abfiltrieren des Silbers, das anschließend wieder in Salpetersäure gelöst wird, erfolgen.

Hg(I) und Hg(II) lassen sich aus schwach ammoniakalischer Lösung als Amidoverbindungen abtrennen. Nach dem Abfiltrieren des Niederschlags wird angesäuert und das Ag^+ titriert.

Sulfat und Nitrat im 100fachen, Formiat und Oxalat im 10fachen Molverhältnis stören nicht. Tartrat und Citrat können Ag^+ in geringem Maße reduzieren und bewirken, daß sich das Silber mit einer sehr dunklen Farbe abscheidet.

Arbeitsvorschrift nach Erdey und Vigh [1] zur Bestimmung des Silbers in Silber-Kupfer-Legierungen. 2 g Probe werden in 16 ml HNO_3 (1:1) gelöst. Nach dem Verdünnen auf das doppelte Volumen mit Wasser und dem Vertreiben der nitrosen Gase wird die Lösung auf 200 ml aufgefüllt. 50 ml davon werden in einem 500 ml-Erlenmeyer-Kolben auf 200 ml verdünnt. Nun fügt man aus einer Bürette verd. Ammoniaklösung (1:4) zu, bis die erste bleibende Trübung durch ausfallendes $Cu(OH)_2$ erfolgt. Dieses wird anschließend wieder mit wenigen Tropfen HNO_3 (1 + 1) (etwa 7 m) gelöst. Man setzt 20 ml n Standardacetatpufferlösung, 1 g Natriumfluorid und 0,3 ml 1%ige Variaminblaulösung zu und titriert *tropfenweise.*

Arbeitsvorschrift nach Přibil, Doležal und Simon [2] mit potentiometrischer bzw. amperometrischer Endpunktsanzeige. Man versetzt die 5 bis 100 mg Ag^+ enthaltende Lösung mit so viel 0,1m ÄDTA-Lösung, daß auf 1 g-Atom Ag auch 1 Mol ÄDTA vorhanden ist. Dann bringt man den pH-Wert der Lösung mit 5 bis 10 ml Acetatpuffer auf etwa 5, verdünnt so weit, daß eine maximale Ag^+-Konzentration von $0,5 \cdot 10^{-2}$m erreicht ist, und titriert mit 0,1n Eisen(II)-sulfatlösung.

Die potentiometrische Indication erfolgt mit einer Silber- oder einer Platinelektrode und einer ges. Kalomelelektrode. Bei der amperometrischen Endpunktsbestimmung verwendet man eine rotierende Platinelektrode und eine ges. Kalomelelektrode ohne äußere EMK. Die Titrationskurve ist L-förmig.

Genauigkeit. In reinen Ag$^+$-Lösungen treten nach [2] Fehler von durchschnittlich 0,3% (maximal von 0,65%) auf. In Anwesenheit größerer Mengen Pb, Cu, Cd, Bi liegen die Abweichungen höher.

Bemerkungen. In Lösungen, die saurer oder alkalischer als angegeben sind, werden fehlerhafte Ergebnisse erhalten. Bei pH-Werten unter 2,5 tritt keine Reaktion ein.

Das Verhältnis Ag$^+$: ÄDTA sollte möglichst 1:1 sein, jedoch erhält man auch im Bereich von 1:2 bis 1:0,5 noch brauchbare Werte.

Die Mindestkonzentration an Ag$^+$ liegt bei 10^{-3} m.

Literatur: [1] ERDEY, L., u. K. VIGH: Fr. **157**, 184 (1957). — [2] PŘIBIL, R., J. DOLEŽAL u. V. SIMON: Chem. Listy **47**, 1017 (1953) (tschech.).

4.3.4 Reduktion mit Chrom(II)-ionen.

Prinzip. Aus schwefelsaurer Silbersulfatlösung wird durch Cr(II) in der Wärme met. Silber gefällt. Die Bestimmung erfolgt unter CO_2 mit potentiometrischer Indication.

Arbeitsvorschrift nach Zintl, Rienäcker und Schloffer [1] zur Bestimmung des Silbers neben Kupfer. Enthält die Lösung freie Schwefelsäure, so neutralisiert man annähernd mit Ammoniaklösung, gibt dann 20 bis 30 g Ammoniumchlorid, 5 g Natriumacetat und einige ml Essigsäure hinzu, verdünnt auf etwa 200 ml, kocht unter CO_2 aus und titriert heiß mit Chrom(II)-sulfat- oder -chloridlösung.

Dabei wird wegen der komplexen Bindung des Silbers zuerst Cu^{2+} zu Cu$^+$ reduziert; dann (nach einem Potentialsprung bei etwa $+30$ mV) beginnt die Fällung des Silbers, an deren Ende ein zweiter „Sprung" bei etwa -250 mV zu verzeichnen ist. Als Indicatorelektrode verwendet man eine Platinelektrode, als Bezugselektrode eine Quecksilber(I)-sulfatelektrode. Der Potentialsprung am Ende der Titration soll etwa 400 mV pro Tropfen 0,1 n CrSO$_4$-Lösung betragen.

Genauigkeit. Nach [1] stimmen die Titrationsergebnisse sehr gut mit den theoretischen Werten überein. Bei insgesamt 8 angeführten Beleganalysen, von denen 4 neben Cu ausgeführt wurden, konnte ein maximaler Titrationsfehler von 0,03 ml 0,1 n Chrom(II)-sulfat- bzw. -chloridlösung festgestellt werden.

Bemerkungen. AgCl wird nur langsam reduziert. Man muß deshalb zur Erhöhung der Löslichkeit größere Mengen Alkalimetallchlorid zusetzen.

Freie Salzsäure ist zu neutralisieren.

In chloridhaltiger Acetatlösung ist es auch möglich, Ag (und Au) neben Pb, Sn und As zu bestimmen.

Literatur: [1] ZINTL, E., G. RIENÄCKER u. F. SCHLOFFER: Z. anorg. Ch. **168**, 97 (1928).

4.3.5 Reduktion mit Arsenat(III).

Prinzip. Ag$^+$ wird mit As(III) reduziert und das überschüssige As(III) jodometrisch bestimmt.

Arbeitsvorschrift nach Bosworth [1]. Zur Ag$^+$-Lösung wird eine bekannte überschüssige Menge einer auf Jod eingestellten Kaliumarsenat(III)-lösung gegeben. Dann setzt man Ammoniaklösung zu, bis der anfängliche Niederschlag wieder gelöst ist, und kocht die auf 100 ml verdünnte Lösung so lange, wie noch Ammoniak entweicht. — Die filtrierte Lösung wird gekühlt, schwach angesäuert, mit Natriumhydrogencarbonat versetzt und der Überschuß As(III) mit 0,1 n Jodlösung gegen Stärke titriert.

Störungen. In Gegenwart von Cu und Pb soll das Ag$^+$ zunächst als Silberchlorid ausgefällt werden, das anschließend wieder in Ammoniaklösung gelöst wird. Die weitere Behandlung erfolgt wie oben angeführt.

Literatur: [1] BOSWORTH, R. S.: Am. J. Sci. **28**, 287.

4.3.6 Reduktion mit Vanadyl-Ionen.

Prinzip. Ag^+ läßt sich in alkalischer Lösung mit Vanadylsulfatlösung unter Reduktion zum met. Silber und mit potentiometrischer Endpunktsbestimmung titrieren. Man arbeitet im verschlossenen Kolben und leitet Stickstoff durch, um eine Oxydation des im alkalischen Bereich sehr empfindlichen vierwertigen Vanadins durch den Luftsauerstoff zu verhindern. Als Reagenslösung wird eine *saure* Vanadylsulfatlösung verwendet, wobei sich ein Schutz vor Luftsauerstoff, wie er z. B. bei den Maßflüssigkeiten für Titrationen mit Reduktionsmitteln wie Cr^{2+}, Ti^{3+}, Sn^{2+} und Fe^{2+} erforderlich ist, erübrigt.

Man titriert eine ammoniakalische Lösung bei 50 °C und erhält einen „Sprung", der dem Übergang $Ag^+ \rightarrow Ag$ entspricht.

Cu läßt sich in gleicher Weise titrieren, wobei sich 2 „Sprünge" ergeben ($Cu^{2+} \rightarrow Cu^+$ und $Cu^+ \rightarrow Cu$).

Literatur: [1] DEL FRESNO, C., u. E. MAIRLOT: An. Españ. **32**, 280 (1934).

4.3.7 Reduktion mit Ascorbinsäure.

Prinzip. Ag^+ wird mit eingestellter Ascorbinsäurelösung unter Verwendung des Redoxindicators Variaminblau (4-Amino-4′-methoxy-diphenylamin) titriert.

Arbeitsvorschrift nach Erdey und Buzás [1]. Die 25 bis 250 mg Ag^+ enthaltende Lösung wird in einem 200-ml-Titrierkolben auf 100 ml verdünnt, auf 60 °C erwärmt, mit 0,1 bis 0,5 ml 1%iger Variaminblaulösung versetzt und mit 0,1n Ascorbinsäurelösung bis zum Verschwinden der Blaufärbung titriert. Nun gibt man 20%ige Natriumacetatlösung zu, bis die Blaufärbung wiederkehrt, und titriert weiter bis zum erneuten Verschwinden der Blaufärbung.

Silbermengen zwischen 2,5 und 25 mg können mit 0,01n Maßlösung, noch kleinere Mengen mit 0,001n Ascorbinsäurelösung titriert werden. Im letzteren Fall ist es erforderlich, den Titer der Lösung sofort nach Beendigung der Bestimmung zu kontrollieren.

Genauigkeit. ERDEY und BUZÁS [1] geben an, daß die Genauigkeit dieser Methode — besonders bei Verwendung einer 0,01n Maßlösung — diejenigen der Methoden von MOHR (s. 4.1.1.1.3), VOLHARD (s. 4.1.1.1.2) und FAJANS (s. 4.1.1.1.4) übertrifft.

Störungen. Folgende Ionen stören bei den in Klammern angegebenen Molverhältnissen nicht: Na^+ und NH_4^+ (1:50), K^+ und Mn^{2+} (1:20), Ca^{2+}, Sr^{2+}, Ba^{2+}, Zn^{2+}, Al^{3+}, Pb^{2+}, Cd^{2+}, Co^{2+}, Mg^{2+} und Ni^{2+} (1:10); SO_4^{2-} (1:50), NO_3^- (1:20), Formiat (1:10) sowie Tartrat, Oxalat und Acetat (1:1).

Freie Salpetersäure im Verhältnis 1:20 stört nicht, wenn man vor dem Erreichen des Äquivalenzpunktes 20%ige Natriumacetatlösung zusetzt.

Hg^{2+} und Hg_2^{2+} müssen aus schwach ammoniakalischer Lösung als Amidnitrate gefällt und abgetrennt werden.

Bi^{3+} stört durch Hydrolyse, Cr^{3+} durch Niederschlagsbildung mit dem Indicator.

Fe^{3+} kann durch Zusatz von 1 bis 2 g Natriumfluorid maskiert werden. Neben Cu^{2+} soll das Ag^+ zunächst als AgCl abgetrennt werden.

Literatur: [1] ERDEY, L., u. L. BUZÁS: Acta Chim. Acad. Sci. Hung. **4**, 195 (1954).

4.4 Sonstige Titrationsverfahren.

4.4.1 Bestimmung durch Nullpunktspotentiometrie.

Prinzip. Die unbekannte Ag^+-Lösung wird so in ihrer Konzentration verändert, daß sie mit einer Standard-Ag^+-Lösung übereinstimmt, wobei die Gesamtionenstärke durch Zugabe von molarer Schwefelsäure erhöht wird.

Arbeitsvorschrift nach Malmstadt und Mitarbeitern [1] zur Bestimmung des Silbers in Kupfer-Silber-Legierungen. Man löst 0,5 g Probe in 3 ml Salpetersäure (1 + 1) (etwa 7m), dampft auf 1 bis 2 ml ein und verdünnt auf 100 ml. Nun wird mit Cl^--freier Natronlauge versetzt, bis pH 3 bis 5 erreicht ist, und weiter auf 500 ml verdünnt. Diese Lösung verdünnt man bei Ag-Gehalten unter 25% auf das 2,5fache, bei Ag-Gehalten darüber auf das 10fache, wobei man die Schwefelsäurekonzentration auf die gleiche Stärke wie bei der Vergleichskonzentration bringt.

Dann stellt man den Nullpunkt der Apparatur [s. Anal. Chem. 32, 1034 (1960)] ein, wobei man auf beiden Seiten die Ag/AgCl-Elektroden in Standard-Ag^+-Lösung mit 0,05 mg Ag^+/ml tauchen läßt. Anschließend ersetzt man die eine der beiden Standardlösungen durch die Probelösung und verändert deren Ag^+-Konzentration so lange, bis der Nullpunkt wieder erreicht ist. Dazu verwendet man m-Schwefelsäure, wenn die Konzentration der Probelösung höher ist, und m-Schwefelsäure mit 0,1 mg Ag^+/ml, wenn sie niedriger ist als in der Standardlösung. Die in der Probe vorhandene Silbermenge ergibt sich durch Rechnung unter Berücksichtigung der verschiedenen vorgenommenen Verdünnungen.

Genauigkeit. Beleganalysenergebnisse nach [1]:

% Ag	Zahl der Bestimmungen	Gegeben [mg Ag]	Gefunden [mg Ag]	Standard-abweichung
100	10	2,000	2,000	0,001
90	3	1,800	1,801	0,001
50	3	1,000	1,000	0,002
25	3	0,500	0,499	0,0003
10	3	0,800	0,796	0,0009
5	3	0,400	0,396	0,0005

Literatur: [1] MALMSTADT, H. V., T. P. HADJIIOANNOU u. H. L. PARDUE: Anal. Chem. 32, 1039 (1960).

4.4.2 Bestimmung durch gasometrische Titration.

Prinzip. Ag^+ wird in alkalischer Lösung mit Hydrazinsulfatlösung titriert, wobei sich nach der Reaktionsgleichung:

$$4\,Ag^+ + N_2H_4 + 4\,OH^- = 4\,Ag + N_2 + 4\,H_2O$$

Stickstoff entwickelt, dessen Menge gemessen wird.

Arbeitsvorschrift nach Gottlieb [1]. Man bringt 5 oder 10 ml der neutralen Ag^+-Lösung in den Kolben (s. u.), versetzt mit 0,5 ml konz. Ammoniaklösung und 1 ml 0,5n Natronlauge und titriert mit eingestellter Hydrazinsulfatlösung. Das Titrationsgefäß besteht aus einem 50-ml-Kolben mit Schliff, auf dem eine 10-ml-Bürette derart angebracht ist, daß ihre Ausflußöffnung in den Kolben hineinragt. Kolbenraum und oberes Ende der Bürette sind bei geschlossener Apparatur über eine Capillare verbunden. Ein Dreiwegehahn ermöglicht es, den Gasraum des Titriergefäßes entweder mit dem Außenraum oder mit einem horizontal liegenden Glasrohr (Durchmesser 5,2 bzw. 1 mm bei Titrationen mit 0,1 und 0,01 bzw. 0,001n Lösungen) zu verbinden. Das Ende des Glasrohres ist gebogen und taucht in Wasser. Der horizontale Teil enthält ebenfalls Wasser, das sich bei Druckänderungen im Titriergefäß verschiebt. Die Temperatur ist konstant zu halten. Die im Verlauf der Titration erfolgende Verschiebung des Wassers wird gegen das Volumen der zugesetzten Maßlösung aufgetragen, wobei ein Knickpunkt den Endpunkt anzeigt.

Störungen. Es stören alle Stoffe, die Hydrazin ebenfalls oxydieren. Dazu gehören Edelmetallionen, Cu^{2+}, Hg^{2+} und Anionen wie Permanganat, Jodat und Hypochlorit.

Bemerkung. Die Bestimmung von Ag^+-Ionen neben met. Silber ist möglich.

Literatur: [1] GOTTLIEB, O. R.: Anal. chim. Acta 14, 497 (1956).

4.4.3 Bestimmung durch Titration in nichtwäßriger Lösung mit potentiometrischer Indication.

Prinzip. Eine Lösung von Silbernitrat in Diversscher Flüssigkeit kann mit Natriumsulfidlösung in dem gleichen Lösungsmittel titriert werden.

Mit einer Lösung von Perchlorsäure in Eisessig ist es möglich, Silberacetat zu bestimmen. Dabei stört nach CASEY und STARKE [1] Wasser.

Bei beiden Methoden erfolgt die Endpunktsbestimmung potentiometrisch.

Arbeitsvorschrift nach Hubicki und Groszek [2]. Zur Herstellung der Diversschen Flüssigkeit wird getrocknetes Ammoniumnitrat 12 Std. lang bei 0 °C mit Ammoniakgas gesättigt.

Eine wasserfreie Lösung von Silbernitrat in Diversscher Flüssigkeit erhält man, indem man wäßrige, mit etwas Ammoniumnitrat versetzte Silbernitratlösung eindampft und bei 110 °C entwässert, dann bei 0 °C mit 20 ml Diversscher Flüssigkeit übergießt.

Titriert wird mit einer Natriumsulfidlösung (0,001 bis 0,002 g/ml), die durch Einleiten von Schwefelwasserstoff in eine Lösung von Natrium in flüssigem Ammoniak bis zum Verschwinden der Blaufärbung und anschließende Zugabe von Ammoniumnitrat bis zum Molverhältnis der Diversschen Flüssigkeit (1:2) hergestellt wird. Der Titer dieser Lösung muß häufig überprüft werden.

Als Elektroden werden eine Ag- und eine AgF-Elektrode (ein elektrolytisch mit AgF überzogenes Silberplättchen in mit Silberfluorid und Natriumfluorid gesättigter Diversscher Flüssigkeit) benutzt.

Genauigkeit. Nach [2] lassen sich 14 bis 43 mg Ag auf 0,5 bis 1,5% genau bestimmen.

Literatur: [1] CASEY, A. T., u. K. STARKE: Anal. Chem. **31**, 1060 (1959). — [2] HUBICKI, W., u. H. GROSZEK: Ann. Univ. Marie Curie-Sklodowska, Sect. AA **11**, 23 (1956) (poln.).

5 Photometrische Bestimmungsmethoden.

5.1 Methoden, die auf der Lichtabsorption durch „echte" Lösungen von Silberverbindungen beruhen.

5.1.1 Bestimmung mit Dithizon.

Prinzip. Ag^+-Ionen reagieren in saurer Lösung mit Dithizon unter Bildung des gelben (Keto-) Dithizonats, das in Chloroform und Kohlenstofftetrachlorid löslich ist. In neutraler oder basischer Lösung entsteht das rotviolette (Enol-) Dithizonat. Dieses löst sich nicht in Chloroform und Kohlenstofftetrachlorid.

Die gelbe Lösung des (Keto-) Dithizonats kann entweder nach Abtrennung überschüssigen Reagens (Einfarbenmethode) oder in Gegenwart des überschüssigen Reagens (Mischfarbenmethode) für die photometrische Bestimmung von Silber verwendet werden.

Arbeitsvorschrift nach Fischer, Leopoldi und von Uslar [1] (Einfarbenmethode). Man extrahiert die mit Salpeter- oder Schwefelsäure (z. B. mit 2 ml verd. HNO_3 (15%ig) auf je 10 ml) angesäuerte Lösung, die 1 bis 12 µg Ag/ml enthält, in einem Scheidetrichter mit etwa 5 ml der grünen Dithizonlösung (s. u.), die während des Durchschüttelns in Anwesenheit von Ag^+ gelb gefärbt wird. Die Kohlenstofftetrachloridschicht wird in ein Glasgefäß mit eingeschliffenem Stopfen abgelassen.

Diesen Extraktionsvorgang wiederholt man so lange, bis das Silber vollständig ausgeschüttelt ist, d. h., bis der Farbumschlag von Grün nach Gelb unterbleibt. Dann spült man mit einer geringen Menge an reinem CCl_4 nach, die gleichfalls zu der Ag-Dithizonatlösung gegeben wird.

Diese wäscht man zweimal durch Schütteln mit je 5 ml verd. Ammoniaklösung (1:1000), wobei überschüssiges Dithizon in die wäßrige Phase übergeht. Nach dem Auffüllen der Ag-Dithizonlösung mit CCl_4 auf ein bestimmtes Volumen (z. B. 20 ml) ist die Lösung zur Messung bei 460 nm bereit. Sie kann — überschichtet mit 1%iger Schwefelsäure — im Dunkeln einige Tage unverändert aufbewahrt werden.

Genauigkeit. Die nebenstehend angeführten Beleganalysenergebnisse [nach (1)] wurden unter Verwendung eines Hellige-Autenrieth-Colorimeters erhalten, wobei die Lösungen vor der Messung und nach dem Abtrennen der Schwefelsäureschicht durch ein trockenes Papierfilter gegeben wurden (Angaben in µg Ag).

Gegeben	Gefunden	Fehler
111,6	115,0	+ 3,4
99,2	100,5	+ 1,3
86,8	84,0	− 2,8
74,4	73,0	− 1,4
62,0	60,5	− 1,5
49,4	49,6	+ 0,2
37,2	38,0	+ 0,8
24,8	26,5	+ 1,7
12,4	10,0	− 2,4

Herstellung der Dithizonlösung. Eine Lösung von 20 mg Dithizon in 100 ml CCl_4 wird durch ein trockenes Papierfilter filtriert und in einem Scheidetrichter mit etwa dem gleichen Volumen verd. Ammoniaklösung (1:200) geschüttelt, wobei das Dithizon in die wäßrige Phase übergeht, während als Verunreinigung anwesende Oxydationsprodukte im CCl_4 gelöst bleiben. Die wäßrige Schicht wird nach dem Abtrennen der meist gelb gefärbten CCl_4-Phase im Scheidetrichter mit reinem CCl_4 unterschichtet, angesäuert und sogleich geschüttelt, wobei das Dithizon wieder in das Kohlenstofftetrachlorid übergeht. Nach mehrfachem Waschen mit Wasser filtriert man wieder durch ein Papierfilter und verdünnt dann mit weiterem CCl_4 auf das gewünschte Volumen. Die Lösung wird in einer braunen Flasche unter einer Schicht verd. Schwefelsäure (1%ig) aufbewahrt.

Arbeitsvorschrift nach Sandell [2] in Abwesenheit von Kupfer (Mischfarbenmethode). Die angesäuerte Silberlösung mit bis zu 25 µg Ag wird in einem Scheidetrichter mit 10 ml Dithizonlösung (0,001%ig in CCl_4) 30 Sek. lang geschüttelt. Dann trennt man die CCl_4-Schicht ab, indem man sie durch das trockene Trichterrohr in eine Photometerküvette laufen läßt. Zur Messung wird ein gelbes oder orangefarbenes Filter verwendet. Die entstehende Mischfarbe liegt zwischen Grün und Gelb.

Arbeitsvorschrift nach Sandell [2] in Anwesenheit von Kupfer (Mischfarbenmethode unter Verwendung einer Lösung von Cu-Dithizonat in CCl_4). Die angesäuerte, 2 bis 10 µg Ag enthaltende Lösung wird in einem Scheidetrichter 2 Min. lang mit 5 ml Cu-Dithizonatlösung (s. u.) ausgeschüttelt. Die Extinktion der CCl_4-Schicht, deren Farbe zwischen Violett und Gelb liegt, wird unter Verwendung eines Gelbfilters gemessen. Das Beersche Gesetz ist erfüllt.

Herstellen der Cu-Dithizonatlösung. 0,001%ige Dithizonlösung in CCl_4 wird mit einem geringen Überschuß an verd. Kupfersulfatlösung in etwa 0,05n Schwefelsäure 1 bis 2 Min. geschüttelt. In der CCl_4-Schicht suspendierte Tröpfchen wäßriger Kupfersulfatlösung werden anschließend durch Waschen mit 0,01n Schwefelsäure entfernt.

Einfluß anderer Ionen. Hg, Au, Pd, Pt(II) und Cu bilden unter den angegebenen Bedingungen gleichfalls Dithizonate und stören deshalb.

FISCHER [1] empfiehlt bei Gegenwart anderer Begleitelemente als den oben genannten eine Behandlung der abgetrennten Ag-Dithizonatlösungen mit 1%iger Schwefel- oder Salpetersäure vor dem Waschen mit Ammoniaklösung, um Spuren der Begleitelemente zu entfernen.

Nach ERDEY, RÁDY und FLEPS [3], sowie MAREČEK und SINGER [4] ist es möglich, die Bestimmung dadurch selektiver zu gestalten, daß man die Extraktion mit Dithizonlösung in Gegenwart von ÄDTA vornimmt, wobei nur noch Hg stört. In Gegenwart größerer Mengen Cu nimmt man die Extraktion bei pH 3 [4] bzw.

5 [3] vor, weil Cu aus stärker sauren Lösungen auch in Gegenwart von ÄDTA teilweise mitextrahiert wird.

Eine Möglichkeit, auch den Einfluß von Hg auszuschalten bzw. Ag und Hg nebeneinander zu bestimmen, ergibt sich daraus, daß das Silberdithizonat in saurer Lösung durch hohe Cl^--Konzentrationen zersetzt wird, während die Hg-Verbindung unverändert (desgleichen Cu-Dithizonat) bleibt. Dabei entsteht eine der Silbermenge äquivalente Menge Dithizon, die bei 620 nm gemessen werden kann. Hg-Dithizonat absorbiert bei dieser Wellenlänge nicht. FRIEDBERG [5] schüttelt mit einer 1:1-Mischung von 20%iger NaCl-Lösung und 0,03n Salzsäure; BOUNSALL und MCBRYDE [6] verwenden eine 5%ige NaCl-Lösung, die 0,015n salzsauer ist, MAREČEK und SINGER [4] die von FRIEDBERG angegebene Mischung (s. die folgende Arbeitsvorschrift).

Arbeitsvorschrift nach Mareček und Singer [4] zur Bestimmung von Ag und Hg (bis herab zu je 1 ppm) in reinen Uranverbindungen. 10 bis 15 ml Uransalzlösung mit maximal 3 g Uran, die weniger als 1% Cl^- enthält, werden mit 1 ml ÄDTA-Lösung (2 g Na-ÄDTA in 100 ml Wasser) versetzt und mit 0,2n Schwefelsäure oder verd. Ammoniaklösung (1:1) auf pH 3 eingestellt. Diese Lösung wird mit 5-ml-Portionen 25 μ Mol-Dithizonlösung in CCl_4 extrahiert, bis sich die Farbe der CCl_4-Phase nach einmütigem Schütteln nicht mehr ändert. Die wäßrige Phase wird mit 5 ml CCl_4 nachgewaschen.

Die vereinigten CCl_4-Mengen werden dreimal mit je 10 ml verd. Ammoniaklösung (1 + 300) gewaschen und dann mit einer Mischung von 1,5 ml 0,03n Salzsäure und 1,5 ml 20%iger NaCl-Lösung extrahiert.

Die organische Phase überführt man in einen 25-ml-Meßkolben, wäscht die wäßrige Schicht mit einigen ml CCl_4, die in denselben Meßkolben gegeben werden, und füllt den Kolben mit CCl_4 auf. Die Extinktion dieser Lösung wird bei 485 nm und bei 620 nm gemessen. Bei 620 nm erhält man die aus dem Ag-Dithizonat freigesetzte Menge Dithizon, somit auch die Silbermenge. Die in gleicher Weise zu erstellende Eichkurve ist im Bereich von 0 bis 20 μg Ag geradlinig. Die bei 485 nm erhaltene Extinktion setzt sich aus der des Hg-Dithizonats und der des Dithizons zusammen. Nach Abzug der letzteren ergibt sich die Hg-Menge.

Genauigkeit. Nach [4] werden als relative Standardabweichungen für 5 und 10 μg Ag + Hg 3%, für 5 und 10 μg Ag alleine 1,5% angegeben.

Bemerkungen. Die Dithizonate von Ag und Hg weisen ähnliche Absorptionsmaxima (426 bzw. 485 nm) und können deshalb nicht direkt nebeneinander bestimmt werden.

SANDELL [2] weist darauf hin, daß die Dithizonmethode gegenüber dem Verfahren mit p-Dimethylaminobenzylidenrhodanin (s. 5.3.1) Vorteile aufweist, da sie in stärker sauren Lösungen und in Gegenwart größerer Mengen an Neutralsalzen ausgeführt werden kann. — Die Methode unter Verwendung einer Cu-Dithizonatlösung als Reagens wird besonders empfohlen, weil dafür keine besonders gereinigten Säuren und kein speziell vorbehandeltes Wasser nötig sind. Bei sehr großen Kupferüberschüssen erhält man jedoch auch bei Verwendung von Cu-Dithizonat zu geringe Ergebnisse (in Gegenwart von 10 mg Cu wurden statt 10 nur 8,2 μg Ag erhalten). Wie bei allen Bestimmungen kleiner Silbermengen muß beachtet werden, daß bei neutralen Lösungen, in weit geringerem Maße auch bei sauren Lösungen, eine Adsorption des Silbers an Glaswandungen erfolgen kann. Sie tritt bei der Verwendung von Geräten aus Pyrexglas nur geringfügig und bei Quarzgeräten gar nicht auf.

FISCHER [1] zieht die maßanalytische Bestimmung des Silbers mit Dithizon der photometrsichen vor, weil dabei eine größere Genauigkeit erzielt und ein größerer Konzentrationsbereich erfaßt werden kann.

Weitere Methoden unter Verwendung von Dithizon. HARA [7] bestimmt Silber in ammoniakalischer Lösung mit einer alkoholischen Dithizonlösung. Man mißt bei

562 nm. Das Lambert-Beersche Gesetz ist von 0,1 bis 1,0 ppm Ag erfüllt. In Gegenwart von ÄDTA stören 50fache Überschüsse an Cu und Au, desgleichen ein 100facher Überschuß an Ammoniumnitrat nicht.

JONES und NEWMAN [8] wenden die Mischfarbenmethode auf die Bestimmung von kleinen Silbermengen in Blei und Bleioxiden an. Sie extrahieren aus perchlorsaurer Lösung mit einer Dithizonlösung in Chloroform bis zum Entstehen einer Mischfarbe. Spuren organischer Substanzen werden durch Ascorbinsäurezusatz beseitigt. In an Perchlorsäure 3,5 normaler Lösung verursachen bis zu 5 g Pb und 250 μg Cu keine Störungen. Die Adsorption von Ag an Glasoberflächen wird durch Behandeln der Schütteltrichter mit einer Lösung von Dimethyldichlorsilan in CCl_4 vermieden.

BETTERIDGE und WEST [9] geben eine selektive Extraktion von Ag (Hg wird mit erfaßt) aus wäßriger Lösung mit nachfolgender, photometrischer Bestimmung an. Grundlage des Verfahrens ist die Komplexbildung des Ag^+-Ions mit Di-n-butylamin und Stearin- oder Salicylsäure in Gegenwart von Anthranil-N,N-diessigsäure als Maskierungsmittel.

Arbeitsvorschrift. 10 ml Lösung mit 5 bis 50 μg Ag werden in einem 50-ml-Schütteltrichter mit 0,4 ml einer 0,1 m Anthranil-N,N-diessigsäurelösung, 1 ml einer 5 m Natriumnitratlösung und 5 ml einer Lösung, die 3,2 g Salicylsäure und 30 ml Di-n-butylamin in 1 Liter Isobutylmethylketon enthält, versetzt. Nach 1 Min. Schütteln wird die wäßrige Schicht verworfen, die organische mit 10 ml 1 n Salpetersäure reextrahiert und mit 10 ml Wasser nachgewaschen. Die vereinigten wäßrigen Phasen werden mit 5ml Essigsäure-Acetat-Puffer (pH 4,5) versetzt und mit 10 ml einer 0,002 % igen Lösung von Dithizon in CCl_4 ausgeschüttelt. Man mißt bei 460 nm gegen reine Dithizonlösung.

MIYAMOTO [10] trennt Ag mit Hilfe eines Anionenaustauschers von Cu und bestimmt es anschließend photometrisch mit Dithizon. 0,1 ppm Ag können in hochreinem Kupfer erfaßt werden.

ANGERMANN und BASTIUS [11] fällen geringe Mengen Silber zusammen mit Thallium(I)-bromid als Sammler aus salpetersaurer Lösung aus, um es von großen Kupfermengen zu trennen. Den Niederschlag extrahiert man in Gegenwart einer ÄDTA-Natriumacetatlösung bei pH 5 mit Dithizonlösung in CCl_4. Diese Methode wird zur Bestimmung von Silber in Reinstkupfer angewendet.

MYAMOTO [12] gibt eine Methode zur Bestimmung von Silber in reinem Gold an, wobei die Hauptmenge des Goldes nach dem Lösen der Probe in Königswasser mit Essigsäureäthylester abgetrennt, das restliche Gold mit Hydroxylamin reduziert wird.

NISHIMURA, IMAI und OKUMURA [13] bestimmen Silber in Indium. Sie verwenden eine Dithizonlösung in Benzol, die auch von BELEVA und DANCHEVA [14] für die Bestimmung von Silber in Blei-, Kupfer- und Goldkonzentraten benutzt wird.

Literatur: [1] FISCHER, H., G. LEOPOLDI u. H. v. USLAR: Fr. **101**, 1 (1935). — [2] SANDELL, E. B.: Colorimetric Determinations of Traces of Metals, 2. Aufl., New York/London 1950, S. 539. — [3] ERDEY, L., G. RÁDY u. V. FLEPS: Magyar Chem. Folyóirat 60, 193 (1954) (ung.).— [4] MARAČEK, J., u. E. SINGER: Fr. **203**, 336 (1964). — [5] FRIEDBERG, H.: Anal. Chem. **27**, 305 (1955). — [6] BOUNSALL, E. J., u. W. A. E. McBRYDE: Canad. J. Chem. **38**, 1488 (1960). [7] HARA, S.: Jap. Analyst 7, 142 (1958) (jap.). — [8] JONES, P. D., u. E. J. NEWMAN: Analyst **87**, 66 (1962). — [9] BETTERIDGE, D., u. T. S. WEST: Anal. chim. Acta **26**, 101 (1962). — [10] MYAMOTO: M.: Jap. Analyst **10**, 321 (1961) (jap.). — [11] ANGERMANN, W.,u. H. BASTIUS: Neue Hütte **9**, 36 (1964). — [12] MYAMOTO, M: Jap. Analyst **9**, 869 (1960) (jap.). — (13) NISHIMURA, K., T. IMAI u. K. OKUMURA: Bunseki Kagaku **13**, 803 (1964). — [14] BELEVA, S., u. R. DANCHEVA: Khim. Ind. (Sofia) **36** (2), 64 (1964).

5.1.2 Bestimmung mit Pyridin-2,6-dicarbonsäure und Peroxodisulfat.

Prinzip. Ag^+-Ionen bilden in schwach saurem, acetatgepuffertem Medium mit Pyridin-2,6-dicarbonsäure und Peroxodisulfat das olivgrüne Bis-(pyridin-2,6-dicarboxylato)- Silber(II)-chelat. Bei 572 nm und 920 nm treten Absorptionsmaxima mittlerer Intensität auf ($\varepsilon_{572} = 841\ \text{Mol}^{-1}\ \text{cm}^{-1}$; $\varepsilon_{920} = 809\ \text{Mol}^{-1}\ \text{cm}^{-1}$), die zur photometrischen Silberbestimmung im Konzentrationsbereich zwischen 2 und 250 µg Ag/ml benutzt werden können. Noch kleinere Gehalte sind im Bereich der kurzwelligen Absorptionsflanke bei 366 nm ($\varepsilon_{366} = 4600\ \text{Mol}^{-1}\ \text{cm}^{-1}$) erfaßbar.

Arbeitsvorschrift nach Hartkamp [1]. Die halogenidfreie Lösung mit maximal 25 mg Silber wird annähernd neutralisiert und in einem 100-ml-Meßkolben mit 10 ml Pufferlösung pH 3 (3 g Natriumacetat und 118 ml Eisessig zu 1 Liter gelöst), 5 ml einer 5%igen, mit Natronlauge neutralisierten Lösung von Pyridin-2,6-dicarbonsäure und 10 ml einer 10%igen Lösung von Ammoniumperoxodisulfat versetzt. Dann stellt man den Meßkolben 15 Min. in ein Wasserbad von 35 bis 40 °C, kühlt auf Raumtemperatur ab, füllt mit Wasser auf und photometriert je nach dem Silbergehalt und nach Art und Menge der Begleitelemente im Bereich der drei Absorptionsbanden.

Bemerkungen. Die Reaktion verläuft bei Zimmertemperatur langsam, kann aber durch kurzes Erwärmen auf 30 bis 50 °C rasch zu Ende geführt werden. Zum Sieden darf man nicht erhitzen; die dann erhaltenen Extinktionen sind zu niedrig.

Das Reagens soll in der zwei- bis dreifachen stöchiometrisch erforderlichen Menge vorhanden sein.

Die gemessenen Extinktionen sind stark von der zugesetzten Menge Peroxodisulfat abhängig und werden erst bei sehr großen Überschüssen konstant und somit von der Konzentration an Peroxodisulfat unabhängig.

Im pH-Bereich zwischen 2,5 und 4,0 werden konstante Extinktionen gemessen. Die Meßwerte bleiben mindestens 60 Std. unverändert.

Das Beersche Gesetz wird erfüllt.

Genauigkeit. Aus der folgenden Aufstellung sind die von HARTKAMP [1] unter Verwendung verschiedener Photometer und Filter bei unterschiedlichen Silberkonzentrationen erhaltenen Mittelwerte der gemessenen Extinktionen, die Standardabweichungen und die relativen Standardabweichungen ersichtlich:

µg Ag/ml	Zahl der Messungen	Mittelwert der Extinktion	Standardabweichung	relative Standardabweichung [%]
A. Photometer Eppendorf, Hg-Lampe, Filter 578 nm, $d = 1,000$ cm				
2,0	10	0,0148	0,00046	3,1
10,0	10	0,0759	0,00032	0,42
20,0	10	0,1527	0,0010	0,70
50,0	10	0,3854	0,0012	0,31
100,0	10	0,7722	0,0043	0,56
150,0	10	1,166	0,0021	0,19
250,0	5	1,931	0,0038	0,19
B. Photometer Elko II, Glühlampe, Filter S 57 E, $d = 1,005$ cm				
20,0	10	0,1497	0,0009	0,62
50,0	10	0,3813	0,0007	0,23
150,0	10	1,1510	0,0016	0,14
C. Photometer Eppendorf, Hg-Lampe, Filter 366 nm, $d = 1,000$ cm				
0,0	5	0,0096	0,00055	5,7
1,0	5	0,0492	0,00045	0,91
5,0	5	0,2242	0,00084	0,37
10,0	5	0,4332	0,0013	0,30
30,0	5	1,2872	0,0013	0,10
50,0	5	2,164	0,0025	0,11
D. Spektralphotometer Unicam SP 600, 920 nm, $d = 1,000$ cm				
10,0	5	0,0714	0,0013	1,9
50,0	5	0,3708	0,0016	0,44
100,0	5	0,7480	5 übereinstimmende Werte	
150,0	5	1,086	0,0055	0,50

Die Messungen wurden in allen Fällen gegen Wasser ausgeführt.

HARTKAMP [1] vergleicht die Reproduzierbarkeit der Messungen mit denjenigen von üblichen volumetrischen Verfahren:

mg Ag	Methode	Zahl der Messungen	relative Standardabweichung [%]
5	Volumetrisch mit KJ, potentiometrischer Endpunkt	10	0,22
5	Photometrisch (Eppendorf, Hg 578 nm)	10	0,31
5	Photometrisch (Eppendorf, Hg 366 nm)	10	0,11
10	Volumetrisch mit NH_4SCN (VOLHARD)	10	0,35
20	Volumetrisch mit NH_4SCN (VOLHARD)	10	0,19
15	Photometrisch (Eppendorf, Hg 578 nm)	10	0,19
25	Photometrisch (Eppendorf, Hg 578 nm)	5	0,19

Er kommt zu dem Schluß, daß das photometrische Verfahren mit Pyridin-2,6-dicarbonsäure und Peroxodisulfat hinsichtlich der Reproduzierbarkeit der Messungen den üblichen volumetrischen Methoden ebenbürtig ist.

Einfluß anderer Ionen. Zahlreiche Kationen stören nur bei sehr großen Überschüssen. Dazu gehören: Hg, Zn, Pb, Cd, Cu, Bi, Tl. Tl(I) verzögert die Bildung des Ag(II)-Chelates.

Co und Ni bewirken erhebliche systematische Abweichungen (Co vor allem bei 578 nm, Ni bei 920 nm).

Halogenidionen stören. Sie können nicht mit Hg^{2+} maskiert werden.

Weitere Methoden unter Verwendung von $(S_2O_8)^{2-}$ oder $(SO_5)^{2-}$ als Oxydationsmittel. Nach WOLDAN [2] kann die Bildung des orange gefärbten Tetrapyridino-Ag(II)-persulfats zur photometrischen Silberbestimmung verwendet werden. Allerdings ergibt sich nur im Konzentrationsbereich von 1,8 bis 18 µg Ag/ml eine Eichkurve mit einem zwar gekrümmtem, aber regelmäßigem Verlauf. Nachteilig ist, daß die Messungen erst nach 30 Std. durchgeführt werden können.

GAGLIARDI und PRESINGER [3] überführen Ag^+ bei pH 3 bis 5 mit $\alpha.\alpha'$-Dipyridyl und Caroschem Reagens in das rotbraune Ag(II)-Bis-(dipyridyl-)chelat. Das Beersche Gesetz gilt im Bereich von 2 bis 20 µg Ag/ml. Man mißt bei 450 nm. In analoger Weise erhält man mit Terpyridin und Peroxodisulfat einen braunen Komplex. Das Beersche Gesetz gilt im Bereich von 0,5 bis 30 µg Ag/ml. Das Maximum der Absorption liegt bei 465 nm.

GERASIMOV, GOKIELI und GRUZINSK [4] bestimmen 2 bis 100 µg Ag, indem sie der Silberlösung 1 ml 0,1n Salpetersäure, 0,5 ml 3%ige Quecksilber(II)-nitratlösung, 1 ml 20%ige Ammoniumperoxodisulfatlösung, 0,1 mg Kupfer(II)-sulfat, 0,5 ml 1%ige Diacetyldioximlösung und 1 ml 10%ige Pyridinlösung zusetzen, auf 20 ml mit Wasser auffüllen und die entstandene Rosafärbung mit Standardlösungen vergleichen. Ein Fehler von $\pm 5\%$ wird angegeben.

Schon 1908 wurde von GREGORY [5] eine Methode zur Bestimmung von Ag neben Blei angegeben. Dabei fügt man der Silberlösung Ammoniumsalicylatlösung und Ammoniumperoxodisulfatlösung zu und erhält eine braune Färbung.

In Verbindung mit einer selektiven Adsorption des $[Ag(NH_3)_2]^+$-Komplexes an Silikagel und der damit ermöglichten Trennung des Silbers von Cu, Hg, Cd, Zn, Ni, und Fe bestimmt VYDRA [6] das Silber photometrisch mit Phenantrolin und Peroxodisulfat in essigsaurer Lösung.

Arbeitsvorschrift. Zur silberhaltigen Lösung gibt man einen Überschuß ÄDTA und stellt den pH-Wert auf 8,5 bis 9 ein (Ammoniaklösung). Dann läßt man sie mit 1,5 bis 2,0 ml/min durch eine Silikagelsäule laufen. Nach der Adsorption wird die Säule mit 10 ml 0,1m ÄDTA-Lösung und anschließend mit 25 ml Wasser gewaschen. Die Eluierung des Silbers erfolgt mit verd. Essigsäure.

Zur photometrischen Bestimmung fügt man dem Eluat 15 ml Eisessig, 2 ml 0,1 m Phenantrolinlösung und 0,5 g Ammoniumperoxodisulfat zu. Nach dem Verdünnen auf 50 ml wird die Extinktion bei 410 nm gemessen. Die Methode eignet sich für Lösungen mit 0 bis 15 µg Ag/ml.

Literatur: [1] Hartkamp, H.: Fr. **184**, 98 (1961). — [2] Woldan, A.: Mikrochemie **34**, 192 (1949). — [3] Gagliardi, E., u. P. Presinger: Mikrochim. chimoanalyt. Acta (Wien) **1964**, 1175. — [4] Gerasimov, B. A., u. E. P. Gokieli: Tr. Gruzinsk. Sel′skokhoz. Inst. **1964**, 61, 369. — [5] Gregory: Pr. chim. Soc. **24**, 125 (1908). — [6] Vydra, F.: Talanta (London) **10**, 753 (1963).

5.1.3 Bestimmung mit Mercupral.

Prinzip. Der intensiv gelbbraun gefärbte Komplex des Kupfers mit Tetraäthylthiuramdisulfid wird durch Einwirkung von Ag^+-Ionen entfärbt (Verdrängungsreaktion).

Arbeitsvorschrift nach Patrovský [1] zur Bestimmung des Silbers in Erzen. 0,1 bis 1 g des feingepulverten Erzes, das bei Anwesenheit von Quecksilber vorher ausgeglüht wurde, werden im Platintiegel mit 1 bis 5 ml mäßig verd. Salpetersäure übergossen, nach etwa 15 Min. mit 1 bis 5 ml konz. Flußsäure versetzt, dann wird auf dem Sandbad zur Trockne gedampft. Den Rückstand befeuchtet man mit etwas konz. Schwefelsäure und schließt ihn durch Schmelzen mit der etwa 6fachen Menge Kaliumhydrogensulfat auf. Die erkaltete Schmelze wird mit warmem Wasser gelöst und der Lösung ÄDTA (>4 g pro g Probe) zugesetzt. Bei Anwesenheit von Antimon gibt man ferner Citronensäure oder Weinsäure hinzu.

Unter Kühlen versetzt man nun mit Ammoniaklösung, wobei ein starkes Erwärmen wegen der Gefahr der Reduktion von Ag^+ zu vermeiden ist. Nachdem Bleisulfat und ÄDTA vollständig in Lösung gegangen sind, filtriert man in einen 200-ml-Meßkolben, wäscht das Filter mit Wasser aus und füllt das mit Essigsäure angesäuerte Filtrat zur Marke auf.

Von dieser Lösung wird ein Anteil mit 10 bis 30 µg Ag in einen Scheidetrichter pipettiert, mit 10 ml 0,001%iger Reagenslösung in Benzol versetzt und mindestens 30 Sek. ausgeschüttelt. Dann wird die Extinktion der Benzolschicht bei 440 nm gemessen und die Verringerung gegenüber der Extinktion der reinen Reagenslösung festgestellt.

Arbeitsvorschrift nach Michal und Mitarbeitern [2] zur Bestimmung des Silbers in Erzen. 0,2 bis 2,0 g werden in einer Platinschale mit einigen Tropfen Wasser befeuchtet und vorsichtig mit etwa 15 ml eines Gemisches von Flußsäure, Perchlorsäure und Salpetersäure im Verhältnis 30:5:1 versetzt. Man dampft ein, bis dichte, weiße Perchlorsäuredämpfe auftreten, befeuchtet nochmals mit dem Säuregemisch und dampft abermals ein. Nun wird mit heißem, redestilliertem Wasser in einen 100-ml-Meßkolben übergespült. Im Meßkolben wird kurz aufgekocht. Nach dem Erkalten füllt man bis zur Marke auf und filtriert einen Teil der Lösung durch ein trockenes hartes Filter in ein trockenes Becherglas.

Von dieser Lösung wird ein Anteil mit 10 bis 50 µg Ag in einen Schütteltrichter pipettiert, mit 15 ml Reagenslösung (s. u.) versetzt, mit redestilliertem Wasser auf 60 bis 80 ml gebracht und 3 bis 4 Min. ausgeschüttelt. Nach dem Entfernen der wäßrigen Schicht wird die Benzolschicht nochmals mit redestilliertem Wasser durchgeschüttelt, dann in einen 25-ml-Meßkolben übergeführt und mit Äthanol zur Marke aufgefüllt. Die Extinktion wird dann bei 420 nm gemessen.

Reagenslösung: 10 mg Mercupral in 1500 ml Benzol.

Herstellung des Reagens: Man mischt gleiche Teile einer gesättigten Tetraäthylthiuramdisulfidlösung in 50%igem Äthanol und einer gesättigten Kupfersulfatlösung in demselben Lösungsmittel und läßt 48 Std. lang stehen. Die abgeschiedenen dunklen Kristalle werden abgesaugt, mit Wasser und zuletzt mit wenig Äthanol gewaschen, dann getrocknet.

Genauigkeit. Die nach dieser Methode erhaltenen Ergebnisse sollen mit den auf dokimastischem Wege und mit anderen bewährten Verfahren erhaltenen in gutem Einklang stehen [1]. Von MICHAL und Mitarb. [2] werden die an acht verschiedenen Proben photometrisch und dokimastisch gefundenen Werte einander gegenübergestellt (in g Ag/1000 kg):

Probe	Dokimastisch	Photometrisch
1	88; 90	86,1; 86,5; 86,3
2	44; 48	46,2; 45,6; 45,9
3	18; 20	21,8; 20,8; 20,8
4	24; 28	23,8; 25,4; 24,0
5	35; 38	37,2; 39,3; 37,8
6	174; 185	183,0; 183,5; 180,8
7	286; 301	301,9; 300,9; 293,1
8	304; 319	314,1; 318,5; 313,0

Angaben über die Einzelheiten der Durchführung der dokimastischen Bestimmungen werden nicht gemacht.

Bemerkungen. PATROVSKÝ [1] bezeichnet seine Arbeitsweise als Verbesserung der Methode von MICHAL und Mitarb. Er schaltet die Störeinflüsse von Pb und Sb durch Zugabe von ÄDTA (zur Verhinderung einer Bleisulfatfällung) bzw. von Citronen- oder Weinsäure (zur Verhinderung des Ausfallens von Sb-, Sn- und Bi-Hydrolyseprodukten) aus.

Die der Methode zugrunde liegende Verdrängungsreaktion verläuft bei Gegenwart von ÄDTA in schwach saurer Lösung (pH 4 bis 5), nicht aber in ammoniakalischer Lösung.

Nach MICHAL [2] wurde durch Versuche sichergestellt, daß Perchlorsäure keinen störenden Einfluß auf die Silberbestimmung ausübt.

Das Verfahren wurde entwickelt, um die dokimastische Bestimmung des Silbers zu ersetzen; da es jedoch nur bei goldfreien Materialien sinnvoll anwendbar ist, bleibt seine praktische Bedeutung gering. In allen Fällen, in denen auch Gold zu bestimmen ist, wird nach MICHAL [2] die dokimastische Analyse vorgezogen.

Einfluß anderer Ionen. Die Bestimmung des Silbers wird durch bis zu 1000fache Überschüsse an Fe(III), Al, As(V), Sn(IV), Ca, Mg, Zn, Ti(IV), W(VI), Pb, Mn(II), Co(II), Mo(VI), Cd, Tl(I), Ni(II), Ba, Cr(III), V(V), Cu(II) und Th(IV) nicht gestört.

Große Mengen Sb(III) und Bi(III) stören, können jedoch nach PATROVSKÝ [1] durch Wein- oder Citronensäure maskiert werden.

Salpeter- und Salzsäure dürfen auch in kleinen Mengen nicht zugegen sein. Bei pH 3 bis 5 stört Nitrat nicht.

Quecksilber kann in gleicher Weise wie Silber bestimmt werden. Es darf bei Silberbestimmungen nicht anwesend sein.

Literatur: [1] PATROVSKÝ, V.: Chem. Listy **57**, 268 (1963). — [2] MICHAL, J., E. PAVLÍKOVÁ u. J. ZÝKA: Fr. **160**, 277 (1960).

5.1.4 Bestimmung mit Kupferdiäthyl-dithiocarbamidat.

Prinzip. Die Austauschreaktion zwischen einer wäßrigen Ag^+-Lösung und einer Lösung von Kupferdiäthyl-dithiocarbamidat in Kohlenstofftetrachlorid oder Chloroform wird zur photometrischen Bestimmung des Silbers ausgenutzt.

Arbeitsvorschrift nach Tertoolen, Buijze und van Kolmeschate [1] zur Bestimmung von Silber (und Quecksilber) in Kupfer und Kupferlegierungen. Man löst die Probe in 20 ml Salpetersäure (1:1). Falls zugleich mit dem Silber auch Quecksilber bestimmt werden soll, muß der Kolben mit einem Kühler und einer mit Wasser gefüllten Falle versehen sein. Nach dem Erkalten wird auf 50 ml aufgefüllt.

Ein Anteil der Lösung (mit maximal 100 µg Ag $(+ \text{Hg})$) wird in einem 100-ml-Scheidetrichter mit etwas Sulfaminsäure, 1 g Natriumcitrat pro 100 mg Cu, 4 g Natriumnitrat und 10 ml Pufferlösung (28 g Natriumacetat $+ 12$ ml Eisessig in 140 ml Wasser) versetzt. Man stellt den pH-Wert — falls erforderlich — mit 10 n Natronlauge auf 4,5 bis 5,0 ein, schüttelt um, versetzt mit 5 ml 30 %igem Wasserstoffperoxid und schüttelt erneut um. Dann fügt man 50,0 ml Reagenslösung (s. u.) hinzu, schüttelt 4 Min. und filtriert einen Teil der organischen Schicht durch einen Wattebausch in eine Cüvette. Man mißt bei 435 nm gegen reines CCl_4 oder die unbehandelte Cu-Diäthyldithiocarbamidatlösung und ersieht aus den Differenzen den Ag($+$ Hg)-Gehalt der Probe.

Herstellung der Kupferdiäthyldithiocarbamidatlösung. In einem 250-ml-Scheidetrichter werden 20 ml Kupfersulfatlösung (10 mg Cu/ml), 1 g Natriumnitrat und 1 g Na-ÄDTA mit Natronlauge auf pH 10 gebracht und mit 10 ml 0,1 %iger Natriumdiäthyldithiocarbamidatlösung sowie 100 ml Kohlenstofftetrachlorid versetzt. Nach dem Schütteln filtriert man die CCl_4-Phase durch einen Wattebausch und verdünnt mit weiteren 100 ml Kohlenstofftetrachlorid. Die Lösung muß in einer braunen Flasche aufbewahrt werden und ist täglich frisch zu bereiten.

Bemerkungen. Die Methode kann auch zur alleinigen Bestimmung von Quecksilber dienen. Man setzt dann der auf pH 4,5 bis 5,0 eingestellten Lösung noch 5 ml 0,2 %ige Kaliumbromidlösung zu.

KREIMER, LOMECHOW und STOGOWA [2] benutzen eine Kupferdiäthyldithiocarbamidatlösung in Chloroform und bestimmen Silber in Rohkupfer.

Die Möglichkeit, das Silberdiäthyldithiocarbamidat nach der Extraktion in ein organisches Lösungsmittel direkt (bei 340 nm) zu messen, ist nach SUDO [3] gegeben.

Literatur: [1] TERTOOLEN, J. W. F., C. BUIJZE u. G.J. VAN KOLMESCHATE: Chemist-Analyst **52**, 100 (1963). — [2] KREIMER, S. J., A. S. LOMECHOW u. A. W. STOGOWA: J. anal. Chem. (russ.) **17**, 674 (1962). — [3] SUDO, E.: Sci. Rep. Inst. Tôhoku Univ., Ser. A **6**, 137, 142 (1954).

5.1.5 Bestimmung mit Pyrogallolrot oder Dibrompyrogallolrot.

Prinzip. Beide Reagenzien bilden mit Ag^+-Ionen in acetatgepufferter Lösung gelbe Komplexe, die zur photometrischen Bestimmung des Silbers dienen können.

Arbeitsvorschrift nach Dagnall und West [1]. Zu 10 ml Probelösung gibt man in einem 100-ml-Meßkolben 1 ml 0,001 m Natriumnitratlösung, 0,5 ml 20 %ige Natriumacetatlösung und 5 ml 0,0001 m Pyrogallolrotlösung (10,5 mg des Reagens werden in 125 ml absolutem Äthanol gelöst und mit Wasser auf 250 ml aufgefüllt). Die Lösung bleibt 90 Min. stehen; dann wird auf 100 ml aufgefüllt und die Extinktion gegen einen Blindansatz bei 390 nm (Dibrompyrogallolrot: 440 nm) gemessen. Das Beersche Gesetz ist bis 85 µg Ag/100 ml erfüllt.

Genauigkeit. Die Standardabweichung beträgt bei 32,4 µg Ag: $\pm 1,8$ µg Ag.

Einfluß anderer Ionen. Enthält die Lösung neben Silber noch andere Kationen (auch Erdalkalimetallionen), so werden diese in einem Teil der Probe mit ÄDTA in bekannter Weise bestimmt und die so ermittelte stöchiometrische Maskierungsmenge ÄDTA zu der für die Bestimmung des Silbers verwendeten Lösung zugegeben.

Von den Anionen stören die Halogenidionen.

Bemerkungen. Tageslicht ist ohne Einfluß. Diese Methode soll der Bestimmung des Silbers mit Dithizon hinsichtlich der Handhabung und der Reproduzierbarkeit überlegen sein.

Literatur: [1] DAGNALL, R. M., u. T. S. WEST: Talanta (London) **8**, 711 (1961).

5.1.6 Bestimmung mit Brompyrogallolrot und 1,10-Phenantrolin.

Prinzip. Brompyrogallolrot (BPR) und 1,10-Phenantrolin (phen) können als Reagenssystem für die spektrophotometrische Bestimmung des Silbers in wäßrigen Lösungen (pH 7; Konzentrationsbereich 0,02 bis 0,20 ppm) dienen. Es entsteht ein blauer Komplex — wahrscheinlich von der Zusammensetzung $[(phen-Ag-phen)^+]_2$ BPR^{2-}. Die Messung erfolgt bei 635 nm.

Arbeitsvorschrift nach Dagnall und West [1]. 1 bis 10 ml 10^{-5} m Silbernitratlösung werden in einen 50-ml-Meßkolben mit 1 ml 0,1 m ÄDTA-Lösung, 1 ml 10^{-3} m 1,10-Phenantrolinlösung, 1 ml 20%iger Ammoniumacetatlösung und 2 ml 10^{-4} m Brompyrogallolrotlösung pipettiert. Nach dem Verdünnen mit Wasser auf 50 ml wird die Extinktion der blaugefärbten Lösung sofort oder innerhalb von 30 Min. bei 635 nm gegen einen Chemikalienblindansatz gemessen.

10^{-3} m Phenantrolinlösung. 49,56 mg/250 ml Wasser.

10^{-4} m Brompyrogallolrotlösung. 13,96 mg + 2,5 g Ammoniumacetat/250 ml Wasser; die Lösung ist nach 5 Tagen zu verwerfen.

0,1 m ÄDTA-Lösung. 3,72 g Dinatriumsalz werden in Wasser gelöst und mit Wasser auf 100 ml verdünnt.

Einfluß anderer Ionen. Nach [1] beträgt die maximale Abweichung bei der Bestimmung von 10 μg Ag^+ neben 10fachen Überschüssen folgender Kationen und einem 1000fachen Überschuß ÄDTA 1,8% (Extinktionen von 0,355 ± 0,006 in 4-cm-Cüvetten): Al^{3+}, Ba^{2+}, Bi^{3+}, Ca^{2+}, Cd^{2+}, Ce^{3+}, Co^{2+}, Cr^{3+}, Cu^{2+}, Fe^{3+}, Hg^{2+}, La^{3+}, Mg^{2+}, Mn^{2+}, Ni^{2+}, Pb^{2+}, Pd^{2+}, Tl^+, Ti^{4+} und Zn^{2+}.

Fe^{2+} bildet mit 1,10-Phenantrolin einen roten Komplex, der bei 635 nm nicht absorbiert. In Gegenwart von Fe^{2+} ist ein genügender Überschuß 1,10-Phenantrolin zuzusetzen.

U(VI), Th(IV) und Nb(V) bilden blaue Komplexe mit Brompyrogallolrot. 10fache Überschüsse können mit F^-(U, Th) bzw. H_2O_2 (Nb) wirkungslos gemacht werden.

Au(III) stört infolge der Bildung eines grünblauen Niederschlages.

Anionen. 10- bis 100fache Überschüsse an Acetat, Br^-, CO_3^{2-}, Cl^-, F^-, NO_3^-, SO_4^{2-}, SO_3^{2-}, PO_4^{3-}, Citrat und Oxalat stören nicht. Es stören Cyanid und Thiosulfat.

Bemerkungen. Nach Ansicht der Verfasser [1] handelt es sich bei dem vorliegenden Verfahren um das empfindlichste aller bekannten photometrischen Verfahren. Der molare Extinktionskoeffizient ε wird mit $5,1 \cdot 10^4$ angegeben.

Der blaue Komplex kann mit Nitrobenzol extrahiert werden. Außerdem ist es möglich, nach Zugabe von 1,10-Phenantrolin zu einer Lösung mit 10 bis 50 μg Ag bei pH 7 zuerst mit Nitrobenzol zu extrahieren und danach mit Brompyrogallolrot- und Ammoniumacetatlösung zu versetzen.

Arbeitsvorschrift nach Dagnall und West [2] mit Extraktion. Die Lösung mit 10 bis 50 μg Ag^+ wird mit überschüssiger ÄDTA versetzt (in Gegenwart von maximal 250 μg Au auch mit Br^-; in Gegenwart von CN^-, SCN^- und J^- auch mit genügend Hg(II) zur Maskierung dieser Anionen *vor* dem Zugeben von ÄDTA).

Nun fügt man 1 ml 20%iger Ammoniumacetatlösung, 5 ml 10^{-3} m 1,10 Phenantrolinlösung (s. o.), 1 ml 0,1 m ÄDTA-Lösung und 1 ml 1 m $NaNO_3$-Lösung zu, verdünnt im Scheidetrichter mit dest. Wasser und schüttelt mit 20 ml Nitrobenzol kräftig durch (1 Min.).

Nach 10 minütigem Absitzen entfernt man die org. Schicht, fügt ihr 25 ml 10^{-4} m Brompyrogallolrotlösung (s. o.) zu, schüttelt wieder 1 Minute und läßt 30 Minuten stehen.

Dann läßt man die Nitrobenzollösung in einen Kolben mit 5 Plätzchen NaOH ab, rührt und mißt die Extinktion sofort oder innerhalb von 30 Minuten in 1-cm-Cüvetten bei 590 nm.

Bemerkungen. Für Silbermengen von 1 bis 10 μg Ag wird das Verfahren etwas variiert [2].

Nach der Maskierung der störenden Anionen Cn^-, SCN^- und J^- mit Hg(II), dessen Überschuß durch ÄDTA-Zugabe ausgeschaltet wird, stört nur noch $S_2O_3^{2-}$.

Die störenden Kationen Nb(V), Th(IV) und U(VI) können mit Sb(V) als blaue Komplexe mit Brompyrogallolrot gebunden werden.

Größere Au-Mengen stören. Bis zum fünffachen Überschuß läßt sich der Einfluß des Goldes durch den Zusatz von Br^- (Bildung von $[AuBr_4]^-$) oder durch Extraktion aus ammoniakalischer Lösung ausschalten.

Literatur: [1] DAGNALL, R. M., u. T. S. WEST: Talanta (London) **11**, 1533 (1964). — [2] DAGNALL, R. M., u. T. S. WEST: Talanta (London) **11**, 1627 (1964).

5.1.7 Bestimmung mit Rubeanwasserstoff.

Prinzip. Rubeanwasserstoff ergibt mit Ag^+-Ionen in acetatgepufferter Lösung einen gefärbten Komplex, der zur photometrischen Bestimmung des Silbers verwendet wird.

Arbeitsvorschrift nach Xavier und Rây [1]. Die salpetersaure Ag^+-Lösung wird mit 1 ml 0,1%iger Reagenslösung in Äthanol und 10 ml Essigsäure-Natriumacetat-puffer (pH 4,2 bis 4,3) versetzt, mit dest. Wasser auf 25 ml verdünnt und innerhalb von 30 Min. nach Zugabe der Reagenslösung bei 390 nm gegen einen Blindansatz gemessen.

Literatur: [1] XAVIER, J., u. P. RÂY: J. Indian chem. Soc. **35**, 432 (1958).

5.1.8 Bestimmung als Lösung von Silberreineckat in Pyridin.

Prinzip. Zunächst wird Silberreineckat $Ag[Cr(NH_3)_2(SCN)_4]$ ausgefällt und anschließend in Pyridin gelöst. Die Extinktion der sich dadurch ergebenden violetten Lösung wird mit einem Grünfilter gemessen.

Die Fällung soll aus stark schwefelsaurer Lösung in der Siedehitze erfolgen, da unter anderen Bedingungen kolloide, kaum filtrierbare Niederschläge entstehen können.

Das Lambert-Beersche Gesetz ist für den Konzentrationsbereich von 3 bis 15,5 μg Ag/ml erfüllt.

Genauigkeit. Nach WEYERS [1] sind die Ergebnisse auf ±2% reproduzierbar und stimmen mit den nach VOLHARD gefundenen gut überein.

Literatur: [1] WEYERS, J.: Chem. analyt. (Warszawa) **5**, 979 (1960) (poln.).

5.2 Methoden, die auf der katalytischen Wirkung von Ag^+-Ionen beruhen.

5.2.1 Indirekte Bestimmung als Permanganat.

Prinzip. Ag^+-Ionen weisen einen katalytischen Effekt auf die Oxydation von Mn^{2+} zu MnO_4^- durch $S_2O_8^{2-}$ auf, der für die Bestimmung des Silbers im Submikrogrammbereich ausgenutzt werden kann. Das Verfahren wurde zuerst von KOLTHOFF und LIVINGSTON [1] vorgeschlagen.

Arbeitsvorschrift nach Underwood, Burrill und Rogers [2] zur Bestimmung von Silbermengen bis herab zu 0,01 μg Ag. Bei Silbermengen unter 0,25 μg mischt man die Silberlösung in einem Zentrifugenglas mit 1 ml Phosphorsäure (1:1) und 1 ml einer $6 \cdot 10^{-3}$m Mangansulfatlösung, bringt das Gesamtvolumen auf 10 ml, fügt 2 g Kaliumperoxodisulfat zu, hängt 10 Min. lang in ein siedendes Wasserbad und überträgt hierauf rasch in ein Eisbad. Gleichzeitig behandelt man mindestens drei Vergleichsproben mit bekannten Silbergehalten in gleicher Weise. Unter gelegentlichem Umschütteln läßt man 20 Min. im Eisbad, zentrifugiert dann und pipettiert die überstehende Flüssigkeit vorsichtig ab. Die Extinktion wird sodann bei 525 nm gemessen. Vergleichsflüssigkeit: dest. Wasser.

Genauigkeit. Bei 0,05 µg Ag: $\pm 7\%$; bei 0,1 µg Ag: $\pm 3\%$. Silbermengen zwischen 0,25 und 1,2 µg Ag werden in gleicher Weise, jedoch bei einer Reaktionstemperatur von 80 °C bestimmt. *Genauigkeit.* Etwa ± 2 bis 3%. Silbermengen bis herauf zu 60 µg werden bei einer Reaktionstemperatur von 60 °C unter Rühren bestimmt.

Arbeitsvorschrift nach Nutt und Maier [3] zur Bestimmung von 0,05 bis 0,30 µg Ag nach Anreicherung mit einem Kationenaustauscher, z. B. in Regenwasser. 100 g des Austauscherharzes Illco 221 W werden in der Kälte mit 100 ml 6n Natronlauge behandelt und anschließend mit 0,1 n Kaliumcyanidlösung zur Entfernung von Metallspuren gewaschen. Nach 10maligem Waschen mit je 100 ml Wasser wird der Austauscher mit drei 100-ml-Mengen n-HNO_3 in die H^+-Form übergeführt. Das Harz wird an der Luft getrocknet und 1,00 g davon in eine Säule (1,6 · 19 cm) gegeben; anschließend werden 10 ml Wasser zugesetzt.

Die Silberlösung wird nun mit einer Durchflußgeschwindigkeit von 4 ml/min auf die Säule gegeben und mit zweimal 10 ml Wasser mit gleicher Geschwindigkeit nachgewaschen. Dann werden 5 ml kochende 1m Natriumsulfitlösung auf die Säule gegeben und 1 Std. stehengelassen. Das Eluat wird mit 4 ml/min abgelassen, ehe weitere 3 ml kochende 1m Natriumsulfitlösung aufgegeben und nach 10 Min. abgelassen werden.

Die vereinigten Eluate versetzt man mit genau 1 ml 0,006m Mangansulfatlösung und 0,5 ml 7,5m Phosphorsäure. Der pH-Wert soll etwa 0,9 betragen. Das Volumen wird mit Wasser auf 10 ml aufgefüllt, und 2 g festes Kaliumperoxodisulfat werden zugegeben. Die Lösung wird nun genau 15 Min. im Wasserbad bei 97 bis 100 °C erwärmt und sofort im Eisbad abgekühlt. Kristallabscheidungen werden u. U. durch Zentrifugieren abgetrennt. Die Extinktion der klaren Lösung wird bei 525 nm gemessen; die Eichkurve unter identischen Bedingungen erstellt.

Einfluß anderer Ionen. Bei dem zuletzt angeführten Verfahren stören nach [3] je 100 µg Zn^{2+}, Cu^{2+}, Fe^{3+}, Ca^{2+}, Mg^{2+}, NO_3^-, J^-, SO_3^{2-}, NH_3 und ÄDTA nicht.

Nach [2] stören bei der photometrischen Bestimmung Co^{2+} und Pd^{2+}, wenn sie in 10fachem Überschuß vorliegen. Natriumsulfat und -perchlorat beeinflussen die Messungen in geringem Maße.

Bemerkungen. Bei den hier zur Bestimmung gelangenden äußerst geringen Silbermengen ist es von großer Wichtigkeit, daß alle Silberspuren aus den Glasgeräten, die benutzt werden sollen, durch intensives Behandeln mit Kaliumcyanidlösung entfernt werden.

Kurzawa und Solecki [4] bestimmen geringe Silbermengen in metallischem Blei. Das Verfahren beruht auf der Abtrennung des Bleis als Bleisulfat und der photometrischen Bestimmung des Silbers im Filtrat. Störungen durch V, Cr, Cl^-, Br^- und J^- werden festgestellt; die Reproduzierbarkeit der Werte wird mit $\pm 10\%$ angegeben.

Bei einer von Saini [5] angegebenen Arbeitsweise entfernt man vor der photometrischen Bestimmung anwesende Phosphorsäure, die Mangan(III)-komplexe bilden könnte, mit Magnesiamixtur und gleicht die störende Wirkung gefärbter Ionen innerhalb gewisser Grenzen dadurch aus, daß diese Ionen auch bei der Erstellung der Eichkurve zugesetzt werden.

Literatur: [1] Kolthoff, I. M., u. R. S. Livingston: Ind. eng. Chem., Anal. Edit. **7**, 209 (1935). — [2] Underwood, A. L., A. M. Burrill u. L. B. Rogers: Anal. Chem. **24**, 1597 (1952). — [3] Nutt, N. S., u. R. H. Maier: Anal. Chem. **34**, 276 (1962). — [4] Kurzawa, Z., u. R. Solecki: Chem. Anal. (Warsaw) **5**, 893 (1960) (poln.). — [5] Saini, G.: Ann. Chim. **40**, 55 (1950).

5.2.2 Indirekte Bestimmung als Eisen(II)-Komplex mit α,α'-Dipyridyl oder 1,10-Phenantrolin.

Prinzip. Die katalytische Zersetzung des Hexacyanoferrats(II), die bei erhöhter Temperatur und in schwach saurer Lösung besonders groß ist, wird zur photometrischen Bestimmung des Silbers im Ultramikrobereich ausgenutzt. Das gebildete Fe^{2+} gibt mit α,α'-Dipyridyl (oder 1,10-Phenantrolin) eine Rotfärbung, die bei 522 nm gemessen wird.

Arbeitsvorschrift nach Kraljić [1]. 5 ml Silbernitratlösung (Konzentration $2 \cdot 10^{-7}$ bis $2 \cdot 10^{-6}$ Mol/l, entsprechend etwa 0,02 bis 0,2 µg Ag^+/ml) versetzt man mit 0,50 ml 0,2%iger α,α'-Dipyridyllösung in 1 ml Acetatpuffer (pH 3,2) sowie 0,25 ml 1%iger, frisch bereiteter Kaliumhexacyanoferrat(II)-lösung. Man erwärmt 3 Min. auf 65 °C, kühlt auf 20 °C ab und mißt die Extinktion in 5-mm-Cüvetten gegen einen Blindansatz.

Genauigkeit. Die Werte in dem angegebenen Konzentrationsbereich sind auf $\pm 8\%$ reproduzierbar.

Bemerkungen. Beim Erwärmen auf höhere Temperaturen als 65 °C ergeben sich höhere Blindwerte.

Die Messungen sollen in diffusem Licht durchgeführt werden.

Einfluß anderer Ionen. Störungen durch andere Elemente, z. B. Hg oder Pd, sind nicht untersucht worden.

Literatur: [1] KRALJIĆ, I.: Mikrochim. A. **1960**, 586.

5.2.3 Indirekte Bestimmung durch Entfärbung von Mangan(IV)-chloridlösung.

Prinzip. Die katalytische Wirkung von Ag^+-Ionen auf die Entfärbung einer braunen Mangan(IV)-chloridlösung, die man aus Mangan(II)-salzlösung und Permanganat in salzsaurer Lösung erhält, wird zur Mikrobestimmung von Silber ausgenutzt.

Arbeitsvorschrift nach Gotô und Kakita [1]. Man mischt die Ag^+-Lösung, 1 ml Mangan(II)-sulfatlösung (0,6 g in 60 ml Wasser und 20 ml Salzsäure gelöst), 0,4 bis 0,8 ml n/30 Kaliumpermanganatlösung und so viel Salzsäure, daß die Lösung bei einem Gesamtvolumen von 7 ml in bezug auf die Säure 2,5n ist. Die Zeit bis zur Entfärbung der Lösung wird photometrisch bei 436 nm (Hg-Lampe) gemessen.

Bemerkung. Zwischen der Silbermenge und dem reziproken Wert der Zeit besteht kein linearer Zusammenhang. Die Bestimmung wird mit Hilfe einer Eichkurve ausgeführt.

Einfluß anderer Ionen. Fe^{3+} und Cu^{2+} verringern die Empfindlichkeit. Die Menge an NH_4^+-Ionen ist konstant zu halten.

Literatur: [1] GOTÔ, H., u. Y. KAKITA: Sci. Rep. Res. Inst. Tôhoku Univ. Ser. A **1**, 393 (1949).

5.3 Methoden, die auf der Bildung von Silbersolen oder von kolloiden Lösungen beruhen.

5.3.1 Bestimmung mit Dimethyl-(äthyl)-aminobenzylidenrhodanin.

Prinzip. Ag^+-Ionen geben in saurer Lösung mit Dimethyl- oder Diäthylaminobenzylidenrhodanin einen schwer löslichen rot-violetten Niederschlag, der in feiner Verteilung direkt zur photometrischen Bestimmung des Silbers dienen kann. Bei der indirekten Methode wird der zunächst ausgefallene Niederschlag in Kaliumcyanidlösung gelöst, wobei eine gelbe Lösung entsteht, deren Extinktion gemessen wird.

Arbeitsvorschrift nach Cave und Hume [1] zur Bestimmung von Silber in Lösungen der Größenordnung von 10^{-6} bis 10^{-5} molar unter optimalen Bedingungen.

Die 2 bis 20 µg Ag enthaltende Lösung wird zunächst in einem Quarzbecher in bezug auf die vorhandenen inerten Salze auf definierte Konzentration (z. B. für Kaliumnitrat auf 0,05 m) gebracht. Nach Zugabe von (5,0 ± 0,2) ml 8 n Salpetersäure zu der (25 ± 5) ml betragenden Lösung dampft man auf einer Heizplatte zur Trockne und erhitzt noch weitere 30 Min., um die letzten Reste Salpetersäure zu vertreiben. Den Rückstand löst man unter Erwärmen mit (24 ± 1) ml Wasser, kühlt auf eine bestimmte Temperatur (z. B. 25 °C), die auch weiter beizubehalten ist, neutralisiert mit 0,2 m Kalilauge gegen Phenolphthalein und versetzt mit 10,00 ml Pufferlösung (90,0 g $KHSO_4$ + 200,0 g K_2SO_4 im Liter). Von diesem Zeitpunkt vermeidet man, daß die Lösung stark belichtet wird. Man versetzt mit (3,0 ± 0,2) g Rohrzucker und dann gleichmäßig tropfenweise nacheinander mit (3,00 ± 0,02) ml Aceton und (aus einer Mikrobürette) mit (2,000 ± 0,002) ml Reagenslösung (0,0450 g in 400 ml absolutem Äthanol gelöst, die Lösung wird nach Stehen über Nacht filtriert, mit absolutem Äthanol auf 500 ml ergänzt und im Dunkeln aufbewahrt). Man verdünnt im 50-ml-Meßkolben mit Wasser zur Marke, mischt durch mehrmaliges, gleichmäßiges, nicht heftiges Umschütteln und photometriert nach (60 ± 15) Min. langem Stehen im Dunkeln bei 470 nm gegen einen Blindansatz.

Genauigkeit. Nach [1] wird eine Genauigkeit von 1 bis 2% erreicht.

Einfluß anderer Ionen. Die Methode ist nicht für Silber spezifisch. Au, Pd und Hg reagieren in gleicher Weise und stören. Nach SANDELL [2] haben geringe Mengen Blei und Kupfer keinen großen Einfluß. Dabei kompensiert man die blaue Färbung des Kupfers durch Zugabe der gleichen Menge Kupfersalz zur Vergleichslösung.

Bemerkungen. Ein großer Nachteil der Methode besteht darin, daß alle Bedingungen exakt eingehalten werden müssen, wenn zuverlässige Ergebnisse erzielt werden sollen. Sogar Art und Menge der anwesenden Neutralsalze beeinflussen die Meßwerte.

Weitere Methoden unter Verwendung von p-Dimethyl-(äthyl)-aminobenzylidenrhodanin. SANDELL und NEUMAYER [3] fällen geringe Silbermengen zusammen mit Tellur als Kollektor aus salzsaurer Lösung mit Zinn(II)-chlorid aus und bestimmen das Silber nach dem Lösen des Niederschlags in Salpetersäure photometrisch. 0,5 µg Ag können bei 1 g Einwaage in Sulfiden, Meteoreisen, Pflanzenasche und anderen Materialien bestimmt werden.

Nach einem Verfahren von ŠIŠKINA [4] werden geringe Silbermengen in entwickelten photographischen Schichten bestimmt.

HIRANO und MIZUIKE [5] reichern Silber neben Kupfer und Eisen mit Quecksilber unter Amalgambildung an, verdampfen das Hg bei 350 °C im Stickstoffstrom und bestimmen das Silber anschließend photometrisch. Die radiochemische Überprüfung dieser Methode ergab eine Ausbeute von 95%.

Nach SCHOONOVER [6] eignet sich die photometrische Methode zur Bestimmung von 0,06 bis 9,0 mg Ag/l in Trinkwasser, das mit Silber oligodynamisch desinfiziert worden ist, mit einer Genauigkeit von mindestens 3%.

Silbermengen bis herab zu 1 g/1000 kg können nach einer Methode von DICKER und JOHNSON [7] colorimetrisch mit p-Dimethylaminobenzylidenrhodanin in Bleioxid bestimmt werden.

Nach CASTAGNA und CHAUVEAU [8] ergibt sich bei Zusatz eines Schutzkolloids (Gelatine, Gummi arabicum) die Möglichkeit, Silber auch in ammoniakalischer Lösung zu bestimmen. 0,5 bis 100 µg Ag können mit einem Fehler von 2% neben großen Mengen Chlorid erfaßt werden. Es stören lediglich Au, Hg und Cu(I). Hg kann durch ÄDTA maskiert, Cu(I) oxydiert werden.

Arbeitsvorschrift nach Ringbom und Linko [9] zur Bestimmung des Silbers nach der indirekten Methode. Zu 50 ml einer neutralen Lösung mit maximal 70 µg Ag fügt man 3 ml einer 0,02%igen Reagenslösung zu und läßt mindestens 2 Std. im Dunkeln stehen. Dann filtriert man in einen Glasfiltertiegel G 4 und wäscht mit wenig Wasser nach. Um mitgefälltes Reagens zu entfernen, stellt man den Tiegel in das Fällungsgefäß, verteilt 40 ml Äthanol in Tiegel und Glas, bedeckt mit einem Uhrglas und erwärmt 15 Min. lang gelinde. Danach entfernt man das Äthanol aus beiden Gefäßen durch Absaugen und Nachwaschen mit kaltem Äthanol, bis dieser farblos abläuft. Nun setzt man unter heftigem Umrühren 5 ml 0,5%ige Kaliumcyanidlösung in 0,001n Natronlauge zu und saugt die Lösung durch den Tiegel in einen 50-ml-Meßkolben. Das wiederholt man mit weiteren 5 ml Kaliumcyanidlösung. Nach dem Auffüllen wird die Extinktion der gelben Lösung sofort gemessen (460 nm).

Einfluß anderer Ionen. Fast alle störenden Ionen lassen sich mit ÄDTA maskieren. Pd stört. Chlorid und Nitrat stören nicht.

Bemerkungen. Diese Methode kann zur Bestimmung von Silber in Erzen dienen, die mit Kaliumdisulfat bzw. nach BUKHSH und KHATTAK [10] mit Kaliumhydrogensulfat im Schmelzfluß aufgeschlossen werden. Die Ergebnisse sollen mit denen nach der Kupellationsmethode bei Silbererzen mit 1,7 bis 35% Ag erhaltenen gut übereinstimmen.

Arbeitsvorschrift nach Ringbom und Linko [9] für den Aufschluß silberhaltiger Erze. 0,5 bis 1,0 g werden mit der 15- bis 20fachen Menge Kaliumdisulfat im Quarzoder Porzellantiegel 10 bis 15 Min. bei bedecktem Tiegel zu schwacher Rotglut erhitzt. Nach dem Erkalten laugt man die Schmelze mit heißem Wasser aus und füllt danach bei 20 °C im 100-ml-Meßkolben bis zur Marke auf. Nach dem Absitzen des Ungelösten entnimmt man mit einer Pipette einen bestimmten Anteil, verdünnt diesen auf etwa 100 ml und gibt einen geringen Überschuß Na-ÄDTA-Lösung zu. Danach macht man mit Ammoniaklösung schwach alkalisch, versetzt mit 3 ml äthanolischer Reagenslösung, neutralisiert mit Essigsäure auf pH 6 bis 7, bis das Reagens ausfällt, und läßt 2 Std. stehen. Anschließend wird wie oben angegeben weitergearbeitet.

Literatur: [1] CAVE, G. C. B., u. D.N. HUME: Anal. Chem. **24**, 1503 (1952). — [2] SANDELL, E. B.: Colorimetric Determination of Traces of Metals, 2. Aufl. New York/London 1950, S. 540. — [3] SANDELL, E. B., u. J. J. NEUMAYER: Anal. Chem. **23**, 1863 (1951). — [4] ŠIŠKINA, N. N.: Ž. anal. Chim. (russ.) **15**, 431 (1960). — [5] HIRANO, S., u. A. MIZUIKE: Jap. Analyst. **8**, 746 (1959). — [6] SCHOONOVER, I. C.: J. Res. Nat. Bureau of Standards **15**, 377 (1935). — [7] DIKKER, E. S., u. E. A. JOHNSON: Analyst **82**, 285 (1957). — (8] CASTAGNA, M., u. J. CHAUVEAU: Bl. **1961**, 1165. — [9] RINGBOM, A., u. E. LINKO: Anal. chim. Acta **9**, 80 (1953). — [10] BUKHSH, N., u. A. KHATTAK: Pakistan J. biol. agric. Sci. **6**, 37 (1963).

5.3.2 Bestimmung mit Toluol-3,4-dithiol.

Prinzip. Ag$^+$-Ionen geben mit Toluol-3,4-dithiol einen farbigen, in Wasser unlöslichen Komplex. In verd. Schwefelsäure wird unter Zusatz eines oberflächenaktiven Stoffes mit Thioglykolsäure und Dithiol eine sehr feine Dispersion des Silberdithiolkomplexes erzeugt.

Arbeitsvorschrift nach Dux und Feairheller [1]. Zur neutralen Lösung mit 0,12 bis 2,5 mg Silber werden in einem 50-ml-Meßkolben 4 ml Schwefelsäure (1:1) zugesetzt. Nach dem Durchmischen verdünnt man mit Wasser auf etwa 40 ml. Nach Zugabe von zwei Tropfen 30%iger Natriumdodecylsulfonatlösung wird wiederum geschüttelt, wobei man so vorsichtig verfährt, daß wohl eine gute Durchmischung, jedoch kein übermäßiges Schäumen eintritt. Nach Zugabe von 1 ml Dithiolreagens (0,15 g Dithiol und 8 Tropfen Thioglykolsäure in 50 ml 2%iger Natronlauge) wird die Lösung kurz geschüttelt, mit weiteren 8 Tropfen Natriumdodecylsulfonatlösung versetzt, mit dest. Wasser auf 50 ml aufgefüllt und die Absorption nach einer Stunde bei 416 nm gegen Wasser gemessen.

Das Beersche Gesetz ist im Meßbereich von 4 bis 40 µg Ag/ml nicht streng erfüllt.

Genauigkeit. Die relative Standardabweichung wird mit ± 5 bis 6% angegeben.

Einfluß anderer Ionen. Die störenden Elemente der Schwefelwasserstoffgruppe, insbesondere Pb, Hg, Sn und As, müssen vorher abgetrennt werden.

Literatur: [1] Dux, J. P., u. W. R. Feairheller: Anal. Chem. **33**, 445 (1961).

5.3.3 Bestimmung als Silbersulfidsol.

Prinzip. Ag$^+$-Ionen werden aus wäßriger oder nichtwäßriger Lösung mit oder ohne Zusatz eines Schutzkolloides mit Schwefelwasserstoff oder löslichen Sulfiden als kolloides Silbersulfid ausgefällt. Die scheinbare Extinktion wird gemessen.

Arbeitsvorschrift nach Ziegler und Sbrzesny [1] zur photometrischen Bestimmung des Silbers als kolloides Silbersulfid in nichtwäßriger Lösung im Anschluß an die selektive Extraktion des Silbers als Tri-n-butylammonium-silbersaccharinat [2].

a) *Extraktion.* Die schwach salpetersaure Lösung, die bis zu etwa 100 g Pb neben Bi, Cu^{2+}, Fe, Co und Ni im Volumen bis zu etwa 1000 ml enthalten kann, wird mit Ammoniumacetat auf pH 4,5 bis 5,0 (Lyphanpapier) abgepuffert. Dann extrahiert man nach Zusatz von 1 ml (TBA)-saccharinat (s. u.) zunächst mit 2 bis 3 ml CH$_2$Cl$_2$. Sollte die Dichte der wäßrigen Lösung so groß sein, daß sich dieses nur schlecht oder gar nicht absetzt, so benutzt man CH$_2$Br$_2$ oder ein Gemisch beider Stoffe. Nach dem Abtrennen der organischen Phase wird die Extraktion unter den gleichen Bedingungen wiederholt. Nachgeschüttelt wird mit 2 ml des reinen Lösungsmittels. Geringe Mengen mitgerissener wäßriger Phase werden nun durch Umschütteln mit 10 bis 15 ml Wasser, das mit 1 ml (TBA)-acetat oder -saccharinat vermischt ist, entfernt. Das Waschwasser seinerseits wird mit 0,5 ml CH$_2$Cl$_2$ unter Zusatz von 1 bis 2 Tropfen (TBA)-saccharinat durchgeschüttelt.

b) *Photometrische Bestimmung.* Die gereinigte nichtwäßrige Phase wird in einem Meßkolben von 20 bzw. 25 ml mit 3 bis 4 ml 4%iger Kollodiumlösung vermischt und bis zur Marke mit Methanol aufgefüllt. Von dieser Lösung benutzt man einen Teil als Blindlösung und leitet in den anderen Teil mittels eines dünn ausgezogenen Glasrohres 2 bis 3 Min. lang in mäßig schnellem Strom Schwefelwasserstoff ein. Dies erfolgt am besten in einem kleinen Meßkolben, in dem durch Verdunsten eingetretene Verluste an Lösungsmittel nach dem Einleiten durch Auffüllen zur Marke ausgeglichen werden können. Die photometrische Messung wird zwischen 320 und 350 nm sofort oder innerhalb von 24 Std. vorgenommen. Man mißt gegen die Blindlösung (s. o.).

c) *Herstellen des (TBA)-saccharinates.* In 33 ml Tri-n-butylamin werden unter Rühren in kleinen Portionen 25 g Benzoesäuresulfimid (Saccharin) eingetragen. Nach Einsetzen der ersten Reaktion werden zur Verdünnung 30 ml CH$_2$Cl$_2$ zugesetzt. Die erhaltene schwachgelbe Lösung wird mit CH$_2$Cl$_2$ auf 100 ml aufgefüllt.

Genauigkeit. Nach [1] wurden bei 6 Bestimmungen neben großen Mengen Pb, Bi, Cu, Fe, Co und Ni im Bereich von etwa 100 bis 300 µg Ag die folgenden Ergebnisse erhalten:

Silber [µg]			Fremdmetalle [g]					
gegeben	gefunden	Fehler [%]	Pb	Bi	Cu	Fe	Co	Ni
318	315	−1	10	3	2	—	—	—
318	313	−2	15	3	2	—	—	—
191	186	−2,5	100	3	5	5	5	5
127	125	−2	100	3	10	10	5	5
127	128,5	+1	100	—	10	10	—	—
127	124	−2,5	100	—	10	10	—	—

Demnach kann die Methode zur Bestimmung von Silber in Blei — auch in Gegenwart von Bi, Cu, Fe, Co und Ni — herangezogen werden. Das Lambert-Beersche Gesetz ist im Bereich von 50 bis 60 µg Ag/ml erfüllt.

Weitere Methoden. Eine einfache Bestimmung von Silber in Fixierbädern führt KIESER [3] wie folgt durch: Um eine Vergleichslösung herzustellen, werden in einem Reagensglas zu 4 ml einer Thiosulfatlösung mit genau 2 g Ag/l 6 ml einer mit Kalium- oder Natriumcitrat versetzten Citronensäurelösung gegeben. Die Lösung muß schwach sauer sein. Nach Zugabe von 10 ml einer 0,4%igen Gelatinelösung (Schutzkolloid) verdünnt man mit Wasser auf 100 ml und gibt 2 ml einer gesättigten Natriumsulfid/Natriumsulfit-Lösung zu. Diese Vergleichslösung ist lange haltbar. — In gleicher Weise werden 4 ml des zu untersuchenden Fixierbades behandelt. Von den so erhaltenen 100 ml werden 10 ml in einem Reagensglas so lange mit Wasser verdünnt, bis die gleiche Farbtiefe wie bei der Vergleichslösung erreicht ist. Der Silbergehalt ergibt sich durch einfache Rechnung. Eine Bestimmung soll 3 Min. dauern. (In ähnlicher Weise erfolgt die Silberbestimmung nach einem französischen Patent [4] in Fixierbädern, jedoch als kolloides Silberselenid.)

DANCKWORTT [5] bestimmt geringe Silbermengen (< 1 mg) in Lymphproben nach einer Methode, die der colorimetrischen Bleibestimmung mit Schwefelwasserstoff nachgestaltet ist. Er setzt einer schwach ammoniakalischen Ag-Lösung Schwefelwasserstoffwasser zu.

DE BROUCKÈRE und PETIT [6] erfassen Silber im Konzentrationsbereich $5 \cdot 10^{-4}$ bis $5 \cdot 10^{-5}$ Mol/l als kolloides Sulfid aus schwach salpetersaurer Lösung (0,03 bis 0,13 Mol HNO_3/l). Nach JUST und SZNIOLIS [7] kann man die geringen zur oligodynamischen Wasserdesinfektion verwendeten Silbermengen in der Weise colorimetrisch bestimmen, daß man zunächst eine Silberjodidfällung durchführt, dann dieses in Silbersulfid umwandelt, das auf ein Filterscheibchen abgesaugt wird. Je nach dem Silbergehalt bekommt man hellgraue bis bronzefarbene Filter, die mit einer unter den gleichen Bedingungen erhaltenen Reihe von Standards verglichen werden.

Literatur: [1] ZIEGLER, M., u. H. SBRZESNY: Fr. **175**, 321 (1960). — [2] ZIEGLER, M.: Fr. **173**, 411 (1960). — [3] KIESER, K.: Phot. Ind. **35**, 948 (1937). — [4] Société Kodak-Pathé, F. P. 825306 v. 12. 11. 1936. — [5] DANCKWORTT, P. W.: Ar. **252**, 69 (1914). — [6] BROUCKÈRE, L. DE, u. R. PETIT: Bl. Soc. chim. Belg. **45**, 717 (1936). — [7] JUST, J., u. A. SZNIOLIS: Arch. Chemji Farmacji **2**, 170 (1935).

5.3.4 Bestimmung als Silberchloridsol.

Prinzip. BEBTIAUX [1] überführt geringe Mengen Silberchlorid durch Abrauchen mit Perchlorsäure zunächst in lösliches Silberperchlorat. Nach Zugabe von Salzsäure zu dieser Lösung erfolgt die nephelometrische Bestimmung.

Nach KEMULA und Mitarb. [2] lassen sich geringe Mengen Silber in kupferarmen Erzen bestimmen, indem zunächst eine Anreicherung des Silbers mit Hilfe eines Anionenaustauschers in der Cl^--Form durchgeführt wird, der sich das Eluieren mit Ammoniaklösung und die nephelometrische Bestimmung als kolloides Silberchlorid bei 530 nm anschließen.

Literatur: [1] BEBTIAUX, L.: Chim. analyt. **31**, 32 (1949). — [2] KEMULA, W., K. BRAJTER, S. CIEŚLIK u. H. LIPIŃSKA-KOSTROWICKA: Chem. Anal. (Warsaw) **5**, 225 (1960).

5.3.5 Bestimmung als Silbersol.

Prinzip. Ag^+ wird aus alkalischer Lösung, z. T. in Gegenwart eines Schutzkolloids, durch Reduktionsmittel zu met. Silber reduziert, wobei eine kolloide Lösung entsteht. Die Arbeitsvorschriften müssen exakt eingehalten werden.

Arbeitsvorschrift nach Hepenstrick [1] zur Bestimmung von 10^{-6} bis 10^{-5} Mol Ag/l durch Reduktion mit Saccharose. 50 ml der Silberlösung mit etwa 1 mg Ag/l, die neutral, höchstens schwach sauer und frei von Fremdelektrolyten sein soll, werden mit 10 Tropfen einer Lösung von 10 g Saccharose in 10 ml Wasser versetzt. Man erhitzt 120 Sek. im Wasserbad auf (83 ± 1) °C, stellt dann durch Zusatz von 0,08 ml n Natronlauge auf pH 11,2 ein. Während weiterer 60 Sek. im Wasserbad steigert man die Temperatur auf (91 ± 1) °C. Nach dem Erkalten photometriert man bei 436 nm gegen Wasser.

Es bildet sich ein braunes, mehrere Tage haltbares Sol. Fremdsalzkonzentrationen über 10^{-4} m führen zu verringerten Extinktionen, saure Lösungen zu sofortiger Ausflockung.

Bemerkungen. Es handelt sich um die Präzisierung der von WHITBY [2] bereits 1910 veröffentlichten Methode. Als weitere Reduktionsmittel werden dort angeführt: Dextrin, Gummi arabicum, Glycerin, Cellulose (Filterpapier) und Stärke. 2 µg Ag in 50 ml sollen bestimmt werden können.

JELLEY [3] stellt klare, gelbe Sole aus ammoniakalischen, Gelatine als Schutzkolloid enthaltenden Lösungen mit Natriumhydrogensulfit her.

Arbeitsvorschrift nach Ciuhandu und Giuran [4] zur Bestimmung von 40 bis 8000 µg Ag durch Reduktion des mit p-Sulfamidbenzoesäure erhaltenen Komplexes in alkalischer Lösung mit Kohlenmonoxid zu einem beständigen Silbersol. 40 ml Silberlösung mit 1 bis 200 µg Ag/ml werden in einen 50-ml-Meßkolben gegeben. Saure Lösungen werden neutralisiert. Falls die Lösung kein Cu enthält, fügt man 0,5 ml einer 0,1 m Kupfersulfatlösung hinzu. Dann versetzt man mit 2 ml 0,1 m Sulfamidbenzoatlösung (hergestellt durch Neutralisieren der Säure mit Natronlauge) und 2 ml Soda-Natriumhydroxidlösung (4 Vol.-Teile m Sodalösung + 1 Vol.-Teil m Natronlauge). Man füllt auf und filtriert durch ein trockenes Filter. 20 ml werden in einer m Natronlauge alkalisiert. Nun leitet man 25 ml Kohlenmonoxid aus der Gasbürette durch den unmittelbar vorher geöffneten Schlauch (s. Abb. 4) in den Zylinder. Der verschlossene Zylinder wird 2 bis 3 Min. geschüttelt und das Schütteln 30 Min. lang ab und zu wiederholt. Dann füllt man die Lösung in eine Cüvette, läßt 5 Min. stehen und mißt die Extinktion mit den Filtern S 42 oder S 47 gegen Wasser.

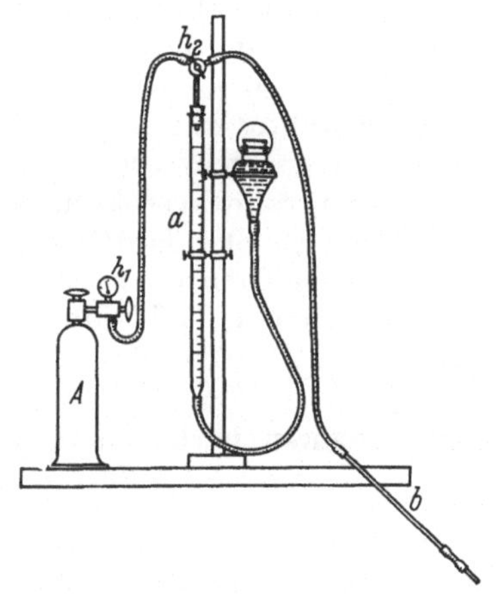

Abb. 4. Apparatur zur Handhabung von CO nach CIUHANDU und GIURAN
A Druckflasche, *a* Bürette, h_1 Ventil (Druckminderer) h_2 Dreiwegehahn, *b* Rohrende

Die Eichkurven werden unter den gleichen Bedingungen ermittelt. Sie verlaufen im Bereich 14 bis 216 µg Ag/ml praktisch linear. Im Bereich 1 bis 14 µg Ag/ml tritt eine Krümmung auf.

Wird die Bestimmung neben großen Mengen Kupfer durchgeführt — z. B. bei der Bestimmung in Kupfermetall — so fügt man erst die Sulfamidbenzoatlösung zu und macht dann mit 20%iger Natronlauge gegen Phenolphthalein alkalisch und gibt das Soda-Natronlauge-Gemisch zu.

Bemerkung. Bei Versuchen, das gasförmige Kohlenmonoxid durch Lösungen desselben in Äthanol oder Aceton zu ersetzen, wurden keine reproduzierbaren Ergebnisse erzielt.

Literatur: [1] HEPENSTRICK, H.: Helv. **32**, 364 (1949). — [2] WHITBY, G. S.: Z. anorg. Ch. **67**, 62 (1910). — [3] JELLEY: J. Soc. chem. Ind., chem. & ind. **51**, Trans. 191 (1932). — [4] CIUHANDU, G., u. V. GIURAN: Fr. **159**, 250 (1957/58).

6 Spektralanalytische Verfahren.

6.1 Flammenspektrometrische Methoden (Emission).

Prinzip. Die silberhaltige, wäßrige Lösung mit oder ohne Zusatz eines organischen Lösungsmittels wird unter festgelegten Bedingungen in einer Flamme (Sauerstoff/ Wasserstoff, Sauerstoff/Acetylen u. a.) angeregt. Bei der nachfolgenden spektralen Zerlegung der emittierten Strahlung können die Silberlinien bei 338,3 und 328,0 nm für die quantitative Bestimmung des Silbers Verwendung finden.

6.1.1 Verfahren nach Rathje [1] zur Bestimmung des Silbers in Cadmiumsulfid- und Zinksulfid-Phosphoren.

Eine Einwaage, die 50 bis 500 µg Ag enthält, wird mit 5 ml Wasser und 30 ml konz. Salzsäure erhitzt, bis die Lösung völlig klar und das Silber komplex in Lösung gegangen ist. Die erkaltete Lösung wird in einem 30 ml Aceton enthaltenden 100-ml-Kolben bis zur Marke aufgefüllt.

Die Anregung erfolgt in einer Wasserstoff/Sauerstoff-Flamme (0,7 atü O_2, 0,5 atü H_2). Gemessen wird die Linie bei 338,3 nm. Unter den gewählten Bedingungen ist die Emission der Silberkonzentration im Bereich von 0 bis 5 µg Ag/ml direkt proportional. Der Acetonzusatz erfolgt zur Erhöhung der Empfindlichkeit. Bei jeder gemessenen Probe werden auch eine Blindlösung und eine Standardlösung mit 5 µg Ag/ml mit gemessen. Da die Phosphore fast immer Magnesium- und Natrium-chlorid (etwa 0,12% Mg und 0,04% Na) enthalten, wodurch sich zu hohe Intensi-täten bei der Silberbestimmung (Ag-Gehalt etwa $10^{-2}\%$) ergeben, ist es erforderlich, Blind- und Standardlösungen die gleichen Mg- und Na-Mengen zuzusetzen. Sind die Konzentrationen unbekannt, so kann man, da der Untergrund in diesem Gebiet Bandencharakter hat, den Untergrund auf beiden Seiten der Analysenlinie ausmes-sen und den Mittelwert als Untergrundstrahlung abziehen. Geringe Änderungen des Konzentrationsverhältnisses Zn/Cd können vernachlässigt werden. Es wird empfohlen, der Standardlösung die entsprechenden Mengen Zn und Cd zuzufügen.

Als untere Grenze der Anwendbarkeit werden 5 bis 10 ppm Ag angegeben. Bei Testlösungen mit 55 bis 460 µg Ag betrug die größte Abweichung vom Sollwert 12 µg.

6.1.2 Verfahren nach Galloway [2] zur Bestimmung des Silbers in Kupfer nach vorheriger Abtrennung als Silberchlorid.

Man löst eine solche Probemenge in etwa 225 ml konz. Salpetersäure, daß die Endlösung eine Silberkonzentration von 50 ppm aufweist. Dabei wird die Salpeter-säure in 30-ml-Portionen zugegeben. Nach dem Abklingen der heftigen Reaktion setzt man 1 ml Brom zu, läßt 10 Min. stehen, gibt 50 ml Salpetersäure (1 + 1) (etwa 7 m) zu und erwärmt, um das restliche Kupfer zu lösen. Anschließend werden überschüssiges Brom und nitrose Gase durch Kochen ausgetrieben. Dann setzt man 100 ml Wasser und 5 ml 20%ige Natriumchloridlösung zu, kocht 10 Min. lang und läßt über Nacht im Dunkeln absitzen. Am nächsten Tag filtriert man und wäscht den Filterrückstand wechselweise mit kaltem Wasser und kalter 5%iger Salpeter-säure, die 1% Natriumchlorid enthält. Der Niederschlag wird anschließend mit zweimal 10 ml Ammoniaklösung, 20 ml heißer 20%iger Salpetersäure und nochmals mit zweimal 10 ml Ammoniaklösung in ein| Becherglas übergeführt. Nachgewaschen wird dreimal mit wenig Wasser. Nach dem Auffüllen des Filtrates auf 100 ml (mit Wasser) ist die Lösung für die flammenphotometrische Bestimmung bereit.

Diese wird mit einer Wasserstoff/Sauerstoff-Flamme durchgeführt (200 mm H_2-Druck; 0,3 kg/cm² O_2). Gemessen wird die Intensität der Linie 338,3 nm.

6.1.3 Sonstige Verfahren.

DEAN und STUBBLEFIELD [3] haben Untersuchungen über die flammenphotometrische Silberbestimmung aus wäßriger Lösung und aus organischen Lösungsmitteln unter Verwendung der Sauerstoff/Wasserstoff- und der Sauerstoff/Acetylen-Flamme durchgeführt. Sie messen die Intensitäten der beiden Linien 328,0 und 338,3 nm. Der Einfluß folgender Parameter auf die Resultate wurde untersucht: Sauerstoff- und Wasserstoff- (Acetylen-) Druck; Verhältnis Sauerstoff zu Wasserstoff (Acetylen); Brennerhöhe; Untergrundemission und Störungen durch verschiedene Kationen und Anionen.

ROBINSON, NEWMAN und SCHOEB [4] bestimmen Silber (und Na, K, Mg, Ca, Cu, Fe, Sr, Li) in biologischen Materialien wie tierischen Flüssigkeiten und Geweben teils direkt, teils nach dem Veraschen. Sie arbeiten mit einem speziell konstruierten Brenner und verwenden Co als inneres Bezugselement.

WHISMAN und ECCLESTON [5] führen die Spurenbestimmung von 20 Elementen, darunter Silber, in Dieselölen durch. Dabei nehmen sie das Spektrum von 700 bis 275 nm mit Hilfe eines Multipliers, der die Photozelle ersetzt, auf.

Literatur: [1] RATHJE, A. O.: Anal. Chem. **27**, 1583 (1955). — [2] GALLOWAY, N.: Analyst **83**, 373 (1958). — [3] DEAN, J. A., u. C. B. STUBBLEFIELD: Anal. Chem. **33**, 382 (1961). — [4] ROBINSON, A. R., K. J. NEWMAN u. E. J. SCHOEB: Anal. Chem. **22**, 1026 (1950). — [5] WHISMAN, W., u. B. H. ECCLESTON: Anal. Chem. **27**, 1861 (1955).

6.2 Absorptions-flammenphotometrische Methoden.

Prinzip. Im Gegensatz zur normalen Flammenphotometrie, bei der das von der Flamme emittierte Licht spektral zerlegt und die einzelnen für ein Element charakteristischen Wellenlängen zur quantitativen Bestimmung verwendet werden, mißt man bei der Absorptionsflammenphotometrie die durch ein Element hervorgerufene Schwächung eines durch die Flamme gelenkten Lichtstrahles geeigneter Wellenlänge. Dabei wird die Analysenlösung in gleicher Weise wie bei der normalen Flammenphotometrie über einen Zerstäuber in die Flamme gebracht. Als Lichtquelle dient meistens eine Hohlkathodenlampe, deren Kathode aus dem zu bestimmenden Element besteht und die deshalb in ihrer Strahlung die für die quantitative Bestimmung benötigten Wellenlängen enthält.

6.2.1 Verfahren nach Wilson [1] zur Bestimmung von 5 bis 70 ppm Ag in Aluminiumlegierungen.

0,5 g der Legierung werden durch Erwärmen mit 20 ml 10%iger Natronlauge gelöst. Die Lösung versetzt man nach dem Erkalten mit 10 ± 1 ml konz. Salpetersäure, kocht, bis sie klar geworden ist, kühlt und füllt auf 100 ml mit Wasser auf.

Diese Lösung wird in eine Luft/Kohlenmonoxid/Wasserstoff-Flamme gesaugt und die Absorption der Silberlinie 328,1 nm gemessen. Die Silberkonzentration in der Lösung bestimmt man durch Vergleich mit Eichwerten. Zur Herstellung der Eichkurve werden 10 bis 70 ml einer Ag^+-Standardlösung mit 1 µg Ag^+/ml zu je 0,5 g reinstem Aluminium gegeben und in der oben angeführten Weise weiterbehandelt.

Nach dieser Methode können 5 bis 70 ppm Ag in Aluminiumlegierungen bestimmt werden. Im Bereich von 10 bis 70 ppm Ag stören auch Verunreinigungen bis zu 10% von Cr, Cu, Fe, Mg, Mn, Ni, Ti und Zn nicht. Durch die in der Lösung vorliegenden Al^{3+}-Ionen wird die Absorption im Bereich von 10 bis 70 ppm Ag verringert.

6.2.2 Weitere Verfahren.

LOCKYER und HAMES [2] bestimmen Ag (auch Au, Pt, Pd, Rh) in Lösungen. 1 ppm kann noch mit befriedigender Genauigkeit erfaßt werden. Eine gegenseitige Beeinflussung der 5 Edelmetalle wurde nicht festgestellt; auch Fe und Pb stören nicht. Diese Ergebnisse werden von GINZBURG, LIVSHITS und SATARINA [3] bestätigt. Silber und andere Edelmetalle werden sowohl in reinen Lösungen als auch in Gegenwart großer Mengen Cu, Pb und Zn sowie Schwefel-, Salpeter- und Salzsäure bestimmt. Das Verfahren ist zur Bestimmung des Silbers in Nichteisenmetall-Legierungen anwendbar (verwendete Ag-Linie 328,1 nm).

BELCHER, DAGNALL und WEST [4] wenden die direkte Absorptions-Flammenspektrometrie auf Silberlösungen mit 1 bis 10 ppm Ag^+ unter Verwendung einer Luft/Propan-Flamme an (Linie 328,1 nm). Dabei sollen lediglich Th, JO_3^-, MnO_4^- und Wolframat stören, wenn sie im 1000fachen Molverhältnis anwesend sind.

Ohne Störung durch ein bekanntes Ion kann Silber im Bereich von 0,1 bis 0,01 ppm in wäßriger Lösung erfaßt werden, wenn es als Silber-butylamin-salicylsäure-Komplex in Isobutylmethylketon extrahiert und auf diese Weise abgetrennt wird. Der Extrakt wird der Flamme direkt zugeführt.

BELCHEV, BELEVA und DANCHEVA [5] geben eine Methode an, bei der anstelle einer Hohlkathodenlampe eine Wasserstofflampe benutzt wird, außerdem ein konventioneller Quarzspektrograph. Allgemein können nach diesem Verfahren Elemente bestimmt werden, von denen man keine Hohlkathodenlampen anfertigen kann.

GREAVES [6] bestimmt Ag in PbS-Konzentraten (Linie 328,1 nm; Nachweisgrenze 0,05 ppm Ag). Um die Gefahr der Korrosion des Zerstäubers zu verringern, wird den salzsauren Lösungen Diäthylamin zugesetzt. Pb bleibt dann im sauren, neutralen und alkalischen Bereich gelöst.

Literatur: [1] WILSON, L.: Anal. chim. Acta **30**, 377 (1964). — [2] LOCKYER, L., u. G. E. HAMES: Analyst **84**, 385 (1959). — [3] GINZBURG, V. L., D. M. LIVSHITS u. G. I. SATARINA: Ž. anal. Chim. (russ.) **19**, 1089 (1964). — [4] BELCHER, R., R. M. DAGNALL u. T. S. WEST: Talanta **11**, 1257 (1964). — [5] BELCHEV, B., S. BELEVA u. R. DANCHEVA: Rudodobiv. Met. (Sofia) **1964**, 18. — [6] GREAVES, M. C.: Nature **199**, 552 (1963).

6.3 Emissions-spektralanalytische Methoden.

Prinzip. Auf emissionsspektralanalytischem Wege ist die Bestimmung geringer Silbermengen in Metallen, Legierungen, Halbleitermaterialien, Gesteinen, Erzen und anderen Stoffen möglich. Die Anregung erfolgt im Bogen oder Funken. Zur spektralen Zerlegung der emittierten Strahlung dienen Quarz- oder Gitterspektrographen. Die Intensität der beiden Silberlinien bei 328,068 nm und 338,289 nm, die im allgemeinen für die Silberbestimmung herangezogen werden, mißt man entweder über die durch sie verursachte Schwärzung der photographischen Platte photometrisch oder mit einem direkt registrierenden Spektrometer elektrisch. Dabei wird häufig nach der Methode des inneren Standards verfahren.

Nach GERLACH-RIEDL treten bei der Linie 338,289 nm Koinzidenzen mit Bogenlinien von Mo und Ni, ferner mit Funkenlinien von Sr und Ti auf. Außerdem kann die Linie durch Zusammenfallen mit schwachen Au- oder V-Linien verbreitert erscheinen. — Bei der Linie 328,068 nm sind Koinzidenzen mit Bogenlinien von Rh und Zn sowie einer Funkenlinie von V möglich. Ferner treten Störungen durch in Untergrund liegende Cu-, Zn-, Mn- und Rh-Linien auf.

6.3.1 Verfahren zur Bestimmung des Silbers in Metallen, Legierungen und Halbleitermaterialien.

6.3.1.1 in Antimon.

DUNN jr., CESTARO und v. WEISENSTEIN [1] bestimmen 0,002 bis 0,01% Ag in Antimon unter Verwendung eines 1,5 m Gitterspektrographen mit photographischer Registrierung. Die Funkenanregung erfolgt zwischen einer Scheibenelektrode (oben, —) und einer Graphitelektrode (unten, +). Linienpaar Ag 328,07 nm/Sb 285,30 nm.

Literatur: [1] DUNN jr., E. J., J. P. CESTARO u. W. v. WEISENSTEIN: ASTM-Methods for Emission Spectrochemical Analysis, 3. Auflage 1960, S. 252.

6.3.1.2 in Beryllium.

Nach KARABAŠ und Mitarb. führt man zunächst eine Anreicherung der Verunreinigungen durch, indem das Be als basisches Acetat mit Chloroform weitgehend extrahiert wird. Das noch verbleibende Be wird in das glasige, im hexagonalen Wurtzitgitter kristallisierende BeO übergeführt. Silber und 24 weitere Elemente können so in der Größenordnung von 10^{-4} bis 10^{-5}% in Beryllium und Berylliumoxid hoher Reinheit bestimmt werden. Ohne vorherige Anreicherung erfaßt man den Konzentrationsbereich von 10^{-3} bis 10^{-4}%.

50 mg BeO werden zwischen Kohleelektroden verdampft. Zur Fixierung im Krater befeuchtet man die Probe mit 3 Tropfen äthanolischer Bakelitlösung und läßt 10 bis 15 min lang eintrocknen. Man mißt die Silberlinie 328,07 nm. Stromstärke 12 A.

Literatur: (1) KARABAŠ, A. G., Š. I. PEJZULAEV, R. L. SLJUSAREVA u. V. M. LIPATOVA: Ž. anal. Chim. (russ.) 14, 94 (1959).

6.3.1.3 in Blei.

KARABAŠ, BONDARENKO, MOROZOVA und PEIZULAEV [1] bestimmen 10^{-4} bis 10^{-6}% Ag in Blei hohen Reinheitsgrades mit einem relativen Fehler von ± 20%. Dabei wird eine 30- bis 100fache Anreicherung der Verunreinigungen durch das Ausfällen des Bleis als Bleisulfat aus salpetersaurer Lösung erzielt. Bis zu 100 mg des pulverisierten Eindampfrückstandes werden in die Bohrung der Anode gebracht. Die Anregung erfolgt im 13-A-Gleichstrombogen.

Nach ALEKSEEVA [2] wird die Bestimmung von 0,1 bis 0,0002% Ag in met. Blei mit dem Linienpaar Ag 328,07 nm/Pb 322,05 nm ausgeführt. Die Intensität der Linien wird mit derjenigen von Standardproben verglichen. Der mittlere relative Fehler soll 5,0 bis 6,2% betragen.

TREADWELL, AMREIN und BODENER [3] haben den Silbergehalt synthetischer Ag-Pb-Legierungen mit 0,1 bis 1,6% Ag untersucht. Dachförmig zugeschnittene Probestäbchen (Endfläche 1×5 mm) wurden bei 4 mm Elektrodenabstand mit einem FEUSSNER-Funkenerzeuger angeregt (Linienpaare Ag 328,07 nm/Pb 357,27 nm und Ag 338,29 nm/Pb 357,27 nm). Die Vorfunkzeit betrug 120 Sek.; die Belichtungszeit 45 bis 60 Sek.

Bei frisch hergestellten, abgeschreckten Legierungen schwankten die Ergebnisse von Parallelbestimmungen nur um ± 5%. Kontrollbestimmungen nach sechswöchiger Lagerzeit ergaben jedoch nur noch die Hälfte des tatsächlichen Silbergehaltes. Durch metallographische Untersuchungen wurde festgestellt, daß in den frisch hergestellten Legierungen homogene Ag-Pb-Mischkristalle, in den gealterten Proben dagegen freie Silberkristalle vorlagen. Die Verfasser weisen auf die große Bedeutung der sog. „Vorgeschichte" von Legierungen bei spektralanalytischen Untersuchungen hin und geben eine theoretische Begründung für die unterschiedlichen gemessenen Intensitäten.

Nach ASTM [4] können 0,0005 bis 0,02% Ag in Werkblei bestimmt werden (1,5 m Gitterspektrograph, photographische Registrierung, Funkenanregung). Man arbeitet nach der „point to plane"-Technik, d. h. mit einer Bleischeibenelektrode (oben, —) und einer Graphitstabgegenelektrode (unten, +). Linienpaare: Ag 328,07 nm/ Pb 322,05 nm und Ag 338,29 nm/Pb 322,05 nm.

Ein weiteres Verfahren nach DUNN jr. und MITTELDORF [5] — gleichfalls unter Verwendung eines 1,5 m Gitterspektrographen — nutzt die Anregung im Gleichstrombogen aus. Von den beiden Graphitelektroden ist die untere mit einer Aushöhlung versehen, in die 300 mg Blei gegeben werden. Diese Elektrode ist als Anode, die obere Gegenelektrode als Kathode geschaltet. 0,0001 bis 0,02% Ag in Werkblei werden mit den Linienpaaren Ag 328,07 nm/ Pb 324,02 nm und Ag 338,29 nm/ Pb 324,02 nm erfaßt.

Analyse der Metalle [6] bringt zwei Methoden zur Bestimmung von 0,001 bis 0,1% Ag in Fein- und Hüttenblei bzw. von 0,001 bis 0,5% Ag in Fein- oder Hüttenblei und in Bleilegierungen. Die erstere arbeitet mit dem Abreißbogen und mit Blei als innerem Standard (Linienpaar Ag 338,29 nm/Pb 322,05 nm), die zweite mit dem FEUSSNER-Funken und den Silberlinien 338,29 nm und 328,07 nm.

Literatur: [1] KARABAŠ, A. G., L. S. BONDARENKO, G. G. MOROZOVA u. Š. I. PFIZULAEV: Ž. anal. Chim. (russ.) **15**, 623 (1960). — [2] ALEKSEEVA, A. J.: Betriebslab. (russ.) **6**, 700 (1949). — [3] TREADWELL, W. D., E. AMREIN u. A. E. R. BODENER: Helv. **35**, 765 (1952). — [4] ASTM-Methods for Emission Spectrochemical Analysis, 3. Aufl. 1960, S. 193. — [5] DUNN jr., E. J., u. A. J. MITTELDORF: ebenda S. 202. — [6] Analyse der Metalle, 2. Band, 2. Teil, 2. Aufl. Berlin/ Göttingen/Heidelberg 1961, S. 1411, 1412.

6.3.1.4 in Cadmium.

Zur Bestimmung von 0,0001 bis 0,001% Ag in Cadmium regt man nach SHARP [1] im Hochspannungs-Wechselstrombogen unter Verwendung zweier stabförmiger Cadmiumelektroden an (1,5 m Gitterspektrograph; photographische Aufzeichnung; Linienpaar Ag 328,07 nm/Cd 254,47 nm).

Nach Analyse der Metalle [2] können 0,0001 bis 0,002% Ag durch Anregung im Abreißbogen bestimmt werden (Linie Ag 328,07 nm).

Literatur: [1] SHARP, J. W.: ASTM-Methods for Emission Spectrochemical Analysis, 3. Aufl. 1960, S. 243. — [2] Analyse der Metalle, 2. Bd. 2. Teil, 2. Aufl. Berlin/Göttingen/Heidelberg 1961, S. 1413.

6.3.1.5 in Gold.

DEGTJAREVA und OSTROVSKAJA [1] bestimmen 10^{-2} bis 10^{-4}% Ag (und Cu, Pt, Be, Mn, Ca, Mg, Cd, Ba, Si, Fe, Cr, Ni, Al, Sb, Bi, Co, Pb, Mo, Zn und Sn) in Gold. Sie lösen die Probe in Königswasser und geben 0,04 ml dieser Lösung auf die plane Oberfläche einer Graphitelektrode, die zuvor mit einem Polystyrolfilm überzogen wird. Die Anregung erfolgt nach dem Trocknen der Elektroden im Wechselstrombogen (6 A). Bei einem Elektrodenabstand von 1,5 mm und einer Belichtungszeit von 30 Sek. (Bereich 2700 bis 3300 Å) soll der Streubereich zwischen ±6 und ±13% liegen.

Nach einem Verfahren von SHUBIN und CHAUDET [2] lassen sich 0,001 bis 0,1% Ag, außerdem Verunreinigungen an Al, Cu, Si, Mg, Ni, Fe und Pb in hochreinem Gold erfassen.

Literatur: [1] DEGTJAREVA, O. F., u. M. F. OSTROVSKAJA: Betriebslab. (russ.) **26**, 564 (1960).— [2] SHUBIN, L. D., u. J. H. CHAUDET: Appl. Spectr. **18**, 137 (1964).

6.3.1.6 in Kupfer.

WERNER [1] wendet die „Kugelbogenmethode" zur Bestimmung geringer Silbermengen in Kupfer an. Die Proben werden entweder im metallischen Zustand oder nach der Überführung in Kupfer(II)-oxid im 9-A-Gleichstrombogen angeregt, wobei das Kupfer als Anode geschaltet wird. Eine Graphitelektrode wird als Gegenelektrode benutzt. Die Nachweisgrenze wird bei Benutzung eines mittleren Quarzspektrographen mit 0,05 ppm angegeben (Linie 338,29 nm).

PRICE [2] bestimmt 0,0001 bis 0,0050% Ag in Kupfer nach einer ähnlichen Methode. Wegen der großen Intensität der Silberlinie 338,29 nm wird eine schwächere Anregung (4 A) als für die Bestimmung anderer Verunreinigungen in Kupfer gewählt.

FILIMONOV [3] erfaßt 0,0001 bis 0,0005% Ag und Verunreinigungen durch zahlreiche andere Elemente im Bogen nach MILBOURN [4].

CORDIS [5] bestimmt Silber und andere Elemente in Elektrolyt- und Konverterkupfer nach dem Lösen in Salpetersäure und dem Überführen in Kupfer(II)-oxid unter Verwendung von Kohleelektroden und eines 9-A-Wechselstrombogens. Die Fehler sollen für den Bereich von 1 bis 10 g Ag/t bei 4 bis 9% (Konverterkupfer) bzw. 11 bis 14% (Elektrolytkupfer) liegen.

Bei einem von VAN DORSELAR, KRUSE und GILLIS [6] angegebenen Verfahren mit Feussner-Anregung liegt die Nachweisgrenze für die Bestimmung des Silbers in Kupfer und Bronze bei 0,003%.

DE BOER [7] und OSTASHEVSKAJA [8] benutzen den Abreißbogen für die Silberbestimmung. Nach [8] ist die Methode für Silbergehalte bis herab zu 25 g/t geeignet.

RAMSDEN [9] gibt ein Verfahren nach der Kugelbogenmethode mit einem direkt registrierenden Spektrometer zur Bestimmung von Verunreinigungen in Kupfer an, bei dem 0,0001 bis 0,002% Ag erfaßt werden können. Die Bestimmung höherer Silbergehalte ergibt fehlerhafte Werte, was möglicherweise auf die Sättigung der Linie zurückzuführen ist.

Literatur: [1] WERNER, O.: Metall **16**, 1062 (1962). — [2] PRICE, R. H.: Met. Ind. **1960**, 167. — [3] FILIMONOV, L. N., u. Mitarbeiter, Betriebslab. (russ.) **16**, 1200 (1950). — [4] MILBOURN, M.: J. Inst. Met. **69**, 441 (1943). — [5] CORDIS, V.: Rev. Chim. (Bucharest) **15**, 35 (1964). — [6] VAN DORSELAR, M., J. KRUSE u. J. GILLIS: Spectrochim. Acta **5**, 388 (1953). — [7] DE BOER, F.: R. **60**, 5 (1941). — [8] OSTASHEVSKAJA, A.: Bl. Acad. Sci. (russ.) **4**, 9 (1940). — [9] RAMSDEN, W.: The British Non-Ferrous Metals Research Association, Research Report A, 1040 (1954).

6.3.1.7 in Platin und Platinmetallen.

Nach ANALYSE DER METALLE [1] kann die Bestimmung des Silbers in Platin und Platinmetallen durch Anregung im Feussner-Funken oder im Gleichstromdauerbogen (6 A) erfolgen. Im ersteren Fall liegt die Nachweisgrenze bei 0,001%, im zweiten Fall bei 0,0001% Ag. 20 mg des Metalls werden nach vorheriger Reinigung mit Säure auf eine Spektralkohle höchster Reinheit gebracht. Als Gegenelektrode dient eine gleiche Kohleelektrode. Gemessen wird die Linie Ag 338,29 nm.

Literatur: [1] Analyse der Metalle, 2. Band, 2. Teil, 2. Aufl. Berlin/Göttingen/Heidelberg 1961, S. 1416.

6.3.1.8 in Selen.

Nach POLIVANOVA [1] erfolgt die emissions-spektralanalytische Bestimmung von Silber und anderen Elementen (Al, Bi, Cd, Co, Cu, Fe, Ga, Hg, In, Mn, Ni, Pb, Sb, Sn, Te) ohne vorherige Anreicherung mit einem relativen Fehler von 20 bis 25%. Für Silber wird die Linie 328,07 nm verwendet. Mit dem 8-A-Wechselstrombogen wird eine Empfindlichkeit von 0,00001%, mit dem 15-A-Gleichstrombogen eine solche von 0,000003% erreicht.

Literatur: [1] POLIVANOVA, N. G.: Betriebslab. (russ.) **26**, 1372 (1960).

6.3.1.9 in Silicium.

Silber und andere Verunreinigungen werden in Silicium bestimmt. Durch Behandeln der Proben mit Flußsäure- und Salpetersäuredämpfen auf Fluoroplast-4-Folien erfolgt zunächst eine Anreicherung. Diese Folie wird dann in eine normale Hohlkathode eingesetzt und bei 550 °C bis zur völligen Verflüchtigung des Folienmaterials erhitzt. Standardlösungen werden in gleicher Weise behandelt.

Die Spektren werden im He-Strom erzeugt (10 bis 15 mm Hg-Druck; 900 mA Entladungsstrom). Die absolute Empfindlichkeit für Silber wird mit 3 bis 5 · 10^{-10} g angegeben [1].

In Abänderung des Verfahrens können die Proben auch direkt in einer zerlegbaren Hohlkathode behandelt und angeregt werden.

Literatur: [1] ZILBERŠTEJN, C. I., N. I. KALITEEVSKIJ, A. N. RAZUMORSKIJ u. I. F. FEDOROV: Betriebslab. (russ.) **28**, 43 (1962).

6.3.1.10 in Tellur.

Zur Bestimmung von Silbergehalten über 0,0005 % in Tellur verfährt man nach YUASA und TAKAUCHI [1] wie folgt: 1 g met. Tellur wird in 3 ml Wasser und 10 ml Königswasser gelöst, die Lösung anschließend auf 20 ml verdünnt.

Nach einem Bogenübergang von 20 Sek. taucht man dann eine Kohleanode 5 Sek. in die Lösung, trocknet sie 10 Sek. durch Kurzschließen und nimmt das Gleichstromemissionsspektrum (130 V; 8 A) mit einer Expositionszeit von 20 Sek. auf. Für die Silberbestimmung mißt man die Linie Ag 328,07 nm aus.

Literatur: [1] YUASA, T., u. K. TAKAUCHI: Jap. Analyst **12**, 298 (1963).

6.3.1.11 in Wismut.

Die Bestimmung von Spurenmengen Silber in Wismut ($\geqq$ 0,0001 % Ag) erfolgt nach Analyse der Metalle [1] durch Anregung im Abreißbogen (Linie Ag 328,07 nm).

Literatur: [1] Analyse der Metalle, 2. Band, 2. Teil, 2. Aufl., Berlin/Göttingen/Heidelberg 1961, S. 1417.

6.3.1.12 in Zinn.

SCRIBNER und CAVANAGH [1] bestimmen 0,001 bis 0,02 % Ag in Zinn unter Verwendung eines Quarzspektrographen (reziproke lineare Dispersion bei 3200 Å : 5 Å/mm) mit photographischer Registrierung. Die Anregung erfolgt im Funken zwischen 2 Zinnstabelektroden. Zinn dient als innerer Standard (Linienpaar 338,29 nm/Sn 276,18 nm).

Literatur: [1] SCRIBNER, B. F., u. M. B. CAVANAGH: ASTM-Methods for Emission Spectrochemical Analysis, 3. Aufl. 1960, S. 225.

6.3.1.13 in Zirkonium.

Zur Bestimmung des Silbers und zahlreicher anderer Elemente in met. Zirkonium wird nach BONDARENKO und Mitarb. [1] zunächst eine Abtrennung des Zr aus salzsaurer Lösung durch Fällung mit Mandelsäure vorgenommen und der Niederschlag durch Flotation mit Amylalkohol entfernt. Die gelösten Verunreinigungen überführt man zusammen mit Bleinitrat in Sulfate und regt dann im 12-A-Gleichstrombogen unter Verwendung von Kohleelektroden, von denen die untere eine Ausbohrung (Durchmesser 4 mm, Tiefe 6 mm) aufweist, an. 100 mg Bleisulfat werden dabei eingesetzt. Bei einer Belichtungszeit von 2 Min. erreicht man eine Empfindlichkeit von 3 · 10^{-5} % (Linie Ag 328,07 nm).

Literatur: (1) BONDARENKO, L. S., N. P. SOTNIKOVA, A. G. KARABAŠ u. S. I. PEJZULAEV: Betriebslab. (russ.) **25**, 1476 (1959).

6.3.1.14 in Vanadin.

10^{-4} bis 10^{-6}% Silber (und 18 weitere Elemente) werden spektrographisch in Vanadin bestimmt. Zuvor wird das Vanadin durch Destillation im Chlorstrom bei 300 °C als VCl_4 bzw. $VOCl_3$ entfernt. Die Anregung des mehrfach mit HNO_3 behandelten und nochmals im HCl-Strom erhitzten Rückstandes erfolgt im 10 A-Wechselstrombogen. Die relative Standardabweichung wird mit $\pm$ 12% angegeben.

Literatur: MUZGIN, V. N., V. L. ZOLOTAVIN u. F. F. GAVRILOV: Ž. anal. Chim. (russ.) **19**, 111 (1964).

6.3.1.15 in verschiedenen Legierungen.

0,001 bis 5,0% Ag in *Aluminium*-Legierungen werden nach POTTER [1] mit einem photoelektrischen Spektrometer bestimmt. Angeregt wird im Hochspannungsfunken oder im Abreißbogen. Als innerer Standard dient Aluminium (Linie Ag 328,07 nm). Nach der „point to plane"-Technik arbeitet man mit einer Scheibenelektrode und einer Gegenelektrode aus Graphit.

Die gleiche Technik benutzen JOSEPH und SCHREIBER [2] zur Bestimmung von 0,0002 bis 0,25% Ag in *Bleilegierungen,* wobei die Scheibenelektrode als Kathode geschaltet ist. Mit einem direkt registrierenden Spektrometer werden die Linien Ag 328,07 nm (II. Ordnung) und Ag 338,29 nm (II. Ordnung) gemessen.

Nach einem anderen Verfahren überführt man zunächst in Bleisulfat (Lösen in Salpetersäure, Fällen mit Schwefelsäure, Trocknen und Glühen bei 600 °C) und benutzt eine Graphitelektrode mit Krater, in den das mit Graphit im Verhältnis 2 : 1 vermischte pulverisierte Bleisulfat eingefüllt wird. Die Anregung erfolgt im Gleichstrombogen, die spektrale Zerlegung mit einem Quarz- oder Gitterspektrographen, dessen reziproke lineare Disperion bei 2800 Å gleich oder geringer als 10 Å/mm ist. JAYCOX [3] erfaßt so 0,001 bis 0,10% Ag in *Bleilegierungen* (Linienpaar Ag 338,29 nm/Pb 322,05 nm).

Die Bestimmung von 0,001 bis 0,05% Ag in *Antimon-Blei-Legierungen* erfolgt nach WILEY und Mitarb. [4] durch Funkenanregung nach der „point to plane"-Technik mit einem 1,5-m-Gitterspektrographen. Dabei wird die Scheibenelektrode oben, die Gegenelektrode aus Graphit unten angeordnet (Linienpaar Ag 338,29 nm/ Pb 292,67 nm).

Die Proben von *Kupferlegierungen* mit Be und anderen Elementen werden nach MURPHY [5] zur Bestimmung von 0,20 bis 1,5% Ag in Salpetersäure gelöst. Die Anregung im Hochspannungsfunken erfolgt dann zwischen einer sich drehenden Graphitscheibenelektrode, die durch die salpetersaure Substanzlösung rotiert, und einer Graphitstabelektrode. Auf diese Weise gelangt ständig neue Substanz in die Anregungszone. Als innerer Standard dient Cu (Linienpaar Ag 338,29 nm/Cu 330,79 nm).

ANALYSE DER METALLE bringt eine Arbeitsvorschrift zur Erfassung von < 0,001 bis 0,15% Ag in *Messing.* Angeregt wird mit dem Abreißbogen; innerer Standard: Kupfer; Linienpaar Ag 338,3 nm/Cu 299,7 nm [6].

STRASHEIM und HUGO [7] bestimmen Haupt- und Nebenbestandteile in *Letternmetall* mit 10 bis 24% Sb; 3,5 bis 12,5% Sn; 85 bis 86% Pb und weniger als 0,1% Ag, Cu, Ni, Cd, Bi, Fe, As und Zn. Erfaßt werden 0,002 bis 0,03% Ag (Linie Ag 338,29 nm, Bezugslinie Pb 322,05 nm). Eine Scheibenelektrode aus dem Untersuchungsmaterial bildet die untere, eine Graphitstabelektrode die obere Elektrode (Elektrodenabstand 4 mm). Die Anregung wird mit einem Funkenerzeuger (2/3 kVA) mit 70 V Primärspannung ohne Selbstinduktion im Funkenkreis vorgenommen.

In ähnlicher Weise verfahren WILEY, CESTARO und DUNN jr. [8]. Bei ihnen ist die Scheibenelektrode oben angeordnet. Sie arbeiten mit einem 1,5-m-Gitterspektrographen, nehmen das Emissionsspektrum photographisch auf und erfassen den Bereich von 0,001 bis 0,25 Ag (Linienpaar Ag 338,29 nm/Pb 311,89 nm).

Zur Bestimmung von 0,1 bis 0,3 bzw. von 1,0 bis 3,0% Ag in *Indiumlegierungen* werden die Proben in Salpetersäure falls erforderlich unter Zusatz von Flußsäure gelöst. HYMAN [9] arbeitet mit einer „porous cup"-Graphitelektrode, in die die Substanzlösung eingefüllt werden kann (oben) und einer Graphitstabelektrode (unten). Angeregt wird im Hochspannungsfunken; die spektrale Zerlegung erfolgt mit einem Spektrographen, dessen reziproke lineare Dispersion gleich oder besser als 1,0 nm/mm ist. Im Bereich von 1,0 bis 3,0% Ag wird das Linienpaar Ag 244,79 nm/ In 235,07 nm im Bereich von 0,1 bis 0,3% Ag das Linienpaar Ag 338,29 nm/In 293,66 nm verwendet.

PRICE [10] gibt spektrographische Verfahren zur Bestimmung von Silber und anderen Spurenelementen in *Magnesiumlegierungen* an.

PETERSON und CURRIER bestimmen 0,0001 bis 0,005% Ag in eutektischen *Wismut-Cadmium-Legierungen* [11] und 0,0001 bis 0,010% Ag in eutektischen *Zinn-Cadmium-Legierungen* [12]. In beiden Fällen werden die Proben in Salpetersäure gelöst, mit Graphitpulver und Pd-Nitratlösung (innerer Standard) versetzt, eingedampft und pulverisiert. Die Anregung wird dann im Gleichstrombogen (8 A) zwischen 2 Graphitelektroden vorgenommen, von denen die untere (+) einen Krater zur Aufnahme der Substanz aufweist. Linienpaar: Ag 328,07 nm/Pd 324,27 nm. Der verwendete Spektrograph weist eine lineare reziproke Dispersion von 0,5 nm/mm auf.

Literatur: [1] POTTER, F. R.: ASTM-Methods for Emission Spectrochemical Analysis, 3. Aufl. 1960, S. 299. — [2] JOSEPH, B. W., u. T. P. SCHREIBER: ebenda S. 261. — [3] JAYCOX. E. K.: ebenda S. 198. — [4] WILEY, S. R., J. P. CESTARO u. E. J. DUNN jr.: ebenda S. 214. — [5] MURPHY, J. F., ebenda S. 182. — [6] Analyse der Metalle, 2. Band, 2. Teil, 2. Aufl. 1961, Berlin/Göttingen/Heidelberg, S. 1414. — [7] STRASHEIM, A., u. T. J. HUGO: J. S. African chem. Inst., N. S., 4, 103 (1951). — [8] WILEY, S. R., J. P. CESTARO u. E. J. DUNN jr.: ASTM-Methods for Emission Spectrochemical Analysis, 3. Aufl., S. 221. — [9] HYMAN, H. M.: ebenda S. 266. — [10] PRICE, W. J.: Spectrochim. Acta (London) 7, 118 (1955). — [11] u. [12] PETERSON, G. E., u. E. W. CURRIER: ASTM-Methods for Emission Spectrochemical Analysis, 3. Aufl. S. 229, 232.

6.3.2. Verfahren zur Bestimmung des Silbers in Erzen, Mineralien, Gesteinen, Bodenproben und Oxiden.

6.3.2.1 Bestimmung in Feldspat, Quarz, Hämatit, Calcit, Magnesit sowie sulfidischen Kupfer- und Bleierzen nach Litomiský [1].

Wegen der sehr unterschiedlichen Zusammensetzung der Proben werden diese im Verhältnis 1:1 mit Zinksulfid als Puffersubstanz vermischt. Zn dient auch als Bezugselement. Erfaßt werden Silbergehalte zwischen 0,0002 und 2%; dabei mißt man bei geringen Silbermengen gegen die Linie Zn 301,835 nm und bei höheren Silberkonzentrationen wird die Linienbreite auf die Breite der Zn-Linie 328,2 nm bezogen.

Die Anregung erfolgt im 7-A-Gleichspannungsbogen unter Verwendung einer Graphitelektrode mit konischem Krater, aus dem heraus die Probe anodisch verdampft wird.

Außer Ag werden bestimmt: As, Bi, Cd, Ga, Ge, Hg, In, Sb, Sn und Tl.

Literatur: [1] LITOMISKÝ, J.: Chem. analit. (Warszawa) 7, 409 (1962).

6.3.2.2 Bestimmung in Mineralien nach Sergeev und Mitarb. [1].

10^{-6}% Ag können noch nach einer Methode erfaßt werden, bei der eine Erhöhung der Empfindlichkeit auf dem Wege der chemisch-thermischen Anreicherung erzielt wird. Die Proben werden während der Aufnahme des Spektrums in einer zylinderförmigen Kohleröhre (Widerstandsheizung) erhitzt, die gleichzeitig als Elektrode beim Abfunken im Bogen dient. Man errreicht dabei eine erhöhte Empfindlichkeit, wenn man die Probe vollständig verdampft und das Kondensat abfunkt. Als Träger wird häufig Cadmiumsulfid benutzt.

Literatur: [1] SERGEEV, E. A., L. S. MARGOLIN, P. A. STEPANOV, M. V. BELOBRAGINA u. N. A. ŽUKOVA: Betriebslab. (russ.) 25, 1455 (1959).

6.3.2.3 Bestimmungen in einzelnen Mineralien.

HEGEMANN, V. SYBEL und WILK [1] bestimmen u. a. Ag und Au in Pyrit und Kupferkies. Unter Verwendung eines 8-A-Gleichstromdauerbogens wird als Nachweisgrenze für Ag 0,0005% angegeben.

Bei der Bestimmung von Ag, Au und anderen Elementen in Bleiglanz verfahren HEGEMANN und V. SYBEL [2] in der Weise, daß sie die Probe anodisch aus einer Becherelektrode mit einer Bohrung von 2 mm Durchmesser und 4 mm Tiefe bei 8 A Zündstromstärke verdampfen. Die Proben werden im Verhältnis 1:2 mit Kohlepulver vermischt. Als Gruppenreferenzelement dient Ga. Die Nachweisempfindlichkeit für Ag wird mit 0,00001% angeführt.

In einer weiteren Arbeit berichten HEGEMANN und KOSTYRA [3] über die spektralanalytische Untersuchung von Zinkblende, wobei Be als Bezugselement dient. Die Nachweisgrenze für Ag liegt bei 0,0001%. Die Auswertung erfolgt visuell nach ADDINK.

Literatur: [1] HEGEMANN, F., C. v. SYBEL u. G. WILK: Metall 9, 991 (1955). — [2] HEGEMANN, F., u. C. v. SYBEL: Metall 9, 91 (1955). — [3] HEGEMANN, F., u. H. KOSTYRA: Metall 9, 849 (1955).

6.3.2.4 Bestimmung in Bodenproben.

POHL [1] führt ein Verfahren zur Bestimmung von Silber und zahlreichen Elementen in Gesteinen und Bodenproben an, bei dem zunächst eine extraktive Anreicherung mit Ammoniumpyrrolidindithiocarbamidat vorgenommen wird. Bei einer Einwaage von 1 g kann noch 1 μg Ag erfaßt werden.

HEGGEN und STROCK [2] reichern die Spurenelemente in Bodenproben und anderen Materialien vor der spektralanalytischen Bestimmung in der Weise an, daß nach dem Lösen in Säuren zunächst bei pH 5,2 eine Fällung mit Oxin vorgenommen wird, wobei Co, Cu, Fe, Mo, Ni und Zn zusammen mit zugesetztem In abgetrennt werden. Die anderen Spurenelemente — darunter auch Ag — werden dann bei pH 5,2 mit Tannin und Thionalid ausgefällt. Auch hier setzt man In als Leitelement zu. Die Bestimmung im Konzentrationsbereich von 10^{-3}% Ag wird im Gleichstrombogen bei Verwendung einer Kohleanode und völliger Verdampfung durchgeführt (Linie 328,07 nm; Fehler etwa 20%).

Ein weiteres spektrochemisches Verfahren zur quantitativen Bestimmung von Spurenelementen in Böden, Düngemitteln und biologischem Material nach SCHARRER und JUDEL [3] arbeitet mit Fe als Bezugselement (Ag 338,29 nm — Fe 338,13 nm) und erfaßt 0,5 bis 5 ppm Ag nach einer Anreicherung mit Na-Pyrrolidindithiocarbamidat bei pH 4,8 in Anwesenheit von Sulfosalizylsäure und Extrahieren mit Chloroform. Außer Ag werden bestimmt: Bi, Cd, Cu, Co, Fe, Ga, In, Mn, Mo, Ni, Pb, Pd, Sn, V, Zn.

Literatur: [1] POHL, F. A.: Fr. 141, 81 (1954). — [2] HEGGEN, E., u. L. W. STROCK: Anal. Chem. 25, 859 (1953). — [3] SCHARRER, K., u. G. K. JUDEL: Fr. 156, 340 (1957).

6.3.2.5 Bestimmung in Oxiden.

DEGTJAREVA und Mitarb. [1] verwenden zur spektrographischen Bestimmung von Verunreinigungen in *Kupferoxid* die Methode der drei Standards, wobei sie im 4-A-Wechselstrombogen anregen. Die untere Kohleelektrode hat einen kelchförmigen Krater von 3,5 mm Durchmesser und 4 mm Tiefe; die obere ist konisch zugespitzt mit einer Endfläche von 2 mm Durchmesser. Außer Silber und Gold werden noch 22 andere Elemente erfaßt. Die Empfindlichkeit wird mit 10^{-2} bis 10^{-4}%, der relative Fehler mit 5 bis 10% angegeben. Proben und Standards werden im Verhältnis 10:4 mit Kohlepulver verdünnt.

IVANOV und Mitarb. [2] bestimmen Silber (Empfindlichkeit $10^{-6}\%$) und andere Elemente in *Titandioxid* mit einer „heißen" Hohlkathode. Dazu geben sie die Konstruktion einer zerlegbaren Röhre mit Hohlkathode an. Durch die geeignete Wahl des Entladungsstroms kann man die Zahl der Elemente, die gleichzeitig angeregt werden, begrenzen.

$2 \cdot 10^{-6}$ bis $2 \cdot 10^{-4}\%$ Ag in *Wolframtrioxid* werden nach DEGTJAREVA und OSTROVSKAJA [3] nach der Verdampfungsmethode erfaßt (Linie Ag 328,07 nm; als innerer Standard dient Au). Nach LOUNAMAA [4] liegt die Nachweisgrenze eines spektrochemischen Verfahrens zur Bestimmung in dem gleichen Material bei 0,03 ppm (Ag 328,07 nm).

Literatur: [1] DEGTJAREVA, O. F., N. N. FEDJAEVA, M. F. OSTROVSKAJA u. L. G. ASTA-CHINA: Betriebslab. (russ.) **27**, 844 (1961). — [2] IVANOV, N. P., V. V. NEDLER u. E. N. ANDRI-KANIS: Betriebslab. (russ.) **27**, 836 (1961). — [3] DEGTJAREVA, O. F., u. M. F. OSTROVSKAJA: Ž. anal. Chim. (russ.) **18**, 245 (1963). — [4] LOUNAMAA, N.: Ann. Acad. Sci. Fenn., Ser. A II, **63**, 1 (1955).

6.3.3 Verfahren zur Bestimmung des Silbers in sonstigen Materialien.

6.3.3.1 in Jodpräparaten hoher Reinheit.

Nach FRATKIN und Mitarb. [1] werden die Verunreinigungen (Sulfate oder Oxide von Metallen) spektrographisch bestimmt. Dazu vermischt man zunächst 2 bis 12 g des Präparates in einer Quarzschale mit 20 mg Pulverkohle und entfernt dann das Jod durch Sublimation bei 63 °C auf dem Wasserbad. Danach wird die Kohle 30 Min. lang bei 80 °C getrocknet und die Bestimmung im 10-A-Wechselstrombogen durchgeführt. Die untere Elektrode hat einen Krater von 3 mm Durchmesser und 4 mm Tiefe.

Die Empfindlichkeit wird für Ag mit $5 \cdot 10^{-8}\%$ angegeben; der relative Fehler zu ± 10 bis 25%.

Außer Ag werden erfaßt: Au, Mn, Cr, Cu, Pb, Sn, Ni, V, Ca, Mg, Ti, Sb, Fe. Vor der Verwendung der Pulverkohle ist diese mit 4% NaCl zu imprägnieren.

Literatur: [1] FRATKIN, Z. G., M. I. VOLOCHOVA u. N. G. POLIVANOVA: Betriebslab. (russ.) **27**, 846 (1961).

6.3.3.2 in Schwefel.

FRATKIN und ANDREEVA [1] berichten über die spektralanalytische Bestimmung der Beimengungen in hochreinem Schwefel. Silbergehalte über $10^{-4}\%$ (außerdem Fe, Co, Cu, Al) werden direkt, Silbergehalte über $3 \cdot 10^{-6}\%$ (außerdem Cu, In, Ga, Ni, Co, Pb, Sn, Mn) nach einer Anreicherung erfaßt. Bei Verwendung von Kohleelektroden arbeitet man im 7-A-Wechselstrombogen nach dem Verfahren dreier Eichproben, wobei die Spektren jeder Probe und jeder Standardsubstanz auf ein und derselben Photoplatte aufgenommen werden. Zur Erhöhung der Intensität der Linien setzt man den Proben und den Standards 5% NaCl zu. Für die Silberbestimmung wird die Linie Ag 328,07 nm verwendet.

Zur Anreicherung werden 600 mg Probe mit 12 mg eines Gemisches von 80% spektralreinem SiO_2 und 20% NaCl vermischt, verbrannt und 30 Min. bei 500 °C geglüht. Bezogen wird auf die Linie Na 285,29 nm oder auf den Untergrund.

FEHÉR, ECKHARD und SAUER [2] untersuchen die Verbrennungsrückstände von käuflichem und nach FANELLI durch 120stündiges Kochen mit MgO gereinigtem Schwefel nach dem Aufschluß mit Borax auf spektralanalytischem Wege. Unter Verwendung von Kohleelektroden, wobei die Anode eine Bohrung zur Aufnahme von 0,4 bis 0,7 mg der Schmelze aufweist, wird im Gleichstromdauerbogen (160 V; 3,3 A) bei vollständiger Verdampfung der Substanz angeregt. Die Belichtungszeit beträgt 30 Sek.; es wird ein 1,5-m-Gitterspektrograph verwendet; als Vergleichselement dient Eisen.

Es wurden Gehalte zwischen $2 \cdot 10^{-5}$ und $9 \cdot 10^{-8}\%$ Ag gefunden.

Literatur: [1] FRATKIN, Z. G., u. I. J. ANDREEVA: Betriebslab. (russ.) **26**, 1370 (1960). — [2] FEHÉR, F., S. ECKHARD u. K. H. SAUER: Fr. **168**, 88 (1959).

6.3.3.3 in hochreinem Siliciumcarbid.

In Abänderung eines älteren Verfahrens, bei dem eine größere Probemenge im stromstarken Bogen vollständig verdampft wurde, geben MORRISON, RUPP und KLECAK [1] eine Methode an, bei der die Verflüchtigung von SiC durch mildere Anregungsbedingungen unterdrückt wird. Argon dient als Spülgas und soll von doppelter Wirksamkeit gegenüber Helium oder Stickstoff sein.

Bei einer Bogenstromstärke von 20 A wird der Bereich von 0,01 bis 1,0 ppm Ag erfaßt (Linie Ag 338,29 nm). Als innerer Standard dient Ge (Linie Ge 265,12 nm). Es wird ein 3,4-m-Plangitterspektrograph benutzt.

Literatur: [1] MORRISON, G. H., R. L. RUPP u. G. L. KLECAK: Anal. Chem. **32**, 933 (1960).

6.3.3.4 in kupferhaltigen Cyanidlösungen.

SMITH [1] gibt einen Tropfen der Lauge auf eine Graphitelektrode, trocknet im 1,5-A-Wechselstrombogen und regt dann im 14-A-Gleichstrombogen an. Etwa 0,002 bis 0,02% Ag sind mit einem Quarzspektrographen erfaßbar (Linie 328,07 nm).

Literatur: [1] SMITH, R. W.: ASTM-Methods for Emission Spectrochemical Analysis, 3. Aufl. 1960, S. 569.

6.3.3.5 in Natriumsalzen.

Zur Bestimmung von 0,00002 bis 0,10% Ag in Natriumcarbonat, -hydrogencarbonat, -chlorid und -hydroxid werden die Substanzen nach WILSON [1] in Wasser gelöst, die Lösungen mit Salzsäure angesäuert und mit Natriummolybdatlösung (innerer Standard) versetzt. Dann gibt man einen Tropfen der vorbereiteten Lösung auf eine Graphitelektrode, trocknet bei 100 °C und regt im Wechselstrombogen an (Linienpaar Ag 328,07 nm/Mo 338,46 nm).

Literatur: [1] WILSON, M. F.: ASTM-Methods for Emission Spectrochemical Analysis, 3. Aufl. 1960, S. 476.

6.3.3.6 in Aschen.

KOCH und DEDIC [1] führen, um die erforderliche Nachweisempfindlichkeit zu erreichen, vor der spektralanalytischen Bestimmung von Ag und Au (sowie weiteren 25 Elementen) in Textilfaseraschen, die häufig zu 90% aus TiO_2 und ZrO_2 bestehen, eine Extraktion mit Pyrrolidindithiocarbamidat und Dithizon durch. Die Nachweisempfindlichkeit im Hochspannungsfunken wird mit etwa 0,01 ppm angegeben.

BENKÖ und SZÁDECZKY KARDOSS [2] bestimmen die Größenordnung von Gehalten an Silber und 20 anderen Elementen in Kohleaschen.

Die Anwendung der Methode des logarithmischen Sektors für die quantitative Untersuchung von Petroleumascherückständen wird von CHILDS und KANEHANN [3] angegeben. Im 16-A-Gleichstrombogen werden Ag, Al, Mg, Pb, Sn, Si, Fe, Cr, Ba, Ca und Cu erfaßt. Als Bezugselement dient In.

Literatur: [1] KOCH, O. G., u. G. A. DEDIC: Chemist-Analyst **46**, 88 (1957). — [2] BENKÖ, I., u. G. SZÁDECZKY KARDOSS: Magyar Chem. Folyóirat **63**, 78 (1957). — [3] CHILDS, E. B., u. J. A. KANEHANN: Anal. Chem. **27**, 222 (1955).

6.3.3.7 in Schmierölen.

ASTM [1] gibt mehrere Verfahren zur Bestimmung von Silber und anderen Verunreinigungen in Schmierölen an. Nach dem Veraschen können 0,1 bis 10 bzw. 0,4 bis 10 ppm mit einem Spektrographen bzw. einem direkt registrierenden Spektrometer erfaßt werden. Eine Eindampfmethode gestattet die Bestimmung von 0,5 bis 20 ppm, eine weitere Methode mit einer rotierenden Scheibenelektrode die Erfassung von 0,1 bis 12 ppm Ag. 0,1 bis 10 ppm Ag können auch nach einer Abbrennmethode unter Zusatz von Graphit und Benzol bestimmt werden.

Zur Bestimmung von Ag (sowie von Fe, Pb, Cu, Al, Sn) in gebrauchten Schmierölen veraschen MEEKER und POMATTI [2] dieses unter Zusatz von organischen Nickelsalzen (innerer Standard). Die Anregung erfolgt im 12-A-Gleichstrombogen. Ein Graphitbecher bildet die Anode (Linienpaar Ag 338,29 nm/Ni 282,13 nm).

Literatur: [1] ASTM-Methods for Emission Spectrochemical Analysis, 3. Aufl. 1960, S. 613. — [2] MEEKER, R. F., u. R. C. POMATTI: Anal. Chem. **25**, 151 (1953).

6.3.3.8 in Magnesiumverbindungen.

DEGTJAREVA und Mitarbeiter [1] bestimmen Ag und 29 weitere Elemente im Bereich von 10^{-3} bis $5 \cdot 10^{-5}\%$ in Magnesiumverbindungen und Magnesium ohne vorherige chemische Anreicherung (Linie Ag 328,07 mm; innerer Standard: Au).

Literatur: [1] DEGTJAREVA, O. F., L. G. SINICYNA u. A. E. PROSKURJAKOVA: Ž. anal. Chim. (russ.) **17**, 826 (1962).

6.3.3.9 in Kaliumhydroxid.

Spurenmengen Silber (10^{-5} bis $3 \cdot 10^{-8}\%$; außerdem Al, Fe, Mn, Pb, Ni, Sn, Zn, V und Ti) in reinem Kaliumhydroxid werden emissionsspektralanalytisch nach chemischer Anreicherung mit 8-Hydroxychinolin oder Diäthyldithiocarbamidat bestimmt (Linie 328,07 nm).

Literatur: [1] KUZ'MIN, N. M., V. P. BELJAEV, V. R. KALINAČENKO u. L. M. JAKIMENKO: Betriebslab. (russ.) **29**, 691 (1963).

6.4 Röntgenfluorescenzanalytische Methoden.

Prinzip. Die Proben werden mit der Röntgenstrahlung einer Röntgenröhre (meist einer Molybdän- oder Wolframröhre) bestrahlt und dabei zur Aussendung der Fluorescenz-Röntgenstrahlung angeregt. Diese wird anschließend unter Verwendung von Kristallen mit geeigneten Gitterabständen — z. B. LiF — zerlegt und die Intensität der bei bestimmten Winkelstellungen des Goniometers auf die Meßvorrichtung (GEIGER-MÜLLER-Zähler oder Scintillationszähler) fallenden Strahlung gemessen. Für jede Linie eines Elementes gibt es eine charakteristische Winkelstellung. Zur quantitativen Bestimmung der Elemente werden meistens die Linien der K- oder L-Serien benutzt. Es können sowohl flüssige als auch feste (metallische oder feingepulverte) Substanzen zerstörungsfrei untersucht werden.

6.4.1 Verfahren zur Bestimmung des Silbers in photographischen Materialien.

MOORE, HAPP und STEWART [1] führen Serienbestimmungen des Silbers in photographischen Materialien (Filmen) durch, wobei sie ein übliches Röntgenfluorescenzspektrometer elektronisch und mechanisch in der Weise abändern, daß die Bestimmung nacheinander an 21 Filmstellen erfolgen kann, die mit Hilfe eines automatischen

Probenhalters in Meßstellung gebracht werden. Eine automatische Untergrundkorrektur durch Ziffervorwahl ist vorgesehen.

KUNIMINE und Mitarb. [2] geben ein röntgenfluorescenzspektralanalytisches Verfahren zur Bestimmung des Silbers in Silberbromid (in Emulsionen und in fester Form), Photoplatten und Filmen an. Dabei sollen weder unterschiedliche Schichtdicken noch verschiedene Schichtträger stören.

Literatur: [1] MOORE, J. E., G. P. HAPP u. D. W. STEWART: Anal. Chem. **33**, 61 (1961). — [2] KUNINE, N., H. UGAZIN, K. YABE u. E. ASADA: Jap. Analyst **13**, 679 (1964).

6.4.2 Verfahren zur Bestimmung des Silbers in Legierungen.

GOTÔ, IKEDA und SUDÔ bestimmen Silber in binären Silber-Aluminium-Legierungen. Dabei ergab sich eine lineare Abhängigkeit der Intensitäten der K_α- und K_β-Linien vom Silbergehalt. Ein Einfluß des Aluminiums wurde nicht festgestellt. Pulverförmige Proben mit Korngrößen unter 200 mesh und Legierungen in Stückform ergaben die gleichen Intensitäten.

MULLIGAN, CAUL, RASBERRY und SCRIBNER [2] analysieren eine Dentallegierung mit 72% Au, 12% Ag, 10% Cu, 2% Pt, 2% Pd und 2% Zn. Sie verwenden zur Silberbestimmung die Linie K_α.

Silber und 19 weitere Elemente werden nach einem Verfahren von MICHAELOS, ALVAREZ und KILDAY [3] in niedriglegierten Stählen, die für Düsenflugzeuge und Raketen Verwendung finden, bestimmt.

Literatur: [1] GOTÔ, H., S. IKEDA u. E. SUDÔ: Sci. Rep. Inst. Tôhoku Univ., Ser., A, **11**, 451 (1959). — [2] MULLIGAN, B. W., H. J. CAUL, S. D. RASBERRY u. B. F. SCRIBNER: J. Res. Nat. Bureau of Standards A **68**, 5 (1964). — [3] MICHAELOS, H. E., R. ALVAREZ u. B. A. KILDAY: J. Res. Nat. Bureau of Standards C **65**, Nr. 1, 71 (1961).

6.4.3 Verfahren zur Bestimmung des Silbers in Bleiglanz.

Nach SIEMES [1] ist die Ag-K_α-I-Linie zur Bestimmung des Silbers in Bleiglanz geeignet, da sie mit keiner Linie eines anderen Elementes, das in Bleiglanz vorkommen kann, koinzidiert. Unter den angegebenen optimalen Bedingungen: 60 kV und 30 mA an der verwendeten Wolframhochleistungsröhre; 10 V Kanallage und 6 V Kanalbreite am Diskriminator, so daß bei 1000facher Verstärkung die Zählrohrspannung etwa 610 V betrug, liegt die Nachweisgrenze bei 40 ppm Ag (Meßzeit 4 Min.). Diese wird nach der Gleichung $c_g = 3\sqrt{2}\,\dfrac{\sqrt{r_0}}{b\sqrt{t}}$ errechnet, worin c_g die Konzentration an der Nachweisgrenze, r_0 die Untergrundimpulsrate, b der Anstieg der Eichgeraden und t die Meßzeit bedeuten.

Zur Aufstellung der Eichkurven hat SIEMES Messungen an Mischungen chemisch gefällter Verbindungen durchgeführt. Einer Lösung bekannter Bleikonzentration wurden die Spurenelemente Ag (Sb, As, Bi) zugesetzt, dann mit Schwefelwasserstoff gefällt, so daß eine synthetische Bleiglanzprobe mit der gewünschten Konzentration des Spurenelementes entstand. Den Proben wurde dann bei 80 bis 100 °C Canaubawachs (10%) zugefügt; anschließend wurden bei einem Druck von 2000 kg/cm² Tabletten gepreßt.

Eine Übertragung der erhaltenen Ergebnisse auf natürlichen Bleiglanz mit mehreren Spurenelementen, u. U. in größeren Konzentrationen, ist nicht ohne weiteres möglich.

Literatur: [1] SIEMES, H.: Erzmetall **15**, 463 (1962).

7 Coulometrische und polarographische Bestimmungsverfahren.

7.1 Coulometrische Methoden.

Prinzip. Bei der sog. „coulometrischen Titration" wird ein Reagens, das mit dem zu bestimmenden Stoff eine stöchiometrische Umsetzung eingeht, elektrolytisch erzeugt. Seine Menge ergibt sich aus der benötigten Anzahl Coulomb, die im einfachsten Fall — bei konstanter Stromstärke — gleich dem Produkt aus Stromstärke und Zeit (Elektrolysedauer) ist. Voraussetzung ist, daß die Reaktion, die zur Herstellung des Reagens führt, mit 100%iger Stromausbeute abläuft.

Die Indication erfolgt chemisch (visuell) oder elektrisch (z. B. potentiometrisch).

7.1.1 Verfahren nach Anson, Pool und Wright [1] mit CN⁻-Ionen.

Das CN^- wird mit 100%iger Ausbeute coulometrisch aus Kaliumdicyanoargentatlösung erzeugt und kann zur Bestimmung von Ag, Ni und Au dienen. Im einzelnen verfährt man wie folgt: 50 ml Dicyanoargentatlösung — hergestellt aus Kaliumcyanid, Natronlauge und Silbernitrat —, die 0,01n an Lauge und 0,1n an Natriumsulfit zur vollständigen Beseitigung des gelösten Sauerstoffs ist, werden mit Stickstoff durchperlt, bis zum voltametrischen Endpunkt vortitriert und dazu in die Generatorzelle eingefüllt. Generator- (50-cm²-Pt-Netz-) Elektrode und Anode (Pt-Draht in Argentatlösung) sind durch eine 10-mm- und eine 30-mm-Glasfritte doppelt voneinander getrennt. Zwei Silberdrahtelektroden mit einem konstant aufgezwungenen Kathodenstrom von 4 bis 5 µA dienen als Indicatorelektroden.

Nach Zugabe der Probelösung wird dann bei ständigem Hindurchleiten von Stickstoff und Rühren mit einem Magnetrührer coulometriert. Vor jeder Ablesung wird der Elektrolysestrom abgeschaltet. Es wird empfohlen, die Ablesungen jeweils nach einem bestimmten Zeitabstand, vom Abschalten des Stroms an gerechnet, vorzunehmen, da trotz der Sulfitzugabe mit einer geringen Wanderung der Gleichgewichtspotentiale gerechnet werden muß. Übertitrierte Lösungen lassen sich nach dem Umpolen zurücktitrieren. Bei sehr geringen zu bestimmenden Mengen und Stromstärken unter 25 mA arbeitet man ohne Sulfitzusatz, da der Äquivalenzpunkt dann trotz der Wanderung der Potentiale besser erkennbar ist.

Nach dieser Methode werden 5 bis 120 mg Ag bei Stromstärken zwischen 5 und 105 mA mit einem geringeren Fehler als 0,2% titriert.

7.1.2 Verfahren nach Miller und Hume [2] mit SH⁻-Ionen.

Die SH^--Ionen werden coulometrisch aus dem Thioäthylenglykol-Quecksilber(II)-komplex erzeugt, dessen Wasserlöslichkeit ausreichend groß ist. Außer Ag können auch Au- und Pt-Metalle bestimmt werden.

Man versetzt die etwa 0,1m Komplexlösung (hergestellt aus Thioäthylenglykol und Quecksilber(II)-chlorid in äquivalenten Mengen) mit dem gleichen Volumen Pufferlösung (Acetatpuffer pH 5 oder 1m Ammoniumacetatlösung, durch Zugabe von Ammoniaklösung auf pH 7,5 gebracht), leitet Stickstoff zur Entfernung des Sauerstoffs durch und titriert zunächst blind bis zum Wendepunkt der potentiometrischen Anzeige zwischen einer amalgamierten Goldelektrode und einer Hg-Sulfatbezugselektrode. Nach der Zugabe der Probelösung wird an der Hg-Bodenelektrode gegen eine durch eine Glasfritte getrennte Platinelektrode elektrolysiert.

Die Indication kann auch amperometrisch mit 150 mV erfolgen. Bei kleinen, zu bestimmenden Silbermengen soll so eine größere Empfindlichkeit als bei der potentiometrischen Indication erreicht werden können.

1 bis 2 mg Ag sollen sich mit einem Fehler von 0,5% bestimmen lassen.

7.1.3 Verfahren nach Lord jr., O'Neill und Rogers [3] durch Wiederauflösen von elektrolytisch abgeschiedenen Silbermengen im Submikrogrammbereich.

Nach der Abscheidung der geringen Silbermengen auf einer Platinelektrode wird das Silber bei gleichförmig ansteigender Spannung von 0 bis 1,0 V (gegen eine Standardkalomelelektrode) wieder elektrolytisch gelöst. Dabei mißt man die Stromstärke in Abhängigkeit von der Zeit und erhält durch planimetrische Integration der Strom-Zeit-Kurve die der Silbermenge äquivalente Coulombzahl.

Bei Silbermengen von 10^{-8} bis $5 \cdot 10^{-10}$ g in 20 µl bis 25 ml 0,1 n Salpeter- oder Schwefelsäure verwendet man eine Pt-Elektrode von 0,2 cm² Oberfläche. Dann ist der durch den Reststrom verursachte Blindwert gering. — Die Bestimmung in sehr kleinen Volumina wird in einem kleinen Wachswürfel mit Bohrung, eingeschmolzener Elektrode und Stromzuführung vorgenommen. Bei größeren Volumina (bis zu 25 ml) arbeitet man mit einer Mikrorührelektrode (600 Upm) und einer 0,1 n Kaliumsulfatlösung als Elektrolyt.

Literatur: [1] ANSON, F. C., K. H. POOL u. J. M. WRIGHT: J. Electroanal. Chem. **2**, 237, (1961). — [2] MILLER, B., u. D. N. HUME: Anal. Chem. **32**, 764 (1960). — [3] LORD jr., S. S. R. C. O'NEILL u. L. B. ROGERS: Anal. Chem. **24**, 209 (1952).

7.2 Polarographische Bestimmungsmethoden.

Prinzip. Obwohl Silber gegenüber Quecksilber das edlere Element ist, woraus sich Schwierigkeiten bei der polarographischen Bestimmung mit einer Quecksilbertropfelektrode ergeben, ist eine Reihe von direkten und indirekten Methoden — z. T. aus Lösungen, in denen das Silber als anionischer Komplex vorliegt — veröffentlicht worden.

7.2.1 Verfahren nach Large und Przybylowicz [1].

Man bestimmt Silber aus wäßrigen Dicyanoargentat(I)-lösungen, die keinen Überschuß an Cyanidionen enthalten, was durch den Zusatz von Ni^{2+}-Ionen sichergestellt wird. Beim Polarographieren erhält man eine kombinierte anodisch-kathodische Stufe ($E_{1/2} = -0,18$ V gegen die ges. Kalomelelektrode bei pH 6,7) die durch das anodische In-Lösung-gehen von Quecksilber in Gegenwart von Cyanidionen und die Reduktion von Quecksilber(II)-cyanid verursacht werden soll. Beide werden auf Grund folgender schnell ablaufenden Reaktion gebildet:

$$Hg + 2\,[Ag(CN)_2]^- \rightleftharpoons Hg(CN)_2 + 2\,Ag + 2\,CN^-$$

Vor der Bestimmung wird die Lösung mit Stickstoff vom Sauerstoff befreit. Man verwendet Methylrot zum Unterdrücken von Maxima und arbeitet mit einer Quecksilbertropfelektrode und einer Ag/AgCl-Bezugselektrode.

Aus der Tatsache, daß der anodische Teil der Stufe nur durch Ag verursacht wird, erhält man die Möglichkeit, Silber und Quecksilber nebeneinander zu bestimmen, wobei sich die Quecksilberkonzentration aus der Differenz Kathodenstrom—Anodenstrom ergibt.

7.2.2 Verfahren nach Kedrinskij [2].

Die Reduktion von Ag^+ verläuft in einer Lösung, die 0,1 normal an Ammoniak und Ammoniumchlorid ist, an einer rotierenden Platinelektrode mit 1500 Upm unter Ausbildung einer gut ausgeprägten Stufe. Das Halbstufenpotential ist von der Ag^+-Konzentration abhängig. Der Grenzstrom ist bei 1,0 bis 500 µg Ag^+/ml der Konzentration streng proportional. Sauerstoff stört und wird durch Zugabe von Sulfit beseitigt. Die Platinelektrode besteht aus einem 15 mm langen, in einen Glasstab eingeschmolznen Platindraht, der zu $^2/_3$ mit Nitrolack überzogen ist. An einer derartigen Elektrode hängt die Stromintensität nicht von der Rotationsgeschwindigkeit ab.

Vor der polarographischen Bestimmung wird das Silber mit einem Kationenaustauscher angereichert, mit 10%iger Natriumnitrat- und Ammoniaklösung ausgewaschen, als Silberchlorid ausgefällt und in der Grundlösung (0,1 n Ammoniak- und Ammoniumchloridlösung) aufgelöst. Der Fehler soll bei 1 bis 50 μg Ag$^+$/ml etwa 10% betragen. Es ist möglich, mit kleinen Volumina (1 ml) zu arbeiten.

7.2.3 Verfahren nach Olaru [3].

Die polarographische Bestimmung des Silbers wird aus einer Leitsalzlösung (Kaliumthiocyanat-, Kaliumcyanid- oder Natriumthiosulfatlösung) mit einem Zusatz von Natriumsulfit oder aus einer ammoniakalischen, Ammoniumchlorid und Seignettesalz enthaltenden Lösung durchgeführt. Da die Linearproportionalität zwischen Stufenhöhe und Konzentration durch den Grundstrom und die Auflösung des Quecksilbers, ferner infolge unvollkommener Eliminierung des Sauerstoffs durch den Sulfitzusatz in alkalischer Lösung gestört ist, ist es erforderlich, Eichkurven zu erstellen. Bestimmt werden Silbergehalte zwischen 10^{-6} und 10^{-8} val/ml.

7.2.4 Verfahren nach Cave und Hume [4].

Die Bestimmung wird aus einer Lösung vorgenommen, die einmolar an Kaliumnitrat und -thiocyanat ist. Um den Fehler bei Silberkonzentrationen bis herab zu $5 \cdot 10^{-6}$ m auf maximal 5% zu begrenzen, ist es erforderlich, Tropfkathode und Temperierbad (es wird bei $(30 \pm 0,1)$ °C gearbeitet) gut zu erden. Diffusionsstromschwankungen von 0,006 μA können größtenteils behoben werden, wenn in feuchtigkeitskonstanter Atmosphäre gearbeitet wird. Es wird empfohlen, auf eine Dämpfung zu verzichten, da der Diffusionsstrom andernfalls erst nach 5 bis 6 Min. konstant wird, und eine Tropfzeit zwischen 4 und 8 Sek. zu verwenden.

7.2.5 Verfahren nach Shetty und Subbaraman [5].

Die Bestimmung erfolgt nach dem Prinzip der elektrochemischen Maskierung, um Störungen durch andere Metalle auszuschalten. Der Elektrolyt enthält Kaliumjodid (1m), K-Na-Tartrat (0,2m) und Kaliumhydroxid (0,2m), ferner Kampfer (0,1m) als Maskierungsreagens. Der Diffusionsstrom der Silberstufe wird bei 0,7 V gegen die ges. Kalomelelektrode gemessen. Cu, Bi, Fe, Pb, Zn, Cd, Sn, Sb stören nicht, wohl aber Th und Au.

7.2.6 Verfahren nach Fernando und Freiser [6].

Eine indirekte polarographische Methode zur Bestimmung des Silbers ergibt sich daraus, daß 4-Hydroxybenzthiazol in McIlvaine-Pufferlösung mit etwa 1% Äthanol (Konzentration etwa 10^{-4} molar) an einer Hg-Tropfelektrode reduzierbar ist ($t = 2,64$ Sek.; $m = 2,94$ mg/sec; pH 6,9; 1,55 V gegen die ges. Kalomelelektrode; 44,24 cm Hg-Säule) und mit Ag$^+$ (aber auch mit Fe^{3+}, Co, Ni, Zn Cu^{2+}, Hg^{2+}) in acetatgepufferter Lösung bei pH 4,6 eine Fällung gibt.

Bei pH 6,9 erhält man eine maximumfreie Diffusionsstufe, deren Höhe für 10^{-4} bis $5,6 \cdot 10^{-4}$ molare Lösungen proportional wächst. Die zweielektronische Reaktion ist irreversibel.

7.2.7 Verfahren nach Zagórski und Kempiński [7].

Es wird eine Methode zur polarographischen Bestimmung von Silberspuren in Blei, Blei-Antimon-Legierungen und met. Cadmium angegeben, bei der das Silber zunächst mit p-Dimethylaminobenzylidenrhodanin ausgefällt und anschließend bestimmt wird. 0,0005% Ag sollen bei einer Einwaage von 20 g mit einem Fehler von 3 bis 4% erfaßt werden können.

7.2.8 Verfahren nach Delimarskij und Abarbarčuk [8] in wasserfreiem Pyridin.

Silberchlorid läßt sich polarographisch in wasserfreiem Pyridin unter Verwendung von Platinelektroden bestimmen. Das Pyridin enthält als Elektrolyt 1% Kaliumthiocyanat. Man arbeitet in einem Reagenzglas mit eingeschmolzenem Stopfen; auch die Elektroden sind eingeschmolzen, wobei ein 6 mm langer und 0,2 mm starker Platindraht als Kathode und ein 4 cm² großes Platinblech als Anode dienen. Zwischen dem Diffusionsstrom und der AgCl-Konzentration besteht eine lineare Abhängigkeit. Sauerstoffwellen können nicht auftreten, da keine Hydroxidionen vorhanden sind. Für Feuchtigkeitsabschluß muß gesorgt werden.

Literatur: [1] LARGE, R. F., u. E. P. PRZYBYLOWICZ: Anal. Chem. **36**, 1648 (1964). — [2] KEDRINSKIJ, I. A.: Betriebslab. (russ.) **27**, 538 (1961). — [3] OLARU, M.: Studii Cercetări stiint (Jasi), Chim. **8**, 73 (1957) (rumän.). — [4] CAVE, G. C. B., u. D. N. HUME: Anal. Chem. **24**, 588 (1952). — [5] SHETTY, P. S., u. P. R. SUBBARAMAN: Indian J. Chem. **2** (10), 397 (1964). — [6] FERNANDO, Q., u. H. FREISER: Anal. chim. Acta **20**, 250 (1959). — [7] ZAGÓRSKI, Z., u. O. KEMPIŃSKI: Chem. Anal. (Warsaw) **4**, 423 (1959) (poln.). — [8] DELIMARSKIJ, J. K., u. I. L. ABARBARČUK: Betriebslab. (russ.) **16**, 929 (1950).

7.3 Bestimmungen nach der Methode der „inversen Polarographie".

Prinzip. Bei dieser auch „anodic stripping voltammetry" genannten Methode erfolgt zunächst die kathodische Abscheidung des zu bestimmenden Metalls an einer geeigneten Elektrode unter festgelegten Bedingungen. Es folgt ein anodischer Stromstoß, der im Polarogramm zur Ausbildung von Maxima führt, die das quantitative Erfassen des zu bestimmenden Stoffes ermöglichen.

7.3.1 Verfahren nach Perone [1] unter Verwendung von Graphitelektroden.

Silber kann in $2 \cdot 10^{-5}$ bis $4 \cdot 10^{-9}$ molaren Lösungen, die als Leitelektrolyt Kaliumnitrat (0,2m) enthalten, bestimmt werden. Als Arbeitselektrode dient dabei eine Graphitelektrode, die durch Eintauchen in flüssiges Wachs imprägniert wird und auch nach wochenlangem Gebrauch reproduzierbare Werte liefert. Sie soll gegenüber der hängenden Quecksilbertropfenelektrode Vorteile aufweisen. Die kathodische Abscheidung des Silbers wird bei —0,39 V (gegen eine ges. Kalomelelektrode gemessen) vorgenommen. Die Dauer muß der jeweils vorliegenden Silbermenge angepaßt werden und liegt zwischen 1 und 15 Minuten.

Die beim anschließenden anodischen Stromstoß bei einer Spannungsänderung von 33 mV/sec erhaltenen Peakhöhen sind der Ag^+-Ionenkonzentration nicht streng proportional. Deshalb ist es erforderlich, die insgesamt geflossene Elektrizitätsmenge zu bestimmen. Zwischen ihr und dem Produkt aus Vorelektrolysedauer und analytischer Ag^+-Ionenkonzentration besteht nach PERONE [1] innerhalb der oben angeführten Konzentrationsgrenzen eine lineare Abhängigkeit.

PERONE [1] gibt an, daß die an verschieden konzentrierten Lösungen bei je 6 Parallelbestimmungen ermittelten relativen Standardabweichungen zwischen + 2,6 und —4,2% liegen.

7.3.2 Verfahren nach Jacobs [2] unter Verwendung einer Kohlepastenelektrode.

Silber wird in $2{,}5 \cdot 10^{-7}$ bis $5{,}0 \cdot 10^{-9}$ m Lösungen, die 0,1n an Salpetersäure sind, bestimmt. Zur Herstellung der Arbeitselektrode wird eine Kohlepaste durch Mischen von 50 g Kohlepulver (Acheson Nr. 38) mit 20 ml Nujol hergestellt und in die Pfanne verschieden großer Kugelschliffe eingepreßt (Oberflächen: zwischen 0,2 und 1,3 cm²).

Die Vorelektrolyse wird unter reproduzierbaren Bedingungen (Volumen der Lösung, Lage der Elektroden, Art und Weise des Rührens) 15 Min. lang vorgenommen. Dabei soll das Potential der Kohlepastenelektrode auf $-0{,}3$ V gegen die ges. Kalomelelektrode eingestellt werden.

Nach dem Anschließen der Elektroden an den Polarographen und einer Wartezeit von 20 Sek. wird die Spannung linear von $-0{,}3$ bis $+0{,}7$ V gegen die ges. Kalomelelektrode verändert, wobei eine Spannungsänderung von 1,2 V/min am günstigsten ist. Das Polarogramm weist Maxima auf, aus denen die Ag^+-Ionenkonzentration der Probelösung zu ersehen ist.

JACOBS [2] hat die Einflüsse folgender Variablen systematisch untersucht: Höhe des kathodischen Abscheidepotentials, Dauer der Vorelektrolyse, Rührgeschwindigkeit, Geschwindigkeit der anodischen Auflösung u. a. Er weist auf die Möglichkeit, Silber und Gold nebeneinander zu bestimmen, hin.

7.3.3 Indirektes Verfahren nach Berge und Jeroschewski [3].

Die indirekte Bestimmung von Spurenmengen Edelmetallen ist nach der Methode der hängenden Quecksilberelektrode aus der Abnahme der Höhe des Sulfidpeaks (Sulfidkonzentration etwa 10^{-6} m) in Gegenwart der Edelmetalle (10^{-7} bis 10^{-6} molare Lösungen) möglich. Außer Ag können auch Au, Pt und Hg erfaßt werden.

Literatur: [1] PERONE, S. P.: Anal. Chem. **35**, 2091 (1963). — [2] JACOBS, E. S.: Anal. Chem. **35**, 2112 (1963). — [3] BERGE, H., u. P. JEROSCHEWSKI: Fr. **210**, 167 (1965).

8. Aktivierungsanalytische und radiometrische Verfahren.

8.1 Aktivierungsanalytische Verfahren.

Prinzip. Die Proben werden — meist in einem Kernreaktor — mit thermischen Neutronen bestrahlt, wobei sie aktiviert werden. Die Bestimmung des Silbers erfolgt anschließend entweder zerstörungsfrei mit Hilfe eines γ-Spektrometers oder nach dem Lösen der bestrahlten Proben und einer Reihe von naßchemischen Trennungsoperationen unter Zusatz von nichtaktiviertem Silber durch die Messung der γ- oder β-Aktivität.

8.1.1 Bestimmung in metallischem Blei.

Verfahren nach Adams, Hoste und Speecke [1] zur Bestimmung geringer Silbermengen durch Kurzzeitaktivierung und zerstörungsfreie Messung der durch ^{110}Ag *hervorgerufenen* γ-Strahlung. Die Bleiproben (0,1 bis 0,5 g) werden kurzzeitig (3 bis 30 Sek.) in der Rohrpostanlage eines Reaktors mit einem Neutronenstrom von 10^{12} n/cm² sec bestrahlt und anschließend sofort mit Hilfe eines pneumatischen Systems in die Zählposition gebracht. Die Meßvorrichtung besteht aus einem Natriumjodidscintillationskristall mit angeschlossenem 400-Kanal-γ-Spektrometer, das so geschaltet ist, daß auf jedem Kanal die innerhalb von 3 Sek. im Energiebereich 0,61 bis 0,70 MeV anfallenden γ-Quanten gesammelt werden. Auf diese Weise kann die Strahlungsintensität in Abhängigkeit von der Zeit verfolgt werden. Die Energieselektion wird über einen vorgeschalteten Einkanalimpulshöhenanalysator vorgenommen,

Ein systematischer Fehler von etwa 1 μg Ag wird durch Verunreinigungen in den Nylon-Bestrahlungsbehältern hervorgerufen. Deshalb werden Silbermengen unter 10 μg in einem Bohrlochkristall gemessen, wobei bis herab zu 0,05 μg erfaßt werden können.

Eine Bestimmung dauert 15 Minuten. Die Ergebnisse sollen im allgemeinen auf 10% reproduzierbar sein.

Als Monitor für den Neutronenfluß werden Platinfolien benutzt, wobei die induzierte ^{199}Au-Aktivität (Tochterprodukt von ^{199}Pt) nach einer Abklingzeit von 6 Std. gemessen wird.

Verfahren nach Růžička, Starý und Zeman [2] *zur Bestimmung des Silbers nach dem Prinzip der chemischen Trennung mit Reagensunterschuß.* Die im Kernreaktor bestrahlte Bleiprobe wird in 15 ml Salpetersäure (1 + 1) (etwa 7m) gelöst und die Lösung mit 2,00 ml 0,001m Silbernitratlösung (schwach mit Salpetersäure angesäuert) versetzt. Dann dampft man zur Trockne, nimmt den Rückstand mit 10 ml 0,1n Salpetersäure auf und schüttelt die Lösung 10 Min. lang mit 4 ml einer 0,0002m Dithizonlösung in Kohlenstofftetrachlorid aus.

Nach dem Isolieren der CCl_4-Schicht werden 3 ml davon für die Aktivitätsmessung verwendet.

Gleichzeitig wird die Lösung eines in gleicher Weise vorbehandelten Standards mit einer bekannten Silbermenge extrahiert und gemessen.

Dieses Verfahren ist nach RŮŽIČKA und Mitarb. [2] auch zur Bestimmung des Silbers in anderen Materialien geeignet, z. B. im Germanium(IV)-oxid.

8.1.2 Bestimmung in Bleiglanz und in Zinkblende.

Verfahren nach Morris und Killick [3] *zur Bestimmung des Silbers in Bleiglanz (etwa 1000 g/1000 kg) und in Zinkblende (etwa 10 g/1000 kg) nach vorhergehender Abtrennung von den Begleitelementen.* Die Proben (0,3 g) werden zunächst im gepulverten Zustand 2 bis 3 Tage lang im Reaktor mit einem Neutronenstrom von 10^{12}n/cm² sec bestrahlt, dann mit 2 ml Standard-Ag-Lösung (10 mg/ml) und 2 ml Standard-Tl(I)-Lösung (10 mg/ml) versetzt und in 4 ml konz. Salpetersäure gelöst. Nach Zusatz von weiteren 5 ml konz. Salpetersäure kocht man 10 Min. lang und verdünnt auf 40 ml. Jetzt wird das Silber als *Silberchlorid* ausgefällt, indem man unter Erwärmen 6n Salzsäure und Manoxol OT-Lösung zutropfen läßt. Den Niederschlag löst man nach dem dreimaligen Auswaschen mit 10 ml kochendem Wasser in 2 ml konz. Ammoniaklösung, verdünnt die Lösung auf 20 ml, fügt 1 ml Standard-Fe(III)-Lösung (10 mg/ml) zu und fällt das Silber durch Zusatz von 1 ml ges. Ammoniumsulfidlösung als *Silbersulfid* aus. Diese Fällung wird nach dem Lösen des Niederschlags in 1 ml konz. Salpetersäure wiederholt, das Silbersulfid wiederum in 1 ml konz. Salpetersäure gelöst. Dann macht man die Lösung mit 6n Natronlauge alkalisch, löst das dabei ausgeschiedene *Silberoxid* in konz. Schwefelsäure und dampft zur Trockne. Nach dem Aufnehmen mit 20 ml dest. Wasser fügt man 1 ml ges. Kaliumjodatlösung zu, löst das ausgefallene *Silberjodat* in konz. Ammoniaklösung und fällt es mit konz. Schwefelsäure wieder aus. Der Niederschlag wird mit 5 ml 95%igem Äthanol ausgewaschen und dann für die Messung verwendet. Diese erfolgt mit einem Endfenster-GEIGER-MÜLLER-Zählrohr, wobei die Aktivität von ^{110}Ag — ^{110m}Ag (Halbwertszeit 253 d) erfaßt wird. Etwa aus ^{110}Cd oder ^{113}In entstandenes ^{110m}Ag kann dabei vernachlässigt werden. Die Empfindlichkeitsgrenze liegt bei $5 \cdot 10^{-9}$ g ^{110m}Ag—^{110}Ag. Die chemische Ausbeute liegt bei 50%.

8.1.3 Bestimmung in Gesteinen.

Verfahren nach Morris und Killick [4] *zur Bestimmung von Silbergehalten bis herab zu 0,03 ppm in Gesteinen.* Die gepulverten Proben (etwa 1 g) werden zusammen mit Aktivierungsstandards einen Monat lang im Reaktor bei einem Neutronenfluß von $10^{12}n/cm^2$ sec bestrahlt, dann nach Zusatz von 10 mg inaktivem Silber durch Abrauchen mit Perchlorsäure/Flußsäure aufgeschlossen.

Es folgt eine Reihe von Operationen zur Abtrennung des Silbers von den Begleitelementen: Fällung als Silberchlorid — Fällung als Silbersulfid — elektrolytische Abscheidung — Fällung als Jodat.

Die Aktivitätsmessung (^{110m}Ag—^{110}Ag) erfolgt abschließend mit Hilfe eines Endfensterzählrohres. Zur Reinheitsprüfung werden die β-Absorptionskurven aufgenommen. Störungen durch (n, p)- oder (n, α)-Reaktionen treten nur in vernachlässigbar geringem Umfang auf.

Bezüglich der Einzelheiten der von MORRIS und KILLICK angegebenen Trennungsoperationen s. 8.1.2 und 8.1.4.

8.1.4 Bestimmung in Platinschwamm.

Verfahren von Morris und Killick [5] *zur Bestimmung von Silbergehalten bis herab zu 0,02 ppm in Platinschwamm.* 0,3 g Probe werden in einem Quarzröhrchen einen Monat lang bestrahlt und nach Zugabe von inaktivem Silber in Königswasser gelöst. Aus der erhaltenen Lösung fällt man zuerst das Platin als Ammoniumhexachloroplatinat(IV) aus, dann aus dem Filtrat dieser Fällung das Silber als Silberchlorid. Dieses löst man in Ammoniaklösung, setzt Fe^{3+} zu und fällt das Silber durch Zusatz von Ammoniumsulfidlösung als Silbersulfid aus. Es folgen das In-Lösung-Bringen des Sulfids mit Salpetersäure, das Ausfällen als Silberchlorid, das Lösen des Chlorids in Cyanidlösung, die elektrolytische Abscheidung nach PREGL bei 4 V, eine Fällung als Silberoxid nach dem Lösen des met. Silbers, das Lösen des Oxids in Schwefelsäure, die Fällung als Silberjodat, das Umfällen mit Ammoniaklösung/Schwefelsäure und das Auswaschen des Silberjodats mit Äthanol. Dieses wird auf einen kleinen Aluminiumteller übergeführt, gleichmäßig verteilt, 15 Min. bei 110 °C getrocknet und gewogen. Die Messung erfolgt mit einem Natriumjodid-γ-Scintillationszähler, wobei sich zwischen Probe und Detektor ein Standard-Al-Pb-Sandwich-Absorber befindet. Das Messen mit einem Geiger-Zähler ist nicht vorteilhaft, weil radioaktive Verunreinigungen mitgezählt werden. Gemessen wird die durch ^{110m}Ag—^{110}Ag hervorgerufene Aktivität (s. auch 8.1.2 und 8.1.3).

8.1.5 Bestimmung in Selen, Silicium und Wismut.

Verfahren von Zvjagincev und Šamaev [6] *zur Bestimmung des Silbers in Reinstselen.* Die zu untersuchende Probe und Standardselenproben mit bekannten Mengen Silber werden 15 Tage lang bei einem Neutronenfluß von $8,7 \cdot 10^{12} n/cm^2$ sec bestrahlt. Die aktivierten Proben (0,5 bis 1 g) werden dann mit Salpetersäure gelöst. Nach der Abtrennung des Silbers als Silberchlorid werden die Menge und die Aktivität festgestellt.

Die Nachweisgrenze für das verwendete Isotop ^{109}Ag beträgt $1,5 \cdot 10^{-8}$ g bei einer Fehlerbreite von 10 bis 30%. ^{109}Ag weist eine Halbwertszeit von $270d$ auf.

Außer Ag werden auch In, Co, Cr, Hg und Ca bestimmt.

Verfahren nach Kant, Cali und Thompson [7] *zur Bestimmung des Silbers in spektralreinem Silicium.* 1 bis 2 g Silicium werden 15 Tage lang mit einem thermischen Neutronenstrom von $3 \cdot 10^{12} n/cm^2$ sec bestrahlt, dann in Salpetersäure/Flußsäure gelöst. Dabei wird das Silicium durch Abrauchen mit Flußsäure weitgehend entfernt. Die Verunreinigungen — außer Ag werden noch erfaßt: As, Bi, Ga, In, Tl, Sb, Cd, Fe, Zn, Cu und P — werden auf chemischem Wege voneinander getrennt und ihre Aktivitäten gemessen. Silber kann im Konzentrationsbereich 10^{-6} bis $10^{-9}\%$ mit einem Fehler von 50% bestimmt werden.

Die aktivierungsanalytische Bestimmung geringer Silbermengen in Silicium wird auch von Bădănoiu, Fiti und Măntescu [8] beschrieben. Sie verwenden 0,1 g Probe und erreichen bei einem Silbergehalt von $6 \cdot 10^{-5}\%$ einen Fehler von 20 bis 40%. Außerdem erfassen sie auch Verunreinigungen durch Fe, As und Pt.

Verfahren nach Wodkiewicz [9] *zur Bestimmung von Silber in Wismut.* Die Proben werden einige Tage lang bei einem Neutronenfluß von 10^{12} n/cm² sec bestrahlt, dann unter Zusatz inaktiver Träger der zu bestimmenden Elemente (außer Ag noch Cu, As, Sb, Na) in Salpetersäure gelöst. Die Isolierung des Silbers erfolgt als Silberchlorid, die Reinigung durch mehrmaliges Umfällen als Silbersulfid und als Silberchlorid. Abschließend wird die $^{110\,m}$Ag-Aktivität mit einem 100-Kanal-γ-Spektrometer gemessen.

Die zerstörungsfreie Bestimmung ist nach kurzzeitiger Bestrahlung (einige Sek.) durch das Messen der ^{110}Ag- bzw. ^{108}Ag-Aktivität im Vielkanalspektrometer möglich.

8.1.6 Bestimmung in Legierungen.

Verfahren nach Bilefield [10] *zur Bestimmung des Silbers in Legierungen des Silbers.* Die Proben werden etwa 1 cm hinter dem Platintarget eines 3,5-MeV-Elektronenlinearbeschleunigers placiert. Bei der Bestrahlung entstehen aus den stabilen Isotopen ^{107}Ag und ^{109}Ag die metastabilen Isomeren mit Halbwertszeiten von 44 bzw. 39 Sek. Die induzierte Aktivität wird nach einer Bestrahlungszeit von 3 Min. mit einem β-Scintillationskristall gemessen, Es handelt sich um Röntgenstrahlung von 94 bzw. 88 keV.

Nach Bilefield [10] wurden nach dieser Methode bei Legierungen mit 1,5 bis 5 bzw. 50 bis 67% Ag Ergebnisse erhalten, die gegenüber den titrimetrisch ermittelten merklich niedriger lagen. Dieser Fehler wird auf die Selbstabsorption der Proben zurückgeführt; er kann durch empirisch ermittelte Korrekturfaktoren nicht vollständig eliminiert werden.

Verfahren nach Meloni und Maxia [11] *zur Bestimmung des Silbers in alten Münzen.* Für die Aktivierung von ^{108}Ag (2,3m) ist eine Bestrahlungszeit von nur 12 Min. erforderlich, wenn der Neutronenfluß 10^5 n/cm² sec beträgt. (Für ^{64}Cu (12,8h) sind 60 Stunden, für ^{198}Au (2,7d) 12 Tage erforderlich.) Nach der Aktivierung wird das γ-Spektrum mit einem 200-Kanal-Impuls-Analysator aufgenommen, bei der Bestimmung des Silbers zusätzlich auch die β-Strahlung mit einem Geiger-Müller-Zählrohr gemessen.

Meloni und Maxia [11] haben diese Methode zur Bestimmung von Silber, Gold und Kupfer in Münzen aus der Normannenzeit Italiens angewendet.

8.1.7 Sonstige Bestimmungsverfahren.

Verfahren nach Gleit, Benson und Holland [12] *zur Bestimmung von Silbermengen bis herab zu $10^{-9}\%$ in organischen Filtermaterialien und in hochreinem Quarz.* Vor der Bestrahlung werden organische Bestandteile in den Proben durch die Reaktion mit elektrisch angeregtem Sauerstoff entfernt. Die Aktivierung erfolgt innerhalb von 4 Tagen bei einem Neutronenfluß von $5 \cdot 10^{13}$ n/cm² sec. Nach der Bestrahlung folgen radiochemische Trennungen, um die zu bestimmenden Elemente abzutrennen. Die Aktivität wird durch eine Kombination von β-Intensitätsmessung und γ-Spektrometrie festgestellt, wofür im Falle des Silbers $^{110\,m}$Ag (Halbwertszeit 253 Tage) herangezogen wird. Als Störreaktion kommt in Frage: ^{110}Pd (n, γ) ^{111}Pd $\xrightarrow{\beta}$ ^{111}Ag (7,5 d).

Verfahren nach Meinke und Anderson [13] *unter Verwendung einer Radium-Beryllium-Neutronenquelle.* 25 mg Ra und 250 mg Be befinden sich in einem kleinen Monelmetallzylinder, der sich in der Achse eines größeren Paraffinzylinders befindet. Die Untersuchungssubstanz wird fein gepulvert, in Präparatenträger aus Polystyrol von 32 mm Durchmesser und 4 mm Dicke mit einer Vertiefung von 26 mm Durchmesser und 1,5 mm Tiefe zur Aufnahme der Substanz eingepreßt und gewogen. Die Vertiefung faßt etwa 1 g Untersuchungsmaterial. Nach dem Bedecken mit einer Polystyrolfolie wird das Präparat in eine Bestrahlungskammer eingebracht, die in 2,5 cm Abstand von der Neutronenquelle in den Paraffinblock eingeschnitten ist. In dem verwendeten Paraffinblock befinden sich vier derartige Kammern; der ganze Block ist aus Sicherheitsgründen mit einer 2,5 cm dicken Bleihülle umgeben. Nach der Bestrahlung werden die aktivierten Präparate entweder in einem Geiger-Müller-Zähler mit 2% Isobutan + Heliumfüllung eingeschleust oder unter einem Endfensterzähler ausgezählt, wobei die Aktivität bis zum Auftreten des Untergrundpegels gemessen wird.

Es entstehen die Silberisotope ^{110}Ag (Halbwertszeit 24,5 Sek.) und ^{108}Ag (Halbwertszeit 2,33 Min.).

Der Silbergehalt einer Probe wird durch Vergleich mit in gleicher Weise behandelten Standardproben ermittelt.

Außer Ag können mit dieser Methode erfaßt werden: Rh, Ir, In, Dy.

Verfahren nach Anders [14] *unter Verwendung von Nukliden sehr kurzer Halbwertszeit (5 bis 15 Sek.).* Die Bestrahlung der Proben wird in einem Van-de-Graaf-Beschleuniger bei einem Neutronenfluß von $2 \cdot 10^8$ n/cm² sec vorgenommen. Der Transport der Proben in die Bestrahlungs- und von dort in die Zählposition erfolgt mit einem pneumatischen System (s. Anal. Chem. **32**, 1368 (1960)), das ein exaktes Einhalten der kurzen Bestrahlungszeit (30 Sek.) und der Zeitspanne zwischen Bestrahlungsende und dem Beginn der Messung (2 Sek.) ermöglicht.

Nach dem Fixieren der Probe in der Zählposition wird das γ-Spektrum 30 Sek. lang auf den ersten 100 Kanälen eines 200-Kanal-Impulshöhenanalysators gesammelt; dann schaltet man auf die zweiten 100 Kanäle um und nimmt das Spektrum der Probe nochmals 30 Sek. lang auf.

Zur Erhöhung der Empfindlichkeit und Genauigkeit wird der Cyclus von Bestrahlung und Messung mit derselben Probe noch 7mal wiederholt, wobei jedesmal das sofort nach Bestrahlungsende gemessene Spektrum auf die erste Kanalgruppe und das 30 Sek. später erhaltene Spektrum auf die zweite Kanalgruppe gegeben werden. Schließlich werden beide Spektren auf einen Computer übertragen.

Unmittelbar darauf wird eine bekannte Menge des zu bestimmenden Elementes als Aktivierungsstandard in der beschriebenen Weise bestrahlt und gemessen, außerdem ein leerer Probenbehälter zur Ermittlung des Untergrundes.

Der Computer wandelt die gesammelten Daten in Impulse/min um, bringt Totzeitkorrekturen an und subtrahiert den Untergrund. Schließlich wird das 32 Sek. nach der Bestrahlung erhaltene Spektrum von dem 2 Sek. nach Bestrahlungsende aufgenommenen subtrahiert. Aufgezeichnet werden das so erhaltene Differenzspektrum und das zuerst erhaltene Spektrum.

Durch die Differenzbildung läßt sich der Einfluß der Nuklide mit Halbwertszeiten über 1 Min. weitgehend unterdrücken. Die angegebenen Bestrahlungs- und Meßzeiten sind für Nuklide mit Halbwertszeiten zwischen 5 und 15 Sek. optimal.

Mit der angeführten Methode können außer Ag noch folgende Elemente bestimmt werden: Au, O, F, Na, Sc, Ge, Se, Br, Y, Ru, Rh, In, Er, Yb, Hf, W und Ir. Die erfaßten Mengen liegen im Mikrogramm- bis Milligrammbereich.

Verfahren nach Schroeder und Mitarbeitern [15] *zur Bestimmung des Silbers in Mineralien durch Kurzzeitaktivierung.* Die Methode beruht auf der Kurzzeitaktivierung (5 Sek.) durch thermische Neutronen ($8 \cdot 10^{12}$ n/cm² sec) und der nachfolgenden γ-Spektrometrie mit hoher Auflösung (Ge(Li)-Detektor). Gemessen wird die 660 keV-γ-Strahlung des Isotops ^{110}Ag (24 Sek.). Die Nachweisgrenze in einem Material mit 50% Mg (Olivin) beträgt ohne chemische Trennungsoperationen etwa 15 ppm Ag. Die benötigte Probenmenge liegt zwischen wenigen mg und 10 g. Die Bestrahlung erfolgt in verschweißten Polyäthylenummantelungen zusammen mit Standardproben, die ähnliche Silbergehalte wie das Untersuchungsmaterial aufweisen. Reaktor und „heißes Labor" müssen durch eine Rohrpostanlage verbunden sein. Das γ-Spektrum wird 20 Sek. nach dem Ende der Bestrahlung aufgenommen (18 Sek. lang). Die Bestimmungen können an einem Tag mehrfach wiederholt werden.

Literatur: [1] ADAMS, F., J. HOSTE u. A. SPEECKE: Talanta (London) **10**, 1243 (1963). — [2] RŮŽIČKA, J., J. STARÝ u. A. ZEMAN: Talanta (London) **10**, 905 (1963). — [3] MORRIS, D. F. C., u. R. A. KILLICK: Anal. chim. Acta **20**, 587 (1959). — [3] MORRIS, D. F. C., u. R. A. KILLICK: Talanta (London) **4**, 51 (1960). — [5] MORRIS, D. F. C., u. R. A. KILLICK: Talanta (London) **3**, 34 (1959). — [6] ZVJAGINCEV, O. E., u. V. I. ŠAMAEV: Ž. anal. Chim. (russ.), **15**, 325 (1960). — [7] KANT, A., J. P. CALI u. H. D. THOMPSON: Anal. Chem. **28**, 1867 (1956). — [8] BĂDĂNOIU, M., M. FITI u. C. MANTESCU: Stud. Cercet. Chim. (Bukarest) **7**, 573 (1959) (rumän.). — [9] WÓSKIEWICZ, L.: Nukleonika (Warszawa) **8**, 545 (1963). — [10] BILEFIELD, L. J.: Analyst **87**, 504 (1962).— [11] MELONI, S., u. V. MAXIA: G. **92**, 1432 (1962). — [12] GLEIT, C. E., P. A. BENSON u. W. D. HOLLAND: Anal. Chem. **36**, 2067 (1964). — [13] MEINKE, W. W., u. R. E. ANDERSON: Anal. Chem. **25**, 778 (1953). — [14] ANDERS, O. U.: Anal. Chem. **33**, 1706 (1961). — [15] SCHROEDER, G. L., R. D. EVANS u. R. C. RAGAINI: Anal. Chem. **38**, 432 (1966).

8.2 Radiometrische Verfahren.

Prinzip. Zur Bestimmung des Silbers in Lösungen wird unter Verwendung von markiertem Jodid und einem Sammler ein Silberjodidniederschlag erzeugt, dessen Aktivität nach dem Isolieren gemessen wird.

Für die Bestimmung von Silber in Halogenidniederschlägen nutzt man die Einstellung des radioaktiven Gleichgewichtes mit einer Lösung, die markiertes Silber enthält, aus.

8.2.1 Bestimmung des Silbers in Lösungen.

Verfahren nach Herman [1] *unter Verwendung von Berylliumhydroxid als Kollektor.* Die schwach saure Lösung mit 1 bis 500 μg Ag wird mit einem genügenden Überschuß an 0,1 m ÄDTA-Lösung, 1 ml 1%iger Berylliumsulfatlösung und etwa der doppelten theoretisch erforderlichen Menge 0,0002 bis 0,02 m Jodidlösung (mit ^{131}J markiert) versetzt. Dann wird der pH-Wert mit 0,1 n Kalilauge auf etwa 7 eingestellt. Nach einigen Minuten sammelt man den Niederschlag an Filterpapier mit Hilfe einer speziellen Filtrationsvorrichtung und mißt seine γ-Aktivität, indem das Filterpapier fest um ein Glasrohr gewickelt wird, das dicht an das Zählrohr herangeführt werden kann.

Der mittlere Fehler soll 4% betragen.

1000fache Überschüsse an Pb und Cu stören nicht. Fe kann als Sammler Verwendung finden.

Verfahren nach Purkayastha und *Pai Verneker* [2] *unter Verwendung von Zirkonphosphat als Sammler.* Man versetzt die einige μg Ag enthaltende Lösung in einem Becherglas mit der dreifachen äquivalenten Menge einer Kaliumjodidlösung, die eine bekannte spezifische Aktivität durch einen Zusatz an ^{131}J enthält. Vorher macht man die Lösung etwa 0,1 n salpetersauer und versetzt mit Zirkonperchloratlösung (etwa 1 mg Zr). Nach der Zugabe der Kaliumjodidlösung gibt man Natriumdihydrogenphosphatlösung in geringem Überschuß zu, erwärmt einige Min. lang, filtriert den Niederschlag ab, wäscht ihn mit 15 ml Wasser aus und bestimmt die

Aktivität des Filtrates mit einem Flüssigkeitszählrohr. Das Gesamtvolumen soll bei der Fällung 20 ml nicht überschreiten.

Das Zirkonphosphat reißt bei dieser Methode selbst so geringe Silberjodidmengen, die unter der Löslichkeitsgrenze des Silberjodids liegen, quantitativ mit.

1 µg Ag läßt sich innerhalb einer halben Stunde auf $\pm 2\%$ genau bestimmen.

8.2.2 Bestimmung des Silbers in Silberhalogeniden. Verfahren von Langer [3] nach der Methode des radioaktiven Austausches.

Man gibt das Silberhalogenid zu einer radioaktiven Ag^+-Lösung, deren Silbergehalt (Ag_L) und deren Aktivität (Z_1) bekannt sind. Dann schüttelt man bis zur Einstellung des radioaktiven Gleichgewichtes und bestimmt dann erneut die Aktivität der Lösung (Z_2). Da im radioaktiven Gleichgewicht das Verhältnis: radioaktives/nichtradioaktives Silber im Niederschlag und in der Lösung das gleiche ist, kann man den Silbergehalt des Silberhalogenids nach der Beziehung Ag_{Hal}. $= Ag_L \left(\dfrac{Z_1}{Z_2} - 1 \right)$ berechnen. Die Genauigkeit soll gut sein, der Fehler 2% betragen.

Literatur: [1] HERMAN, Z.: Coll. Czechoslov. Chem. Comm. **26**, 1925 (1961). — [2] PURKAYASTHA, B. C., u. V. R. PAI VERNEKER: J. Indian chem. Soc. **34**, 487 (1957). — [3] LANGER, A.: Anal. Chem. **22**, 1288 (1950).

9. Sonstige Verfahren.

9.1 Papierchromatographische Methoden.

9.1.1 Verfahren nach Braun [1].

Prinzip. Spurenmengen an Ag^+-Ionen haben eine hemmende Wirkung auf die Reaktion zwischen Cer(IV)-sulfat, Natriumarsenat(III) und Natriumjodid. Diese Erscheinung wird zur indirekten papierchromatographischen Bestimmung des Silbers ausgenutzt.

Arbeitsvorschrift. Auf das untere Papierende bringt man zunächst einen Tropfen Natriumjodidlösung mit 0,5 µg J^- und nach dem Eintrocknen desselben die Probelösung auf. Man läßt trocknen, taucht dann das untere Ende des Papiers in die Reagenslösung (s. u.) und trocknet wiederum, wenn die Lösung das obere Ende erreicht hat. Es folgen auf dem Papier eine gelbe (Ce(IV)-) und eine farblose (Ce(III)-) Zone aufeinander. Die Länge der letzteren ist dem Ag^+-Ionengehalt der Probelösung umgekehrt proportional.

Durch Vergleich mit Lösungen, die zwischen 0,005 und 0,05 µg Ag^+ enthalten und die gleichartig behandelt werden, ist der Silbergehalt der Probelösung zu ermitteln.

Herstellen der Reagenslösung. 10 g Cer(IV)-sulfat werden in 100 ml warmer 1n Schwefelsäure gelöst. Die Lösung wird filtriert. — 5 g Arsen(III)-oxid löst man in 7 ml 30%iger Natronlauge und verdünnt die Lösung mit 1n Schwefelsäure auf 1 Liter. — Beide Lösungen werden abschließend mit 1n Schwefelsäure im Verhältnis 1:1:2,5 gemischt.

Bemerkung. Hg^{2+}-Ionen können in gleicher Weise bestimmt werden.

Literatur: [1] BRAUN, T. E.: Mikrochim. A. **1957**, 128.

9.1.2 Verfahren nach Koev.

Prinzip. Man verwendet mit Silberchlorid imprägniertes Papier, auf das man zunächst die Ag^+-haltige Probelösung, dann eine bestimmte Menge Kaliumcyanidlösung bekannten Gehaltes aufbringt. Es entsteht bei der abschließenden Entwicklung ein mehr oder weniger großer weißer Fleck, aus dessen Größe auf die in der aufgegebenen Probelösung vorhandene Menge Ag^+-Ionen indirekt geschlossen werden kann.

Genauigkeit. Nach KOEV [1] sollen 16 bis 30 µg Ag^+ mit 1,5% Genauigkeit erfaßt werden können.

Störungen. Es stören nicht: Zn, Cd, Hg, Cu, Fe, Co, Ni, Mn, Cr, Pb. Es stören: Jod und Jodid.

Literatur: [1] KOEV, K.: Ž. anal. Chim. (russ.) **19**, 1053 (1964).

9.2 Gasvolumetrische Methode.

Prinzip. RIEGLER [1] gibt eine einfache, rasch ausführbare gasvolumetrische Bestimmungsmethode für Silber auf Grund der Reaktion:

$$4\,AgCl + [N_2H_6]^{2+} + 6\,OH^- = 4\,Ag + 4\,Cl^- + 6\,H_2O + N_2$$

an, bei der der entstandene Stickstoff gemessen wird. Es ist also erforderlich, zunächst eine Fällung des Silbers als Silberchlorid vorzunehmen und dann die gasvolumetrische Bestimmung auszuführen, wobei der Stickstoff auf 0,1 ml genau gemessen werden kann. Durch eine Umrechnung unter Berücksichtigung von Druck und Temperatur ergibt sich die Silbermenge.

Genauigkeit. RIEGLER [1] gibt folgende Ergebnisse von Beleganalysen an (in mg Ag):

Literatur: [1] RIEGLER, E.: Fr. **40**, 633 (1901).

Gegeben	Gefunden
446,8	447,0
390,1	390,0
257,0	256,5
682,4	682,5

9.3 Bestimmungsmethoden in Salzschmelzen.

9.3.1 Verfahren nach Laitinen und Ferguson [1].

Prinzip. 2 bis 80 millimolare Lösungen von Silberchlorid in einer eutektischen Mischung von Lithium- und Kaliumchlorid als Grundelektrolyt werden bei 450 °C ohne Rühren bei konstantem Strom elektrolysiert. Dabei verfolgt man das Potential einer Platin-Mikro-Indicatorelektrode, das sich sehr schnell ändert, sobald sich die Silberkonzentration an der Elektrodenoberfläche dem Wert Null nähert. Die Zeit, die benötigt wird, um diese Potentialveränderung hervorzurufen, ist ein Maß für die Silberkonzentration in der Schmelze und liegt in der Größenordnung von Sekunden („Chronopotentiometrie"). Als Bezugselektrode dient ein Platinblech im Gleichgewicht mit einer einmolaren Lösung von Platin(II) in der angeführten Salzschmelze.

Literatur: [1] LAITINEN, H. A., u. W. S. FERGUSON: Anal. Chem. **29**, 4 (1957).

9.3.2 Verfahren nach Ljalikov [1].

Prinzip. Die Bestimmung des Silbers in Salzschmelzen kann polarographisch und durch Titration mit amperometrischer oder potentiometrischer Indication erfolgen. Als geeignete „Lösungsmittel" für Silbersalze werden angegeben: Kaliumnitrat, Kaliumhydrogensulfat und Kaliumnitrat mit bis zu 10% Kaliumchlorid. Die benötigten Temperaturen liegen zwischen 360 und 520 °C.

Polarographische Methode. Die deutlichsten Stufen erhält man in Kaliumnitrat. Die Stufenhöhe ist in weiten Grenzen der Silberkonzentration proportional.

Das Reduktionspotential des Silbers ist in den verschiedenen Schmelzen unterschiedlich stark temperaturabhängig. Gemessen wird an Mikroplatinelektroden.

Titrationsmethode mit amperometrischer Indication. Als „Maßflüssigkeit" verwendet man eine Lösung von Kaliumhydroxid in geschmolzenem Kaliumnitrat.

Durch die Zugabe von Kaliumhydroxid wird eine äquivalente Silbermenge in einen unlöslichen Zustand überführt. Bei konstanter, an die Elektroden gelegter Spannung tritt am Äquivalenzpunkt ein scharf ausgeprägtes Minimum des Stromdurchgangs auf.

Titrationsmethode mit potentiometrischer Indication. Die Potentialmessungen werden auf eine mit silbernitrathaltiger Kaliumnitratschmelze gefüllte Glaskugel, die mit einer versilberten Platinspirale versehen ist, bezogen. Kupfernitrat stört nicht; hingegen stören Zink- und Cadmiumsalze.

Literatur: [1] LJALIKOV, J. S.: Ž. anal. Chim. (russ.) **5**, 323 (1950).

9.3.3 Verfahren nach Manning [1].

Prinzip. Zur Bestimmung des Silbers in der eutektischen Natriumnitrat/Kaliumnitrat-Schmelze verwendet man zwei Platinelektroden von 0,5 mm Stärke und verfolgt die Stromstärke in Abhängigkeit vom Kathodenpotential, das gegen eine dritte Platinelektrode gemessen wird. Die erhaltenen Stufenhöhen sind den Gehalten an Silbernitrat (10^{-4} bis 10^{-5} m) direkt proportional und analytisch auswertbar.

Literatur: [1] MANNING, D. L.: Talanta (London) **10**, 255 (1963).

10. Trennungsverfahren.

(An dieser Stelle werden nur Trennungsverfahren angeführt, die nicht bereits in den Abschnitten 2 bis 9 beschrieben worden sind. Eine Übersicht über sämtliche angeführten Trennungsmöglichkeiten des Silbers von anderen Elementen sowie die Bestimmungsmöglichkeiten neben anderen Elementen findet sich unter 11.)

Im klassischen Trennungsgang der Kationen gehört Silber in die Salzsäuregruppe, zusammen mit Hg(I), Pb(II) und Tl(I).

10.1 Trennungen durch Extraktionsverfahren.

10.1.1 Extraktion als Tributylammonium-silberthiocyanat nach Ziegler, Sbrzesny und Glemser [1].

Prinzip. Die Trennung des Silbers von Blei kann durch eine Extraktion des Tributylammoniumsilberthiocyanats mit Methylenchlorid bei pH 5 durchgeführt werden. Blei bildet keinen extrahierbaren Thiocyanatkomplex und fällt erst bei pH etwa 7 als Pb(OH) (SCN) aus. Bi wird gleichfalls komplex in Lösung gehalten und nicht extrahiert. Cu^{2+} stört, weil es mit extrahiert wird; es kann jedoch durch eine voraufgehende Extraktion mit Cupferron abgetrennt werden.

Arbeitsvorschrift.

Extraktion des Ag. Das Probematerial wird in Salpetersäure gelöst und die entstandene Lösung durch Eindampfen — möglichst bis zur Trockne — von überschüssiger Säure befreit. Den Rückstand nimmt man mit wenig Wasser auf und überführt die Lösung in einen Schütteltrichter mit kurzem Rohransatz. Nach dem Abpuffern mit 10 ml (oder mehr) Pufferlösung (100 g $NaOOCCH_3 \cdot 2H_2O$ und 20 ml Eisessig je Liter, pH 4,9) auf pH 4,9 bis 5,0 fügt man 8 ml Tributylammoniumacetatlösung (s. u.) und 4 ml 40%ige Kaliumthiocyanatlösung zu. Sollte sich ein Niederschlag von Pb(OH) (SCN) bilden, wird er durch Zugabe weiterer Mengen Pufferlösung wieder in Lösung gebracht. Die Extraktion wird unter kräftigem Schütteln mit 10 ml Methylenchlorid vorgenommen; die Abtrennung der nichtwäßrigen Phase erfolgt nach 5 Minuten. Dann wird nach Zusatz von 4 ml Tributylammoniumacetatlösung und 2 ml Kaliumthiocyanatlösung ein zweites Mal mit 10 ml Methylenchlorid ausgeschüttelt. Abschließend schüttelt man mit 10 ml Methylenchlorid nach. Zur Entfernung geringer Mengen der wäßrigen Lösung aus den vereinigten Methylenchloridextrakten extrahiert man mit 20 ml Wasser.

Herstellen der Tri-n-butylammoniumacetatlösung. 100 ml Tributylamin und 100 ml Wasser werden nach Zusatz von 15 g Aktivkohle mit 50 ml Eisessig unter Umrühren und Kühlen versetzt. Nach Zugabe von weiteren 100 ml Wasser fügt man unter Kühlen und Umrühren weitere 50 ml Eisessig zu. Man rührt 15 Min. und filtriert dann die Kohle ab. Nun werden 70 ml Wasser, 70 ml Eisessig und 15 g Aktivkohle zugesetzt. Nach 30 minütigem Rühren wird filtriert.

Extraktion des Cu(II) vor der Ag-Extraktion. Durch einmaliges Ausschütteln mit 8 ml 6%iger Cupferronlösung und 10 ml Methylenchlorid kann man 90 mg, durch 4 Extraktionen 300 mg Cu(II) abtrennen. Ein dabei auftretender blaugrüner Niederschlag wird zusammen mit der nichtwäßrigen Phase abgelassen.

Bestimmung des Silbers aus der Methylenchloridphase durch Fällung mit Schwefelwasserstoff. Zur Methylenchloridphase gibt man 5 ml acetoniger Salzsäure (100 ml Aceton + 1 ml konz. Salzsäure), um zu verhindern, daß mitextrahiertes Fe beim nachfolgenden Einleiten von Schwefelwasserstoff ausfallen kann, sowie 10 ml Schwefelkohlenstoff und fällt dann das Silber(I)-sulfid aus. Nach 5 bis 7 Min. filtriert man den Niederschlag in einen Porzellanfiltertiegel 1 A 1 und wäscht ihn 2- bis 3 mal mit je 5 ml Schwefelkohlenstoff. Nach dem Trocknen bei 130 °C (30 Min.) wird er als Ag_2S ausgewogen (Umrechnungsfaktor 0,8706).

Bemerkungen. Nach dem Extraktionsprozeß kann eine Fällung aus der Methylenchloridphase mit Salzsäure nicht erfolgen, da Tributylammoniumsilberchlorid in nichtwäßrigen Lösungsmitteln löslich ist. Das beim Einleiten von Schwefelwasserstoff ausfallende Silbersulfid ist ohne einen Zusatz von Schwefelkohlenstoff zur Lösung infolge des Einflusses des Luftsauerstoffs nicht direkt auswägbar (S-Ausscheidung).

Genauigkeit. Nach [1] werden bis zum Ag:Pb-Verhältnis 1:7600 analytisch brauchbare Resultate erhalten. Die Fehler liegen bei der Bestimmung von etwa 20 bis etwa 80 mg Ag neben 0,3 bis 130 g Pb zwischen −1,1 und +1,2%.

Die Bestimmung von etwa 20 bis etwa 80 mg Ag mit Fehlern zwischen −1,1 und +0,8% neben Pb, Cu, Fe und Bi ist bis zu folgenden Verhältnissen möglich:

$$Ag:Pb:Bi = 1:120:45$$
$$Ag:Bi = 1:1210$$
$$Ag:Pb:Cu = 1:38:13$$
$$Ag:Pb:Fe = 1:1895:60$$

Das Verfahren soll zur Bestimmung des Silbers in Blei, Blei-Wismut-Legierungen, Metallkörnern der Lötrohrtechnik und Blei- sowie Wismutsalzen anwendbar sein.

Literatur: [1] ZIEGLER, M., H. SBRZESNY u. O. GLEMSER: Fr. **171**, 250 (1959/60).

10.1.2 Extraktion als Silberisopropenylacetylid nach Ziegler, Sbrzesny und Glemser [1].

Silber ist als Isopropenylacetylid aus wäßriger Lösung mit Methylenchlorid extrahierbar. Eine Trennung von Blei bis zum Verhältnis 1:45 wird erreicht. Das Silberisopropenylacetylid ist jedoch in Methylenchlorid nur mäßig löslich. Durch Zusatz von Tributylammoniumacetat wurde eine Verbesserung erzielt (s. 10.1.1). Aus der Methylenphase kann das Silber durch Schütteln mit verd. Salzsäure als Silberchlorid ausgefällt werden. Beleganalysenergebnisse [1] zeigen bei der Bestimmung von 38 bis 94 mg Ag neben 0 bis 3600 mg Pb Fehler zwischen 0,0 und −1,7%.

Literatur: [1] ZIEGLER, M., H. SBRZESNY u. O. GLEMSER: Fr. **167**, 96 (1959).

10.1.3 Extraktion mit Trialkylthiophosphaten nach Handley und Dean [1].

Trialkylthiophosphate sind selektive Extraktionsmittel für Silber und Quecksilber. Man extrahiert aus salpetersaurer Lösung mit Triisooctylthiophosphat (0,67 molare Lösung in CCl_4) oder mit Tri-n-butylthiophosphat. Die Ag^+-Konzentration in der auszuschüttelnden Lösung soll 0,02m betragen. Der Verteilungskoeffizient für Silber ist größer als 100.

Außer Ag und Hg werden nur noch nennenswerte Mengen von Ta, Sb und V extrahiert. Gold(III) wird zu met. Gold reduziert.

Das Verfahren ist bei der analytischen Untersuchung von Spaltprodukten verwendet worden.

Literatur: [1] HANDLEY, T. H., u. J. A. DEAN, Anal. Chem. **32**, 1878 (1960).

10.2 Trennungen durch papierchromatographische Verfahren.

10.2.1 Trennung von Cu, Pb und Zn nach Kiełczewski und Tomkowiak [1].

Die Trennung wird nach dem Verfahren der chemischen Chromatographie [2, 3] mit Papieren durchgeführt, die vorher mit Wismutdithizonat getränkt werden. Bei der aufsteigenden Chromatographie mit der mobilen Phase Wasser- 5%ige ÄDTA-Lösung (pH 9)- Glycerin im Verhältnis 4:4:1 bildet sich ein violettrosa gefärbter Fleck Silberdithizonat, dessen Fläche ein Maß für die vorhandene Menge Silber ist. Zwischen 0,3 und 2,0 µg Ag lassen sich neben 10fachen Überschüssen an Cu, Pb und Zn bestimmen.

Arbeitsvorschrift. Die Imprägnierung des Papiers (Whatman Nr. 1, Streifen 46 × 8 cm) erfolgt nacheinander mit 0,02%iger Dithizonlösung in CCl_4 und mit 0,01n Wismutnitratlösung (s. dazu [4]). Der Überschuß an Bi wird aus dem orange gefärbten Papier durch Auswaschen mit Wasser entfernt, wonach die Papierrolle im Dunkeln bei Raumtemperatur getrocknet wird. Ohne Lichtzutritt in Schliffgefäßen aufbewahrt, sind die Papiere monatelang beständig.

Für die Bestimmungen werden Streifen von 15 × 80 mm verwendet. Auf den Startpunkt (10 mm vom unteren Rand) werden 2 bis 4 µl der zu untersuchenden Lösung mit einer Mikropipette aufgebracht und aufsteigend mit der mobilen Phase (s. o.) chromatographiert. Wenn die Lösungsmittelfront das obere Drittel des Streifens erreicht hat, wird der Streifen durch ein Isopropanol — 5%ige ÄDTA-Lösung (pH 9) — 0,1n Natronlauge-Gemisch (3:1:1) hindurchgezogen, wodurch das überschüssige Wismutdithizonat gelöst wird. Dann wäscht man das Chromatogramm mit Wasser und trocknet es im Dunkeln an der Luft. Der violettrosa gefärbte Silberdithiozonatfleck ist gegen den weißen Papieruntergrund gut zu erkennen. Sein Flächeninhalt wird ausgemessen.

Literatur: [1] KIEŁCZEWSKI, W., u. J. TOMKOWIAK: Chem. Anal. (Warsaw) **7**, 925 (1962) (poln.). — [2] KIEŁCZEWSKI, W.: Chem. analit. **2**, 336 (1957); **4**, 151 (1959). — [3] HŁYŃCZAK, A. J., J. S. KNYPL u. R. ANTOSZEWSKI: ebenda **5**, 407 (1960). — [4] KIEŁCZEWSKI, W., u. J. TOMKOWIAK: ebenda **5**, 889 (1960).

10.2.2 Trennung von Cu und Hg nach Weiss und Fallab [1].

Die papierchromatographische Trennung von Ag^+, Hg^{2+} und Cu^{2+} wird mit einem an Benzol gesättigtem Gemisch aus Äthanol und n Salpetersäure durchgeführt. Nach dem Trocknen der Streifen bei 60 °C wird zunächst mit 0,2%iger äthanolischer Quercetinlösung, dann — nach erneutem Trocknen — mit konz. Ammoniaklösung besprüht. Im UV ergibt sich eine dunkelviolette Färbung.

Die R_f-Werte betragen: für Ag^+ 0,6; für Cu^{2+} 0,84 und für Hg^{2+} 0,7. Die gleichzeitige Bestimmung von 10 bis 250 μg Ag^+, 10 bis 250 μg Hg^{2+} und 5 bis 100 μg Cu^{2+} ist mit einer Genauigkeit von ± 20 bis 30% möglich.

Literatur: [1] WEISS, A., u. S. FALLAB: Helv. **3**, 1253 (1954).

10.2.3 Trennung von Pb und Tl nach Bergamini und Versorese [1].

Die Trennung wird nach dem Verfahren der Ring-Papierchromatographie durchgeführt, wobei 0,05 ml Lösung mit 5 bis 500 μg Metall auf das Papier (Whatman Nr. 1) gebracht werden. Die Entwicklung erfolgt mit einem Gemisch aus 0,5 g Benzoylaceton, 50 ml Butanol und 50 ml 0,1 n Salpetersäure [nach POLLARD und Mitarb., Fr. **136**, 279 (1952)]. Als Sprühreagens zur Sichtbarmachung der Ringe dient 1%ige Kaliumchromatlösung.

Ag^+, Pb^{2+} und Tl^+ lassen sich scharf voneinander trennen (R_f-Werte: Ag^+ 0,24; Pb^{2+} 0,16 und Tl^+ 0,18).

Zur Messung der optischen Dichte im direkten Licht werden die Papiere mit Anisol oder einem Gemisch von Paraffinöl und α-Bromnaphthalin durchsichtig gemacht. Die Ablesungen erfolgen in den Ringen in Abständen von 1 mm längs der orthogonalen Durchmesser. In jedem Ring steigt die optische Dichte zu einem Maximum an, das an der äußeren Zone des Ringes liegt, um dann wieder auf den Ausgangswert (Null) abzusinken. Die von den Kurven der optischen Dichte und der Abszissenachse eingeschlossene Fläche in cm^2 wird als „gesamte optische Dichte" bezeichnet. Sie ist linear von der Konzentration der Ionen in den Lösungen abhängig.

Literatur: [1] BERGAMINI, C., u. W. VERSORESE: Anal. chim. Acta **10**, 328 (1954).

10.3 Trennungen durch Ionenaustausch-, Fällungs- und sonstige Verfahren.

10.3.1 Trennung von Cu nach Kiełczewski [1].

Zunächst wird ein Anionenaustauscher mit Arsenat behandelt [s. R. KUNIN und R. J. MYERS, Am. Soc. **69**, 2874 (1947)]. Ag^+- und Cu^{2+}-Ionen bilden beim Durchlaufen durch die Säule mit den AsO_4^{3-}-Ionen Komplexe, die sich entsprechend ihren unterschiedlichen Beweglichkeiten auf der Säule verteilen. Durch nachfolgendes Waschen mit Salzsäure werden die Komplexe zerstört; Ag^+ bildet $AgCl$; Cu^{2+} wird eluiert. Anschließend wird das $AgCl$ mit Ammoniaklösung ausgewaschen.

Arbeitsvorschrift. Der Anionenaustauscher (Levatit MN) wird bis zur halben Höhe in eine Säule von 300 mm Länge und 11 mm Durchmesser gefüllt. Durch Sprühen mit 10 ml 2 n Salzsäure überführt man ihn in die Cl^--Form und wäscht ihn dann chloridfrei. Nun läßt man 50 ml n sek. Natriumarsenat(V)-lösung, die vorher mit 2 n Salpetersäure gegen pH-Papier neutralisiert wurde, durch die Säule laufen und wäscht den Überschuß heraus.

Nach dem Aufbringen der Probelösung, einer 0,1 n Silber- bzw. Kupfernitratlösung, auf die Säule weist der grünliche Kupferkomplex die größere Beweglichkeit auf und wird von dem dunkelbraunen Silberkomplex getrennt. Die Zerlegung der Komplexe erfolgt mit 20 ml 2 n Salzsäure. Das Eluat enthält das Cu^{2+}. Danach wäscht man aus und gibt 20 ml Ammoniaklösung (1:1) auf die Säule, um das Silberchlorid herauszulösen. Nachgewaschen wird mit Wasser, dem etwas Ammoniaklösung zugesetzt wurde.

Literatur: [1] KIEŁCZEWSKI, W.: Chem. Anal. (Warsaw) **8**, 691 (1963) (poln.).

10.3.2 Trennung von Ni und Co nach Bhatnagar und Shukla [1].

Die Verfasser verwenden einen Kationenaustauscher (Amberlite IR 120) und zum Eluieren des Silbers aus der Säule 2%ige Natriumnitritlösung, wobei der Komplex $[Ag(NO_2)_2]^-$ gebildet wird.

Die Bestimmung des Silbers erfolgt nach dem Zerstören des Nitrits im Eluat mit Harnstoff und Essigsäure durch Titration nach VOLHARD (s. 4.1.1.1.2).

Literatur: [1] BHATNAGAR, R. P., u. R. P. SHUKLA: Anal. Chem. **32**, 777 (1960).

10.3.3 Trennung von zahlreichen Ionen nach Lewandowski und Szczepaniak.

Die 0,1n salz- oder salpetersauren Lösungen werden auf eine Säule gegeben, die ein Kresolharz in der H^+-Form enthält, das vorher unter der Quarzlampe chloriert und mit p-Dimethylaminobenzylidenrhodanin behandelt wurde.

Es werden zurückgehalten. Ag^+, Au^{3+}, Cu^+, Hg^{2+}, Pd^{2+}, Pt^{4+} und OsO_4^{2-}.

Es laufen durch. Cu^{2+}, Zn^{2+}, Cd^{2+}, Tl^+, Ni^{2+}, Co^{2+}, Mn^{2+}, Fe^{2+}, Fe^{3+}, Sn^{2+}, Sn^{4+}, Pb^{2+}, Al^{3+}, La^{3+}, Sm^{3+}, Cr^{3+}, Zr^{4+} und Th^{4+}.

Zum Eluieren verwendet man:

für Ag^+ 0,2n Thiosulfatlösung (in 0,5%iger Natriumcarbonatlösung),

für Cu^+ 1n Schwefelsäure,

für Hg^{2+} 2n Salpetersäure,

für OsO_4^{2-} 1,5n Salzsäure und

für Au^{3+}, Pt^{4+} und Pd^{2+} 3n Salzsäure (gemeinsam).

Literatur: [1] LEWANDOWSKI, A., u. W. SZCZEPANIAK: Fr. **202**, 321 (1964).

10.3.4 Trennung von Au(III) und Cu(II) nach Nunes da Costa und Jerónimo [1].

Eine Zr-Phosphatsäule wird in der Weise hergestellt, daß ein Glasrohr von 6 mm Durchmesser an einem Ende verengt und bis zu einer Höhe von 40 mm mit Zr-Phosphat gefüllt wird. Die Kapazität beträgt 1,88 mÄqu./g.

Gibt man auf diese Säule eine Lösung, die nebeneinander Ag^+, Cu^{2+} und $[AuCl_4]^-$ enthält, so wird, im Gegensatz zu Methoden unter Verwendung organischer Austauscher, Au(III) nicht zurückgehalten, wohl aber Ag^+ und Cu^{2+}.

Das Eluieren erfolgt zunächst mit 0,1n Salzsäure (Cu^{2+}), dann mit 4n Ammoniak-Ammoniumchloridlösung (Ag^+).

Das Trennungsverfahren kann auch mit Filterpapier ausgeführt werden, das in folgender Weise präpariert wird: Man tränkt Whatman Nr. 1-Filterpapier mit einer 0,2m Lösung von $ZrOCl_2 \cdot 8\,H_2O$ in 4n Salzsäure, läßt den Überschuß abtropfen und trocknet bei Zimmertemperatur. Dann wird das Papier in 12%ige Phosphorsäure, gelöst in 4n Salzsäure, getaucht, mit Wasser auf pH 4 gewaschen und erneut getrocknet.

Literatur: [1] NUNES DA COSTA, M. J., u. M. A. S. JERÓNIMO: J. Chromatogr. (Amsterdam) **5**, 456 (1961).

10.3.5 Trennung von Blei nach Ziegler und Gieseler [1].

Die Trennung wird mit Cadmiumsulfidcellulose im Säulenverfahren durchgeführt. Bei pH-Werten zwischen 1,5 und 2,5 erfolgt die quantitative Abscheidung des Silbers als Silbersulfid noch beim Verhältnis Ag:Pb = 1:10000 (entsprechend 0,01% Ag in Blei). Um eine Bleisulfidabscheidung zu verhindern, setzt man bei mehr als hundertfachen Bleiüberschüssen 5% Cadmiumnitrat — bezogen auf die Bleimenge — zu.

Bei gleichzeitigen Gehalten an Cu^{2+} und Fe^{3+} werden als obere Grenzen angegeben:

$$Ag^+ : Pb^{2+} : Cu^{2+} : Fe^{3+} = 1 : 2800 : 25 : 20.$$

Literatur: [1] ZIEGLER, M., u. M. GIESELER: Fr. **191**, 122 (1962).

10.3.6 Trennung von Blei, Kupfer und Wismut nach Donath [1].

Man versetzt die salpetersaure Lösung mit 4 bis 5 ml Glycerin, übersättigt mit Ammoniaklösung und fügt 10 bis 15 ml konz. Natron- oder Kalilauge zu. Dann erhitzt man die klare Lösung und kocht 3 bis 5 Minuten. Durch Rühren mit einem Glasstab soll die Bildung eines Silberspiegels an der Gefäßwand verhindert werden. Nach dem Erkalten filtriert man das abgeschiedene met. Silber ab und wäscht es nacheinander mit heißem Wasser, warmer verd. Essigsäure und wieder mit heißem Wasser. Pb^{2+}, Cu^{2+} und Bi^{3+} sollen in Lösung bleiben.

Literatur: [1] DONATH, E.: M. 1, 789 (1880).

10.3.7 Trennung von Blei nach Benedikt und Gans [1].

Das Verfahren beruht auf dem unterschiedlichen Verhalten von Silber- bzw. Bleijodid gegenüber verd. Salpetersäure.

Arbeitsvorschrift. Man verdünnt die Lösung mit zusammen 0,5 g Silber- und Bleinitrat auf 200 bis 300 ml und läßt Kaliumjodidlösung in geringem Überschuß zufließen, um das Silberjodid auszufällen. Nun versetzt man mit 10 ml Salpetersäure, die man vorher mit 10 bis 20 ml Wasser verdünnt hat, bedeckt mit einem Uhrglas und erhitzt auf dem Wasserbad, wobei der gelbe Niederschlag anfänglich meist orangefarben wird. Mitgefälltes Bleijodid wird gelöst; die Flüssigkeit wird dunkel verfärbt und entwickelt Joddampf. Man verdünnt mit siedendem Wasser und läßt unter Ersatz des verdampfenden Wassers so lange auf dem Wasserbad stehen, bis die Lösung farblos oder hellgelb geworden ist. Dann filtriert man das Silberjodid ab.

Das Verfahren ist auch neben Cu(II), Bi(III) und Cd(II), nicht aber neben Hg(II) ausführbar. Es soll auf die Analyse von Ag-Pb-Legierungen, Hüttenblei und Bleiglanz anwendbar sein.

Literatur: [1] BENEDIKT, R., u. L. GANS: Ch.-Z. 16, 181, 219.

10.3.8 Trennung von Blei nach Brintzinger [1].

Die Schwerlöslichkeit von Bleioxalat in kalter Ammoniumoxalatlösung und die leichte Löslichkeit des Silberoxalats unter Bildung von Diamminsilberionen werden zur Trennung ausgenutzt. Das Silber wird im Filtrat der Bleioxalatfällung nach dem Ansäuern mit Salpetersäure nach VOLHARD (s. 4.1.1.1.2) titriert.

Literatur: [1] BRINTZINGER, H.: Fr. 70, 448 (1927).

10.3.9 Trennung von Blei nach Michov [1].

Aus einer Lösung, die 15 ml 3n Salpetersäure (frei) enthält, wird durch Zusatz von Ammoniumchromatlösung nur Bleichromat gefällt. Das Silber wird im Filtrat als Silberchlorid ausgefällt.

Literatur: [1] MICHOV, M., u. Z. KARAOGLANOV: Fr. 103, 116 (1935).

10.3.10 Trennung von Quecksilber (und As, Sb, Sn) nach Bülow [1].

In einem Gemisch gleicher Teile (15%iger) gleich konzentrierter Lösungen von Kaliumhydroxid und Kaliumsulfid lösen sich die Sulfide von Hg, As, Sb und Sn, während die Sulfide der Elemente der Kupfergruppe, auch Silbersulfid, ungelöst zurückbleiben.

Literatur: [1] BÜLOW, K.: Dissertation Göttingen 1890.

10.3.11 Trennung von Platin (und Cu, Ni, Fe) nach Arnold [1].

Die Trennung basiert auf der Unlöslichkeit des Silberchlorids und der Löslichkeit von Natriumhexachloroplatinat sowie der Chloride von Cu, Ni und Fe in Äthanol. Kaliumhexachloroplatinat und Bleichlorid sind in Äthanol nicht löslich.

Literatur: [1] ARNOLD, H.: Fr. 51, 550 (1912).

10.3.12 Anreicherung des Silbers (und Kupfers) in Blei vor der spektrochemischen Bestimmung nach Konovalov und Mitarbeitern durch Zonenschmelzen [1].

Eine Anreicherung auf das 30- bis 40fache wird unter folgenden Bedingungen erreicht: 150 g Blei befinden sich in einem 300 mm langen Glasschiffchen. Bei 3 Zonen und Zonenlängen von 20 bis 35 mm sowie 12 Durchgängen arbeitet man mit einer Geschwindigkeit von 1 mm/min.

Literatur: [1] KONOVALOV, E. E., J. I. PEJZULAEV u. V. P. EMELJANOV: Ž. anal. Chim. (russ.) 18, 1500 (1963).

11. Übersicht über Bestimmungen des Silbers neben sowie Trennungen des Silbers von anderen Elementen.

Die nachfolgende Tabelle gibt einen Überblick über die bei den einzelnen Bestimmungs- und Trennungsverfahren angeführten Trennungsmöglichkeiten des Silbers von bzw. Bestimmungsmöglichkeiten des Silbers neben anderen Elementen.

Dabei sind nur diejenigen Elemente durch ein „ × " gekennzeichnet, die bei der betr. Methode ausdrücklich erwähnt werden. Die Möglichkeit, daß ein Verfahren die Bestimmung des Silbers neben weiteren Elementen gestattet, wird nicht ausgeschlossen. Einzelheiten sind aus den betreffenden Methodenbeschreibungen ersichtlich.

Zur Charakteristik der bei den einzelnen Verfahren vorgenommenen Trennungsoperationen sind Fällungen durch „F", elektrolytische Abscheidungen durch „El", die Verwendung eines Ionenaustauschers durch „I", papierchromatographische Trennungen durch „P-Chr", fällungschromatographische Verfahren durch „F-Chr", Extraktionen durch „Ex" und Verfahren ohne Trennungsoperationen durch „o Tr" gekennzeichnet.

Dokimastische, emissions-spektralanalytische und aktivierungsanalytische Methoden sind in der Aufstellung nicht enthalten. Sie ermöglichen stets die Bestimmung des Silbers neben zahlreichen anderen Elementen.

Es wurde darauf verzichtet, die Alkali- und Erdalkalimetalle in die Tabelle aufzunehmen, weil die Trennung des Silbers von diesen Elementen weder von Interesse ist noch Schwierigkeiten bereitet.

Verfahren	Art der Trennung	Pd	Pt	Rh	Ir	Ru	Os	Au	Hg	Tl	Cu	Pb	Bi	Cd	As	Sb	Sn	Se	Te	Mo	W	Ni	Co	Fe	Mn	Zn	Ti	Cr	Al	Sonstige Elem.
Gravim.																														
2.1.1.1	F																													unedle Metalle
2.1.1.2	F		×		×																									
2.1.1.4	F											×		×												×				
2.1.1.7	F											×																		
2.1.1.8	F	×	×					×			×	×	×	×		×	×					×	×	×	×	×		×	×	Ce, Th, Zr
2.1.1.9	F									×		×																			Re, zahlr. Ionen
2.2	F	×		×		×			×	×		×																			zahlr. Ionen
2.4	F											×																			
2.5	F									×																					
2.9	F									×	×	×	×	×									×	×		×	×			×	Be, Th, U
2.11	F												×	×									×				×				
2.12	F	×		×	×	×	×	×		×	×	×	×	×	×	×	×			×	×	×	×	×	×	×	×	×	×	Be, U
2.13	F									×	×	×	×	×		×	×					×		×	×	×				Be
2.14	F																														zahlr. Ionen
2.20	F																									×				
2.22	F									×	×			×																
El.-Gravim.																														
3.1.1	El										×	×	×	×	×	×	×					×	×			×			×	
3.1.5	El										×		×		×							×	×	×		×				
3.2.1	El										×		×	×	×	×						×	×	×		×		×	×	
3.2.2	El										×	×	×									×	×	×	×			×	×	
3.2.3	El										×	×	×	×	×	×	×					×	×	×	×	×		×	×	
3.2.5	El										×	×	×																	
3.2.6	El										×			×								×								
3.3.1	El		×								×			×								×	×	×		×				
3.3.2	El														×	×				×	×	×								
3.4.1	El														×	×														
3.4.3	El										×																			
3.4.4	El										×																			
3.5.1	El										×			×												×				
Titrim.																														
4.1.1.1.1	F																													zahlr. Ionen
4.1.1.1.2	F							×	×	×	×			×	×	×						×	×	×						
4.1.1.1.4	F										×	×										×	×					×		
4.1.1.1.5	F										×											×	×	×						
4.1.1.1.6	F										×	×				×	×					×		×		×				

Übersichtstabelle der Bestimmungs- und Trennungsmöglichkeiten. Die Verfahren (Spalten) sind gegen die störenden bzw. mittrennbaren Elemente (Zeilen) aufgetragen; × = anwendbar. Art der Trennung: F = Fällung, Ex = Extraktion, o Tr = ohne Trennung, I = Ionenaustausch.

Titrimetrie (Titrim.)

Element	4.1.1.1.7	4.1.1.1.8	4.1.1.1.9	4.1.1.1.10	4.1.1.2.2	4.1.1.2.5	4.1.2	4.1.3	4.1.5.3	4.1.5.4	4.1.11.1	4.1.12.1	4.1.12.2	4.1.18	4.1.19	4.2.1	4.2.4	4.2.5	4.3.1	4.3.3	4.3.4	4.3.7
Art der Trennung	F	F	F	F	F	F	F	F	F	F	F	F	F	F	F	Ex	o Tr	o Tr	F	F	F	F
Sonstige Elem.	Be											zahlr. Elem.	zahlr. Elem.	zahlr. Elem.								
Al	×											×	×						×	×	×	×
Cr	×											×									×	
Ti												×	×									
Zn	×										×	×	×	×	×				×	×	×	
Mn	×											×							×			×
Fe	×											×	×	×	×				×			
Co	×										×	×	×						×	×		
Ni	×			×							×	×	×	×					×	×		×
W																						
Mo																						
Te																						
Se		×																				
Sn	×											×									×	×
Sb	×	×	×									×									×	
As	×	×										×										×
Cd	×								×			×	×						×	×	×	×
Bi	×	×										×	×	×					×			
Pb	×	×	×	×	×	×	×	×	×	×	×	×	×	×	×	×		×	×	×	×	×
Cu	×	×	×				×	×			×	×	×	×	×	×	×	×	×	×	×	×
Tl			×									×						×	×			
Hg																×		×				
Au																×						
Os																						
Ru																						
Ir																						
Rh																						
Pt	×																					
Pd	×																					

Photometrie (Photom.)

Element	5.1.1	5.1.2	5.1.3	5.1.6	5.2.1	5.3.1	5.3.3
Art der Trennung	Ex	o Tr	Ex	o Tr/Ex	I	o Tr	Ex
Sonstige Elem.	zahlr. Elem.	V, Th	Ce, La			zahlr. Ionen	
Al		×	×				
Cr		×	×				
Ti		×	×				
Zn	×	×	×			×	
Mn		×	×				
Fe		×	×			×	
Co		×	×			×	
Ni		×	×			×	
W		×					
Mo		×					
Te							
Se							
Sn		×					
Sb		×					
As		×					
Cd	×	×	×			×	
Bi	×	×	×			×	
Pb	×	×	×		×	×	
Cu	×	×	×	×	×	×	×
Tl	×	×	×				
Hg	×	×				×	
Au						×	
Os							
Ru							
Ir							
Rh							
Pt							
Pd							

Spektralanalyse (Spektr.)

Element	6.1.1	6.2.1	6.2.2	6.4.2
Art der Trennung	o Tr	o Tr	o Tr	o Tr
Sonstige Elem.			zahlr. Ionen	
Al			×	×
Cr			×	
Ti			×	
Zn	×		×	×
Mn			×	
Fe		×	×	
Co		×		
Ni			×	
W				
Mo				
Te				
Se				
Sn				
Sb	×			
As				
Cd			×	
Bi	×	×		
Pb	×	×	×	×
Cu	×	×	×	×
Tl				
Hg				
Au			×	×
Os				
Ru				
Ir				
Rh				
Pt		×	×	×
Pd		×	×	×

Verfahren	Art der Trennung	Pd	Pt	Rh	Ir	Ru	Os	Au	Hg	Tl	Cu	Pb	Bi	Cd	As	Sb	Sn	Se	Te	Mo	W	Ni	Co	Fe	Mn	Zn	Ti	Cr	Al	Sonstige Elem.
Polarogr.																														
7.2.1	o Tr								×																					
7.2.5	o Tr										×	×	×	×		×	×							×		×				
7.2.7	F											×		×		×														
7.3.2	o Tr							×																						
Radiom.																														Be
8.2.1	F										×	×													×						
Papier-Chr.																														
9.1.2	P-Chr								×		×	×		×								×	×	×	×	×		×		
Trenn.																														
10.1.1	Ex										×	×	×											×						
10.1.2	Ex										×																			
10.1.3	Ex																													zahlr. Elem.
10.2.1	P-Chr										×	×														×				
10.2.2	P-Chr								×		×																			
10.2.3	P-Chr									×		×																		
10.3.1	I										×																			
10.3.2 —	I																					×	×							
10.3.3	I	×	×				×	×	×	×	×	×		×			×					×	×	×	×	×		×	×	La, Sm, Zr, Th
10.3.4	F-Chr							×			×																			
10.3.5	F-Chr										×	×													×					
10.3.6	F										×	×	×																	
10.3.7	F										×	×	×	×																
10.3.8	F										×																			
10.3.9	F										×																			
10.3.10	F								×						×	×	×													
10.3.11	F		×								×												×		×					

Gold.

Au; Atomgewicht 196, 967; Ordnungszahl 79.

Inhalt

1 Bestimmungsmöglichkeiten — Eignung der Verfahren — Aufschluß des Untersuchungsmaterials.

1.1 Bestimmungsmöglichkeiten.

Die quantitative Bestimmung des Goldes ist möglich:

1. auf dokimastischem Wege durch das Scheiden eines Gesamtedelmetallkorns, das über den Tiegelschmelzprozeß, das Ansiedeverfahren oder das naßkombinierte Verfahren mit nachfolgendem Abtreiben des Bleikönigs erhalten wird (Einzelheiten: s. „Dokimastische Bestimmungsmethoden für Silber und Gold"),

2. auf gravimetrischem Wege, in erster Linie durch die Reduktion zu metallischem Gold aus Gold(III)-salzlösungen (2.1), ferner als Gold(I)- oder Gold(III)-verbindungen definierter Zusammensetzung (2.2 bis 2.7),

3. auf elektrogravimetrischem Wege durch die Abscheidung aus Cyanidlösung (3.1), Thioauratlösung (3.2) und anderen Elektrolyten,

4. auf titrimetrischem Wege, meistens reduktometrisch (4.1), aber auch durch eine Extraktionstitration (mit Dithizon, 4.2), jodometrisch (4.5), indirekt mit ÄDTA (4.3) und nach anderen Verfahren mit visueller oder elektrischer Indication,

5. auf photometrischem Wege als Tetrachloro-(bromo-)aurat(III)-komplexverbindungen (5.1 bis 5.3), mit Dithizon (5.4), organischen Reagenzien, die mit Au(III) gefärbte Oxydationsverbindungen bilden (z. B. 5.10 bis 5.12), als kolloides Gold (5.21) oder kolloide Goldverbindungen (p-Dimethylaminobenzylidenrhodanin, 5.22) und nach weiteren Verfahren,

6. auf spektralanalytischem Wege, sowohl durch Absorptions-Flammenphotometrie (6.1) als auch durch Emissionsspektralanalyse (6.2) und nach der Methode der Röntgenfluorescenzanalyse (6.3),

7. durch coulometrische Titration (7.1) und polarographisch (7.2), sowie nach der Methode der „inversen Polarographie" (7.3) und

8. auf aktivierungsanalytischen Wege (8.) zerstörungsfrei oder mit radiochemischen Trennungsoperationen nach dem Isotopen-Verdünnungs-Verfahren.

1.2 Eignung der Verfahren.

Im folgenden wird kurz angeführt, für welche Goldmengen bzw. -gehalte und welche Materialien sich die verschiedenen Verfahrensgruppen vorzugsweise eignen. Am Schluß findet sich eine Aufstellung, aus der ersichtlich ist, bei welchen Methoden — getrennt nach gravimetrischen, elektrogravimetrischen, titrimetrischen, photometrischen, spektralanalytischen, coulometrischen, polarographischen und aktivierungsanalytischen Verfahren — die Bestimmung des Goldes in verschiedenen Materialien beschrieben ist.

1. Die *dokimastischen Methoden* (s. „Dokimastische Bestimmungsmethoden für Silber und Gold") nehmen auch heute noch eine überragende Stellung bei der Bestimmung des Goldes in Erzen, Erzkonzentraten, hüttenmännischen Zwischenprodukten wie Steinen, Speisen, Schlämmen, Legierungen, Rohmetallen und anderen Materialien ein. Die übliche Arbeitsweise gestattet bei Verwendung einer Mikro-

waage und mit Einwaagen bis zu 100 g die Bestimmung von Goldgehalten bis herab zu etwa 0,1 g Au/1000 kg. Für noch geringere Goldmengen sind Mikromethoden ausgearbeitet worden, bei denen anstelle des Auswägens ein Ausmessen des Goldkorns erfolgt.

2. *Die gravimetrischen Methoden* — sowohl die reduktometrischen als auch diejenigen, bei denen das Gold in Form von Gold(I)- oder Gold(III)-verbindungen gefällt wird — erfordern, daß das Gold in gelöster Form, meistens als Tetrachloroaurat(III), vorliegt. Sie gestatten die Bestimmung von wenigen mg bis zu einigen 100 mg Gold. Im wesentlichen handelt es sich also um eine ausgesprochene Makromethode.

3. Entsprechendes gilt auch für die *elektrogravimetrischen Methoden*, nur daß hier die elektrolytische Fällung in erster Linie aus Dicyanoaurat(I)-lösung vorgenommen wird. Dieses Verfahren wird zur Bestimmung des Goldes in galvanischen Bädern, die keine anderen Schwermetalle enthalten, verwendet.

4. Die verschiedenen *titrimetrischen Methoden* gestatten die Bestimmung sehr unterschiedlicher Goldmengen, von Mengen über 100 mg bis herab zu 1 μg, also im Makro- und im Mikromaßstab. Dazu muß das Gold im allgemeinen, genau wie bei den gravimetrischen Verfahren, als Tetrachloroaurat(III) vorliegen.

5. Die meistens mit Extraktionsverfahren kombinierten *photometrischen* Methoden erfassen im allgemeinen Goldmengen im μg-Bereich, in Ausnahmefällen bis herab zu 0,06 μg (0,001 μg/ml) und herauf bis zu mg-Mengen. Wegen der mit ihnen verbundenen zahlreichen Möglichkeiten der Bestimmung des Goldes neben anderen Elementen steht zu erwarten, daß sie in Zukunft eine größere Rolle spielen können als das heute der Fall ist. Voraussetzung ist auch bei ihnen, daß eine Lösung, meistens eine Tetrachloro- oder -bromoaurat(III)-lösung, vorliegt.

6. Von den *spektralanalytischen Methoden* wird die Emissionsspektrographie oder -spektrometrie zur Bestimmung geringer Goldmengen in sehr unterschiedlichen Materialien — Metallen, Erzen, Mineralien u. a. — mit oder ohne voraufgehende Anreicherung eingesetzt. Erfaßt werden im allgemeinen Goldgehalte im g/1000 kg-Bereich, z. T. auch noch wesentlich niedrigere Gehalte bis herab zu etwa 10^{-5} bis $10^{-7}\%$.

Für geringe Goldmengen eignet sich auch die Methode der Absorptionsflammenphotometrie. Sie ermöglicht auf einfache Weise die Bestimmung des Goldes neben den Platinmetallen, ohne daß eine Abtrennung erforderlich ist. Die Probe muß in Form einer Lösung vorliegen. Die Absorptionsflammenphotometrie stellt eine relativ neue Methode dar, deren Anwendung auf die Edelmetallanalyse noch in den Anfängen liegt.

Ähnliches gilt auch für die Röntgenfluorescenzanalyse, die den großen Vorteil bietet, daß mit ihr sowohl metallische als auch pulverförmige Proben, daneben auch Lösungen analysiert werden können. Darüber hinaus können geringe und hohe Goldgehalte erfaßt werden.

7. *Coulometrische Titrationen* zur Bestimmung von mg-Mengen Gold und *polarographische Methoden* zur Erfassung des Goldes in Lösungen, die etwa 10^{-4} bis 10^{-7} molar sind, werden nur wenig angewandt, desgleichen Bestimmungen nach der Methode der „inversen Polarographie" (in 10^{-7} bis 10^{-9} molaren Lösungen).

8. *Aktivierungsanalytische Methoden* werden zur Bestimmung des Goldes im ppm-ppb-Bereich in reinen und hochreinen Metallen und Halbleitermaterialien, auch in Erzen, Gesteinen und Mineralien herangezogen. Die Notwendigkeit der Bestrahlung der Proben — im allgemeinen in einem Reaktor — und die mit der Bearbeitung radioaktiver Proben verbundenen Schwierigkeiten stehen einer verbreiteten Anwendung dieser Methoden entgegen.

Übersicht über die Verfahren, bei denen die Bestimmung des Goldes in bestimmten Materialien angeführt ist (mit Ausnahme der dokimastischen Verfahren).

2. = Gravimetrische Methoden
3. = Elektrogravimetrische Methoden
4. = Titrimetrische Methoden
5. = Photometrische Methoden
6. = Spektralanalytische Methoden
7. = Coulometrische Titrationen und polarographische Methoden
8. = Aktivierungsanalytische Methoden

Material	2.	3.	4.	5.	6.	7.	8.
a) *metallische Materialien*							
Legierungen	2.1.1		4.1.1	5.1.1	6.1	7.2.2	
	2.1.2.7		4.1.6				
	2.1.2.8		4.2				
	2.1.2.17		4.3				
Antimon					6.2.1.1		
Beryllium							8.1.1
Blei					6.2.1.2		8.1.2
Kupfer				5.1.2			
				5.14			
				5.21			
Mo-Drähte, vergoldet					6.3.2		
Nickel							8.1.5
Platin					6.2.1.3		8.1.4
Silber							8.1.5
Silicium					6.2.1.4		8.1.3
Au-Te-Gemisch	2.1.2.17						
Wolframschichten				5.7			
Halbleitermaterial							8.1.3
b) *Erze, Konzentrate, Mineralien u. a.*							
Erze			4.1.6	5.9	6.2.2.1	7.2.5	8.2
			4.2				
Konzentrate	2.3		4.4	5.1.4			
				5.6			
Schlämme			4.1.6				
Stein	2.1.1						
Gesteine/Mineralien				5.9	6.2.2.2		8.2
CuO, U_3O_8					6.2.2.3		
Jod					6.2.3.1		
Textilfaserasche					6.2.3.2		
c) *Lösungen*							
Goldbäder, $[Au(CN)_2]$-Lö-	2.1.2.1	3.1	4.5		6.2.3.5		
sungen	2.1.2.4				6.3.2		
	2.1.2.20						
Goldoleosole			4,5				
Biologische Flüssigkeiten				5.10			
				5.21	6.3.3.6		
Meerwasser					6.2.3.4		8.3

1.3 Aufschluß des Untersuchungsmaterials.

Der Aufschluß eines Untersuchungsmaterials kann entweder in der Weise erfolgen, daß das zu bestimmende Gold dabei nicht mit gelöst wird, wohl aber die in der Probe enthaltenen unedlen Bestandteile, oder aber mit Reagenzien, die u. a. auch das Gold in eine lösliche Form zu überführen vermögen.

Für den ersten Fall werden *Salzsäure* (für salzsäurelösliche Legierungen), *Salpetersäure* (für Legierungen und Steine), *Schwefelsäure* (für Kupfer, Erze und Schlämme) oder ein Gemisch von *Fluß- und Schwefelsäure* (für Erzkonzentrate und Mineralien) verwendet.

Die Auflösung des Goldes erfolgt in erster Linie mit *Königswasser* (für Legierungen, Au-Te-Gemische, Wolframschichten, Cu-Ag-haltige Juwelierschmelzen, Erze, Erzkonzentrate, Goldauflagen u. a.), daneben auch mit *Brom oder Chlor* (z. B. in Seifenproben) und mit *peroxidhaltiger Cyanidlösung* (z. B. für Goldauflagen).

Außer diesen naßchemischen Aufschlußverfahren für goldhaltige Materialien stehen die allgemein anwendbaren dokimastischen Schmelzverfahren zur Anreicherung des Goldes in met. Blei zur Verfügung (s. „Dokimastische Bestimmungsmethoden für Silber und Gold").

2 Gravimetrische Bestimmungsmethoden.

2.1 Bestimmung als Metall.

2.1.1 Bestimmung in goldhaltigen Legierungen (z. B. in Blicksilber), Steinen und anderen mit Salpetersäure aufschließbaren Materialien.

Prinzip. Beim Lösen der Probe mit Salpetersäure (Schwefelsäure) bleibt das Gold in metallischer Form zurück. Es kann bei geringen Mengen durch einen Bleisulfatniederschlag, den man erzeugt, niedergerissen werden; bei größeren Mengen ist das nicht erforderlich. In allen Fällen muß das Gold mehrfach mit Salpetersäure behandelt werden, bis es ein konstantes Gewicht aufweist.

Es handelt sich hier um das „naßkombinierte Verfahren" der Dokimasie, bei dem im allgemeinen Gold und Silber bestimmt werden (s. „Dokimastische Bestimmungsmethoden für Silber und Gold" 3.1.4).

Literatur: [1] LINDEMANN, O.: Berg- und Hüttenm. Z. **35**, 333 (1876). — [2] WHITEHEAD: Berg- und Hüttenm. Z. **60**, 473 (1901).

2.1.2 Bestimmung durch Reduktion aus wäßriger Lösung.

2.1.2.1 Reduktion mit Metallen.

Prinzip. Lösungen von Au(III)-Komplexen (z. B. $[AuCl_4]^-$) oder Au(I)-Komplexen (z. B. $[Au(CN)_2]^-$) werden in saurem oder alkalischem Medium mit unedlen Metallen wie Al, Zn, Mg oder Ni behandelt, wobei das Gold in metallischer Form erhalten wird und das unedle Metall in Lösung geht. Dieses Verfahren wird als „Zementation" bezeichnet.

Arbeitsvorschrift nach Chiddy [1] zur Bestimmung des Goldes in galvanostegischen Goldbädern oder Spülwässern. Man pipettiert 50 ml der Probelösung, in der das Gold als $[Au(CN)_2]^-$ vorliegt, in ein 250-ml-Becherglas, setzt 20 ml ges. Bleiacetatlösung zu, erwärmt und fügt erst Zinkstaub, dann Salzsäure bis zur stark sauren Reaktion zu. Es scheidet sich ein Bleischwamm ab, in dem das gesamte Gold enthalten ist. Er wird abfiltriert, in dasselbe Becherglas zurückgespült und zur Ent-

fernung von Cl⁻ mit Wasser ausgekocht. Nach erneutem Abfiltrieren und Zurück-
spritzen in dasselbe Becherglas wird mit Salpetersäure(1,2) erwärmt, wobei sich der
größte Teil des Schwammes ohne Entwicklung nitroser Gase löst. Der Rückstand
wird auf einem kleinen gehärteten Filter gesammelt und von hier in einen Gold-
scheidekolben oder ein kleines Becherglas gespült. Man verdampft das Wasser und
kocht 15 Min. mit konz. Salpetersäure. Nach dem Erkalten verdünnt man, filtriert,
verascht das Filter und glüht das Gold im gewogenen Tiegel. Dann wird ausgewogen.

*Abänderung der Arbeitsweise für Lösungen, die Hexacyanoferrat(II) enthalten, nach
Wogrinz* [2]. Die Probe mit 0,01 bis 0,15 g Au wird in einem Kjeldahl-Kolben
eingedampft und der Rückstand so lange mit konz. Schwefelsäure gekocht, bis über
einem allenfalls in geringer Menge vorhandenen Bodenkörper eine blanke, wenig
gefärbte Flüssigkeit steht. Nach dem Erkalten verdünnt man sie mit Wasser, filtriert
durch einen Glasfiltertiegel G 3, wäscht, behandelt den Rückstand im Filtertiegel
mit Königswasser, dampft die erhaltene Lösung samt dem zum Nachspülen verwendeten Wasser ein, durchfeuchtet die Salzkruste mit verd. Salzsäure, dampft
wieder ab, wiederholt dies noch zweimal und nimmt dann mit Wasser auf, das
mit Salzsäure angesäuert ist. Diese Lösung wird auf 100 ml verdünnt und nach
der Methode von CHIDDY (s. o.) weiterbehandelt.

Bemerkungen. Das Verfahren soll nach WOGRINZ [2] befriedigende Ergebnisse
auch in Gegenwart der Fremdmetalle Ag, Cu, Zn und Ni ermöglichen. Es kann
auch für die Goldbestimmung in Legierungen des Goldes mit Ni, Zn, Cu, Cd und Ag
eingesetzt werden, wobei man die Legierung zunächst in Königswasser löst, die
Lösung mehrfach mit Salzsäure eindampft, den Rückstand mit Wasser aufnimmt,
mit Natronlauge gegen Kongopapier neutralisiert und dann mit Natriumcyanid-
lösung versetzt. Die so erhaltene, u. U. getrübte Lösung kann direkt zur Bestimmung
des Goldes nach CHIDDY verwendet werden.

Andere Verfahren. Nach GOLDSCHMIDT [3] kann man Gold quantitativ durch
das Eintauchen eines Nickelbleches in eine siedende Lösung auszementieren.

ROCHAT [4] verwendet Aluminiumfolie in alkalischer Lösung. KRITSCHEWSKY [5]
nutzt die Reduktionswirkung von mit Wasserstoff beladenem Palladium aus. Es
wird hergestellt, indem man ein Palladiumblech (3 bis 4 g) bei der elektrolytischen
Zersetzung von mit Schwefelsäure angesäuertem Wasser als Kathode schaltet und
dabei mit Wasserstoff sättigt. Dann bringt man das Palladiumblech in die Lösung
des zu fällenden Metalls, läßt es einige Stunden lang einwirken und wägt anschließend
aus. Das Gold schlägt sich festhaftend auf dem Palladium nieder. Außer Gold können
auch Ag, Hg, Pt, Pd und Cu aus ihren Lösungen reduziert werden.

Trennungsmöglichkeiten. Durch Zementation kann Gold von unedlen Metallen
getrennt werden.

Literatur: [1] CHIDDY: Eng. Min. J. **111**, 629 (1921). — [2] WOGRINZ, A.: Fr. **108**, 266 (1937). —
[3] GOLDSCHMIDT, C.: Fr. **45**, 87 (1906). — [4] ROCHAT, R. J.: Plating **36**, 817 (1949). — [5] KRIT-
SCHEWSKY: Dissertation Bern 1885.

2.1.2.2 Reduktion mit Schwefeldioxid.

Prinzip. Au(III) wird in salzsaurer Lösung durch SO_2 zu met. Gold reduziert.

**Arbeitsvorschrift nach Geilmann und Bode [1] zur Bestimmung des Goldes neben
Rhenium.** Die von Nitraten freie, Au(III) und Re(VII) enthaltende Lösung, die
etwa 0,5n salzsauer ist, wird mit 10 ml ges. SO_2-Lösung je 50 ml versetzt und
1 Std. lang, bedeckt mit einem Uhrglas, auf dem siedenden Wasserbad erwärmt.
Dann werden weitere 5 ml ges. SO_2-Lösung zugegeben. Man läßt auf Zimmertemperatur abkühlen und filtriert in ein hartes Filter, das mit Filterschleim gedichtet
wird. Ausgewaschen wird mit heißer verd. Salzsäure (1:99). Dann verglüht man den
Niederschlag und wägt ihn aus.

mg Au	Gegeben neben	mg Re	Gefunden mg Au
8,5		0,05	8,6
8.5		0,05	8,5
11,5		0,05	11,6; 11,4
23,0		0,05	23,0
11,5		5,0	11,5; 11,4

Genauigkeit. Nach [1] wurden so neben 0,05 bzw. 5,0 mg Re folgende Resultate erzielt (siehe nebenstehende Tabelle).

HECHT und LAMAC-BRUNNER [2] führen die Fällung mit SO_2 in konz. Salzsäure durch. Sie bestimmen 2 bis 5 mg mit einem maximalen Fehler von 1%.

Nach WOGRINZ [3] ist die Fällung des Goldes nur aus Lösungen quantitativ, die lediglich eine geringe Menge freie Salzsäure enthalten. Pt und Te werden mitgefällt.

LENK [4] fand, daß die Fällung des Goldes in Gegenwart von Pt(IV) und Pd(II) mit SO_2 nicht vollständig verläuft.

Trennungsmöglichkeiten. HOFFMANN und KRÜSS [5] untersuchten, ob Gold neben den Platinmetallen bestimmt und von ihnen getrennt werden kann. Sie stellten fest, daß SO_2 zur Fällung des Goldes neben Ir, Pd, Rh und Ru geeignet ist. In Gegenwart von Pt wird dagegen platinhaltiges (graugefärbtes) Gold erhalten.

Außerdem kann Gold von unedlen Begleitelementen getrennt werden.

Bemerkungen. Nach LENK [4] bietet SO_2 gegenüber Eisen(II)-chlorid als Reduktionsmittel Vorteile. Die Abscheidungsdauer ist geringer; es ist möglich, heiß zu filtrieren, und bei nachfolgenden Bestimmungen, etwa von Pd und Pt im Filtrat der Goldfällung treten keine Störungen durch Salze auf. Die Fällung bei Zimmertemperatur verläuft nur langsam. Es empfiehlt sich deshalb, zu erwärmen.

Literatur: [1] GEILMANN, W., u. H. BODE: Fr. **133**, 182 (1951). — [2] HECHT, F., u. G. LAMAC-BRUNNER: Mikrochemie **35**, 390 (1950). — [3] WOGRINZ, A.: Analytische Chemie der Edelmetalle, Stuttgart 1936, S. 75 (Band XXXVI der Sammlung „Die chemische Analyse"). — [4] LENK, G. E.: Erzmetall **32**, 95 (1935). — [5] HOFFMANN, L., u. G. KRÜSS: A. **238**, 66 (1887).

2.1.2.3 Reduktion mit Eisen(II)-ionen.

Prinzip. Au(III) wird in saurer Lösung durch Fe(II) zu met. Gold reduziert, daneben entsteht Fe(III).

Arbeitsvorschrift nach Lenher, Smith und Knowles jun. [1] zur Bestimmung von Gold neben Tellur. Man erhitzt die Lösung, die auf 175 ml 10 bis 12 ml konz. Salzsäure enthalten soll, zum Sieden, versetzt mit 1,5 g Eisen(II)-sulfat und kocht 10 bis 15 Minuten. Nach eintägigem Stehenlassen bei etwa 80 °C wird das abgeschiedene Gold abfiltriert, gewaschen, bei 110 °C getrocknet und ausgewogen.

Genauigkeit. HECHT und LAMAC-BRUNNER [2] bestimmen 2 bis 5 mg Au mit einer Genauigkeit von 1%.

Trennungsmöglichkeiten. Nach HOFFMANN und KRÜSS [3] ist es möglich, Gold von Ir, Rh und Ru abzutrennen, wenn Eisen(II)-chlorid als Reduktionsmittel angewendet wird. Neben Pt und Pd werden Niederschläge erhalten, die wechselnde Mengen Pt bzw. Pd enthalten. Nach [4] werden Pt und Pd nicht mitgefällt.

Gold kann von unedlen Begleitelementen getrennt werden.

Bemerkungen. Nach WOGRINZ [5] enthält Gold, das mit Eisen(II)-chlorid gefällt wurde, stets Spuren Eisen und darf nicht als reines Gold angesehen werden.

TONN [6] nimmt die Fällung des Goldes mit Eisen(II)-chlorid aus schwach salzsaurer Lösung vor.

Literatur: [1] LENHER, V., G. B. SMITH u. D. C. KNOWLES jr.: Ind. eng. Chem. Anal. Edit. **6**, 43 (1934). — [2] HECHT, F., u. G. LAMAC-BRUNNER: Mikrochemie **35**, 390 (1950). — [3] HOFFMANN, L., u. G. KRÜSS: A. **238**, 66 (1887). — [4] Anonym: Metallbörse **13**, 2386 (1923). — [5] WOGRINZ: Analytische Chemie der Edelmetalle, Stuttgart 1936, S. 75 (Band XXXVI der Sammlung „Die Chemische Analyse"). — [6] TONN, O.: Pharm. Tijdschr. Nederlandsch-Indie **7**, 350 (1930).

2.1.2.4 Reduktion mit Wasserstoffperoxid.

Prinzip. H_2O_2 kann in alkalischer und in saurer Lösung als Reduktionsmittel für die Bestimmung von Gold verwendet werden.

Verschiedene Arbeitsweisen. TABERN und SHELBERG [1] geben H_2O_2 zur schwefelsauren Au(III)-Lösung und erwärmen dann.

MÜLLER [5] gibt ein Verfahren zur Bestimmung von Au in elektrolytischen Bädern an, bei dem zunächst Cyanide und organische Stoffe durch Erhitzen mit einem $HClO_4$-HNO_3-Gemisch (1 + 1) in 2fachem Überschuß oxydiert werden. Dann erfolgt die Reduktion mit H_2O_2. Es sollen nicht stören: Ag, Cu, Pd, Pt, Os, Rh, Ir, Fe, Co, Ni, Al, Cr, As, In, Zn, Cd, Pb und in Gegenwart von HF auch Sn und Sb. Die relative Abweichung vom Mittelwert betrug bei verschiedenen Bädern maximal 2,2%

Nach SEEMANN [2] verläuft die Reaktion in alkalischer Lösung auch in der Kälte sehr schnell. Der Niederschlag erscheint zunächst fast schwarz, nimmt aber beim Zusammenballen in der Wärme eine rotbraune Farbe an.

RÖSSLER [3] fand, daß die Reduktion in saurer Lösung nur langsam erfolgt, dagegen in Gegenwart von Lithium- und besonders von Kaliumcarbonat schnell, wobei gute Resultate erhalten werden.

Genauigkeit. Durch Reduktion mit Wasserstoffperoxid, sowohl in alkalischer als auch in saurer Lösung, wurden von HECHT und LAMAC-BRUNNER [4] Ergebnisse erhalten, die maximale Fehler von 1% aufwiesen.

Literatur: [1] TABERN, D. L., u. E. F. SHELBERG: Ind. eng. Chem., Anal. Edit. 4, 401 (1932). — [2] SEEMANN, L.: Dissertation Erlangen 1909, S. 9. — [3] RÖSSLER, L.: Fr. 49, 739 (1910). — [4] HECHT, F., u. G. LAMAC-BRUNNER: Mikrochemie 35, 390 (1950). — [5] MÜLLER, G. A.: Plating 53 (1) 100 (1966).

2.1.2.5 Reduktion mit unterphosphoriger Säure.

Prinzip. Beim Versetzen einer salzsauren Gold(III)-chloridlösung mit unterphosphoriger Säure fällt elementares Gold aus.

Arbeitsvorschrift nach Moser und Niessner [1]. 50 bis 300 ml einer schwach salzsauren Gold(III)-chloridlösung werden mit 2 g Natriumchlorid versetzt und über freier Flamme bis zum beginnenden Sieden erhitzt. Dann fügt man das 2- bis 3fache der theoretisch erforderlichen Menge 0,25 m H_3PO_2 hinzu. Bei nicht zu verdünnten Lösungen tritt die Fällung sofort ein. Man läßt 3 bis 4 Std. warm stehen, bis die überstehende Lösung vollkommen klar geworden ist. Nach dem Filtrieren in ein gehärtetes und mit Filterschleim gedichtetes Filter wird der Niederschlag mit 1%iger Essigsäure ausgewaschen. Zuletzt verascht und glüht man in einem Porzellantiegel und wägt aus.

Genauigkeit. Beleganalysenergebnisse nach [1] (siehe nebenstehende Tabelle).

Gegeben mg Au	Gefunden mg Au
172,0	172,0
68,8	68,9
172,0	172,0
17,0	17,1

HECHT und LAMAC-BRUNNER [2] haben im Rahmen ihrer vergleichenden Untersuchung über die Anwendbarkeit verschiedener Reduktionsmittel festgestellt, daß 2 bis 5 mg Au unter Verwendung von Natriumhypophosphit mit einem Fehler von 1% bestimmt werden können.

Trennungsmöglichkeiten. Die Methode ermöglicht nach MOSER und NIESSNER [1] die Abtrennung des Goldes von Platin, nicht aber von Palladium, das mitgefällt wird. In Gegenwart von Pd soll auch Pt fallen. Unter Verwendung von NaCl, das frei von Verunreinigungen an K^+ war, wurden folgende Ergebnisse neben Pt nach dem oben angegebenen Verfahren erzielt. Pt ist dabei im Filtrat der Goldfällung mit Natriumformiat bestimmt worden.

Gegeben		Gefunden	
mg Au	mg Pt	mg Au	mg Pt
197,3	129,6	197,3	129,6
47,3	259,1	47,4	259,3
23,6	518,2	23,6	518,4
591,9	51,8	591,7	51,9
39,4	25,9	39,5	25.8

Danach ist es möglich, sowohl geringe Mengen Au neben großen Mengen Pt als auch große Mengen Au neben geringen Mengen Pt zu bestimmen.

Literatur: [1] MOSER, L., u. M. NIESSNER: Fr. **63**, 245, 248 (1923). — [2] HECHT, F., u. G. LAMAC-BRUNNER: Mikrochemie **35**, 390 (1950).

2.1.2.6 Reduktion mit Chrom(II)-ionen.

Prinzip. Au(III) wird in saurer Lösung mit Cr(II) zu elementarem Gold reduziert.

Arbeitsvorschrift nach Tandon und Mehrotra [1]. Zur sauren Gold(III)-chloridlösung gibt man Chrom(II)-sulfatlösung. Es bildet sich ein dunkelbrauner Niederschlag, der sich zusammenballt und sofort absetzt. Man erwärmt noch 3 Std. auf dem Wasserbad, läßt abkühlen und filtriert nach der Prüfung auf Vollständigkeit der Fällung in einen Filtertiegel, wäscht mit Wasser und Äthanol, trocknet bei 110 °C und wägt aus.

Bemerkung. Hg, Sb, Bi, Pt, Se und Te können gleichfalls durch Reduktion mit Cr(II) bestimmt werden.

Literatur: [1] TANDON, J. P., u. R. C. MEHROTRA: Fr. **162**, 33 (1958).

2.1.2.7 Reduktion mit Hydrochinon.

Prinzip. Au(III) wird in salzsaurer Lösung mit Hydrochinon zum Gold reduziert.

Arbeitsvorschrift nach Beamish, Russell und Seath [1]. Man löst in Königswasser, dunstet unter Zusatz von NaCl ein, dampft den Rückstand dreimal mit Salzsäure ab und versetzt dann mit 15 ml Wasser und 5 ml konz. Salzsäure. Die Lösung wird durch ein kleines Filter filtriert, mit Waschwasser auf etwa 50 ml gebracht und zum Sieden erhitzt. Nun setzt man 5%ige Hydrochinonlösung (eine Woche lang haltbar) hinzu, um die Fällung einzuleiten. Sie wird durch Zugabe von weiteren 3 ml Reagenslösung pro 25 mg Au vervollständigt. Nach 20 Min. Kochen wird gekühlt und der Niederschlag in einen Filtertiegel A 2 oder ein kleines dichtes Filter filtriert. Man wäscht mit 100 ml heißem Wasser. Das zur Fällung benutzte 150-ml-Becherglas ist zuletzt mit Filterfasern auszuwischen, um auch die feinsten, an den Glaswandungen haftenden Goldteilchen zu erfassen. Das Gold wird abschließend geglüht und ausgewogen.

Genauigkeit. Von BEAMISH und Mitarb. [1] werden folgende Beleganalysenergebnisse an reinen Goldlösungen angeführt (mg Au):

Gegeben	Gefunden	Gegeben	Gefunden
4,698	4,700	34,64	34,64
4,477	4,479	36,07	36,09
4,414	4,430	30,83	30,85
27 31	27 31	151.2	151,4
26,44	26,44	151,7	151,9
24,84	24,84	152,5	152,3

Trennungsmöglichkeiten. Nach [1] kann die Methode zur Bestimmung des Goldes neben Cu, Ni, Zn und auch neben Pt und Pd angewendet werden. Sie eignet sich zur Bestimmung des Goldes in mit Schwefelsäure ausgekochten Edelmetallkörnern, die Pt, Pd und andere Pt-Metalle enthalten, nach dem Lösen in Königswasser. Neben Pt und Pd wurden folgende Resultate erzielt (in mg):

Die Hydrochinonmethode erwies sich dabei als besser gegenüber der Fällung mit SO_2.

Gegeben			Gefunden
Au	Pt	Pd	Au
33,79	50,00	—	33,80
32,19	23,41	22,95	32,30
36,07	23,27	21,04	36,09
33,57	22,93	24,48	33,55
33,79	—	50,00	33,78
168,97	25,75	—	168,73

Zur Bestimmung des Goldes neben Se und Te mit Hydrochinon fällt man nach SEATH und BEAMISH [2] aus siedender, an Salzsäure 1,2n Lösung mit 0,5%iger Reagenslösung. Geringe mitgefällte Se-Mengen verbrennen beim Glühen des Niederschlags.

GEILMANN und BODE [3] trennen Au(III) von Re(VII), indem sie der 1,2n salzsauren Lösung pro 25 mg Au 3 ml 5%ige Hydrochinonlösung zusetzen und dann zum Sieden erhitzen.

Störungen. Ag ist vor der Fällung des Goldes als AgCl abzutrennen. W fällt als Oxid aus.

Bemerkungen. Nach BEAMISH und Mitarbeitern [1] ist die Fällung des Au aus 1,2n salzsaurer Lösung bei Verwendung einer genügenden Menge Hydrochinon auch bei Zimmertemperatur nach 2 Std. vollständig.

Anstelle von Hydrochinon können unter den gleichen Bedingungen ebenfalls folgende Reduktionsmittel zur Anwendung gelangen: Amidol, Rhodinal, Resorcinol, Pyrogallol, Hydroxyhydrochinon, Phenylendiamin, Pyrocatechol, Photol, Phloroglucinol und o-Aminophenol. Die Fällung mit Phenol verläuft nicht quantitativ.

Literatur: [1] BEAMISH, F. E., J. J. RUSSELL u. J. SEATH: Ind. eng. Chem., Anal. Edit. 9, 174 (1937). — [2] SEATH, J., u. F. E. BEAMISH: Ind. eng. Chem., Anal. Edit. 9, 373 (1937). — [3] GEILMANN, W., u. H. BODE: Fr. 133, 182 (1951).

2.1.2.8 *Reduktion mit Hydrazin.*

Prinzip. Au(III) wird aus salzsaurer Lösung durch Hydrazin zum elementaren Gold reduziert.

Arbeitsvorschrift nach Plokssin und Koshuchowa [1] zur Bestimmung des Goldes in Legierungen. Legierungen des Goldes mit Zn, Pb, Cu, Cd, Hg, Ag, Bi, Sb und Sn werden je nach der Zusammensetzung zuerst mit Salz- oder Salpetersäure behandelt. Das dabei zurückbleibende Gold wird in Königswasser gelöst und die Salpetersäure aus dieser Lösung durch wiederholtes Abdampfen mit Salzsäure entfernt. Dann fällt man mit 10%iger Hydraziniumchloridlösung bei 70 bis 80 °C und prüft nach dem Klarwerden der Lösung auf die Vollständigkeit der Fällung. Nach mehrstündigem Stehen auf dem Wasserbad und mindestens fünfstündigem Absitzen wird der Niederschlag in ein dichtes Filter filtriert, zuerst mit heißem salzsäurehaltigem, dann mit reinem Wasser ausgewaschen, getrocknet, verascht, geglüht und ausgewogen.

Genauigkeit. In reinen Goldlösungen sollen nach [1] sehr genaue Ergebnisse ($\pm 0,1\%$) erzielt werden. In Anwesenheit anderer Metalle ist die Fällung 2- bis 3mal zu wiederholen.

Störungen. Pt(IV) wird zunächst zu Pt(II) und beim Erwärmen zu Pt reduziert. Nach CHRISTENSEN [2] kann der Niederschlag auch Hg und Cu enthalten, die man durch Auskochen mit Salpetersäure entfernen soll. As, Sb und Sn werden nicht gefällt.

Arbeitsvorschrift nach Donau [3] zur Bestimmung kleiner Goldmengen neben großen Mengen Fe, Pb und Cu. Japanseide wird mit verd. warmer Salzsäure digeriert, mit rückstandsfreiem dest. Wasser gewaschen, ausgepreßt, getrocknet, kurze Zeit mit warmer Hydraziniumchlorid- oder -formiatlösung getränkt, mehrmals flüchtig gewaschen, ausgedrückt und getrocknet. Von ihr werden kleine Vierecke geschnitten und staubfrei aufbewahrt. Außerhalb der Läppchen darf keine Reduktion eintreten, wovon man sich durch einen Vorversuch überzeugt. Die Bestimmung erfolgt in einem 0,5 ml fassenden Glasschälchen, in das die Probelösung eingewogen wird. Das Schälchen befindet sich auf einem Heizblock (etwa 120 °C). Dann legt man ein kleines Seidenstückchen von etwa 0,5 cm² hinein und tropft auf die Oberseite vorsichtig Wasser. Die Zugabe weiterer, zunächst gleich großer, später kleinerer Seidenstücke wird so lange fortgesetzt, bis sich das letzte Stückchen auch nach einiger Zeit nicht mehr verfärbt. Die gefärbten Seidenstücke werden einzeln in ein Filterschälchen gebracht und durch Zutropfen heißen Wassers gewaschen, dann mit der Pinzette wieder in das Fällungsschälchen gegeben. Beide Schälchen werden bei 120 °C getrocknet, die Seide wird anschließend über einer freien Mikroflamme verascht. Nach dem Glühen beider Schälchen auf einem Quarztiegeldeckel und dem Erkalten im Exsiccator wägt man aus. Bei Verwendung nicht rückstandsfreier Seidestücke muß die Gewichtserhöhung durch den Rückstand berücksichtigt werden.

Literatur: [1] PLOKSSIN, I. N., u. M. A. KOSHUCHOWA: Nichteisenmetalle (russ.) **1931**, 35. — [2] CHRISTENSEN, A.: Fr. **54**, 158 (1915). — [3] DONAU, J.: Mikrochemie 8, 257 (1930).

2.1.2.9 Reduktion mit Hydroxylammoniumsalzen.

Prinzip. Die Reduktion mit Hydroxylammoniumsalzen kann nach LAINER [1] sowohl aus schwach sauren als auch als neutralen Lösungen vorgenommen werden. Im Gegensatz zum Silber ist es also beim Gold nicht erforderlich, die Lösungen alkalisch zu machen. Aus schwach alkalischen Lösungen, in denen das Gold als $Au[(CN)_2]^-$ vorlag, konnte LAINER keine Fällung erzielen, wohl aber aus Thiosulfatlösung.

Literatur: [1] LAINER, A.: M. **9**, 533 (1888); **12**, 639 (1891).

2.1.2.10 Reduktion mit Ascorbinsäure.

Prinzip. Ascorbinsäure kann in salzsaurer Lösung zur Fällung des Goldes Verwendung finden. Cu stört nicht.

Literatur: [1] STATHIS, E. C., u. H. C. GATOS: Ind. eng. Chem., Anal. Edit. **18**, 801 (1946).

2.1.2.11 Reduktion mit Oxalsäure.

Prinzip. Die Reduktion von Au(III) zu met. Gold wird in schwach salzsaurer Lösung in der Wärme durchgeführt.

Arbeitsvorschrift nach Wunder und Thüringer [1]. Zur schwach sauren Au(III)-Lösung wird Oxalsäure oder Ammoniumoxalat und Schwefelsäure gegeben, dann läßt man 48 Std. lang warm stehen. Das in gelben Blättchen abgeschiedene Gold wird abfiltriert, zuerst mit salzsäurehaltigem, dann mit reinem Wasser gewaschen, getrocknet und geglüht. Nach TREADWELL [2] darf Salpetersäure nicht zugegen sein.

Trennungsmöglichkeiten. Nach PURGOTTI [3] bildet sich bei der Fällung des Goldes neben Cu^{2+} mit Oxalsäure, aus auch salzsaurer Lösung, stets etwas Kupferoxalat. Deshalb verfährt er wie folgt: Die Probe wird in Königswasser gelöst und auf dem Wasserbad zur Trockne gedampft. Den Rückstand löst man in Wasser, versetzt mit Oxalsäurelösung und läßt 48 Std. warm stehen. Dann erhitzt man zum Sieden, fügt Kalilauge bis zur Neutralisation zu und einen Überschuß Oxalsäure, falls ein solcher nicht bereits in der Lösung enthalten ist. Das Kupferoxalat soll unter Bildung löslicher, lasurblauer Oxalatokomplexe gelöst werden und das Gold übrigbleiben.

GEILMANN und BODE [4] bestimmen Gold aus nitratfreier, schwach salzsaurer Lösung neben Re(VII) durch Reduktion des Au(III) mit Oxalsäure.

HOFFMANN und KRÜSS [5] fanden im Rahmen ihrer Untersuchung über die Trennungsmöglichkeiten des Goldes von den Platinmetallen, daß die Verwendung von Oxalsäure für die Trennungen Au-Pt, Au-Ir, Au-Rh und Au-Ru möglich ist. Neben Pd wurde in einem Fall Pd-haltiges Au erhalten.

Bemerkung. Nachteilig bei der Bestimmungsmethode mit Oxalsäure ist es, daß man das Reduktionsmittel lange Zeit einwirken lassen muß, um vollständige Fällungen zu erhalten.

Literatur: [1] WUNDER, M., u. V. THÜRINGER: Fr. **52**, 660 (1913). — [2] TREADWELL, F. P., u. W. D. TREADWELL: Kurzes Lehrbuch der analytischen Chemie, 11. Aufl., Bd 2, Wien 1949, S. 213. — [3] PURGOTTI, E.: Rep. Ital. Chim. Farm. Vol. 2, an. II, (No. 10). — [4] GEILMANN, W., u. H. BODE: Fr. **133**, 182 (1951). — [5] HOFFMANN, L., u. G. KRÜSS: A. **238**, 66 (1887).

2.1.2.12 Reduktion mit Formaldehyd, Acetaldehyd oder Chloralhydrat.

Prinzip. Form- und Acetaldehyd können in sauren und alkalischen Lösungen, Chloralhydrat in alkalischen Lösungen als Reduktionsmittel bei der Bestimmung des Goldes verwendet werden. Nach AVERKIEFF [1] werden mit Formaldehyd aus mit Salz- oder Salpetersäure angesäuerten Lösungen — im Gegensatz zu den mit Fe(II) oder SO_2 erfolgenden Fällungen — kristalline Au-Niederschläge erhalten. Dabei beschleunigt 2- bis 3 stündiges Erwärmen die vollständige Abscheidung, auf die mit alkalischer Formaldehydlösung geprüft werden soll. Die Bestimmung ist neben Fe, Mg, Pb, Cu, Zn und As durchzuführen. Pt fällt mit. VANINO [2] verwendet eine alkalische Formaldehydlösung und erwärmt die Lösung.

HARTWANGER [4] läßt eine Gold(III)-chloridlösung zu alkalischer Acetaldehydlösung fließen. Dabei wird bei geringen Goldmengen zunächst eine violettrubinrote kolloidale Lösung gebildet, aus der das Gold durch Kochen nach Zusatz von verd. Schwefelsäure ausflockt.

SILVA [3] setzt der Probelösung in Königswasser Natronlauge und Chloralhydrat im Überschuß zu und erhitzt zum Sieden. Im Gegensatz zu Acetaldehyd kann Chloralhydrat nach HARTWANGER [4] in saurer Lösung nicht als Reduktionsmittel verwendet werden.

Literatur: [1] AVERKIEFF, N.: Z. anorg. Chem. **35**, 329 (1903). — [2] VANINO, L.: B. **31**, 1763 (1898). — [3] SILVA: Bl. **46**, 806. — [4] HARTWANGER, F.: Fr. **52**, 19 (1913).

2.1.2.13 Reduktion mit Acetylen.

Prinzip. Aus saurer Lösung fällt met. Gold aus, wenn man Acetylen einleitet. Pd und Ag bilden Acetylide.

Literatur: [1] MAKOWKA, O.: Fr. **46**, 149 (1907).

2.1.2.14 Reduktion mit Urotropin.

Prinzip. Gold kann durch Reduktion mit Utropin, aus dem sich in alkalischer Lösung Formaldehyd bildet, bestimmt werden.

Arbeitsvorschrift nach Cosma und Lupsa [1]. Zu der salpetersauren, in 25 bis 50 ml 20 bis 80 mg Au(III) enthaltenden Lösung gibt man 1 bis 2 g Urotropin, erhitzt zum Sieden und fügt unter kräftigem Rühren 5 bis 10 ml 20%ige Natronlauge hinzu. Wenn sich der schwarze Niederschlag abgesetzt hat, kühlt man, filtriert in einen Filtertiegel, wäscht erst mit warmem Wasser, dann mit Äthanol und Äther und trocknet im Vakuumexsiccator.

Bemerkung. Andere leicht reduzierbare Elemente wie Cu, Ag, Hg, Bi können aus dem Niederschlag vor dem Waschen durch Lösen in Salpetersäure entfernt werden.

Literatur: [1] COSMA, S., u. I. LUPSA: Studii Cercetări Chim. (Cluj) **7**, 95 (1956) (rumän.).

2.1.2.15 Reduktion mit Diacetyldioxim.

Prinzip. Au(III) wird in salzsaurer Lösung durch Diacetyldioxim zu met. Gold reduziert.

Trennungsmöglichkeit. WUNDER und THÜRINGER [1] trennen Au und Pd, das als Pd-Diacetyldioxim zusammen mit dem met. Au ausfällt, von anderen Platinmetallen. Nach dem Lösen des Niederschlags in Königswasser und dem Abdampfen mit Salzsäure wird das Gold durch Reduktion mit Oxalsäure vom Palladium getrennt und bestimmt.

Bemerkung. THOMPSON, BEAMISH und SCOTT [2] haben festgestellt, daß die Fällung des Goldes mit äthanolischer Diacetyldioximlösung aus schwach salzsaurer Lösung quantitativ erfolgt.

Literatur: [1] WUNDER, M., u. V. THÜRINGER: Fr. **52**, 660 (1913). — [2] THOMPSON, S. O., F. E. BEAMISH u. M. SCOTT: Ind. eng. Chem., Anal. Edit. **9**, 420 (1937).

2.1.2.16 Reduktion mit Morpholinoxalat.

Prinzip. Bei der Reduktion von Au(III) aus schwach saurer Lösung mit Morpholinoxalat entsteht ein leicht filtrierbarer Niederschlag von met. Gold.

Arbeitsvorschrift nach Malowan [1]. Die nur schwach saure, keine Salpetersäure enthaltende Au(III)-Lösung wird mit einem geringen Überschuß Reagenslösung (9 g Oxalsäure und 17,5 g reines Morpholin in 50 ml Wasser) versetzt. Man erwärmt 30 Min. lang, bis die Flüssigkeit über dem sich in schwarzbraunen Flocken abgeschiedenen Gold völlig klar ist, filtriert, wäscht aus und verascht.

Genauigkeit. Der maximale Fehler soll nach [1] bei 200 mg Au 0,3% betragen.

Trennungsmöglichkeiten. Nach MALOWAN [1] werden Cu, Ag und Pt nicht mitgefällt.

Literatur: [1] MALOWAN, L. S.: Mikrochemie **35**, 104 (1950).

2.1.2.17 Reduktion mit Nitrit.

Prinzip. Eine salzsaure, seignettesalzhaltige Au(III)-Lösung wird mit Nitritlösung versetzt und zum Sieden erhitzt, wobei elementares Gold ausfällt.

Arbeitsvorschrift nach Lenher, Smith und Knowles jr. [1] zur Bestimmung des Goldes neben Tellur. Das Gold-Tellur-Gemisch wird in Königswasser gelöst und die Lösung mehrfach mit Salzsäure abgedampft. Den Rückstand löst man in Salzsäure und stellt eine Lösung her, die nach Zusatz von 100 ml 20%iger Seignettesalzlösung bei einem Gesamtvolumen von etwa 250 ml eine Salzsäurekonzentration von 1,0 bis 1,5% aufweisen soll. Zu dieser Lösung gibt man dann 25 ml 4%ige Natriumnitritlösung und erhitzt zum Sieden. Das ausgefällte Gold wird abgetrennt, geglüht und gewogen. Die Tellurmenge ergibt sich bei einem reinen Au-Te-Gemisch aus der Differenz.

Bemerkung. HOLZER und ZAUSSINGER [2] trennen Gold von den Platinmetallen im Rahmen eines Trennungsganges nach dem Aufschluß der Legierungen mit Königswasser durch Zusatz von Nitrit ab. Sie schließen einen Reinigungsprozeß mit Salpetersäure zur Entfernung unedler Metalle an und wägen dann aus.

Literatur: [1] LENHER, V., G. B. L. SMITH u. D. C. KNOWLES jr.: Ind. eng. Chem., Anal. Edit. **6**, 43 (1934). — [2] HOLZER, H., u. E. ZAUSSINGER: Fr. **111**, 321 (1937/38).

2.1.2.18 Reduktion mit Sulfit-Hydrochinon.

Prinzip. Zur Reduktion von Au(III) wird eine alkalische Sulfit-Hydrochinonlösung verwendet.

Arbeitsvorschrift nach Geilmann und Bode [1] zur Bestimmung des Goldes neben Rhenium. Die mit Natronlauge' fast neutralisierte Lösung wird je 25 bis 30 ml, die bis zu 100 mg Au enthalten dürfen, mit 12 bis 15 ml des frisch hergestellten Fällungsreagens (Mischung gleicher Teile 20%ige Natronlauge und einer Lösung von 15 g Hydrochinon und 80 g $NaHSO_3 \cdot H_2O$ in 500 ml Wasser; die Lösung ist nur kurze Zeit haltbar) versetzt, zum Sieden erhitzt und etwa 5 Min. lebhaft gekocht, wobei umgerührt werden muß. Man läßt noch 30 Min. auf dem siedenden Wasserbad stehen und filtriert in ein hartes, mit Filterschleim gedichtetes Filter. Ausgewaschen wird mit heißem Wasser bis zur neutralen Reaktion. Der Niederschlag wird verglüht und ausgewogen.

Bemerkung. Diese Methode ist von GEILMANN und WRIGGE [2] zur Trennung des Ag von Se verwendet worden.

Literatur: [1] GEILMANN, W., u. H. BODE: Fr. **133**, 182 (1951). — [2] GEILMANN, W., u. F. W. WRIGGE: Z. anorg. Ch. **210**, 357 (1933).

2.1.2.19 Bestimmung unter Verwendung von Quecksilber(II)-oxid.

Prinzip. Eine Gold(III)-chloridlösung wird mit festem Quecksilber(II)-oxid versetzt und gelinde auf dem Wasserbad erwärmt, wobei sich der Niederschlag zusammenballt. Auf diese Weise sollen Verluste, die beim Abfiltrieren des ohne Zusatz von HgO durch Reduktionsmittel erhaltenen, z. T. sehr fein verteilten Goldes entstehen können, vermieden werden.

Literatur: [1] VOLHARD, J.: Fr. **20**, 288 (1881).

2.1.2.20 Bestimmung in $[Au(CN)_2]^-$-Lösungen unter Verwendung von Schwefelsäure.

Prinzip. Man setzt der Lösung so viel Ag^+ zu, wie der in ihr enthaltenen Cyanidmenge entspricht, und kocht mit konz. Schwefelsäure, wobei sich das Gold in metallischer Form abscheidet.

Arbeitsvorschrift nach Kushner [1]. 10 ml Probelösung mit 0,5 bis 20 g Au/l werden im 500-ml-Kolben mit 50 ml Wasser verdünnt und mit so viel 0,1 n Silbernitratlösung versetzt wie dem Cyanidgehalt entspricht. Dabei verwendet man als Indicator 5 ml 2%ige Kaliumjodidlösung. Dann wird unter einem Abzug so lange vorsichtig konz. Schwefelsäure zugegeben, bis keine heftige Reaktion mehr erfolgt. Nun fügt man weitere 50 ml konz. Schwefelsäure zu und erhitzt zum Sieden, das man beendet, wenn der Niederschlag eine hellbraune Farbe angenommen hat und die Lösung darüber vollkommen klar ist. Dann dekantiert man und erhitzt mit weiteren 50 ml konz. Schwefelsäure abermals zum Sieden. Nach erneutem Dekantieren gibt man 200 ml dest. Wasser in den Kolben und filtriert den Niederschlag in einen Filtertiegel, wo er mit heißer verd. Schwefelsäure und heißem Wasser ausgewaschen wird, bis das Filtrat nicht mehr sauer reagiert. Nach dem Trocknen und Glühen wird das Gold ausgewogen.

Bemerkung. Das Verfahren soll nach KUSHNER [1] weniger zeitraubend als andere Methoden zur Bestimmung des Goldes in Cyanidlösungen sein (s. z. B. 2.1.2.1 Methode nach CHIDDY).

Literatur: [1] KUSHNER, J. B.: Ind. eng. Chem., Anal. Edit. **10**, 641 (1938).

2.2 Bestimmung mit Trimethylphenylammoniumjodid.

Prinzip. Au(III) wird aus salzsaurer, auf pH 4,4 bis 4,8 gepufferter Lösung als Trimethylphenylammoniumtetrachloroaurat(III) gefällt und als solches bestimmt.

Arbeitsvorschrift nach White und Zuber [1]. Eine 5 bis 50 mg Gold enthaltende Probemenge wird in einem 250-ml-Becherglas mit 5 ml Königswasser gelöst und die Lösung auf dem Wasserbad bis zur Sirupkonsistenz (nicht zur Trockne!) eingedampft. Nach Zusatz von 3 ml konz. Salzsäure wiederholt man das Eindampfen, bis die Lösung noch 1 ml konz. Salzsäure enthält, verdünnt mit 25 ml Wasser und versetzt mit einem 40-g-Eiswürfel aus dest. Wasser, damit die Temperatur der Lösung während des Fällungsprozesses unter 10 °C gehalten wird. Dann werden 15 ml Pufferlösung (150 g Natriumcitratdihydrat und 200 g wasserfreies Natriumacetat werden in warmem Wasser gelöst und zu 1 Liter verdünnt) und danach 30 ml Fällungslösung (40 g Kaliumjodid und 25 g Trimethylphenylammoniumjodid in 1 Liter Wasser gelöst) zugegeben. Die Fällung erfolgt sofort und ist innerhalb von 30 Min. vollständig. Das Gesamtvolumen soll dabei 120 ml nicht überschreiten. Der Eiswürfel schmilzt innerhalb der 30 Minuten. Man filtriert den braunschwarzen, flockigen Niederschlag in einen Porzellanfiltertiegel, wäscht vorsichtig mit 5 bis 10 ml Waschlösung (die Fällungslösung wird im Verhältnis 1:4 mit Wasser verdünnt), dann mit 50 ml Toluol-Waschlösung (1 Liter Toluol + 25 ml Äthanol) und trocknet innerhalb von 10 Min. an der Luft, wobei die Luft durch die Saugflasche gesaugt wird. Der Niederschlag kann auch bei 40 °C getrocknet werden; höhere Temperaturen bewirken eine Zersetzung. Abschließend wird ausgewogen. Umrechnungsfaktor auf Au: 0,2342.

Trennungsmöglichkeiten. Die Bestimmung kann neben Co(II), Cr(III), Ga(III), In(III), Mn(II), Mo(VI), Ni(II), Zn(II) und Erdalkalimetallionen durchgeführt werden, im pH-Bereich 4,4 bis 4,8 und unter Zusatz von Citrat als Maskierungsmittel auch neben Cu(II), Fe(III) und Sn(IV).

Störungen. Es stören Bi(III), Cd(II), Hg(II), Pb(II), Pd(II), Pt(IV) und Tl(I). Ag(I) wird als AgCl abgetrennt.

Geringe Mengen Nitrat stören bei pH 4,4 bis 4,8 nicht.

Bemerkung. Durch die Zugabe des Eiswürfels soll einmal die Löslichkeit von $[(CH_3)_3(C_6H_5)N]$ $[AuCl_4]$ vermindert, zum anderen auch die Reduktion des Au(III) durch Citrat vermieden werden.

Literatur: [1] WHITE, W. W., u. J. R. ZUBER: Anal. Chem. **36**, 2363 (1964).

2.3 Bestimmung mit N(N-Brom-C-tetradecylbetainyl)-C-tetradecylbetain (Na-Salz).

Prinzip. Aus salzsaurer Lösung fällt bei Gegenwart von Au(III) ein feinverteilter gelber Niederschlag, der 22,14% Au enthält, aus bromwasserstoffsaurer Lösung ein feinverteilter dunkelroter Niederschlag mit 18,01% Au. Die Konstitution beider Niederschläge ist nicht bekannt. Sie können bei 85 °C ohne Zersetzung getrocknet und anschließend ausgewogen werden. Die Bestimmung aus bromwasserstoffsaurer Lösung wird vorgezogen.

Arbeitsvorschrift nach Harvey jr. und Yoe [1] zur Bestimmung des Goldes in Erzkonzentraten. Die Probe wird nach dem Rösten mit Königswasser behandelt und die ungelöste Gangart entfernt. Dann dampft man wiederholt mit Salzsäure ab und nimmt den Rückstand mit Salzsäure auf. Nach dem Versetzen mit 0,1%iger Lösung von telluriger Säure wird die Lösung in Zinn(II)-chloridlösung eingegossen. Dabei entsteht ein schwarzer Niederschlag, der das gesamte Gold enthält. Er wird in Bromwasserstoffsäure unter Zusatz von etwas Salpetersäure oder Wasserstoffperoxid gelöst. Man dampft die Lösung zur Trockne und nimmt den Rückstand mit 9n Bromwasserstoffsäure auf. Dann extrahiert man 3mal mit je 10 ml Isopropyläther. Durch dreimaliges Schütteln mit je 20 ml Wasser wird das Gold quantitativ in die wäßrige Phase zurückgeholt. Diese dampft man zur Trockne ein und nimmt den Rückstand mit 10 ml konz. Bromwasserstoffsäure und 1 ml 3%igem Wasserstoffperoxid auf. Durch Eindampfen auf 6 ml entfernt man das Brom, kühlt dann und verdünnt auf etwa 20 ml, wobei eine Lösung erhalten wird, die 2n an Bromwasserstoffsäure ist.

Jetzt fügt man eine 1%ige, wäßrige, frisch bereitete Reagenslösung tropfenweise zu. Wenn der zunächst flockige Niederschlag fein verteilt wird, fügt man noch 5 bis 10% der verwendeten Reagensmenge zu, läßt absitzen und filtriert in einen Glasfiltertiegel. Der Reagensüberschuß wird durch Waschen mit 0,1n Bromwasserstoffsäure und anschließend mit Wasser entfernt, dann trocknet man bei 85 °C und wägt aus.

Störungen. Störende Elemente, wie Hg, Sn, Pb, Bi, Ag, müssen abgetrennt werden. Die Platinmetalle können durch Extraktion mit Isopropyläther entfernt werden.

Literatur: [1] HARVEY jr., A. E., u. J. H. YOE: Anal. chim. Acta 8, 246 (1953).

2.4 Bestimmung mit Mercaptobenzthiazol.

Prinzip. Durch Zusatz einer äthanolischen Mercaptobenzthiazollösung zu einer Au(III)-Lösung fällt ein gelblichweißer Niederschlag der Zusammensetzung $(C_7H_4NS_2)_3$ Au. Er wird nach dem Trocknen verglüht und das met. Gold ausgewogen.

Störungen. Ag, Cu, Pb, Hg, Bi werden in gleicher Weise abgeschieden.

Literatur: [1] SPACU, G., u. M. KURAŠ: Fr. 104, 92 (1936).

2.5 Bestimmung mit Thioglykolsäure.

Prinzip. Au(III) kann aus salzsaurer Lösung mit Thioglykolsäure als Komplexverbindung der Zusammensetzung $C_2H_3O_2SAu$ ausgefällt werden. Nach dem Trocknen bei 110 bis 120 °C wird ausgewogen.

Arbeitsvorschrift nach Mukherji [1]. Zu 50 ml 6 n salzsaurer Lösung mit 6 bis 60 mg Au(III) werden 10 bis 12 ml 10%ige Reagenslösung gegeben. Man läßt 20 bis 30 Min. auf dem Dampfbad stehen, filtriert nach weiteren 30 Min., wäscht den Niederschlag 5- bis 6mal mit je 10 bis 15 ml Wasser, trocknet bei 110 bis 120 °C und wägt als $C_2H_3O_2SAu$ aus.

Störungen. Pt und Zr werden mitgefällt. Au kann von ihnen durch die Extraktion des Chlorids mit Isopropyläther abgetrennt werden.

Schwefelsäure darf nicht zugegen sein.

Literatur: [1] MUKHERJI, A. K.: Anal. chim. Acta 23, 325 (1960).

2.6 Bestimmung als Gold(III)-sulfid.

Prinzip. Au(III) wird aus salzsaurer Lösung mit Natriumsulfidlösung als Au_2S_3 gefällt und als solches bestimmt.

Arbeitsvorschrift nach Taimni und Agarwal [1]. Die Gold(III)-chloridlösung wird mit einem Überschuß 2n Natriumsulfidlösung (etwa 20 bis 25 ml/50 mg Au), dann mit einem geringen Überschuß an 2n Salzsäure versetzt. Nach kurzem Aufkochen und Absitzenlassen filtriert man den Niederschlag in einen Glasfiltertiegel, wäscht ihn nacheinander mit heißem Wasser, Schwefelkohlenstoff, Alkohol und Äther, trocknet 30 Min. bei 105 bis 110 °C und wägt als Au_2S_3 aus.

Genauigkeit. Die Resultate sollen nach [1] auf wenige Prozent genau sein.

Literatur: [1] TAIMNI, I. K., u. R. P. AGARWAL: Anal. chim. Acta 10, 312 (1954).

2.7 Bestimmung als Goldreineckat.

Prinzip. Aus Gold(III)-chloridlösung wird durch Zusatz von Reinecke-Salzlösung Goldreineckat gefällt, das zur gravimetrischen Bestimmung des Goldes dienen kann.

Arbeitsvorschrift nach Majkowska und Wawrzyczek [1]. 0,0005 bis 0,025 m $[AuCl_4]^-$-Lösungen werden mit einem geringen Überschuß frisch bereiteter, gesättigter Lösung von Reinecke-Salz [Ammoniumtetrarhodanodiamminchromat(III)] versetzt. Der Goldreineckatniederschlag fällt innerhalb von 30 Min. bis 3 Std. aus und wird bei kleinen Mengen (2,5 bis 10 mg Au) durch Zentrifugieren in konischen Zentrifugengläsern bekannten Gewichts, bei größeren Mengen (15 bis 250 mg Au) durch Abfiltrieren isoliert. Nach dreimaligem Waschen mit wenig Wasser wird bei 105 °C oder bei 170 °C bis zur Gewichtskonstanz getrocknet. Nach dem Trocknen bei 105 °C soll der Niederschlag die Zusammensetzung $Au[Cr(NH_3)_2(SCN)_4] + H_2O$ aufweisen (Umrechnungsfaktor auf Au: 0,3696). Nach dem Trocknen bei 170 °C besteht er aus der wasserfreien Verbindung (Umrechnungsfaktor: 0,3824).

Genauigkeit. Für Goldmengen zwischen 5 und 250 mg werden Fehler zwischen —0,14 und +0,30% (Trocknen bei 105 °C) bzw. zwischen —0,28 und +0,33% (Trocknen bei 170 °C) angegeben [1].

Arbeitsvorschrift nach Mahr und Denck [2]. Zu 50 ml Goldsalzlösung in 1 bis 2n Salzsäure werden für je 5 bis 10 mg Au 2 ml einer 0,5n Natriumarsenat(III)lösung zugegeben, dann wird bis zur Entfärbung der Lösung erhitzt [Reduktion zu Au(I)]. Jetzt wird sofort mit frisch bereiteter, filtrierter 1%iger Reinecke-Salzlösung gefällt, wobei pro 5 mg Au etwa 1 bis 1,5 ml Reagenslösung verwendet werden sollen. Nach 5 Min. Stehen in der Wärme ist die Fällung flockig geworden. Man kühlt und filtriert den blaßroten Niederschlag in einen A 1- oder G 5-Filtertiegel, wäscht ihn mit warmer 0,01n Salzsäure und trocknet bei 110 bis 120 °C. Umrechnungsfaktor auf Au: 0,3825.

Störungen. Nach [1] stören Ag(I), Hg(I), Hg(II), Pb(II), Pd(II), Cu(II), Sn(II), nach [2] auch Tl(I).

Bemerkungen. Nach MAHR und DENCK [2] löst sich der Niederschlag in thiocarbamidhaltigem Acetonitril, woraus sich die Möglichkeit einer photometrischen Bestimmungsmethode ergibt. Allerdings sollen die gemessenen Extinktionen zeitabhängig sein.

MAJKOWSKA und WAWRZYCZEK [1] hydrolysieren das Goldreineckat mit 2 n Natronlauge, filtrieren Chromoxidhydrat und Gold ab und bestimmen die im Filtrat vorhandene Thiocyanatmenge maßanalytisch mit 0,1 n Silbernitratlösung nach VOLHARD (1 ml = 4,92 mg Au).

Literatur: [1] MAJKOWSA, H., u. V. WAWRZYCZEK: Fr. **180**, 418 (1961). — [2] MAHR, C., u. W. DENCK: Fr. **149**, 67 (1956).

3 Elektrogravimetrische Bestimmungsmethoden.

3.1 Bestimmung aus Cyanidlösung.

Prinzip. Gold wird aus alkalischer, cyanidhaltiger Lösung, in der es als Dicyanoaurat(I)-komplex vorliegt, an Platinelektroden aus ruhender oder bewegter Lösung bei Zimmertemperatur oder erhöhter Temperatur abgeschieden.

Arbeitsvorschrift nach Treadwell [1] zur Bestimmung aus ruhender Lösung. Man setzt der goldhaltigen Lösung Kalilauge bis zur alkalischen Reaktion und 1 bis 2 g Kaliumcyanid pro 0,1 bis 0,2 g Au zu. Unter Verwendung einer Platinnetzkathode nach WINKLER elektrolysiert man entweder bei 60 °C und einer Stromstärke von 0,1 bis 0,3 A oder bei Zimmertemperatur (2,4 bis 2,5 V Spannung). Nachdem man sich von der Vollständigkeit der Fällung überzeugt hat, nimmt man die Netzelektrode unter gleichzeitigem Abspülen aus dem Elektrolyten, wäscht sie zunächst mit Wasser, dann mit Äthanol und wägt nach dem Trocknen aus.

Arbeitsvorschrift zur Bestimmung aus bewegter Lösung. Man verfährt wie oben, benutzt jedoch eine rotierende Netzkathode mit 500 Upm bei 30 bis 50 °C, 2,5 bis 2,6 V Spannung und 0,05 bis 0,3 A Stromstärke. 0,1 g Au sollen in 30 Min. gefällt werden können.

Bemerkungen. Nach BERL-LUNGE [2] ist es vorteilhaft, versilberte Kathoden für die Abscheidung des Goldes zu verwenden, weil dadurch Platinverluste beim Ablösen der Goldniederschläge vermieden werden, wofür nach PERKIN und PREBBLE 2- bis 3%ige Kaliumcyanidlösung mit einem Zusatz an Wasserstoffperoxid oder Ammoniumperoxodisulfat geeignet ist.

Für die Abscheidung von etwa 0,1 g Au werden nach [2] ohne Rühren und mit Stromstärken zwischen 0,3 und 0,8 A bei 50 °C 2 bis 3 Std., bei Zimmertemperatur 10 bis 14 Std. benötigt.

Schnellelektrolytisch sind bei 40 bis 50 °C und Stromstärken von 0,5 bzw. 4 A für die Abscheidung von etwa 0,1 g Au 30 bzw. 10 Min. erforderlich.

Die Anode kann Gewichtsverminderungen von einigen Zehntel Milligramm aufweisen, ohne daß ein entsprechendes Übergewicht an der Kathode zu bemerken ist.

Bei Luftzutritt löst sich das abgeschiedene Gold nach dem Abschalten des Stromes in der Cyanidlösung wieder auf. Deshalb wird der rein gelbe Niederschlag in jedem Fall ohne Stromunterbrechung gründlich ausgewaschen.

Nach TREADWELL [3] werden die letzten Reste des Goldes erst bei Potentialen niedergeschlagen, bei denen sich auch schon Wasserstoff an der Kathode abscheidet.

Trennungsmöglichkeiten. Nach TREADWELL [3] ist die Bestimmung des Goldes aus Cyanidlösungen für die Trennung von anderen, gleichfalls Cyanokomplexe bildenden Schwermetallen wenig geeignet, überhaupt nicht für die wichtige Trennung Gold-Silber.

SMITH [4] führt an, daß Gold aus cyankalischer Lösung von Co, Fe(II), Ni, Sb und Zn abgetrennt werden kann, wobei der Kaliumcyanidzusatz auf 3 bis 4 g erhöht wird und die Arbeitsbedingungen, die von den in der obigen Arbeitsvorschrift angeführten abweichen können, genau einzuhalten sind. Es werden folgende Einzelvorschriften angegeben:

Trennung Au-Cu. Man fällt aus 250 ml mit 4 g KCN ruhend bei 40 °C mit 1,7 bis 1,9 V und 0,05 bis 0,08 A.

In gleicher Weise wird bei den Trennungen *Au-Mo, Au-Os, Au-W* und *Au-Sb* (Zusatz von 0,5 bis 1 g Weinsäure) verfahren.

Trennung Au-Pd. Man fällt aus 250 ml mit 2 g KCN entweder ruhend bei 65 °C und 0,03 bis 0,6 A oder schnellelektrolytisch bei 65 °C mit 6 V und 2 A.

Trennung Au-Pt. Man fällt aus 250 ml mit 1,5 g KCN entweder ruhend bei 70°C mit 2,7 V und 0,01 A oder schnellelektrolytisch bei 70 °C mit 6 V und 2,5 A.

Literatur: [1] TREADWELL, W. D.: Elektroanalytische Methoden, Berlin 1915, S. 94. — [2] BERL-LUNGE: II, 2, 915 (1932). — [3] TREADWELL, W. D.: Helv. 4, 364 (1921). —[4] SMITH, E. F.: Quantitative Elektroanalyse, Stuttgart 1908, S. 241.

3.2 Bestimmung aus Thioauratlösung.

Prinzip. Durch Zugabe überschüssiger Natriumsulfidlösung wird eine Lösung von Thioaurat hergestellt, aus der das Gold durch Abscheidung an einer Platinelektrode bestimmt werden kann.

Arbeitsvorschrift nach Berl-Lunge [1]. Man setzt der Goldsalzlösung kaltgesättigte Natriumsulfidlösung zu, bis sich der anfangs entstehende Niederschlag wieder vollständig aufgelöst hat. Dann fällt man aus etwa 125 ml bei ruhendem Elektrolyten und Zimmertemperatur. Etwa 0,1 g Au lassen sich bei Stromstärken von 0,1 bis 0,25 A in 5 bis 6 Std. abscheiden.

Trennungsmöglichkeiten. Nach SMITH [2] ist die Trennung des Goldes von den gleichfalls Thiosalze bildenden Elementen As, Mo und W möglich.

Bemerkung. Nach [1] ist die Bestimmungsmethode aus Thioauratlösung derjenigen aus Cyanoauratlösung gleichwertig.

Literatur: [1] BERL-LUNGE: II, 2, 915 (1932). - [2] SMITH, E. F.: Quantitative Elektroanalyse, Stuttgart 1908, S. 241.

3.3 Sonstige Bestimmungsmethoden.

3.3.1 Bestimmung aus alkalischer Lösung.

Prinzip. Eine Salz- und Salpetersäure enthaltende Lösung wird mit Natronlauge im Überschuß versetzt und das in ihr vorhandene Gold an einer Platinnetzelektrode abgeschieden.

Arbeitsvorschrift nach Norwitz [1]. Man löst die Einwaage im 300-ml-Elektrolysiergefäß mit je 5 ml Salz- und Salpetersäure und kocht nach Zusatz von 20 ml Wasser zur Vertreibung der Stickstoffoxide. Dann verdünnt man mit 100 ml Wasser, neutralisiert mit 15%iger Natronlauge und gibt einen Überschuß von 15 ml zu. Die auf 190 ml verdünnte Lösung wird dann 30 bis 45 Min. lang unter Rühren elektrolysiert. Das Gold wird mit einer Stromdichte von 2 A/dm² auf einer Platinnetzelektrode niedergeschlagen, mit Wasser und Äthanol gewaschen und ausgewogen.

Störungen. In Gegenwart von Cyanid werden zu niedrige Resultate erhalten. Andere Schwermetalle müssen vorher abgetrennt werden.

Literatur: [1] NORWITZ, G.: Anal. chim. Acta 5, 332 (1951).

3.3.2 Bestimmung aus phosphathaltigen Lösungen.

Prinzip. Geringe Mengen Gold (z. B. 30 bis 40 mg) können nach CADWELL und LEAVELL [1] aus stark sauren oder neutralen Phosphatlösungen an einer rotierenden Kathode abgeschieden werden.

LEAVELL [2] trennt Au und Cu in salzsaurer, phosphorsäurehaltiger Lösung bei 60 °C und begrenzter Spannung.

TANAKA [3] gibt das Abscheidungspotential des Goldes aus 0,2 m Natriumpyrophosphatlösung — gemessen gegen die ges. Kalomelelektrode — bei pH 7 mit + 0,10 V und bei pH 10 mit + 0,05 V an. Bei pH 10 können die Trennungen Au-Cu, Au-Pd und Au-Cd ausgeführt werden. Bei pH 7 ist die Trennung Au-Cu möglich.

Literatur: [1] CADWELL, S. M., u. G. LEAVELL: Am. Soc. 41, 1 (1919). — [2] LEAVELL, G.: Fr. 60, 47 (1921). — [3] TANAKA, M.: Jap. Analyst 12, 631 (1963) (jap.).

3.3.3 Bestimmung aus Thiocyanatlösungen.

Prinzip. PERKIN und PREBBLE [1] versetzen die goldhaltige Lösung mit Ammoniumthiocyanat und bestimmen das Gold aus dieser Lösung.

Literatur: [1] PERKIN u. PREBBLE: Elchemist and Metallurgist **3**, 490 (1904).

3.3.4 Bestimmung nach der Methode der „inneren" Elektrolyse.

Prinzip. Auf die bei den sonstigen elektrogravimetrischen Verfahren benötigte äußere Gleichstromquelle wird verzichtet. An ihre Stelle tritt das Potentialgefälle zwischen zwei verschiedenen über einen Stromschlüssel (Diaphragma) verbundenen Halbzellen, von denen die eine das zu bestimmende (edlere) Metall in gelöster Form enthält.

Nach DESCHAMPS und BONNAIRE wird Gold aus salzsaurer Lösung abgeschieden [1]; SOMMER [2] bestimmt Gold unter Verwendung einer Kupferanode aus Lösungen, die Salz- und Salpetersäure nebeneinander enthalten (50 ml Probelösung + 1 ml 20%ige Salpetersäure + 0,2 ml 10%ige Salzsäure; Stromstärke 3 bis 8 mA, 85 bis 87 °C, Dauer 30 bis 40 Min.). Die Trennung Au-Ag gelingt mit einer Silberanode nicht. Aus Cyanidlösung ist Gold nicht abzuscheiden.

Literatur: [1] DESCHAMPS, P., u. Y. BONNAIRE: Mikrochim. A. **1962**, 463. — [2] SOMMER, L.: Chem. Listy **48**, 1151 (1954) (tschech.).

3.3.5 Bestimmung nach der Methode der Elektrolyse bei konstantem Potential.

Prinzip. Das Kathodenpotential wird während der Abscheidung des zu bestimmenden Metalls konstant gehalten.

TANAKA [1] gibt folgende Kathodenpotentiale — gemessen gegen eine ges. Kalomelelektrode — für die Bestimmung des Goldes aus verschiedenen Elektrolyten an:

aus 0,3 n Salzsäure mit 0,14 m NH_2OHHCl	$+0,60$ V
aus einer Lösung mit 5 ml H_2SO_4/200 ml	$+0,70$ V
aus 0,4 n Salpetersäure	$+0,70$ V
aus 0,4 m Tartrat- $+0,1$ m Hydrogentartratlösung	$+0,50$ V
aus 0,4 m KCN- $+0,2$ n KOH-Lösung	$-1,00$ V
aus Lösungen mit einem 3fach molaren Zusatz an ÄDTA	
und 5 g $NH_4NO_3 + 2$ g NH_2OHHCl/200 ml, pH 3	$+0,60$ V
und 5 g NH_4-acetat/200 ml, pH 5	$+0,40$ V
und 20 ml NH_3-Lösung $+ 2$ g $NH_4Cl + 180$ ml Wasser (pH 10)	$-0,15$ V

Aus weinsaurer Lösung wird keine quantitative Abscheidung erzielt.

Literatur: [1] TANAKA, M.: Jap. Analyst **6**, 341, 409, 477, 617 (1957); **8**, 501 (1959) (jap.).

4 Titrimetrische Bestimmungsmethoden.

4.1 Methoden, die auf der Reduktion von Au(III) zu elementarem Gold beruhen.

4.1.1 Reduktion mit Eisen(II)-ionen.

Prinzip. Au(III) wird in saurer Lösung durch Fe(II)-Ionen zu elementarem Gold reduziert. Die Titrationen können mit amperometrischer, potentiometrischer oder visueller Endpunktsanzeige durchgeführt werden.

Arbeitsvorschrift nach French [1] zur indirekten Bestimmung des Goldes in Elektrolyten mit visueller Indication. 5 ml Probelösung werden mit 10 ml Wasser verdünnt und mit 3 Tropfen Schwefelsäure sowie einem Überschuß Fe(II)-Lösung (153,5 g Mohrsches Salz und 1 ml konz. Schwefelsäure im Liter) versetzt. Dabei erfolgt eine Farbänderung von Gelb nach Grün. Nach dem Absetzen des Goldniederschlages wird auf 100 ml verdünnt und der Überschuß Fe(II) mit Kaliumpermanganatlösung zurücktitriert. 1 ml Fe(II)-Maßlösung entspricht 25 mg Au.

Bemerkung. Die Rücktitration kann auch mit einer 0,05 n Kaliumdichromatlösung in 1%iger Schwefelsäure erfolgen, wenn der gegen Lackmus neutralisierten Au(III)-Salzlösung vorher 25 ml (Überschuß) 0,05 n Ammoniumeisen(II)-sulfatlösung zugesetzt wurden. Als Indicator dient dabei eine 0,2%ige Phenylanthranilsäurelösung, von der 3 bis 4 Tropfen benötigt werden. Der Farbumschlag erfolgt nach Rotviolett.

Arbeitsvorschrift nach Čirkov und Romanova [2] zur Bestimmung des Goldes in Ag- und Cu-haltigen Juwelierschmelzen. Etwa 0,18 g Einwaage werden mit 15 ml Königswasser in Lösung gebracht, wobei Silberchlorid ausfällt. Man setzt der Lösung, ohne den Niederschlag abzufiltrieren, 5 ml 10%ige Kupfersulfatlösung zu und neutralisiert mit 30%iger Alkalilauge bis zur beginnenden Dunkelfärbung des Silberchloridniederschlages (Ag_2O-Bildung). Dann säuert man mit 5 ml 80%iger Phosphorsäure an und titriert mit 0,05 n Eisen(II)-sulfatlösung in 5%iger Schwefelsäure.

Die Indicatorelektrode besteht aus Gold oder vergoldetem Platin, die Bezugselektrode ist eine Kupfersulfatelektrode. Beide Elektroden werden über einen Widerstand von etwa 20000 Ω kurzgeschlossen. Als Meßinstrument dient ein Mikroamperemeter. Der bei der Titration auftretende Polarisationsstrom ermöglicht die Aufzeichnung von Titrationskurven. Ein Teil des reduzierten Goldes setzt sich an der Goldelektrode ab und kann Fehler in der Größenordnung von 10^{-6} g verursachen. Durch die Erhöhung des äußeren Widerstandes oder die Verkürzung der Titrationszeit können diese Fehler verringert werden.

Arbeitsweise bei der Bestimmung mit potentiometrischer Indication. Nach MÜLLER und WEISBROD [3] setzt man der goldhaltigen Lösung zunächst etwas Chlorwasser zu, um das gesamte Gold dreiwertig vorliegen zu haben, und titriert dann mit Eisen(II)-sulfatlösung. Die Titrationskurve weist zwei „Sprünge" auf, von denen der erste die vollständige Reduktion des Chlors und der zweite die Beendigung der Ausfällung des Goldes anzeigt ($Au^{3+} + 3 Fe^{2+} \rightarrow Au + 3 Fe^{3+}$). Die zwischen den beiden „Sprüngen" verbrauchte Menge Fe(II)-Lösung entspricht der Goldmenge.

Die titrierte Lösung soll nicht zu stark salzsauer sein. Störungen, die durch Salpetersäure verursacht werden, können durch Zusatz von Kaliumsulfat und Äthanol nach dem ersten „Sprung" beseitigt werden. Es wird empfohlen, die Salpetersäure vor der Titration zu entfernen.

Cu, Hg, Pb sowie geringe Mengen Pd und Pt (bis zum Dreifachen der Au-Menge) in Gegenwart von Kaliumsulfat und Äthanol stören nicht.

WOLF [4] bestimmt Au und Cu in galvanischen Bädern, wobei zunächst das Gold in Abwesenheit von Fluorid titriert wird. Nach dem ersten Potentialsprung gibt man Fluorid hinzu und bestimmt die Kupfermenge auf Grund der jetzt erfolgenden Reduktion des Cu(II) zu Cu(I). Dabei wird durch einen Zusatz an Kaliumjodid sichergestellt, daß die Reduktion nicht über Cu(I) hinausgeht. Kupfer(I)-jodid fällt aus. Es wird in acetatgepufferter Lösung gearbeitet.

Literatur: [1] FRENCH, H.: Min. and Eng. World **37**, 853 (1912). — [2] ČIRKOV, S. K., u. V. S. ROMANOVA: Ž. anal. Chim. (russ.) **14**, 198 (1959). — [3] MÜLLER, E., u. F. WEISBROD: Z. anorg. Ch. **169**, 394 (1928). — [4] WOLF, S.: Galvanotech. Oberflächenschutz **3**, 302 (1962).

4.1.2 Reduktion mit Titan(III)-ionen.

Prinzip. Ti(III) kann in saurer, erwärmter Lösung für die reduktometrische Bestimmung des Goldes verwendet werden. Die Indication erfolgt visuell oder potentiometrisch.

Arbeitsvorschrift nach Růžička und Adámek [1] mit visueller Indication. Zu einer Abmessung der Probelösung wird das gleiche Volumen 4 n Salzsäure gegeben und diese Mischung zum Sieden erhitzt. Dann werden 5 Tropfen Indicatorlösung (s. u.) und direkt vor der Titration etwas Natriumhydrogencarbonat zugefügt, ehe mit 0,01 n Titan(III)-chloridlösung in einer CO_2-Atmosphäre bis zur Entfärbung titriert wird, wobei die Temperatur nicht unter 60 °C sinken darf.

Als Indicatoren werden Thionol (7-Hydroxylphenolthiazon-(2), rot), Thionolin (7-Aminophenothiazon-(2), rotviolett) oder Thionin (2,7-Diaminophenothiazonium-chlorid, blau) in Form gesättigter Lösungen in konz. Salzsäure (bei Thionol durch Kochen hergestellt) verwendet, die durch Ti(III) zu den farblosen Leukoverbindungen reduziert werden.

Genauigkeit. Folgende Ergebnisse von Beleganalysen für die Bestimmung von etwa 5 mg Au werden angeführt [1]:

mit Thionol als Indicator $+0,2$ und $+0,6\%$
mit Thionolin als Indicator $+2,9$ und $+1,8\%$
mit Thionin als Indicator $+0,4$ und $+0,4\%$

Demnach ist Thionolin weniger geeignet als die beiden anderen Indicatoren.

Einfluß anderer Ionen. Die Bestimmung ist neben Ni(II), Co(II), Al(III), Zn(II), Cd(II) und anderen Ionen, die durch Ti(III) nicht reduziert werden, durchführbar. Fe^{3+}, $[PtCl_6]^{2-}$, $Cr_2O_7^{2-}$, $[Fe(CN)_6]^{3-}$, VO_3^- und OsO_4 werden in analoger Weise bestimmt.

Bemerkung. Die Verwendung einer automatischen Bürette für Titrationen in inerter Atmosphäre wird wegen der leichten Oxydierbarkeit der Titan(III)-chlorid-lösung empfohlen.

Arbeitsvorschrift nach Zintl und Rauch [2] mit potentiometrischer Indication. Die salpetersäurefreie Gold(III)-salzlösung wird im Titrationsgefäß unter CO_2 etwa 10 Min. lang zum Sieden erhitzt, um den Luftsauerstoff auszutreiben. Dann läßt man abkühlen und gibt unter potentiometrischer Kontrolle einige Tropfen Kalium-bromatlösung zu, um sicherzustellen, daß das gesamte Gold in dreiwertiger Form vorliegt. Ein Überschuß Bromat ruft einen Potentialsprung hervor. Diese Operation ist wichtig, weil Gold(III)-chloridlösungen durch Staub aus der Luft in merklichem Ausmaß reduziert werden können. — Dann titriert man mit 0,1 n oder 0,01 n Titan(III)-chloridlösung, die vorher gegen Cu(II) bzw. Au(III) eingestellt worden sind. Am Ende der Titration ist ein Potentialsturz von 500 mV pro Tropfen 0,1 n Maßlösung festzustellen.

Einfluß anderer Ionen. Hg, Sn, Pb stören nicht. Cu kann neben Au bestimmt werden.

Literatur: [1] RŮŽIČKA, E., u. J. ADÁMEK: Fr. **195**, 411 (1963). — [2] ZINTL, E., u. A. RAUCH: Z. anorg. Ch. **147**, 256 (1925).

4.1.3 Reduktion mit Zinn(II)-ionen.

Prinzip. Die Bestimmung wird mit Zinn(II)-chloridlösung unter Zusatz von Seignettesalz und von Natriumhydrogencarbonat in geringem Überschuß durchgeführt. Der Endpunkt wird durch Tüpfeln mit Molybdatophosphat festgestellt (Blaufärbung).

Literatur: [1] FRANCESCHI, G.: L'Orosi **15**, 112.

4.1.4 Reduktion mit Vanadylionen.

Prinzip. Au(III) kann in alkalischer Lösung mit VO^{2+}-Ionen titriert werden. Die Ermittlung des Endpunktes geschieht auf potentiometrischem Wege.

Die Lösung soll dabei nach DEL FRESNO und MAIRLOT [1] einen Alkalimetallhydroxidgehalt zwischen 7 und 30% aufweisen und bei Temperaturen von 30 bis 70 °C titriert werden, wobei ein Strom sorgfältig gereinigten Stickstoffs hindurchgeleitet wird, um den Einfluß von Sauerstoff auszuschalten. In das Titriergefäß sind also gasdicht einzuführen: Zu- und Ableitungen für Stickstoff, ein Thermometer, die beiden Elektroden und die Bürette.

Als vorteilhaft gegenüber anderen Reduktionsmitteln [Sn(II), Cr(II) oder Ti(III)] wird angeführt, daß eine saure Vanadylsulfatlösung durch Luftsauerstoff nicht oxydiert wird und somit ohne Vorsichtsmaßnahmen aufbewahrt werden kann.

Literatur: [1] DEL FRESNO, C., u. E. MAIRLOT: Z. anorg. Ch. **214**, 73 (1933).

4.1.5 Reduktion mit Kupfer(I)-ionen.

Prinzip. Au(III) läßt sich mit einer Kupfer(I)-chloridlösung titrieren. Die Indication erfolgt potentiometrisch unter Verwendung einer Platin- und einer Kalomelelektrode.

Nach MÜLLER und TÄNZLER [1] überführt man zunächst das gesamte anwesende Gold durch Zusatz von Chlorwasser in den dreiwertigen Zustand und titriert dann mit einer Lösung von 2 g Kupfer(I)-chlorid je Liter 0,85 n Salzsäure. Der Einfluß des Luftsauerstoffs muß dabei ausgeschaltet werden.

Literatur: [1] MÜLLER, E., u. K. H. TÄNZLER: Fr. **89**, 339 (1932).

4.1.6 Reduktion mit Hydrochinon.

Prinzip. Au(III) wird in neutraler oder saurer Lösung durch Hydrochinon zu met. Gold reduziert. Die Indication erfolgt visuell, potentiometrisch oder amperometrisch.

Arbeitsvorschrift nach Belcher und Nutten [1] zur Bestimmung von 0,5 bis 2,0 mg Au mit visueller Indication. Die neutrale oder schwach saure Au(III)-Salzlösung wird mit 1 g Kaliumhydrogenfluorid versetzt und auf 50 ml verdünnt. Dabei soll — u. U. durch Zusatz von Salzsäure — eine Säurekonzentration von 0,05 n erreicht werden. Nach Zusatz von 1 ml Indicatorlösung (1%ige Lösungen von 3-Methyl- oder 3,3'-Diäthylbenzidin in Eisessig) wird mit einer Hydrochinonlösung, die 0,8375 g + 12 ml konz. Salzsäure im Liter enthält (1 ml = 1 mg Au) aus einer Mikrobürette bis zum Farbumschlag von Grün nach Violett titriert.

Bemerkungen. Benzidin und 2,7-Diaminofluoren können nach [1] gleichfalls als Indicatoren verwendet werden. Mit den genannten Stoffen sollen schärfere Farbumschläge erhalten werden als bei der Verwendung von o-Dianisidin nach MILAZZO [2], der die reduktometrische Bestimmung des Goldes mit Hydrochinon im Anschluß an ein Abtrennungsverfahren als Goldsulfid mit Kupfersulfid als „Sammler" durchführt. Dabei tritt ein systematischer Fehler von durchschnittlich −5% auf, der darauf zurückgeführt wird, daß beim nachfolgenden Lösen des Kupferoxids — entstanden durch das Abrösten des Sulfids — in Schwefelsäure auch etwas Gold gelöst wird. Bleisulfid soll als Sammler noch weniger geeignet sein als Kupfersulfid.

Bei der Titration stört Ir(IV), weil es vor dem o-Dianisidin reduziert wird. Pt und Pd stören etwas durch die Eigenfarbe ihrer Chloride.

Arbeitsvorschrift nach Czapliński und Trokowicz [3] zur Bestimmung des Goldes in Legierungen mit Cu und Ag bei potentiometrischer Indication. Von der Legierung mit maximal 33% Au wird eine Menge eingewogen, die etwa 140 mg Au enthält, und auf dem Sandbad mit Königswasser unter Zusatz von Natriumchlorid gelöst. Bei großen Silbergehalten löst man zunächst zweimal mit je 10 ml Salpetersäure (D 1,2 bzw. 1,4) vor, um die Hauptmenge Ag in Lösung zu bringen. — Die Lösung in Königswasser wird zur Trockne gedampft und nach Zugabe von 10 ml konz. Salzsäure nochmals bis auf 1 ml eingedampft. Darauf verdünnt man mit Wasser auf 100 ml, filtriert das ausgeschiedene Silberchlorid ab, wäscht mit Wasser bis zum Verschwinden der sauren Reaktion und füllt das Filtrat samt Waschwasser auf 250 ml auf.

Zur Titration entnimmt man 25 ml, verdünnt mit Wasser auf 100 ml und titriert mit 0,01 n Hydrochinonlösung. Als Elektroden werden dabei eine Platin- und eine ges. Kalomelelektrode benutzt. Die Potentiale stellen sich bei Arbeitstemperaturen zwischen 10 und 25 °C hinreichend schnell ein. (Nach SIMON und ZÝKA [4] wird in nahezu neutraler Lösung (pH 6) und bei 80 °C titriert).

Einfluß anderer Ionen. Nach [3] stören Cu, Sn, Cd und Pt nicht, nach [2] gleichfalls große Überschüsse Ni, Co und Pb sowie Mengen in der gleichen Größenordnung wie Au an Rh und Ir nicht. Hydrochinon wird außer durch Au(III) auch durch Hypochlorit, Bromat, Jodat, Hexacyanoferrat(III), Dichromat, Vanadat und Cer(IV), ferner durch elementares Chlor, Brom und Jod zum Chinon oxydiert.

Bemerkung. DOLEŽAL, HÖFER und ZÝKA [5] bestimmen Goldmengen bis herab zu 1 μg Au im pH-Bereich von 2 bis 7 mit 0,0001 n Maßlösung in 10 bis 20 ml Lösung. Der Fehler soll dabei etwa −5%, bei der Bestimmung von 50 μg etwa −1% betragen. Nach dem Verdünnen muß sofort titriert werden, weil sonst merkliche Minusfehler infolge der „freiwilligen" Reduktion des Au(III) eintreten können. 1 ml 0,0001 n Hydrochinonlösung entspricht 6,57 μg Au.

Arbeitsvorschrift nach Reišachrit und Suchobokova [6] zur Bestimmung des Goldes in Erzen oder Schlämmen mit amperometrischer Indication. Erze oder Schlämme werden mit Schwefelsäure aufgeschlossen, der Löserückstand wird leicht geglüht, in Königswasser gelöst und die Salpetersäure durch mehrfaches Abdampfen mit Salzsäure entfernt. Die so erhaltene Lösung verdünnt man mit 200 ml 2 n Schwefelsäure und titriert sie mit Hydrochinonlösung beim Potential 1,0 V gegen die ges. Kalomelelektrode. Als Indicatorelektrode dient eine rotierende Platinelektrode mit 800 bis 900 U/min (Durchmesser: 0,8 mm, Länge: 1 mm, eingeschmolzen in Glas). Die günstigste Titrationstemperatur liegt bei (60 ± 1) °C; bei niedrigeren Temperaturen verläuft die Reduktion zu langsam.

Genauigkeit. 0,2 bis 20 mg Au können mit Fehlern von 10 bzw. 1% bestimmt werden.

Einfluß anderer Ionen. Nach [6] werden Se(IV), Te(IV) und Pd(II) bei Spannungen bis 1,1 V weder an der Pt-Elektrode oxydiert noch durch das Hydrochinon reduziert.

Literatur: [1] BELCHER, R., u. A. J. NUTTEN: Soc. **1951**, 544. — [2] MILAZZO, G.: Anal. chim. Acta **3**, 126 (1949). — [3] CZAPLIŃSKI, A., u. J. TROKOWICZ: Chem. Anal. (Warsaw) **4**, 463 (1959). — [4] SIMON, V., u. J. ZÝKA: Chem. Listy **49**, 1646 (1955) (tschech.). — [5] DOLEŽAL, J., M. HÖFER u. J. ZÝKA: Československ. Farmac. **8**, 557 (1959) (tschech.). — [6] REIŠACHRIT, L. S., u. N. S. SUCHOBOKOVA: Ž. anal. Chim. (russ.) **12**, 146 (1957).

4.1.7 Reduktion mit Hydrazin.

Prinzip. Au(III) wird durch Hydrazin in saurer, neutraler oder alkalischer Lösung bei 80 bis 90 °C rasch zum Metall reduziert. Der Endpunkt wird potentiometrisch bestimmt.

Arbeitsvorschrift nach Zýka [1] zur Bestimmung von Goldmengen bis herab zu 0,1 mg. Man macht 20 ml der zu untersuchenden Lösung 0,001 bis 0,01 n salzsauer, erwärmt auf 80 bis 90 °C und titriert mit 0,1 bis 0,001 m Hydraziniumsulfatlösung. Als Elektroden werden eine Platin- und eine ges. Kalomelelektrode verwendet. Die Lösung färbt sich schon nach den ersten zugegebenen Mengen Maßlösung rotviolett durch kolloides Gold. Die Potentiale stellen sich sofort ein.

Einfluß anderer Ionen. Pd wird zusammen mit dem Au reduziert, Ir und Rh stören nicht, wenn sie im Verhältnis 1:1 neben Au zugegen sind. Bei der Au-Bestimmung neben Pt erhält man zwei Potentialsprünge, von denen der erste die beendigte Reduktion des Goldes, der zweite die des Platins anzeigt. Neben Ir, Rh und Pt soll möglichst schnell titriert werden.

Cu, Ni, Co, Cd, Pb stören auch dann nicht, wenn sie in großen Überschüssen vorliegen; Fe wird mit Fluorid maskiert.

Literatur: [1] ZÝKA, J.: Chem. Listy **48**, 1768 (1954) (tschech.).

4.1.8 Reduktion mit Ascorbinsäure.

Prinzip. Die reduktometrische Bestimmung des Goldes kann mit Ascorbinsäure bei 50 °C im pH-Bereich von 1,6 bis 3,0 vorgenommen werden. Der Endpunkt wird potentiometrisch unter Verwendung einer vergoldeten Platinelektrode und einer Kalomelelektrode ermittelt. Man titriert mit einer 0,01 n Ascorbinsäurelösung, deren Titer täglich zu überprüfen ist.

Einfluß anderer Ionen. Es stören nicht: Hg(II), Cu(II). Fe(III) wird mit Phosphorsäure maskiert. Pt(IV) bedingt positive Fehler; außerdem stören Br^-, SCN^- und CN^-.

Literatur: [1] ERDEY, L., u. G. RÁDY: Talanta (London) **1**, 159 (1958).

4.1.9 Reduktion mit Metol, p-Aminophenol oder p-Phenylendiamin.

Prinzip. Metol, p-Aminophenol und p-Phenylendiamin, Stoffe, die als photographische Entwickler Verwendung finden und leicht in die chinoide Form übergehen, sind geeignete Reduktionsmittel für die Bestimmung des Goldes mit potentiometrischer Endpunktsbestimmung.

Schwach saure Lösungen von Metol oder p-Aminophenol sind unabhängig von der an der Luft bald eintretenden Verfärbung mindestens drei Wochen lang titerbeständig. Nach SIMON und ZÝKA [1] kann man mit ihnen noch 0,1 mg Au in 20 ml Lösung bei pH 6 bestimmen.

Die p-Phenylendiaminmaßlösung wird nicht angesäuert. Man titriert mit diesem Reagens am besten in 0,5 bis 1%iger Salzsäure bei Raumtemperatur. Größere Mengen Fe werden mit Fluorid maskiert.

Ir darf im Verhältnis 1:1 zum Gold, Pt im Verhältnis 1:5 anwesend sein. Pd stört.

Literatur: [1] SIMON, V., u. J. ZÝKA: Chem. Listy **50**, 360 (1956) (tschech.).

4.1.10 Reduktion mit Oxalat.

Prinzip. Beim Kochen einer mit Alkalimetalloxalat versetzten Au(III)-chloridlösung wird das Gold in metallischer Form gemäß:

$$3\,C_2O_4^{2-} + 2\,Au^{3+} = 2\,Au + 6\,CO_2$$

abgeschieden.

Nach FRANCESCHI [1] setzt man Oxalat im Überschuß zu, kocht einige Minuten, filtriert nach dem Abkühlen, wäscht das ausgefallene Gold aus und titriert den Überschuß Oxalat nach dem Ansäuern (Schwefelsäure) mit Permanganatlösung zurück.

Dazu werden eine Kaliumoxalatlösung mit 8,3 g im Liter sowie eine Kaliumpermanganatlösung, von der 1 ml genau 1 ml der Oxalatlösung entspricht, verwendet.

Literatur: [1] FRANCESCHI, G. B.: Bull. chim. farmac. **33**, 35.

4.1.11 Reduktion mit Kohlenmonoxid.

Prinzip. Nach DONAU [1] besteht zwischen der Leitfähigkeitserhöhung, die nach erfolgter Reduktion einer $[AuCl_4]^-$-Lösung durch Kohlenmonoxid auftritt, und dem Goldgehalt ein Zusammenhang, der für die Bestimmung des Goldes auswertbar ist. Die Leitfähigkeitszunahme ist auch von der Menge Salzsäure, die zugegen ist, abhängig. Man säuert deshalb mit einem Tropfen Salzsäure (1:3) (etwa 3m) je 100 ml an.

Literatur: [1] DONAU, J.: M. **27**, 59 (1906).

4.2 Bestimmung mit Dithizon.

Prinzip. Au(III) bildet in saurer Lösung mit Dithizon ein gelbbraunes Dithizonat, das mit Kohlenstofftetrachlorid extrahierbar ist. Der Farbumschlag von Grün nach Gelb oder umgekehrt kann für die titrimetrische Bestimmung des Goldes mit visueller Indication ausgenutzt werden.

Arbeitsvorschrift nach Erdey und Rady [1] unter Verwendung einer Gold(III)-salzlösung bekannten Gehaltes. Ein genau abgemessenes Volumen Dithizonlösung wird in einen Scheidetrichter gegeben und aus einer Bürette mit der Au(III)-Salzlösung bekannten Gehaltes titriert. Dabei muß geschüttelt werden. Der Endpunkt der Titration wird durch einen Farbumschlag der Kohlenstofftetrachloridphase von Grün nach Gelb angezeigt. Damit ist der Titer der Dithizonlösung festgestellt.

Zur Bestimmung des Goldes in der Probelösung versetzt man anschließend eine Abmessung derselben mit einer bekannten, überschüssigen Menge der eingestellten Dithizonlösung und titriert den Überschuß mit der Au(III)-Salzlösung bekannten Gehaltes bis zur reingelben Farbe der CCl_4-Schicht zurück. Man verwendet eine Dithizonlösung in Kohlenstofftetrachlorid, die durch Verdünnen der für die photometrische Bestimmung (s. 5.4) hergestellten Lösung auf das Drei- bis Fünffache entsteht.

Genauigkeit. Bei 8 Bestimmungen von je 18,2 µg Au nach dieser Methode wurden nach [1] Ergebnisse zwischen 17,5 und 18,6 µg erhalten.

Arbeitsvorschrift nach Erdey und Rady [1] unter Verwendung einer Dithizonlösung bekannten Gehaltes. Man läßt die Dithizonlösung aus einer Bürette in den Schütteltrichter mit der zu bestimmenden Au(III)-Salzlösung fließen, wobei nach jedem Zusatz geschüttelt und die CCl_4-Menge abgelassen wird. Die Titration ist beendet, wenn die letzte zugegebene Dithizonmenge ihre grüne Farbe behält. Der Faktor der Dithizonlösung wird mit einer Au(III)-Salzlösung bekannten Gehaltes eingestellt.

Bemerkungen. In Anwesenheit von Cu(II) kann in gleicher Weise verfahren werden. Am Endpunkt tritt dann die rote Farbe des Cu-Dithizonates auf. Der Faktor der Dithizonlösung ist gleichfalls mit einer kupferhaltigen Au(III)-Salzlösung einzustellen.

Fe wird mit Phosphorsäure (am besten im 5fachen Molverhältnis) maskiert. Bezüglich der verwendeten Dithizonlösung gilt das oben Gesagte.

Genauigkeit. Bei 6 Bestimmungen von je 83,8 µg Au wurden Werte zwischen 79,9 und 85,8 µg gefunden [1].

Arbeitsvorschrift nach Erdey und Rady [1] zur Bestimmung des Goldes in Erzen. Zu 0,5 bis 10 g Probe werden 40 ml Königswasser gegeben. Man läßt das bedeckte Glas einige Stunden kalt stehen, erwärmt dann auf dem Wasserbad und fügt nach Beendigung des heftigen Lösevorganges noch 10 ml konz. Salzsäure hinzu. Nach Beendigung der Chlorentwicklung wird der ungelöste Rückstand abfiltriert und mit Salzsäure (1:1) ausgewaschen. Das Filtrat dampft man bis zur Sirupkonsistenz ein und befeuchtet es mehrfach mit konz. Salzsäure, um die Nitrate zu zerstören. Den Rückstand nimmt man mit n Salzsäure auf, wobei sich Silberchlorid abscheidet. Nach dem Verdünnen wird ein Anteil mit 30 bis 150 µg Au in einen Scheidtrichter pipettiert und nach Zugabe von 1 ml 2n Kaliumbromidlösung sowie — falls erforderlich — Phosphorsäure zur Maskierung des Eisens mit einer Dithizonlösung bekannten Gehaltes — wie oben angeführt — titriert.

Bemerkung. Bei mehr als 10 mg Fe soll das Gold zunächst mit einem Reduktionsmittel ausgefällt, dann wieder gelöst und mit Dithizon titriert werden.

Genauigkeit. ERDEY und RADY [1] führen Ergebnisse an, die an verschiedenen goldhaltigen Materialien erhalten wurden, und vergleichen sie mit den dokimastisch ermittelten Zahlen:

Material	Ergebnisse der dokimastischen Analyse [g/kg]			Ergebnisse des Dithizon-Verfahrens [g Au/kg]
	Au	Ag	Cu	
E-Schlamm	2,93	24,00	viel	2,8
	1,42	21,70	viel	1,36
Industrieabfall	0,40	33,08	viel	0,45
Pyrit	20,8 g/t			19,5 g/t
Silikat	etwa 5 g/t			4,6 g/t

Arbeitsvorschrift nach Young [2] zur Bestimmung des Goldes in Kupellationskörnern. Der in Schwefelsäure (1:1) unlösliche Rückstand wird in Königswasser gelöst und die Lösung zur Trockne gedampft. Man nimmt die Chloride mit möglichst wenig Salzsäure auf, verdünnt auf 10 bis 15 ml und titriert nach Zugabe von 0,2 ml Salzsäure mit Dithizonlösung (hergestellt durch Verdünnen einer Vorratslösung mit 45 mg Dithizon in 200 ml CCl_4 auf das Zehnfache) bis zum Farbumschlag von Gelb nach Grün (s. Arbeitsvorschrift nach ERDEY und RADY unter Verwendung einer Dithizonlösung bekannten Gehaltes). Ein Zusatz von 0,1 ml 10%iger Natriumbromidlösung vor der Titration soll die Bildung des Silberdithizonats verhindern.

Genauigkeit. Nach YOUNG [2] beträgt der Fehler bei Au-Mengen von 0,010 bis 0,025 mg etwa 0,001 bis 0,002 mg (absolut).

Bemerkungen. Platin und Palladium können gleichfalls erfaßt werden.

HRANISAVLJEVIĆ-JAKOVLJEVIĆ und Mitarb. [3] geben ein Trennungsverfahren für Ag, Au, Pt und Pd an, bei dem zunächst eine Extraktion aus wäßriger Lösung mit einer Dithizonlösung in Chloroform, dann die Trennung der Dithizonkomplexe voneinander durch Dünnschichtchromatographie erfolgen.

Literatur: [1] ERDEY, L., u. G. RADY: Fr. **135**, 1 (1952). — [2] YOUNG, R. S.: Analyst **76**, 49 (1950). — [3] HRANISAVLJEVIĆ-JAKOVLJEVIĆ, M., I. PEIKOVIĆ-TADIĆ u. J. MILKOVIĆ — STOJANOVIĆ: Mikrochim. A. **1965**, 141.

4.3 Bestimmung mit Äthylendiamintetraessigsäure.

Prinzip. Die Bestimmung erfolgt indirekt, indem das bei der Umsetzung von Au(III) mit Tetracyanoniccolat(II) in Freiheit gesetzte, der Goldmenge äquivalente Ni^{2+} mit ÄDTA titriert wird. Dabei setzt man überschüssige ÄDTA zu und titriert mit Mangan(II)-sulfatlösung unter Verwendung von Eriochromschwarz T als Indicator zurück.

Arbeitsvorschrift nach Kinnunen und Merikanto [1] zur Bestimmung des Goldes in Legierungen mit Platin- und anderen Metallen. Man löst 0,5 g Probe in Königswasser, filtriert u. U. entstandenes Silberchlorid ab, füllt die Lösung auf 100 ml auf, versetzt 20 ml dieser Lösung [mit bis zu 60 mg Au(III)] in einem 100-ml-Scheidetrichter mit 2 ml konz. Salzsäure und extrahiert 3- bis 4mal mit je 15 ml Äther. Die vereinigten Extrakte werden dann mit je 2 ml konz. Salz- und Salpetersäure sowie 10 ml Wasser versetzt, worauf der Äther auf dem Dampfbad entfernt wird. Die verbleibende Lösung wird auf 50 ml gebracht und gegen Bromkresolgrün neutralisiert. Dann gibt man 5 ml 0,1 n Salzsäure und 10 ml 2,5%ige $K_2[Ni(CN)_4]$-Lösung und nach dem Vermischen 5 bis 10 ml Pufferlösung (350 ml konz. Ammoniaklösung $+54$ g Ammoniumchlorid im Liter) hinzu. Anschließend läßt man die Lösung in einen Überschuß Na-ÄDTA-Lösung einfließen, versetzt — falls die Lösung nicht klar bleiben sollte — mit einer weiteren Menge Pufferlösung, gibt nach 15 Min. 0,1 g Ascorbinsäure und einige Tropfen einer 4%igen Eriochromschwarz-T-Lösung in Äthanol zu und titriert den Überschuß an ÄDTA mit 0,01 m Mangan(II)-sulfatlösung bis zum Farbumschlag von Grün nach Rot zurück. 1 ml 0,01 m Na-ÄDTA-Lösung = 1,97 mg Au.

Das verwendete $K_2[Ni(CN)_4]$ ist durch einen Blindversuch auf einen etwaigen Verbrauch an Na-ÄDTA-Lösung zu untersuchen, der entsprechend berücksichtigt werden muß.

Literatur: [1] KINNUNEN, J., u. B. MERIKANTO: Chemist-Analyst **44**, 11 (1955).

4.4 Bestimmung mit Unithiol bzw. Thioharnstoff.

Prinzip. Die Titration wird in salzsaurer Lösung mit amperometrischer Indication durchgeführt. Unithiol = 2,3 — Dimercaptopropansulfosäure (Na-Salz).

Arbeitsvorschrift nach Ssongina, Osspanov und Roshdesstwenskaja [1] zur Bestimmung von Gold in Konzentraten. 1 bis 5 g Probe werden in 15 bis 20 ml Salzsäure (1 + 1) (etwa 6m) und 15 ml Salpetersäure (1,4) gelöst. Die Lösung wird bis auf 5 bis 7 ml eingedampft und diese Operation nach Zusatz von 0,1 bis 0,2 g Natriumchlorid und 3 bis 5 ml Salzsäure zweimal wiederholt. Den Rückstand nimmt man mit 6 bis 7 ml konz. Salzsäure auf und verdünnt mit Wasser auf 50 oder 100 ml. Ein Anteil davon wird mit Ammoniumfluorid zur Maskierung von Fe(III) versetzt und mit 0,001 bis 0,002 m Unithiollösung an einer rotierenden Platinelektrode bei $+0,8$ V gegen die ges. Kalomelelektrode titriert. Minimal 50 µg Au/25 ml können erfaßt werden.

Einfluß anderer Ionen. Pb, Zn, Ag, Bi stören nicht, desgleichen bis zu 3% Salpetersäure und Cu, dessen Anwesenheit in 100fachem Überschuß sich günstig auf die Titration auswirken soll.

Bemerkungen. Bei der Titration mit Thioharnstoff, die nach PASHCHENKO u. Mitarb. [2] gleichfalls amperometrisch indiciert wird, entsprechen 3 Mole Thioharnstoff 1 g-Atom Au (zwei sollen für die Reduktion Au(III) $\rightarrow$ Au(I), das dritte zur Bildung von $[Au(SCN_2H_4)]^+$ verbraucht werden). Bei 7 Bestimmungen von je 0,195 mg Au neben 500- bis 2000fachen Mengen an Cu, Fe, Pb, Ag, Zn, Se wurden Fehler von 0,5 bis 2,5 % festgestellt.

Literatur: [1] SSONGINA, O. A., K. K. OSSPANOV u. Z. B. ROSHDESSTWENSKAJA: Betriebslab. (russ.) 30, 664 (1964). — [2] PASHCHENKO, A. I., O. A. SSONGINA u. N. I. KARGINA: Betriebslab. (russ.) 31, 1312 (1965).

4.5 Bestimmung durch jodometrische Titration.

Prinzip. Tetrachloroaurat(III)-ionen reagieren mit Jodidionen unter Bildung von Gold(I)-jodid und Jod gemäß folgender Gleichung:

$$[AuCl_4]^- + 3\,J^- \rightarrow AuJ + J_2 + 4\,Cl^-.$$

Das in Freiheit gesetzte Jod wird mit Thiosulfatlösung bestimmt. Die Endpunktsbestimmung erfolgt visuell über die Jodstärkereaktion oder potentiometrisch.

Arbeitsvorschrift nach Sudilovskaja [1] zur Bestimmung des Goldes in Dicyanoaurat(I)-lösungen. 10 ml Elektrolyt mit 50 mg Au werden in einem 250-ml-Erlenmeyerkolben mit 2 ml 10%iger Natronlauge und 100 ml gesättigtem Bromwasser 10 Min. auf dem Wasserbad erwärmt und danach 5 Min. gekocht. Man kühlt auf 70 bis 80 °C ab und gibt noch weitere 25 ml Bromwasser zu. Bei einem Kaliumcyanidgehalt von mehr als 25 g pro Liter werden beim zweiten Mal 50 ml Bromwasser auf je 5 g Kaliumcyanid zugefügt. Man kocht 10 Min. lang, neutralisiert mit n Salzsäure gegen Kongorot und versetzt mit 0,1 bis 0,2 ml der Säure im Überschuß. Dann kocht man weitere 20 bis 30 Min. bis zum völligen Entweichen des Broms, kühlt ab, verdünnt mit Wasser auf 50 ml und überzeugt sich, daß die Lösung noch sauer gegen Kongorotpapier reagiert. Nun werden 0,1 g kristallisiertes Natriumfluorid und 15 ml 10%ige Kaliumjodidlösung hinzugegeben; dann verschließt man den Kolben und titriert das freigesetzte Jod nach 10 Min. mit 0,1 n Thiosulfatlösung in Gegenwart von Stärke.

1 ml 0,1 n Thiosulfatlösung = 9,86 mg Au. Der relative Fehler soll nach [1] zwischen −2,2 und +0,2% liegen.

Arbeitsvorschrift nach Ebert und Dirscherl [2] zur Mikrobestimmung des Goldes in Goldoleosolen. Man bringt 1 ml (etwa 0,9 g) des Sols mit 10 ml Benzol in einen Mikro-Kjeldahl-Kolben, versetzt mit etwa 0,5 g Al_2O_3 nach BROCKMANN und schüttelt. Nach etwa 30 Min. ist die Adsorption des Goldes beendet. Die überstehende Flüssigkeit hat dann die Farbe des reinen Öles angenommen, das Aluminiumoxid ist rot-rotviolett gefärbt. Man filtriert in einen Filtertiegel A 2, wäscht mit Äther, trocknet und glüht in einem elektrischen Ofen bei 700 °C, um etwa mit adsorbierte, organische Substanz zu verbrennen. Nach dem Abkühlen bringt man eine Spatelspitze Kaliumchlorat, 2 ml 2n, und anschließend 0,5 ml konz. Salzsäure in den auf die Absaugvorrichtung gesetzten Tiegel, wobei die rote Färbung des Al_2O_3 sofort verschwindet. — Nach 10 Min. saugt man ab, wäscht mehrfach mit heißer 2n Salzsäure nach, dampft auf dem Wasserbad bis auf etwa 2 ml ein, fügt zur Entfernung noch vorhandenen Chlors zweimal eine Mischung von 1 ml 2n und 1 ml konz. Salzsäure zu und engt bis auf etwa 1 ml ein. Die Dämpfe werden mit Kaliumjodid-Stärke-Papier auf Chlor geprüft. Man darf nicht zur Trockne eindampfen, weil sich sonst elementares Gold ausscheidet. Nach dem Erkalten wird die Lösung in ein Spitzröhrchen nach GORBACH übergeführt, mit einer Spatelspitze Kaliumjodid versetzt und unter Verwendung von 2 Tropfen Stärkelösung als Indicator mit 0,02 n Natriumthiosulfatlösung titriert, die gegen Gold eingestellt wird. Die Titration wird mit einer Mikrobürette nach GORBACH ausgeführt, die 200 µl faßt und das Schätzen von 0,1 µl erlaubt. Die Farbe der Lösung ändert sich während der Titration von Blau über Bräunlich nach Farblos. Der Endpunkt ist am besten in Durchsicht von oben gegen einen weißen Untergrund zu erkennen. Die Ablesebreite beträgt ±0,5 µl, was ±1 µg Au entspricht.

Bemerkungen. Die jodometrische Bestimmungsmethode für Gold wurde zuerst von PETERSON [3] veröffentlicht. Er stellte fest, daß auf 1 Au(III)-chlorid 3 Thiosulfationen verbraucht würden. Davon sollten zwei für das bei der Reduktion des dreiwertigen zum einwertigen Gold (in Form von Gold(I)-jodid) entstandene Jod benötigt werden, das dritte für die Bildung eines „Natriumgold(I)-thiosulfates", für das die Formel $NaAu(S_2O_3)$ angegeben wurde.

Im Gegensatz dazu fanden GOOCH und MORLEY [4], daß das Thiosulfat ausschließlich durch das in Freiheit gesetzte Jod verbraucht wird. Sie entfernen freies Chlor aus den Lösungen, indem sie diese mit einem Überschuß an Ammoniak zum gelinden Sieden erhitzen und dann wieder ansäuern, darauf den gesamten Vorgang nochmals wiederholen. Bei der üblichen Eindampfmethode kann leicht eine Reduktion des Au(III) erfolgen.

RUPP [5] sah den Hauptgrund für den zu hohen Thiosulfatverbrauch in der Unbeständigkeit des bei der Titration nach PETERSON entstehenden Gold(I)-jodids, das gemäß $AuJ = Au + J$ zerfallen soll, weil die austitrierten Lösungen beim Stehen Jod ausscheiden. Er schlug deshalb eine indirekte Titration mit Jodlösung nach Zusatz überschüssigen dreiwertigen Arsens zur Reduktion des Au(III) vor.

VANINO und HARTWANGER [6] erhielten auch nach der Arbeitsweise von GOOCH und MORLEY um einige Prozent zu hohe Resultate und empfehlen den Zusatz von Jodat, wodurch auch der an das Gold(III)-chlorid gebundene Chlorwasserstoff $(AuCl_3 \cdot HCl = H[AuCl_4])$ unter Abscheidung von Jod reagiert:

$$6\ HCl + 5\ J^- + JO_3^- = 6\ J + 6\ Cl^- + 3\ H_2O.$$

Der nach dem Verfahren von PETERSON auftretende Fehler soll dadurch erniedrigt werden, wobei allerdings keine freie Säure anwesend sein darf. VANINO und HARTWANGER [6] geben an, daß bei der Bestimmung nach PETERSON Fehler zwischen 4 und 10% auftreten, während nach der VANINO-Methode unter Zusatz von Jodat lediglich ein solcher von 1 bis 2,5% erhalten wird, wenn sich die zu bestimmende Goldmenge zwischen 2 und 9 mg bewegt. LENHER [7] titriert das bei der Reduktion des Au(III) zu Au(I) entstandene elementare Jod (Brom) mit eingestellter Schwefeldioxidlösung.

Arbeitsvorschrift nach Someya [8] zur Bestimmung des Goldes mit potentiometrischer Indication. Als Indicatorelektrode dient eine Platin-, als Vergleichselektrode eine Normalkalomelelektrode. Zunächst versetzt man die Au(III)-Salzlösung unter potentiometrischer Kontrolle mit ges. Chlorwasser, bis ein Potential von 1,0 V erreicht ist. Dann liegt das gesamte Gold im dreiwertigen Zustand vor. Nun wird sofort mit Kaliumjodidlösung titriert, wobei zunächst ein Potentialsprung die beendigte Reduktion des überschüssigen Chlors zum Chlorid anzeigt. Bei weiterem Zusatz von Jodidlösung erfolgt die Reduktion: Au(III) → Au(I), unter Bildung eines weißen Niederschlags von Gold(I)-jodid, deren Beendigung einen zweiten Potentialsprung hervorruft. Die zwischen den beiden „Sprüngen" verbrauchte Menge Jodidlösung entspricht dem in der Lösung enthaltenen Gold.

Einfluß anderer Ionen. Nach SOMEYA [8] kann die Bestimmung neben Cu(II) und Te(IV) durchgeführt werden.

Literatur: [1] SUDILOSVKAJA, E. M.: Betriebslab. (russ.) **16**, 1312 (1950). — [2] EBERT, L., u. A. DIRSCHERL: Mikrochemie **35**, 346 (1950). — [3] PETERSON, H.: Z. anorg. Ch. **19**, 59 (1899). — [4] GOOCH, F. A., u. F. H. MORLEY: Z. anorg. Ch. **22**, 200 (1900). — [5] RUPP, E.: B. **35**, 2011 (1902). — [6] VANINO, L., u. F. HARTWANGER: Fr. **55**, 377 (1916). — [7] LENHER, V.: Am. Soc. **35**, 733 (1913). — [8] SOMEYA, K.: Z. anorg. Ch. **187**, 337 (1930).

4.6 Bestimmung durch heterometrische Titration mit Rubeanwasserstoff, Nitron, Phenantrolin und Papaverin.

Prinzip. BOBTELSKY und Mitarb. [1 bis 5] titrieren Au(III) z. T. neben Pt(IV) und/oder Pd(II) heterometrisch und nutzen dabei die Tatsache aus, daß Au(III) mit bestimmten Reagenzien je nach den Arbeitsbedingungen unterschiedliche Niederschläge definierter Zusammensetzung bildet.

Mit Rubeanwasserstoff (Rub.) nach Bobtelsky und Eisenstadter [1]. 1 mg Au(III) in 20 ml ist zu erfassen. Es werden je nach dem pH-Wert drei verschiedene Verbindungen gebildet: Au(Rub.) bei pH 1 bis 3, $Au_2(Rub.)_3$ bei pH 5 bis 7 und Au_3 $(Rub.)_2$ bei pH 8 bis 10.

Mit Nitron (Nit.) nach Bobtelsky und Eisenstadter [2]. 1,5 mg Au(III) in 20 ml sind zu erfassen. Bei der Titration der Au(III)-Chloridlösung unter Zusatz von 1 ml 2 m KSCN-Lösung mit 0,002 m wäßriger Nitronlösung entsteht Au(Nit.). Werden vor der Titration noch 0,5 ml konz. Ammoniaklösung zugegeben, hat der Niederschlag die Zusammensetzung $Au_2(Nit.)_3$. Gold soll neben Pt und Pd zu bestimmen sein.

Mit Phenantrolin (Phen.) nach Bobtelsky und Cohen [3, 4]. Aus thiocyanathaltiger Lösung fällt bei pH 1 $Au_2(Phen.)$, bei pH 7 $Au(Phen.)_2$ und aus chloridhaltigen Lösungen bei pH 1 Au(Phen.) und bei pH 7 $Au_2(Phen.)$. Die Titrationen werden mit einer 0,01 m Phenantrolinlösung oder umgekehrt mit einer 0,01 m $H[AuCl_4]$-Lösung in 0,1 n Salzsäure durchgeführt. Pt und Pd sollen gleichfalls bestimmt werden können.

Mit Papaverin nach Bobtelsky und Cohen [5]. Auch Papaverin kann als Reagens für die heterometrische Bestimmung des Goldes dienen.

Literatur: [1] BOBTELSKY, M., u. J. EISENSTADTER: Anal. chim. Acta **17**, 579 (1957). — [2] BOBTELSKY, M., u. J. EISENSTADTER: Anal. chim. Acta **20**, 216 (1959). — [3] BOBTELSKY, M., u. M. M. COHEN: Anal. chim. Acta **22**, 532 (1960). — [4] BOBTELSKY, M., u. M. M. COHEN: Anal. chim. Acta **22**, 485 (1960). — [5] BOBTELSKY, M., u. M. M. COHEN: Anal. chim. Acta **23**, 42 (1960).

5 Photometrische Bestimmungsmethoden.

5.1 Bestimmung als Bromo(Chloro-)-aurat(III).

5.1.1 Extraktionsmethode als Bromoaurat-Trioctylphosphinoxid-Komplex zur Bestimmung von 0,1 bis 10% Au in Legierungen und Metallpulvergemischen.

Prinzip. Au(III) wird in Form des Trioctylphosphinoxid-Bromoauratkomplexes mit Chloroform extrahiert und dadurch von zahlreichen Begleitelementen abgetrennt. Es folgt die photometrische Bestimmung.

Arbeitsvorschrift nach Holbrook und Rein [1]. 15,0 ml einer 1,75 m Bromwasserstoffsäure mit einem Gehalt von $4 \cdot 10^{-4}\%$ Brom werden in einen 60-ml-Scheidetrichter pipettiert und mit 10 Tropfen konz. Phosphorsäure vermischt. Dann werden maximal 3 ml der Probelösung mit 20 bis 100 µg Au zugegeben. Nun fügt man 15,0 ml 0,01 m Trioctylphosphinoxid-(TOPO)-lösung in Chloroform zu und schüttelt 1 Min. lang kräftig. — Die organische Phase wird in ein Reagensglas mit etwa 1 g wasserfreiem, gepulvertem Natriumsulfat gegeben und darin geschüttelt. Anschließend zentrifugiert man und bestimmt die Extinktion in 50-mm-Küvetten bei 395 nm 15 bis 30 Min. nach dem Zugeben der organischen Lösung in den Scheidetrichter. Bei jeder Meßreihe wird ein Blindansatz durchgeführt. Molare Absorption: 4630.

Lösungen: 1,75 m HBr-Lösung mit $4 \cdot 10^{-4}\%$ Brom. 100 ml Bromwasserstoffsäure werden von Silberspänen abdestilliert. Das Destillat wird erst aufgefangen, wenn die Flüssigkeit im Destillationskolben und im Kühler farblos ist. 100 ml dieser destillierten Säure werden zu 250 ml Wasser mit 2,0 ml 0,1%igem Bromwasser gegeben und mit Wasser auf 500 ml aufgefüllt. Die Lösung ist mindestens zwei Wochen lang stabil.

0,01 m TOPO-$CHCl_3$-Lösung. 700 ml $CHCl_3$ werden aus einem Destillationskolben destilliert. Die ersten 50 ml werden verworfen, die folgenden 500 ml in einer

Flasche mit 1,93 g TOPO aufgefangen. Diese Lösung ist mindestens drei Tage lang stabil.

Genauigkeit. Nach [1] beträgt die relative Standardabweichung bei 77 Messungen von je 60 µg Au $\pm$ 0,68%.

Einfluß anderer Ionen. Es können bei den angegebenen Molverhältnissen toleriert werden:

kleiner als 10:1	Sn(II) und Ir(IV)
von 10 bis 100:1	Nb(V)
von 100 bis 1000:1	Be(II), Sc(III), Ti(IV), Zr(IV), Mo(VI), Ag(I), Ru(III), Rh(III), Pd(II), Sn(IV), Sb(III), Te(IV), La(III), Ta(V), W(VI), Os(IV), Pt(IV), Pb(II), Ce(III), Dy(III) und U(VI)
größer als 1000:1	Na(I), Mg(II), Al(III), V(IV), Cr(II), Mn(II), Fe(III), Co(II), Ni(II), Cu(II), Zn(II), Ga(III), As(V), Se(VI), Cd(II), Ba(II), Hg(II) und Th(IV)

Von den häufig neben Au vorliegenden Fremdionen stört besonders Sn(II), das man mit Permanganat oder Wasserstoffperoxid zu Sn(IV) oxydiert. Das überschüssige Oxydationsmittel wird anschließend mit Bromwasserstoffsäure beseitigt. Königswasser oxydiert Sn(II) nicht vollständig zu Sn(IV). — Große Mengen Fe(III) können mit Phosphorsäure maskiert werden.

Von den Anionen sind zulässig: Cl^- (im Molverhältnis 40000:1) F^- (29000:1), NO_3^- (26000:1), PO_4^{3-} (25000:1), SO_4^{2-} (30000:1).

Bemerkungen. Bei Verwendung anderer Extraktionsmittel als Chloroform (Kohlenstofftetrachlorid, Cyclohexan, Äthylacetat, Hexan, Isopropyläther) wurden keine konstanten Extinktionen erhalten; bei Chloroform nur dann, wenn es frei von Äthanol war.

Die Farbentwicklung ist abhängig von dem Bromgehalt der Bromwasserstoffsäure, der in käuflichen HBr-Lösungen sehr unterschiedlich sein kann. Da die Extinktion mit steigendem Bromgehalt bis zu $3 \cdot 10^{-4}\%$ Brom ansteigt und bis zu $6 \cdot 10^{-4}\%$ konstant bleibt, wird mit einer Bromkonzentration von $4 \cdot 10^{-4}\%$ gearbeitet.

Literatur: [1] HOLBROOK, W. B., u. J. E. REIN: Anal. Chem. **36**, 2451 (1964).

5.1.2 Extraktionsmethode als Chloroaurat-Diantipyrylpropylmethan-Komplex zur Bestimmung von Gold in Kupfer.

Prinzip. Au(III) wird zusammen mit Te durch Extraktion aus stark salzsaurer Lösung mit Dichloräthan in Gegenwart von Diantipyrylpropylmethan als Chlorokomplex von Se und anderen Elementen abgetrennt. Nach der Reextraktion des Tellurs erfolgt die photometrische Bestimmung als Bromokomplex.

Arbeitsvorschrift nach Bussew, Babenko und Chepik [1] zur Bestimmung des Goldes in Kupfer. 5 bis 10 g Probe werden mit 20 ml konz. Schwefelsäure unter Erwärmen gelöst. Nach dem Erkalten fügt man 300 ml Wasser hinzu und erwärmt, um die Sulfate in Lösung zu bringen. Jetzt gibt man 30 ml Salzsäure, Zinn(II)-chloridlösung und Filterflocken hinzu und kocht die Lösung. Nach 2 bis 3 Std. filtriert man, wäscht mit 4%iger Salzsäure und verbrennt das Filter mit dem Niederschlag naß (20 ml Salzsäure + wenig Salpetersäure). Der Rückstand wird mit Salzsäure abgedampft und mit Salzsäure (1 + 1) (etwa 6m) aufgenommen. Ein Anteil dieser Lösung wird nun in einem Scheidetrichter mit Salzsäure (1 + 1) auf 25 ml gebracht und mit 2 ml einer einprozentigen Lösung von Diantipyrylpropylmethan in einem (1 + 1)-Gemisch von Eisessig und Wasser versetzt. Dann erfolgt die Extraktion mit 10 ml Dichloräthan, wobei 1 Min. lang geschüttelt wird. Die wäßrige Phase wird verworfen; die organische zunächst zweimal mit Salzsäure (1 + 1) gewaschen und dann zur Reextraktion des Tellurs mit 10 ml Wasser geschüttelt.

Die photometrische Bestimmung des Goldes erfolgt nach dem Schütteln des Au-Extraktes mit 10 bis 15 ml ges. Kaliumbromidlösung und 0,5 ml Diantipyrylmethanlösung (s. o.) bei 395 nm.

Genauigkeit. Nach [1] beträgt der maximale Fehler für die Bestimmung von 0,005 bis 1,0 mg Au beim Au:Te-Verhältnis zwischen 20:1 und 1:20   6%.

Bemerkungen. Die Überführung in den Bromokomplex vor der photometrischen Messung ist erforderlich, weil der $[AuBr_4]^-$-Komplex im Gegensatz zum $[AuCl_4]^-$-Komplex ein ausgeprägtes Absorptionsmaximum bei 395 nm aufweist.

Tellur kann gleichfalls nach der Abtrennung vom Gold als Bromokomplex bestimmt werden (bei 330 oder 450 nm).

Literatur: [1] Bussew, A. I., N. L. Babenko u. M. N. Chepik: Z. anal. Chim. (russ.) **19**, 1057 (1964).

5.1.3 Extraktionsmethode als Bromoaurat(III)-Komplex.

Prinzip. Au(III) wird aus 5%iger Bromwasserstoffsäure mit Äthylacetat als $[AuBr_4]^-$-Komplex extrahiert, die organische Phase zur Trockne gedampft und der Rückstand in Königswasser gelöst. Nach mehrfachem Abdampfen mit Salzsäure versetzt man mit Bromwasserstoffsäure und mißt die Extinktion der Lösung bei 380 nm.

Chow und Beamish [1] empfehlen diese Methode zur Bestimmung von Goldmengen über 15 µg. In Abwesenheit von Pt-Metallen kann die Extraktion unterbleiben.

Eine extraktive Trennung des Goldes kann auch aus bromwasserstoffsaurer Lösung mit Isopropyläther (frei von Alkoholen) erfolgen. Dabei wird Au von den Pt-Metallen — ausgenommen von OsO_4 — und von der Hauptmenge anwesenden dreiwertigen Eisens abgetrennt. Durch Schütteln mit Wasser wird das Au(III) in die wäßrige Phase übergeführt, in der nach Zusatz von Bromwasserstoffsäure die photometrische Bestimmung bei 380 nm erfolgt. Geringe, zusammen mit dem Gold extrahierte Mengen Fe(III) werden dabei mit Phosphorsäure maskiert.

Bemerkungen. Die durch den $[AuBr_4]^-$-Komplex bedingten Färbungen sind im sauren Bereich (pH $= 2$ oder kleiner) beständig. Die anwesende Menge Cl^- darf das Dreifache der Br^--Menge nicht übersteigen, weil dann infolge teilweiser Bildung von $[AuCl_4]^-$ oder von Ionen, die Cl^- und Br^- nebeneinander enthalten, zu geringe Extinktionen erhalten werden.

Störungen. Ohne Extraktion stören Fe(III), Cr, Ni, Pd, Pt, Rh. Farblose Ionen stören im allgemeinen nicht.

Von den Anionen sind Phosphat, Fluorid, Nitrat und Sulfat ohne Einfluß.

Literatur: [1] Chow, A., u. F. E. Beamish: Talanta (London) **10**, 883 (1963).

5.1.4 Bestimmung durch Messung im Ultraviolett.

Prinzip. Die Komplexe $[AuCl_4]^-$ und $[AuBr_4]^-$ weisen im UV-Bereich bei 311,5 bzw. 254 nm scharf ausgeprägte Absorptionsmaxima auf, die für die photometrische Bestimmung des Goldes ausgenutzt werden können.

$[AuCl_4]^-$: Man arbeitet in 0,1 n Salzsäure, deren Konzentration ohne wesentliche Beeinflussung der gemessenen Extinktionen bis 1 n erhöht werden kann. Auch in 1 n NaCl-Lösung erhält man dieselben Meßwerte.

$[AuBr_4]^-$: Bromwasserstoffsaure Lösungen sind wegen des Gehaltes an freiem Brom nicht geeignet; deshalb verwendet man eine 0,1 n KBr-Lösung. Eine Konzentrationserhöhung auf 1 n KBr verringert die Extinktionen.

Genauigkeit. Nach VYDRA und ČELIKOVSKÝ [1] lassen sich 4 bis 30 µg Au/ml als Chlorokomplex mit einem maximalen Fehler von $\pm 1,1\%$ und 0,5 bis 4 µg Au/ml als Bromokomplex mit einem Fehler von $\pm 3,3\%$ bestimmen.

Literatur: [1] VYDRA, F., u. J. ČELIKOVSKÝ: Chem. Listy **51**, 768 (1957) (tschech.).

5.2 Bestimmung als Polyäthylenglykolkomplexe.

5.2.1 Extraktions- und Bestimmungsmethode als Polyäthylenglykoltetrachloroaurat(III).

Prinzip. In Gegenwart von Polyäthylenglykol (PÄG) 400 und bei einer Salzsäurekonzentration von 10% wird der $[AuCl_4]^-$-Komplex mit Methylenchlorid extrahiert. Die photometrische Bestimmung erfolgt bei 320 nm (Absorptionsmaximum).

Arbeitsvorschrift nach Ziegler [1]. Die Probelösung mit maximal 3 ml konz. Salpetersäure und mindestens 12% Salzsäure wird auf 100 ml verdünnt und nach Zusatz von 5 ml PÄG-400 dreimal mit Methylenchlorid (3,2,2 ml) in einem Schütteltrichter mit kurzem Rohransatz extrahiert. Die vereinigten Methylenchloridmengen werden durch ein Filterflocken-Stopffilter in einen 10-ml-Meßkolben filtriert; das Filter wird mit Methylenchlorid ausgewaschen.

Die so auf 10 ml gebrachte, wasserfreie, klare Lösung wird bei 320 nm in Quarzcüvetten gegen eine Ausschüttelung aus dem Blindansatz der Reagenzien gemessen.

Einfluß anderer Ionen. Die Bestimmung kann neben Fe (1:5000), Co (1:5000), Ni (1:3500), Mn (1:10000), Pd (1:3000), Pt (1:200) und Rh (1:75) durchgeführt werden.

Bemerkung. Das Lambert-Beersche Gesetz ist im Konzentrationsbereich von 25 bis 300 µg Au/10 ml Methylenchlorid erfüllt.

Literatur: [1] ZIEGLER, M.: Fr. **182**, 166 (1961).

5.2.2 Extraktions- und Bestimmungsmethode als Polyäthylenglykoltetrabromoaurat(III).

Prinzip. In sauren Au(III)-Salzlösungen, die überschüssiges Bromid enthalten, bildet sich bei Zusatz von Polyäthylenglykol (PÄG) in Methylenchlorid leicht lösliches PÄG-Oxonium-bromoaurat(III). Die photometrische Bestimmung erfolgt bei 394 nm (Absorptionsmaximum).

Arbeitsvorschrift nach Ziegler und Matschke [1]. Die Probe wird mit möglichst wenig Salpetersäure unter Zusatz geringer Mengen Salzsäure gelöst, die Lösung zweimal fast zur Trockne gedampft und jedesmal mit 0,5 bis 1,0 ml konz. Salpetersäure aufgenommen. Nach dem Auffüllen auf ein bestimmtes Volumen entnimmt man einen Anteil und stellt in einem 250-ml-Schütteltrichter durch Zusatz von Phosphatpuffer einen pH-Wert zwischen 0,9 und 1,4 ein. Bei Gegenwart von Fe(III) wird so viel Puffer zugesetzt, daß die Gelbfärbung verschwindet. Dann fügt man je 3 ml Kaliumbromid- und PÄG-Lösung hinzu, extrahiert 2 bis 3mal mit je 6 ml Methylenchlorid und sammelt die Extrakte nach dem Filtrieren durch ein Cellulose-Filterflocken-Stopffilter in einem 20- oder 25-ml-Meßkolben. Die Extinktion dieser Lösung wird nach dem Auffüllen bei 394 nm gegen einen Blindansatz gemessen.

Lösungen: PÄG-1000-Lösung. Man stellt eine 20%ige wäßrige Lösung her. Das dazu verwendete PÄG soll möglichst farblos sein und keinen „Aldehyd- oder Phenolgeruch" aufweisen. Unsauberes oder gelbes PÄG kann durch Zusatz von Brom zur 20%igen Lösung bis zur deutlich gelbbraunen Färbung, Stehenlassen über Nacht, Entfernen des überschüssigen Broms durch Aufkochen, Rühren der Lösung mit Aktivkohle (30 bis 60 Min.) und Absaugen durch ein Papierfilter gereinigt werden. Die so erhaltene Lösung ist völlig geruchlos.

Pufferlösung. 1000 g Dinatriumhydrogenphosphat nach SÖRENSEN und 100 ml konz. Phosphorsäure (85%ig) werden in 400 ml Wasser gelöst.

Kaliumbromidlösung. 25%ige wäßrige Lösung.

Genauigkeit. Unter [1] angeführte Ergebnisse von Beleganalysen im Bereich von 130 bis 710 ng Au/ml neben Fe, Co, Ni, Mn, Cu, Pb, Bi, Pt weisen Fehler zwischen —3,5 und +2,0% auf.

Einfluß anderer Ionen. Bei Pufferung mit Phosphat, das maskierend und fällend wirkt, kann die Bestimmung neben Cu (1:11000), Fe (1:6000), Pb (1:10000) und Bi (1:50) erfolgen. $[PtBr_6]^{2-}$ stört nicht, wohl aber $[PdBr_4]^{2-}$ in größeren Mengen.

Bemerkung. Polyäthylenglykole mit Molgewichten zwischen 400 und 6000 können verwendet werden. Am günstigsten ist PÄG-1000.

Literatur. [1] ZIEGLER, M., u. H.-D. MATSCHKE: Fr. **184**, 166 (1961).

5.2.3 Extraktions- und Bestimmungsmethode als Polyäthylenglykol-Saccharin-Au(III)-Komplex.

Prinzip. Au(III) bildet mit Saccharin den Acidokomplex $[Au(Saccharin)_4]^-$, der als Polyäthylenglykoloxoniumsalz mit Methylenchlorid extrahierbar ist. Die photometrische Messung erfolgt bei 315 nm (Absorptionsmaximum).

Arbeitsvorschrift nach Ziegler [1]. Bis zu 100 ml salzsaure Lösung (pH $<$ 2) mit maximal 1 mg Au(III) werden in einem Schütteltrichter mit kurzem Rohransatz nach Zusatz von 2 ml konz. Salpetersäure, 3 ml Na-Saccharinatlösung (4%ig), 20 ml Phosphatpuffer pH 7 (40 g $Na_2HPO_4 \cdot 12\ H_2O$ und 3 ml H_3PO_4 (84%ig) in 500 ml Wasser gelöst) und 3 ml PÄG-400 auf 100 ml gebracht und dreimal mit je etwa 7 ml Methylenchlorid extrahiert. Man filtriert die Methylenchloridmengen durch ein trockenes Filterflocken-Stopffilter in einen 25-ml-Meßkolben, füllt auf und mißt die Extinktion der Lösung in 20-mm-Quarzküvetten bei 315 nm gegen eine Blindausschüttelung.

Genauigkeit. Der maximale Fehler bei insgesamt 39 Bestimmungen von etwa 300 µg Au neben zahlreichen Fremdionen betrug nach [1] 1,5%.

Einfluß anderer Ionen. Die Bestimmung ist neben Pd (1:100), Pt (1:600), As (1:700), Mn (1:1000), Sb (1:1500), Ni (1:10000), Fe (1:20000), Co (1:50000) und Pb (1:50000) durchführbar.

Hg wird mitextrahiert. Man kann es durch Verglühen vor der Bestimmung entfernen.

In Gegenwart von Fe setzt man der möglichst säurearmen Lösung 20 ml Phosphatpuffer und Phosphorsäure bis zur Entfärbung der wäßrigen Phase zu.

Bemerkungen. Je 100 ml Lösung dürfen 10 ml konz. Salzsäure neben 2 ml konz. Salpetersäure vorhanden sein.

Das LAMBERT-BEERsche Gesetz wird bis 1 mg Au/25 ml Methylenchlorid befolgt.

Literatur: [1] ZIEGLER, M.: Fr. **188**, 335 (1962).

5.3 Bestimmung als Tetraphenylarsonium-tetrachloroaurat(III).

Prinzip. Der Tetraphenylarsonium-tetrachloroaurat(III)-komplex wird mit Chloroform extrahiert. Die photometrische Bestimmung erfolgt bei 323 nm.

Arbeitsvorschrift nach Murphy und Affsprung [1]. Die Au(III)-Lösung mit 7 bis 40 µg Au/ml wird in einem kleinen Meßkolben mit so viel Salzsäure versetzt, daß nach dem Auffüllen eine Acidität zwischen 0,3 und 0,5n erreicht wird. Die in der Lösung vorhandene Fe-Menge muß vor der Bestimmung des Goldes bekannt sein, um sie maskieren zu können. Sie wird deshalb in einem Anteil der Lösung durch

Zugabe eines Überschusses Ammoniumthiocyanat und nachfolgendes Zerstören des Eisen(III)-thiocyanatkomplexes mit m Ammoniumfluoridlösung bestimmt. Die dabei benötigte Menge Fluoridlösung $+$ 1 ml im Überschuß sowie 20 Tropfen einer 0,05 m Tetraphenylarsoniumchloridlösung werden einer gleich großen anderen Abmessung zugesetzt, wobei ein schwach gelb gefärbter Niederschlag ausfällt. Nun extrahiert man mit 10 ml Chloroform (äthanolfrei) und filtriert durch ein Papierfilter in ein 25-Meßkölbchen. Die Extraktion wird noch dreimal nach Zusatz von je 5 Tropfen Reagenslösung und 5 ml Chloroform wiederholt. Der letzte Extrakt darf keine Gelbfärbung mehr aufweisen. Nach dem Auffüllen wird die Extinktion der Lösung bei 323 nm gegen einen Blindansatz gemessen.

Einfluß anderer Ionen. Ionen, die analoge Komplexe bilden, stören. Cu, Pb, Co, Mg, Mn(II), Ca, Al, Ni, Zn, Cd können im 100 fachen Überschuß vorhanden sein, ohne daß der dadurch verursachte Fehler 1% überschreitet. Hg(II) und Cr(III) verursachen bei dem gleichen Überschuß Fehler von 4 bzw. 2%. Ag muß als AgCl abgetrennt werden. Te (als Chlorokomplex), Rh und Ru können bis zum zehnfachen Überschuß toleriert werden. Fe wird mit Fluorid maskiert (s. o.). OsO_4 absorbiert stark im nahen UV und muß daher durch Extraktion mit CCl_4 abgetrennt werden.

Pt, Pd und Ir stören, wenn von ihnen Mengen anwesend sind, die $^1/_{10}$ der Goldmenge übersteigen.

Literatur: Murphy, J. W., u. H. E. Affsprung: Anal. Chem. **33**, 1658 (1961).

5.4 Bestimmung mit Dithizon.

Prinzip. Au(III) bildet in saurer Lösung mit Dithizon ein gelbbraunes Dithizonat, das mit Kohlenstofftetrachlorid extrahiert wird. Die photometrische Bestimmung erfolgt bei 470 nm.

Arbeitsvorschrift nach Erdey und Rady [1]. Die Au(III)-Salzlösung mit 0 bis 6 µg Au/ml wird in einem 100-ml-Scheidetrichter mit Wasser auf 50 ml verdünnt, mit 5 ml n Schwefelsäure angesäuert und mit 5 ml Dithizonlösung (s. u.), sowie 5 ml CCl_4 versetzt. Nach kräftigem Schütteln (1 Min.) läßt man die CCl_4-Schicht in einen zweiten Schütteltrichter ab, in dem sich verd. Ammoniaklösung (1 $+$ 1000) befindet. Die Extraktion mit Dithizonlösung im ersten Scheidetrichter wird fortgesetzt, bis sich die grüne Farbe der zuletzt zugegebenen Menge nicht mehr ändert. Anschließend werden die vereinigten Dithizonextrakte mit der verd. Ammoniaklösung (1 $+$ 1000) (etwa 0,017 m) geschüttelt, wobei das in ihnen enthaltene freie Dithizon in die wäßrige Phase geht. Nach einer zweiten Behandlung mit verd. Ammoniaklösung und dem Nachwaschen mit Wasser weist die CCl_4-Lösung die gelbbraune Farbe des Golddithizonats auf. Man füllt nun in einem kleinen Meßkolben mit CCl_4 auf und filtriert durch ein trockenes Filter in eine 10- oder 20-mm-Cüvette. Dann wird bei 470 nm gegen CCl_4 photometriert.

Genauigkeit. Nach [1] wurden bei 9 Bestimmungen mit einer vorgelegten Au-Menge von 83,8 µg Ergebnisse zwischen 78,4 und 91,6 µg erhalten.

Einfluß anderer Ionen. Außer Au reagieren in 0,5 bis 0,1 n saurer Lösung mit Dithizon: Pt, Pd, Ag, Hg und Cu. Ihr Einfluß wird wie folgt ausgeschaltet: Pd: Zugabe von Thiocyanat. Pt: Oxydation zu Pt(IV) (da nur Pt(II) mit Dithizon reagiert), Hg: Zusatz von Jodid. Ag: Abscheiden als AgCl, zusätzliche Bromidzugabe. Cu kann nicht maskiert werden; es ist aber möglich, die Summe der Dithizonate von Cu und Au bei 470 nm und Cu-dithizonat (praktisch) allein bei 720 nm zu erfassen.

Fe(III) stört durch seine Oxydationswirkung. Es wird mit Phosphorsäure maskiert.

Bemerkungen. Die der Methode zugrunde liegende Reaktion des Au(III) mit Dithizon ist bereits früher für den Nachweis des Goldes ausgenutzt worden. Dabei wurde angenommen, daß sich ein Oxydationsprodukt des Dithizons, nämlich Diphenylthiocarbodiazon, bildet. Nach ERDEY und RADY [1] ist das jedoch nicht der Fall; vielmehr soll ein echtes Au-Dithizonat gebildet werden, dessen Absorptionskurve im Bereich von 400 bis 700 nm derjenigen des Diphenylthiocarbodiazons ähnelt. Deshalb ist es erforderlich, das verwendete Dithizon von dem Oxydationsprodukt zu reinigen, was auf folgende Weise geschieht:

Herstellen der Dithizonlösung. 15 bis 25 mg Dithizon werden in 100 bis 200 ml CCl_4 gelöst. Diese Lösung wird mit verd. Ammoniaklösung (1 + 200) (etwa 0,09 m) behandelt, wobei die Oxydationsprodukte im CCl_4 verbleiben. Die wäßrige, das Dithizon enthaltende Lösung wird nochmals mit einer kleinen Menge CCl_4 geschüttelt, die verworfen wird. Nun gibt man 200 ml CCl_4 zu, säuert mit verd. Salzsäure an und extrahiert das Dithizon in das CCl_4. Die grüne Lösung wird mehrfach mit Wasser gewaschen und dann mit CCl_4 verdünnt. Sie wird in einer braunen Winkler-Bürette unter 1%iger Schwefelsäure aufbewahrt. Der Titer bleibt so 3 Wochen lang praktisch unverändert. Wird die Lösung zusätzlich noch unter CO_2 gehalten, so ändert sich ihr Titer überhaupt nicht. Eine erfolgte Oxydation zeigt sich durch die Erhöhung des Blindwertes.

Literatur: [1] ERDEY, L., u. G. RADY: Fr. **135**, 1 (1952).

5.5 Bestimmung mit „Woods-Reagens".

Prinzip. 2-Hydroxymethyl-6-(2'-Hydroxymethyl-5'-Hydroxy-4'-Pyron-6')-Pyranyl[3,2-b]Pyran-4,8-Dion („Woods-Reagens") gibt mit Au einen weinroten 1:1-Komplex, der für die photometrische Bestimmung des Goldes bei 535 nm geeignet ist.

Arbeitsvorschrift nach Wilson und Lester [1]. Zu einer Au(III)-Salzlösung mit 40 bis 220 µMol Au (7,9 bis 43,3 mg) in einem 25-ml-Kölbchen gibt man 3 ml 0,1 m Essigsäure und 4 ml einer 25 millimolaren Reagenslösung [Herstellung und Reinigung des Reagens: Z. anal. Chem. **187**, 100 (1962)]. Nach dem Auffüllen auf 25 ml entsteht die weinrote Farbe des Komplexes innerhalb von 3 Minuten. Die Extinktion wird gegen einen gleichzeitig hergestellten Blindansatz gemessen.

Die molare Absorption (mol · cm · 10^{-3}) wird mit 3,000 · 10^3 $\pm$ 0,010 angegeben.

Genauigkeit. Nach [1] liegt der Fehler im günstigsten Konzentrationsbereich (für 1-cm-Cüvetten), d. h. zwischen 40 und 220 Mikromolen/25 ml unter 1%.

Einfluß anderer Ionen. Ru, Pt, Rh, Os, Pd, U und Oxalat stören sehr und dürfen nicht anwesend sein.

Bemerkungen. Durch die Zugabe der Essigsäure wird die Bildung einer kolloiden Lösung verhindert.

Beim Absorptionsmaximum des Au-Komplexes (535 nm) ist die Absorption des Reagens vernachlässigbar klein.

Das Beersche Gesetz ist erfüllt.

Literatur: [1] WILSON, R. E., u. G. W. LESTER: Fr. **193**, 260 (1963).

5.6 Bestimmung mit Rhodamin B.

Prinzip. Der Rhodamin-B-Chloroaurat-Komplex wird mit Benzol oder Isopropyläther extrahiert. Die photometrische Bestimmung erfolgt bei 565 nm.

Arbeitsvorschrift nach Onishi [2]. Das Au wird zusammen mit Te als Spurenfänger aus etwa 3 n Salzsäure mit Schwefeldioxid und Hydraziniumchlorid isoliert. Nach dem Lösen des Niederschlags in Königswasser wird die Lösung in einem Scheidetrichter mit 0,2%iger wäßriger Rhodamin-B-Lösung versetzt und mit Benzol extrahiert. Der Benzolextrakt wird dann zentrifugiert und bei 565 nm gegen Benzol photometriert.

Einfluß anderer Ionen. Spurenmengen Au lassen sich neben Sb, Ga, Fe, Pt, Tl, Al, Mg, Ca, Mn, Cu, Zn, Pb, As, (Ni, Ti, Sn) bestimmen.

Arbeitsvorschrift nach MacNulty und Woollard [1]. In einem 100-ml-Becherglas mischt· man 2,5 ml konstant siedende Salzsäure mit 5 ml gesättigter (30 %iger) Ammoniumchloridlösung, fügt die Probelösung mit 0 bis 30 µg Au zu, verdünnt mit Wasser auf 15 ml, gibt 5 ml 0,04 %ige Rhodamin-B-Lösung zu und extrahiert in einem 75-ml-Scheidetrichter mit 10 ml Isopropyläther. Die organische Phase wird isoliert und ihre Extinktion gegen reinen Isopropyläther gemessen.

Einfluß anderer Ionen. Es stören Sb, Tl, Pt, V. Sie werden zusammen mit MnO_2 ausgefällt.

Bemerkungen. Bei der Arbeitsweise nach MacNulty und Woollard [1] sind die Konzentrationen an Salzsäure und Chlorid genau einzuhalten. Die Anreicherung des Goldes durch Mitfällen an Tellur wird empfohlen.

Pompowski und Trokowicz [3] wenden das Verfahren nach MacNulty und Woollard [1] auf die Bestimmung des Goldes in Kupferkonzentraten an.

Literatur: [1] MacNulty, B. J., u. L. D. Woollard: Anal. chim. Acta **13**, 154 (1955). — [2] Onishi, H.: Mikrochim. A. **1959**, 917. — [3] Pompowski, T., u. I. Trokowicz: Chem. Anal. (Warsaw) **10**, 1211 (1965).

5.7 Bestimmung mit Variaminblau B.

Prinzip. Variaminblau B bildet im Überschuß mit Au(III) einen blauen, stabilen Komplex. Die photometrische Bestimmung erfolgt bei 580 nm.

Arbeitsvorschrift nach Musstafin, Frumina und Agranowskaja [1] zur Bestimmung des Goldes in Wolframschichten. Die 1 mg Au enthaltende Probe wird mit 2 ml Königswasser gelöst, die Lösung mit 1 ml konz. Salzsäure und 3 ml Wasser eingedampft. Der gelbe Rückstand wird mit 20 %iger Natronlauge neutralisiert, mit 0,2 ml 0,5 %iger Gummi-arabicum-Lösung und 1 ml 0,2 %iger wäßriger Reagenslösung versetzt, dann mit Pufferlösung (pH 3) auf 25 ml aufgefüllt. Man mißt bei 580 nm.

Bemerkung. Wolframsäure reagiert nicht mit Variaminblau B.

Literatur: [1] Musstafin, I. S., N. S. Frumina u. L. A. Agranowskaja: Anal. Chem. (russ.) **18**, 1054 (1963).

5.8 Bestimmung mit Phenyl-α-Pyridyl-Ketoxim.

Prinzip. Au(III) bildet mit Phenyl-α-Pyridyl-Ketoxim einen wasserunlöslichen und in Chloroform lösbaren Komplex, der sich zur photometrischen Bestimmung des Goldes bei 450 nm eignet.

Arbeitsvorschrift nach Sen [1]. Zur Au(III)-Salzlösung mit 2 bis 16 mg Au/l gibt man 2 ml einprozentige Reagenslösung in 95 %igem Alkohol, verdünnt auf 5 ml, stellt pH 3,5 bis 4,5 durch Zusatz von Natriumhydrogencarbonatlösung ein, extrahiert dreimal mit je 5 ml Chloroform, füllt die vereinigten Extrakte mit Chloroform auf 25 ml auf und photometriert bei 450 nm gegen einen Blindansatz.

Einfluß anderer Ionen. Es stören nicht: Erdalkalimetallionen, Ag(I), NH_4^+, Cd(II), Pb(II), Mn(II), VO_2^{2+}, Al(III), Bi(III), Fe(III), Ru(IV), Rh(III), Os(IV), Ir(IV), Pt(IV).

Störungen durch Cu(II), Ni(II), Co(II) lassen sich durch Zusatz von ÄDTA beseitigen.

Es stören: Hg(II), Fe(II), Cyanid, Bromid, Jodid, Oxalat, Citrat und Tartrat.

Pd kann mit Phenyl-α-Pyridyl-Ketoxim gleichfalls bestimmt werden.

Bemerkungen. Durch den Zusatz von 0,1 m ÄDTA-Lösung zur Maskierung von Cu(II), Co(II) und Ni(II) werden die gemessenen Extinktionen um 5 % verringert.

UEDA und DEGUCHI [2] bestimmen maximal 60 µg Au(III) bei pH 1,0 bis 1,6. Dabei wird 5 Min. lang auf 70 $\pm$ 2 °C erhitzt, dann 35 Min. bei Zimmertemperatur stehengelassen. Die Messung erfolgt bei 420 nm. Die molare Absorption wird mit 13 100 angegeben.

Literatur: [1] SEN, B.: Anal. chim. Acta **21**, 35 (1959). — [2] UEDA, H., u. M. DEGUCHI: Hiroshima Daigaku Kogakubu Kenkyo Hokoku **12** (2), 121 (1964).

5.9 Bestimmung mit Methylviolett bzw. Kristallviolett.

Prinzip. $[AuCl_4]^-$ wird zusammen mit dem Kation des basischen Farbstoffes Methylviolett mit Trichloräthylen extrahiert, Methylviolett selbst nicht. Die Extraktion erfolgt im pH-Bereich 0,8 bis 1,1 quantitativ. Das Beersche Gesetz ist von 0 bis 20 µg Au/15 ml Lösungsmittel erfüllt.

Arbeitsvorschrift nach Ducret und Maurel [1]. Zu 10 ml Au(III)-Lösung (pH etwa 1) gibt man 3 ml 0,2 n Salzsäure und 3 ml wäßrige Methylviolettlösung (0,4 g/l), dann 15 ml gereinigtes Trichloräthylen. Nach 3 minütigem Schütteln wird die Extinktion der organischen Phase gegen einen Blindansatz bei 600 nm gemessen.

Einfluß anderer Ionen. Kationen, die anionische Chlorokomplexe bilden, stören.

In Gegenwart von Pt extrahiert man aus n Salzsäure. Die Extraktion ist dann zwar nicht mehr quantitativ, jedoch unter genauer Einhaltung der äußeren Bedingungen reproduzierbar.

Bemerkungen. Bei 600 nm beträgt $\varepsilon = 115\,000$ mol^{-1} cm^{-1}. CHOW und BEAMISH [2] empfehlen die Bestimmung des Goldes mit Methylviolett im Konzentrationsbereich von 0,5 bis 2 µg/ml. Sie fangen den Trichloräthylenextrakt in Teflongefäßen auf und führen die Messung bei 600 nm in Quarzcüvetten durch.

PANTSCHEW [3] bestimmt kleinste Goldmengen (bis 0,0001 %) in Gesteinen und Erzen durch Extraktion des Komplexes von $[AuCl_4]^-$ mit Kristallviolett aus 0,15 n Salzsäure mit Benzol und anschließende photometrische Messung. Die Abtrennung des Goldes wird dabei durch Cementation an Kupferpulver in Gegenwart von ÄDTA und Citronensäure durchgeführt.

Literatur: [1] DUCRET, L., u. H. MAUREL: Anal. chim. Acta **21**, 74 (1959). — [2] CHOW, A., u. F. E. BEAMISH: Talanta (London) **10**, 883 (1963). — [3] PANTSCHEW, B. N.: Izvest. geol. Inst. „Sträsimir Dimitrov", bulgarska Akad. Naukite **14**, 231 (1965).

5.10 Bestimmung mit o-Tolidin.

Prinzip. Au(III)-Ionen oxydieren in saurer Lösung o-Tolidin zu einem gelben Oxydationsprodukt. Die photometrische Bestimmung erfolgt bei 427 bis 437 nm.

Arbeitsvorschrift nach Goodwin und Bollet [1] zur Bestimmung des Goldes im µg-Bereich in biologischen Flüssigkeiten. 1 bis 3 ml der Probe werden mit 7 ml etwa 28 %iger Chlorsäure (s. u.) und 4 Tropfen 10 %iger NaCl-Lösung bis zum Auftreten von Nebeln erhitzt. Man setzt 5 ml Wasser zu, neutralisiert mit 8 %iger Natronlauge gegen Phenolphthalein und dampft bei 100 bis 110 °C bis fast zur Trockne ein. Man gibt 3 ml Königswasser zu, dampft bei 70 bis 90 °C zur Trockne ein, wobei das gebildete Nitroxylchlorid in einer besonderen Apparatur (im Original angegeben) mit Hilfe eines Luftstroms ausgetrieben wird, setzt 1 ml frisch bereitete 0,75 %ige KHF_2-Lösung zu sowie 10 ml o-Tolidinlösung und photometriert nach 20 Min. bei 427 nm.

Herstellen der Chlorsäure. 500 g Kaliumchlorat werden in 900 ml Wasser gelöst, unter Rühren mit 375 ml 72 %iger Perchlorsäure versetzt, 12 bis 24 Std. in einen Kühlschrank gestellt. Danach wird das ausgefallene Kaliumperchlorat abfiltriert.

Herstellen der o-Tolidinlösung. Man gibt 250 mg o-Tolidin zu 150 ml siedender 2 n Schwefelsäure, kocht 5 Min., filtriert heiß, läßt abkühlen, zentrifugiert 5 Min.

bei 1500 U/min und kristallisiert nochmals um. Man suspendiert dann in 1,5 bis 2 Liter n Schwefelsäure. 25 ml dieser gesättigten Lösung werden in einem 500-ml-Meßkolben mit 40 ml 10n Schwefelsäure versetzt und zur Marke aufgefüllt.

Einfluß anderer Ionen. Nach SCHREINER, BRANTNER und HECHT [2], die 10 bis 65 μg/100 ml unter Verwendung einer Hg-Lampe und eines Hg-Filters sowie einer 0,1%igen Reagenslösung in 10%iger Salzsäure bestimmen, stören nicht: Ag, Pb, Hg(II), Cd, Cu(II), Sn(IV), Sb(V), Ni, Co, Al, Mn, Zn, Ba, Ca, Sr, Na, K. Fe(III) gibt eine schwache Gelbfärbung, die durch Zusatz von Phosphorsäure beseitigt werden kann. Pd stört, wenn mehr als 35 μg/100 ml vorhanden sind; für Rh und Ir gilt das gleiche bei 25 μg/100 ml. Os ruft ab 25 μg/100 ml eine gelbgrüne, Ru schon bei 10 μg/100 ml eine gelbe Färbung hervor. Pt stört nicht. Allgemein stören alle starken Oxydationsmittel, z. B. Chlor, Osmiumtetroxid, Vanadat, Wolframat und Nitrit.

Bemerkung. Nach SCHREINER und Mitarb. [2] sind die Platinmetalle in allen natürlichen goldhaltigen Proben lediglich in so geringen Mengen vorhanden, daß die Bestimmung des Goldes durch sie nicht gestört wird. Bei dokimastischer Anreicherung und 20 g Einwaage sollen noch 0,5 g Au/1000 kg bestimmt werden können.

Literatur: [1] GOODWIN, J. F., u. A. J. BOLLET: J. Labor clin. Med. **55**, 965 (1960). — [2] SCHREINER, H., H. BRANTNER u. F. HECHT: Mikrochemie und Mikrochim. A. **36/37**, 1056 (1951).

5.11 Bestimmung mit Benzidin.

Prinzip. Benzidin wird in acetatgepufferter Lösung (pH etwa 3) durch Au(III)-Ionen zu einem rötlich-rosa Produkt oxydiert, das stabil genug ist, um die photometrische Bestimmung des Goldes zu ermöglichen.

Zur Bestimmung von maximal 100 μg Au verwendet man 1 ml einer 2%igen Reagenslösung.

Die Messung wird in der Nähe des Absorptionsmaximums (480 nm) vorgenommen. Das Beersche Gesetz gilt im Bereich von 1 bis 5 μg Au/ml.

Literatur: [1] ZAGORCHEV, I. B., E. DANOVA u. B. BALUSHEV: Godishnik Khim.- Tekhuol. Inst. **9**, (2), 199 (1962) (bulgar.).

5.12 Bestimmung mit Chlorpromazinhydrogenchlorid.

Prinzip. Au(III)-Ionen oxydieren Chlorpromazinhydrogenchlorid in saurer Lösung zu einer roten Verbindung, deren Absorptionsmaximum bei 530 nm liegt. In einer Lösung, die 20% Phosphorsäure und 5 mg Reagens/ml enthält, bleibt die Färbung unter Normalbedingungen mindestens 3 Std. stabil.

Arbeitsvorschrift nach Kum-Tatt [1]. Die Au(III)-Salzlösung wird in einem 25-ml-Kolben mit 10 ml 50%iger Phosphorsäure sowie 3 ml wäßriger Reagenslösung (50 mg/ml) versetzt. Nach dem Auffüllen mit Wasser mißt man die Extinktion nach 30 Min. bei 530 nm gegen Wasser.

Einfluß anderer Ionen. Es stören nicht: Na, K, Mg, Ca, Cu, Ag, Fe, Hg, Co, Ni, Cd, Zn, Pb, As, Al, Mn, Cr und UO_2^{2+}.

Es stören infolge Oxydationswirkung: Ce(IV), V(V), MnO_4^{2-} und $Cr_2O_7^{2-}$; infolge Komplexbildung: Pt und Pd, die mit Chloroform extrahiert werden können, und ÄDTA; durch Reduktionswirkung auf Au(III): Sn(II), Ti(III), SO_3^{2-} und Ascorbinsäure.

Bei Salpetersäuregehalten über 15% wird das Reagens oxydiert. Die Cl^--Konzentration soll 1 m nicht übersteigen, weil sonst Fe(III) nicht vollständig durch Phosphorsäure maskiert wird.

Bemerkung. Das Beersche Gesetz ist im Bereich von 0,5 bis 0,8 µg Au/ml erfüllt.

Literatur: [1] Kum-Tatt, L.: Anal. chim. Acta **26**, 478 (1962).

5.13 Bestimmung mit p-Aminohippursäure.

Prinzip. Au(III)-Ionen geben in gepufferter Lösung (pH etwa 3) mit p-Aminohippursäure eine intensiv rotviolette Färbung. Die photometrische Messung erfolgt bei 540 nm.

Arbeitsvorschrift nach Popper, Chiorean und Pitea [1]. Zur Gold(III)-salzlösung mit etwa 0,06 bis 0,6 µg Au(III) werden 10 ml Pufferlösung pH 2,97 (0,05 m Salzsäure und 0,05 m Citrat-Lösung) und 1 ml frisch hergestellte Natrium-p-aminohippuratlösung gegeben. Nach 2 Min. Schütteln wird mit Wasser auf 50 ml verdünnt und im Dunkeln stehengelassen. Die Extinktion wird 60 bis 120 Min. nach der Reagenszugabe bei 540 nm gemessen (pH 3 bis 5).

Bemerkung. Das Beersche Gesetz wird im Bereich von etwa 0,001 bis 0,01 µg Au/ml befolgt.

Literatur: [1] Popper, E., L. Chiorean u. I. Pitea: Rev. Roumaine Chim. **9**, 663 (1964) (franz.).

5.14 Bestimmung mit N,N'-Tetramethyl-o-tolidin ("Tetron").

Prinzip. Au(III) wird aus bromwasserstoffsaurer Lösung mit Äther extrahiert und nach dem Eindampfen zur Trockne in $[AuCl_4]^-$ übergeführt. Zu der Chlorogold(III)-lösung wird eine Reagenslösung in verd. Schwefelsäure gegeben, wobei eine orangegelbe Färbung entsteht, die unter Verwendung eines Blaufilters zur photometrischen Bestimmung des Goldes dienen kann.

Einfluß anderer Ionen. Zur Abtrennung von störenden Ionen [Ce(IV), Mn(IV), Ir(IV), CrO_4^{2-}, NO_2^-] wird das Gold nach Zusatz von Te(IV) durch Reduktion mit Sn(II) zusammen mit elementarem Tellur ausgefällt. Das Tellur wird anschließend durch Glühen bei 800 bis 900 °C entfernt.

Bemerkung. Das Verfahren wurde von Daiev und Jordanov [1] zur Bestimmung des Goldes in Au-, Cu-, Pb- und gemischten Erzkonzentraten sowie in Anodenkupfer angewendet.

Literatur: [1] Daiev, C., u. N. Jordanov: Talanta (London) **11**, 501 (1964).

5.15 Bestimmung mit Pikraminsäure.

Prinzip. Die in saurer Lösung durch Zusatz von Pikraminsäure (2-Amino-4,6-dinitrophenol) zu einer Au(III)-Salzlösung entstehende gelbe Färbung kann für die photometrische Bestimmung des Goldes ausgenutzt werden.

Arbeitsvorschrift nach Popa, Paralescu und Mircea [1]. Die schwach saure oder neutrale Au(III)-Salzlösung wird in einem 10-ml-Meßkolben mit 1 ml 0,2%iger äthanolischer Pikraminsäurelösung versetzt. Nach dem Durchschütteln werden 2 ml Salzsäure (1:1) zugesetzt, dann füllt man mit dest. Wasser auf, mischt und photometriert gegen eine Vergleichslösung mit den gleichen Reagenzien.

Das Lambert-Beersche Gesetz ist im Bereich von 0,9 bis 13,4 ng Au/ml erfüllt.

Einfluß anderer Ionen. Die Bestimmung ist neben Pt und Cu bis zu den Molverhältnissen 1:22 bzw. 1:105 möglich. Zn(II) und Cd(II) stören nicht.

Das Reagens dient auch zur Bestimmung von Fe(III), Ce(IV) und V(V).

Literatur: [1] Popa, G., I. Paralescu u. D. Mircea: Fr. **184**, 353 (1961).

5.16 Bestimmung mit Brillantgrün.

Prinzip. Stanton und Mc Donald [1] geben ein Verfahren zur Bestimmung des Goldes in Bodenproben an. Es erfolgen nacheinander: der Aufschluß der Probe mit verd. Königswasser, das Mitfällen des Goldes an Tellur mit Sn(II) aus 2 n salzsaurer Lösung, das Lösen des Te-Au-Niederschlages in Königswasser und die photometrische Bestimmung des Goldes durch Ausschütteln mit 0,05%iger Brillantgrünlösung in Toluol aus 0,5 n Salzsäure. Gemessen wird bei 650 nm gegen Toluol.

Literatur: [1] Stanton, R. E., u. A. J. McDonald: Analyst **89**, 767 (1964).

5.17 Bestimmung mit Azid.

Prinzip. Au(III) bildet in sauren Azidlösungen Tetraazidoaurat(III), $[Au(N_3)_4]^-$, das mit n-Butanol extrahiert werden kann. Der Komplex verbleibt bei einer anschließenden Rückextraktion mit neutraler Azidlösung im Gegensatz zu Pd im n-Butanol. Daraus ergeben sich Möglichkeiten zur photometrischen Bestimmung des Goldes a) ohne Extraktion in reinen Goldlösungen und b) mit Extraktion und nachfolgender Rückextraktion neben Platinmetallen bzw. ohne Rückextraktion in reinen Goldlösungen.

Arbeitsvorschrift nach Clem und Huffman (1) für reine Goldlösungen ohne Extraktion. Die Probe mit 38—127 µg Au wird in einem 25 ml-Meßkolben mit 2,5 ml 1,00 m Natriumazidlösung (s. u.) und 12,5 ml Pufferlösung pH 6 (s. u.) versetzt. Dann füllt man auf. Die Messung soll innerhalb von 15 Min. in 1 cm-Cüvetten bei 325 nm gegen eine Blindlösung, die alle Komponenten — mit Ausnahme von Au — enthält, erfolgen.

Zur Erstellung der Eichkurven werden Abmessungen einer 10^{-4} m Goldlösung (s. u.) in gleicher Weise behandelt.

Arbeitsvorschrift nach Clem und Huffman (1) zur Bestimmung von 15 bis 53 µg Au neben mg-Mengen der Platinmetalle Pd, Pt, Rh und Ir mit Extraktion. Zur Probelösung in einem 125 ml-Scheidetrichter werden 5 ml Pufferlösung pH 6 (s. u.) und 2 ml 1,00 m Natriumazidlösung (s. u.) gegeben. Dann wird das Volumen auf 10 ml gebracht und die Extraktion nach Zugabe von 10,0 ml n-Butanol durch Schütteln (30 Sek.) durchgeführt. Die wäßrige Phase wird verworfen; die organische mit 10 ml Waschlösung, die 5 ml Pufferlösung pH 6 und 2 ml 1,00 m Natriumazidlösung enthalten, gewaschen (30 Sek. Schütteln).

4 ml der n-Butanolschicht werden durch etwas Baumwollgaze in eine 1 cm-Cüvette gegeben. Dann erfolgt die Messung der Extinktion innerhalb von 8 Min. bei 330 nm gegen einen in gleicher Weise behandelten Blindansatz.

Zur Erstellung der Eichkurve werden verschiedene Abmessungen der 10^{-4} m Goldlösung (s. u.) mit 15 bis 53 µg Au verwendet.

Das Auswaschen der organischen Phase (Rückextraktion) erübrigt sich, wenn das Extraktionsverfahren auf reine Goldlösungen angewendet wird.

Lösungen: 10^{-4} m Goldlösung: hergestellt durch Verdünnen einer 0,1000 molaren Vorratslösung, die durch Lösen von spektralreinem Gold (einzige Verunreinigung: < 0,02 % Cu) mit Königswasser, Kochen der Lösung mit konz. Salzsäure, Erhitzen mit Perchlorsäure bis zum Rauchen und entsprechendes Verdünnen erhalten wurde. Die Prüfung erfolgte gravimetrisch durch Reduktion mit Wasserstoffperoxid.

Die 10^{-4} m Goldlösung soll 0,12 n salzsauer gemacht und alle 5 Tage frisch angesetzt werden.

Alle Goldlösungen wurden im Dunkeln aufbewahrt.

1,00 m Natriumazid-Lösung. Zur Herstellung wurde technisches Natriumazid (99,2%ig) verwendet. Die Lösung war anfänglich trübe und etwas gefärbt, wurde jedoch nach 2 wöchigem Stehen klar. Der ausgefallene Niederschlag enthielt Al, Ca,

Mg u. Fe. Diese gealterte Lösung wurde benutzt; auf ein Umkristallisieren aus organischen Lösungsmitteln wurde verzichtet.

Die Azid-Konzentration der Lösung bleibt mindestens 3 Monate lang konstant.

Pufferlösung pH 6. 1 Mol $NaH_2PO_4 \cdot H_2O$ wurde in 800 ml Wasser gelöst, die Lösung mit 10 n Natronlauge auf pH 6,00 gebracht und auf 1 l verdünnt.

Genauigkeit. Unter (1) werden folgende Ergebnisse angegeben:

Zahl der Proben	gegeben	µg Au gefunden	Streubereich	Standardabweichung µg Au
Extraktionsverfahren ohne Auswaschen				
2	9,85	9,9(2)	9,8(5)—10,0(0)	...
3	19,70	19,9(5)	19,6(7)—20,1(7)	± 0,26
4	29,55	29,7(5)	29,4(5)—30,0(6)	± 0,28
5	39,40	39,0(4)	38,7(4)—39,2(7)	± 0,23
5	49,25	49,1(6)	48,7(1)—49,4(7)	± 0,34
4	59,10	58,6(8)	58,5(3)—58,9(1)	± 0,23
3	68,95	68,3(5)	68,3(5)	± 0,00
2	78,80	78,9(2)	78,5(4)—79,2(2)	...
Extraktionsverfahren mit Auswaschen				
5	19,70	19,5(8)	19,3(5)—19,9(7)	± 0,26
5	39,40	39,6(8)	38,5(5)—40,2(5)	± 0,73
5	59,10	58,9(0)	58,2(1)—59,2(1)	± 0,44
Verfahren ohne Extraktion				
5	39,40	39,1(0)	38,2(0)—40,0(0)	± 0,62
5	78,80	78,7(8)	78,5(0)—79,1(3)	± 0,26
5	137,9	138,(9)	138,(0)—138,(9)	± 0,30

Einfluß anderer Ionen. Wegen der leichten Reduzierbarkeit des Goldes und der Möglichkeit, Mikromengen durch Mitfällen an Tellur abzutrennen, wurde nur der Einfluß derjenigen Ionen untersucht, die bei Anwendung von SO_2 oder Hydrazin als Reduktionsmittel mit ausfallen: Te, Ag, Hg, Pd, Pt, Rh u. Ir. Keines dieser Elemente verursachte in einer Menge von 1 mg bei der Bestimmung von 39,4 µg Au einen größeren Fehler als 2,8 % (Extraktionsverfahren mit Rückextraktion). Ag wurde dabei als AgCl gefällt.

Es stören die Platinmetalle Ru (Bildung kolloiden Goldes) und Os (Bildung eines blauschwarzen Niederschlages an der Phasengrenzfläche). Beide können mit Tellur oder durch Verflüchtigen entfernt werden.

0,1 molare Konzentrationen an Chlorid, Perchlorat, Sulfat oder Phosphat stören nicht. Cyanid darf nicht anwesend sein.

Nitrat stört bei der direkten Methode ohne Extraktion, weil es im UV stark absorbiert, nicht jedoch bei der Extraktionsmethode.

Bemerkungen. Bei hohen pH-Werten erfolgt Reduktion zu metallischem Gold. Neutralsalze (hier das Phosphat der Pufferlösung) verhindern die Bildung einer Emulsion beim Schütteln mit n-Butanol und bewirken das schnelle Trennen der Phasen.

Das Beersche Gesetz wird bei beiden Verfahren befolgt, wobei die in den Arbeitsvorschriften angegebenen Konzentrationsbereiche am günstigsten sind (1 cm-Cüvetten). Es werden folgende Extinktionen angegeben: Extraktionsverfahren ohne Rückextraktion: 0,1321 ppm^{-1}cm^{-1} (Standardabweichung: ± 0,0017); Extraktionsverfahren mit Rückextraktion: 0,1297 ppm^{-1}cm^{-1} (Standardabw.: ± 0,0016) — demnach verringert sich die Extinktion durch die Rückextraktion um etwa 1,8 % ; Verfahren ohne Extraktion (in wäßriger Lösung): 0,1368 ppm^{-1}cm^{-1} (Standardabw.: ± 0,0002).

Die Zusammensetzung des der Methode zugrunde liegenden Komplexes wurde nach der Methode von YOE und JONES (2) untersucht. Danach werden 4 Azidionen je Gold(III)-ion verbraucht. Dem entsprechen die folgenden beiden Reaktionsgleichungen:

$$[AuCl_4]^- + 4[N_3]^- = [Au(N_3)_4]^- + 4Cl^-$$

bzw.
$$[AuCl_4]^- + 4[N_3]^- = [Au(N_3)_2]^- + 4Cl^- + 3N_2$$

Zur Klärung, welcher dieser beiden Komplexe gebildet wird, wiederholten die Autoren frühere Versuche, nach denen sich nach Zugabe von Natrium- oder Kaliumazid zu einer Gold(III)-chloridlösung beim vorsichtigen Eindampfen der Lösung orangefarbene, explosive Kristallnadeln bilden sollen, und fanden in diesen das Verhältnis Gold : Azid = 1 : 3,9 bzw. 1 : 4,0. Die Lösung dieser Substanz in Wasser wies ein Absorptionsmaximum bei 325 nm auf. Daraus schließen die Verfasser [1], daß der vorliegenden photometrischen Bestimmungsmethode die Bildung von Tetraazidoaurat(III) und nicht von Diazidoaurat(I) zugrunde liegt.

Für die Methode ohne Extraktion gilt, daß die in wäßriger Lösung gemessenen Extinktionen bei Azidkonzentrationen über $6 \cdot 10^{-3}$ m von dieser unabhängig sind; desgleichen vom pH-Wert im pH-Bereich von 4,35 bis 7,0. Bei pH 1 bzw. 9 werden nur 93 bzw. 97 % des maximalen Wertes gemessen (Gesamtionenstärke 1,0 mit Natriumperchlorat). Bei Tageslicht verringern sich die Extinktionen um 2 % je 15 Min.; im Dunkeln ist die Abnahme geringer.

Die nach Extraktion mit n-Butanol gemessenen Extinktionen bleiben bei Azid-Konzentrationen zwischen 0,1 m und 0,2 m in der wäßrigen Lösung konstant. Bei pH 6 werden mindestens 99 % des Goldes extrahiert (Bedingungen wie in der Arbeitsvorschrift angegeben). Bei Berücksichtigung der jeweiligen (unterschiedlichen) Blindwerte werden im pH-Bereich von 2,7 bis 7,1 die gleichen Extinktionen erhalten (bei höheren pH-Werten bildet sich met. Au, bei niedrigeren verringern sich die Extinktionen). Die Extinktionen der Blindansätze verändern sich mit dem pH-Wert (pH 7,9 : 0,010; pH 1,85 : 0,074).

Bei Tageslicht verringern sich die Extinktionen um 2 % je 8 Min. Beim Stehen m Dunkeln beträgt die Abnahme weniger als 2 % je Stunde.

Literatur. [1] CLEM, R. G., u. E. H. HUFFMAN: Anal. Chem. 37, 1155 (1965). — [2] YOE, J. H. u. A. L. JONES: Ind. eng. Chem., Anal. Edit. 16, 111 (1944).

5.18 Bestimmung mit p-Fuchsin.

Prinzip. Geringe Mengen Au(III) werden nach der papierelektrophoretischen Abtrennung von Cu(II) und Ni(II) auf Grund der Farbschwächung von p-Fuchsinlösung durch Gold(III)-halogenid bestimmt.

Arbeitsvorschrift nach Scponar [1]. Die elektrophoretische Trennung wird wie folgt vorgenommen: Streifen Whatman-Papier Nr. 1 (28,5 cm lang, 3 cm breit) tauchen mit ihren Enden in Gefäße mit 0,1 n KCl (KBr)-Lösung, in die auch die Platinelektroden eingeführt werden. Bei einem Potentialgefälle von 11,5 V/cm und innerhalb von 45 Min. bewegen sich: $[AuCl_4]^-$- und $[AuBr_4]^-$-Ionen 4,8 bzw. 3,4 cm, Cu^{2+}- und Ni^{2+}-Ionen dagegen nur 2,5 bis 2,8 cm gegen die Kathode.

Photometrische Bestimmung: Man trocknet die Streifen bei etwa 50 °C und lokalisiert auf einem von ihnen das Au(III) mit Hilfe von 0,05%iger Benzidinlösung in 10%iger Essigsäure. Tetrabromoaurat(III) ist durch seine Eigenfärbung (bronzefarben) gut sichtbar. — Der Goldfleck wird aus einem unbehandelten Streifen ausgeschnitten und mit 20 ml Wasser eluiert. Die dabei entstehende Lösung versetzt man dann mit 1 ml 0,01%iger Fuchsinlösung und bestimmt nach 40 Min. die erfolgte Farbschwächung bei 500 nm in 1-cm-Cüvetten.

Genauigkeit. Nach [1] sollen die Fehler bei 120 ng Au 0,3 % betragen.

Literatur: [1] SCPONAR, Z.: Chem. Anal. (Warsaw) 5, 973 (1960).

5.19 Fluorimetrische Bestimmung mit Kojisäure.

Prinzip. Die in phosphatgepufferter (pH 6,7) Lösung nach Zusatz von Kojisäure (5-Hydroxy-2-hydroxymethyl-1,4-pyron) durch Au(III) hervorgerufene Fluorescenz wird gemessen und für die Bestimmung des Goldes ausgenutzt.

Arbeitsvorschrift nach Murata und Ujihara [1]. Eine Au(III)-Salzlösung mit 2 bis 50 µg Au wird mit 5 ml 20%iger NaCl-Lösung, 2,5 ml Phosphatpuffer (1 m Phosphorsäure, mit Natronlauge auf pH 6,7 eingestellt) sowie 5 ml 2%iger Kojisäurelösung versetzt. Nach dem Verdünnen auf 50 ml läßt man 30 Min. im Dunkeln stehen und mißt dann die Gesamtfluorescenz ($>$470 nm) gegen eine Natriumfluoresceinatlösung (0,4 µg/ml).

Einfluß anderer Ionen. Die Abtrennung von anderen Ionen durch Mitfällung an Tellur, das in Mengen bis zu 2 mg nicht stört, wird von den Autoren [1] empfohlen.

Literatur: [1] MURATA, A., u. T. UJIHARA: Jap. Analyst **10**, 497 (1961).

5.20 Katalytische Bestimmung mit Hexacyanoferrat(II).

Prinzip. Der Gold-Thioharnstoff-Komplex katalysiert die Oxydation von Kaliumhexacyanoferrat(II) zu Preußischblau. Dieser Einfluß kann für die photometrische Bestimmung von Gold ausgenutzt werden.

Die Empfindlichkeit wird von ORLOVA und YATSIMIRSKI [1] mit 0,2 µg Au/ml angegeben.

Bemerkung. Auf die gleiche Weise kann auch Ag bestimmt werden. Dabei wird bei 40 °C gearbeitet. Empfindlichkeit: 0,02 µg/ml.

Literatur: [1] ORLOVA, M. N., u. K. B. YATSIMIRSKI: Vopr. Analiza Blagorodn. Metal., Akad. Nauk SSSR, Sibirsk. Otd. Tr. 5-go (Pyatogo) Vses. Soveshch. **1963**, 47.

5.21 Bestimmung als kolloide Lösung des Au-Diäthyl(methyl)-aminobenzylidenrhodanin-Komplexes.

Prinzip. p-Diäthyl-(methyl-)aminobenzylidenrhodanin gibt in schwach saurer Lösung mit Au(III) eine schwer lösliche rot-rotviolette Komplexverbindung. Darauf basiert die photometrische Bestimmung des Goldes.

Eine weitere Möglichkeit, Gold photometrisch zu bestimmen, ergibt sich aus der Löslichkeit des Komplexes in organischen Lösungsmitteln.

Arbeitsvorschrift nach Sandell [1] zur Bestimmung von 0,1 bis 10 µg Au nach einer Abtrennung durch Mitfällen an 0,2 mg Te. Der durch Reduktion mit Sn(II) erhaltene Au-Te-Niederschlag wird vollständig in Königswasser gelöst, die Lösung auf dem Dampfbad eingedampft, ohne den dabei erhaltenen Rückstand längere Zeit zu erwärmen, und der Rückstand mit 0,01 m Königswasser durchfeuchtet. Dann läßt man staubgeschützt über Nacht stehen und gibt am nächsten Tag genau 0,30 ml 2,0 m Salzsäure zu dem trockenen Rückstand, der damit vollständig durchfeuchtet werden soll. Anschließend nimmt man unter Rühren mit 1 ml Wasser auf. Wird dabei eine klare Lösung erhalten, überführt man sie in ein Gläschen und wäscht sorgfältig mit redest. Wasser nach, bis ein Gesamtvolumen von 3,5 ml erreicht ist. Durch AgCl getrübte Lösungen werden durch einen kleinen Porzellanfiltertiegel filtriert und die Filtrate gleichfalls mit Waschwasser auf 3,5 oder 4,0 ml gebracht (Endvolumen 4,5 bzw. 5,0 ml).

Nun werden 0,25 ml 1%ige Natriumfluoridlösung zur Probelösung und zu den Vergleichslösungen (nur bei Au-Mengen unter 0,4 µg) zugesetzt, dann — nach dem Vermischen — 0,30 ml Reagenslösung (0,05 g p-Diäthylaminobenzylidenrhodanin in 100 ml absolutem Äthanol gelöst), worauf wieder gemischt wird. Nach dem Auffüllen mit Wasser zur Marke (4,5 oder 5,0 ml) und erneutem Vermischen erreicht die Färbung der Lösung innerhalb weniger Minuten ihr Maximum.

Bei Goldmengen unter 0,4 μg erfolgt die Bestimmung visuell durch Vergleich mit Standardlösungen, die wie folgt hergestellt werden: 0,0; 0,2 und 0,4 μg Au werden von einer Au-Standardlösung mit 0,001% Au (als $[AuCl_4]^-$) in 0,1 m Salzsäure in 4,5- oder 5,0-ml-Gläschen mit Glasstopfen gegeben und nacheinander mit 0,30 ml 2,0 m Salzsäure, redest. Wasser bis zu einem Volumen von 4 ml und 0,25 ml NaF-Lösung (s. o.) versetzt. Die weitere Behandlung erfolgt wie oben angegeben.

Bei Goldmengen über 0,4 μg bestimmt man die Extinktion der Lösung nach einer genau festgelegten Zeit (z. B. 10 Min.) von der Reagenszugabe an gerechnet. Die den gemessenen Extinktionen (unter Verwendung eines Grünfilters) entsprechenden Goldmengen werden einer Eichkurve entnommen, die mit 0,0; 0,5; 1,0; 2,5; 5,0; 7,5 und 10,0 μg Au in analoger Weise erstellt wird.

Genauigkeit. SANDELL führt folgende Beleganalysenergebnisse (in μg Au) an: (Die gegebenen Au-Mengen und die daneben vorliegenden Fremdionenmengen sind in Klammern hinter den gefundenen Au-Mengen angeführt). Photometrisch in 0,12 m Salzsäure: 0,6 (0,5); 0,95 (1,0); 1,95 (2,0); 2,55 (2,5 neben 1,1 mg Ag); 2,4 (2,5 neben 500 mg Fe(III)); 2,85 (3,0); 3,9 (4,0); 5,0 (5,0); 8,3 (8,0).

Visuell: 0,0 (0,0); 0,4 (0,3); 0,0 (0,0 neben 0,2 mg Ag); 0,5 (0,5 neben 0,5 mg Ag); 0,0 (0,0 neben 500 mg Fe); 0,2; 0,3 und 0,5 (0,2; 0,3; 0,5; alle neben 500 mg Fe); 0,55 (0,5 neben 0,5 g Fe und 0,005 mg Ag); 0,2 (0,2 neben 0,5 g Fe und 0,02 mg Ag); 0,25 (0,2 neben 0,5 g Fe und 0,2 mg Ag); 0,0 und 0,25 (0,0 und 0,3 neben 0,5 g Cu); 0,0 und 0,35 (0,0 und 0,3; beide neben 0,6 g Pb, dabei mußte der Te-Au-Niederschlag von mitgefallenem Bleichlorid durch Auswaschen mit 25 ml heißer Salzsäure (1 + 4) gereinigt werden); 0,25 (0,3 neben 0,5 g As_2O_3 und 0,05 g Sb(III)).

Sämtliche angeführten Ergebnisse wurden nach der Abtrennung des Goldes durch Mitfällen an Tellur erzielt.

Einfluß anderer Ionen. Ag(I) stört nicht, da die in der 0,1 n salzsauren Lösung verbleibende Ag^+-Menge nicht ausreicht, um eine Färbung hervorzurufen.

50 μg Hg(II) stören nicht. Pd reagiert noch empfindlicher als Au; geringe Mengen (bis zu 3 μg) sollen durch Zugabe von Diacetyldioxim wirkungslos gemacht werden können, wobei die Au-Bestimmung nicht beeinflußt werden soll.

Pt stört nur in großen Mengen und nach längeren Reaktionszeiten (Reduktion von Pt(IV) zu Pt(II)?).

Fe(III) ruft infolge einer Oxydation des Reagens eine bräunliche Färbung hervor. Der Einfluß so geringer Fe(III)-Mengen, wie sie in dem Te-Au-Niederschlag enthalten sein können, wird durch Zusatz von Natriumfluorid ausgeschaltet. Starke Oxydatiosmittel wie Chlor oder Brom bewirken Fehler.

Allgemein beeinflussen Elektrolyte die Bestimmung erheblich, da die kolloide Verteilung des Niederschlages verändert wird und zu geringe Extinktionen gemessen werden. Deshalb sind die in der Vorschrift angeführten Bedingungen genau einzuhalten.

Bemerkungen. HIRANO, MIZUIKE und IIDA [2] bestimmen Gold in Kupfer photometrisch mit p-Dimethylaminobenzylidenrhodanin im Anschluß an die Abtrennung des Goldes mit einem Anionenaustauscher aus königswassersaurer Lösung. Cu läuft dabei durch; der das Gold enthaltende Austauscher wird im Aluminiumoxidtiegel verascht, anschließend die photometrische Bestimmung des Goldes vorgenommen. 0,5 bis 100 ppm sollen innerhalb von 2 bis 3 Std. mit einer Genauigkeit von 5 bis 10% erfaßt werden können.

HIRANO, MIZUIKE und YAMADA [3] führen die Abtrennung kleiner Mengen Au von großen Mengen Cu durch eine Extraktion mit Äthylacetat nach dem Lösen der Probe in Königswasser durch, wobei Cu^{2+} in der wäßrigen Phase verbleibt. Die nachfolgende colorimetrische Bestimmung des Goldes mit p-Dimethylaminobenzylidenrhodanin soll die Erfassung von 2 bis 500 ppm Au in Kupfer innerhalb von 3 bis 4 Std. mit einem Fehler von 10% ermöglichen.

Die Mitfällung von Au an Te zur Abtrennung des Goldes von anderen Ionen vor der photometrischen Bestimmung wird von NATELSON und ZUCKERMANN [4] bei der Bestimmung von Gold in biologischem Material (Blut, Serum, Gewebe, Faeces) angewendet. Die Messung erfolgt bei 500 nm.

Arbeitsvorschrift nach Cotton und Woolf [5] zur Bestimmung von 4 bis 14 μg Au durch Extrahieren des (1:1)-p-Dimethylaminobenzylidenrhodaninkomplexes mit Isoamylacetat und nachfolgende photometrische Bestimmung bei 515 nm. Man raucht mit Königswasser, dann mit Salzsäure ab, wobei der Komplex $[AuCl_4]^-$ gebildet wird, setzt 0,1 ml eines konstant siedenden Gemisches von Salzsäure und Isoamylacetat zu, verdünnt auf 5 ml, fügt dann 0,3 ml einer 0,0044%igen Reagenslösung in Isoamylacetat und 10 ml Isoamylacetat hinzu, schüttelt 15 Min. lang und photometriert nach weiteren 5 Min. in 4-cm-Cüvetten bei 515 nm.

Genauigkeit. Der maximale Fehler beträgt nach [5] $\pm 2\%$.

Literatur: [1] SANDELL, E. B.: Anal. Chem. **20**, 253 (1948). — [2] HIRANO, S., A. MIZUIKE u. Y. IIDA: Jap. Analyst **9**, 423 (1960). — [3] HIRANO, S., A. MIZUIKE u. K. YAMADA: Jap. Analyst **9**, 164 (1960). — [4] NATELSON, S., u. J. L. ZUCKERMANN: Anal. Chem. **23**, 653 (1951). — [5] COTTON, T. M., u. A. A. WOOLF: Anal. chim. Acta **22**, 192 (1960).

5.22 Bestimmung als elementares Gold.

5.22.1 als kolloide Goldlösung.

Prinzip. Zur Bestimmung von 5 bis 50 mg Au/l versetzt man die 0,2n bromwasserstoffsaure Lösung mit Gelatine als Schutzkolloid und mit 0,5m Zinn(II)-bromidlösung in 3n Bromwasserstoffsäure. Die photometrische Bestimmung wird bei 540 bis 550 nm vorgenommen.

Zur Abtrennung von den Platinmetallen extrahiert man aus bromwasserstoffsaurer Lösung mit Äther, *i*-Amylalkohol oder anderen organischen Lösungsmitteln als $H[AuBr_4]$.

Bemerkung. Nach einem Verfahren von HASHMI und Mitarb. [2] eignet sich auch Ameisensäurehydrazid zur Erzeugung einer kolloiden Goldlösung (pH 5,4 bis 5,9; Nachweisgrenze 2 μg Au/ml).

Literatur: [1] PANTANI, F., u. G. PICCARDI: Anal. chim. Acta **22**, 231 (1960). — [2] HASHMI, M. H., A. RASHID, M. UMAR u. F. AZAM: Anol. Chem. **38**, 439 (1966).

5.22.2 mit Quecksilber(I)-chlorid.

Prinzip. Die reduzierende Wirkung von Quecksilber(I)-chlorid wird zur Bestimmung von Gold ausgenutzt. Dabei wird das Au(III) aus neutraler oder saurer Lösung schnell und vollständig als elementares Gold ausgefällt und vom Quecksilber(I)-chlorid adsorbiert, das dadurch mehr oder weniger verfärbt wird. Die durch eine schwache Färbung noch erkennbare Grenzkonzentration liegt nach PIERSON [1] bei 0,00005 mgAu/0,1 g Hg_2Cl_2.

Unter Verwendung von 100 mg Hg_2Cl_2, 5 ml Wasser (Salzsäure) und 1 ml Probelösung werden folgende Farbtöne erhalten:

bei 0,20 mg Au	dunkelpurpur
bei 0,10 mg Au	purpur
bei 0,05 mg Au	hellpurpur
bei 0,02 mg Au	dunkelrosa
bei 0,002 mg Au	hellrosa
bei 0,0002 mg Au	schwach hellrosa
bei 0,00005 mg Au	schwache Färbung

Einfluß anderer Ionen. DZIEDZIANOWICZ [2] gibt Bedingungen an, unter denen der störende Einfluß von Fe und Cu ausgeschaltet werden kann. Dabei wird zunächst aus genau 2%iger Salzsäure durch Zugabe von Oxalsäure bis zur Endkonzentration von 5 bis 10% Kupferoxalat ausgefällt, wobei kein Gold mitgefällt werden soll. Anschließend wird das Au aus neutraler Lösung reduziert (Oxalsäure), in mit Chlor gesättigter Salzsäure gelöst und nach dem Verdampfen des überschüssigen Chlors sowie der überschüssigen Salzsäure aus der auf die geeignete Konzentration (0,0002 bis 0,02 mg Au/ml) gebrachten Lösung nach PIERSON [1] bestimmt.

Genauigkeit. Nach DZIEDZIANOWICZ [2] beträgt der maximale Fehler bei der Bestimmung von 0,01 bis 0,03 mg Au neben 400 mg Fe und 50 mg Cu ± 0,0005 mg Au absolut. Das entspricht 50% der Differenz zwischen zwei benachbarten Skalenangaben.

Literatur: [1] PIERSON, G. G.: Ind. eng. Chem., Anal. Edit. **6**, 437 (1934). — [2] DZIEDZIANOWICZ, W.: Chem. Anal. (Warsaw) **5**, 827 (1960).

5.22.3 unter Verwendung von Filtrierpapier.

Prinzip. a) Man stellt zunächst Reagenspapiere her, indem man Filtrierpapier mit Lösungen von reduzierenden Substanzen tränkt, bei 40 °C trocknet und in geeignete Streifen schneidet. Gibt man auf dieses Papier einen Tropfen einer Goldchloridlösung, so bildet sich ein farbiger Fleck, der durch kolloides Gold verursacht wird und dessen Größe und Farbintensität von dem Goldgehalt der Lösung abhängen. Man vergleicht mit Goldchloridlösungen bekannten Gehaltes und gelangt so zu quantitativen Ergebnissen.

Als Reduktionsmittel können verwendet werden: Zinn(II)-chlorid, alkalische Wasserstoffperoxidlösung, äthanolische Benzidinlösung, Pyrogallol, Hydrochinon, Formaldehyd in alkalischer Lösung, Hydrazin, Hydroxylammoniumchlorid, Quecksilber(I)-nitrat.

Nach COSTEANU [1, 2] prüft man zunächst mit Tanninpapier, ob in der Probelösung überhaupt Gold enthalten ist. Es entstehen beim Auftropfen hellblaue Flecken.

b) Nach COSTEANU [3, 4] tränkt man Filtrierpapier mit der zu untersuchenden goldhaltigen Lösung und hängt es in einen Strom von Kohlenmonoxid oder Phosphorwasserstoff (hergestellt aus Phosphoniumjodid und Kalilauge). Das Gold scheidet sich purpurrot in kolloider Verteilung ab, wobei die Färbung um so kräftiger ausfällt, je konzentrierter die Goldchloridlösung ist.

Literatur: [1] COSTEANU, N. D.: Bull. Fac. Stiinte Cernauti 8, 68 (1935). — [2] COSTEANU, R. N.: Fr. **104**, 351 (1936). — [3] COSTEANU, R. N.: Fr. **102**, 336 (1935). — [4] COSTEANU, N. D.: Bl. (5) **3**, 1527 (1936); durch Fr. **117**, 336 (1939).

6 Spektralanalytische Verfahren.

6.1 Absorptionsflammenphotometrische Methoden.

Prinzip. s. Kapitel Silber 6.2.

Bestimmungsmethoden für Gold. LOCKYER und HAMES [1] bestimmen Au und Ag sowie Pt, Pd und Rh in Lösungen. Das in einer Bogenlampe von der Au-Hohlkathode ausgestrahlte Licht wird durch eine Linse gesammelt, geht durch eine Leuchtgasflamme und trifft dann auf den Spalt eines Spektrophotometers. Die Lösung wird in die Flamme eingesprüht und die Lichtschwächung der Linie Au 242,8 nm gemessen.

1 ppm läßt sich noch mit befriedigender Genauigkeit ermitteln. Eine gegenseitige Beeinflussung der 5 Edelmetalle wurde nicht festgestellt, auch Pb stört nicht. Anwesendes Eisen muß bei der Goldbestimmung als Fe(III) vorliegen.

Nach Ergebnissen von GINZBURG, LIVSHITS und SATARINA [2] können Au und Ag (ferner auch die Platinmetalle Pt, Pd und Rh) sowohl in reinen Lösungen als auch in Gegenwart größerer Mengen Cu, Pb, Zn, Schwefel-, Salpeter- und Salzsäure absorptionsflammenphotometrisch bestimmt werden, wobei für die Goldbestimmung die Linie Au 242,8 nm verwendet wird.

Die angeführte Methode ist von den Verfassern für die Bestimmung des Goldes in Nichteisenmetall-Legierungen angewendet worden.

BELCHEV, BELEVA und DANCHEVA [3] geben eine Methode an, bei der anstelle einer Hohlkathodenlampe eine Wasserstofflampe benutzt wird, außerdem ein konventioneller Quarzspektrograph. Außer Au werden auch Ag, Cu und Zn erfaßt.

GREAVES [4] benutzt einen Edelstahlbrenner mit 20 Löchern (Durchmesser 0,32 cm), um eine 10 cm lange Leuchtgas-Luft-Flamme zu erzeugen. Die Nachweisgrenze für Au wird in wäßriger Lösung mit 0,3 ppm angegeben (242,8 nm). Eine Anreicherung kann durch Extraktion mit Isobutylketon aus Bromoaurat(III)-Lösung mit einem Überschuß an HBr erfolgen. Die maximale Absorption erhält man 8,5 mm über dem Brennerkopf.

OLSON [5] — für SiO_2 enthaltenden Kalkstein — sowie SIMMONS [6] empfehlen Aufschluß und Anreicherung mit Cyanid. Dabei sollen Vorteile gegenüber Bestimmungen in sauren Lösungen, Extraktionen mit organischen Lösungsmitteln oder Schmelzmethoden erzielt werden können. (Erfaßte Bereiche: 0,005—0,2 ozs Au/t).

Literatur: [1] LOCKYER, L., u. G. E. HAMES: Analyst 84, 385 (1959). — [2] GINZBURG, V. L., D. M. LIVSHITS u. G. I. SATARINA: Ž. anal. Chim. (russ.) 19, 1089 (1964). — [3] BELCHEV, B., S. BELEVA u. R. DANCHEVA: Rudodobiv. Met. (Sofia) 1964, 18. — [4] GREAVES, M. C.: Nature 199, 552 (1963). — [5] OLSON, A. M.: At. Absorption Newsletters 4 (5), 278 (1965). — SIMMONS, E. C.: At. Absorbtion Newsletters 4 (5), 281 (1965).

6.2 Emissions-spektralanalytische Methoden.

Prinzip. Durch Anregung im Funken oder Bogen kann Gold auf emissionsspektralanalytischem Wege in Metallen, Erzen, Mineralien und anderen Stoffen bestimmt werden. Zur spektralen Zerlegung der emittierten Strahlung dienen Quarz- oder Gitterspektrographen. Die Intensität der Goldlinien — meistens zieht man die beiden Linien Au 242,80 nm und Au 267,60 nm für die Goldbestimmung heran — wird entweder über die durch sie verursachte Schwärzung der photographischen Platte photometrisch oder mit einem direkt registrierenden Spektrometer elektrisch ausgemessen. Häufig verfährt man nach der Methode des inneren Standards.

Nach GERLACH-RIEDL treten bei der Linie 267,60 nm Koinzidenzen mit der starken Tantal-Nachweislinie bei 267,59 nm, ferner mit einer Bogenlinie von Pt und Funkenlinien von Cr, Ru, V sowie von Co, Rh, W (Cu, Fe und Sb) auf.

Bei der Linie Au 242,80 nm können Koinzidenzen mit Linien der Elemente Ag, Pb, Sb, Sn, Sr, Mn, Pt, Rh und W auftreten. Die beiden angeführten Linien sind stärker als die Linie Au 312,28 nm, die in einzelnen Fällen gleichfalls für die quantitative Bestimmung des Goldes herangezogen wird.

6.2.1 Verfahren zur Bestimmung des Goldes in Metallen.

6.2.1.1 *in Antimon.*

Analyse der Metalle [1] gibt ein Verfahren an, bei dem 0,002 bis 0,1% Au in Antimon erfaßt werden können. Die Anregung erfolgt im Funken. Gemessen wird die Linie Au 267,60 nm.

Literatur: [1] Analyse der Metalle, 2. Band, 2. Teil, 2. Aufl. Berlin/Göttingen/Heidelberg 1961, S. 1410.

6.2.1.2 *in Blei hohen Reinheitsgrades.*

Im Gegensatz zur Bestimmung des Silbers (s. Kap. Silber 6.3.1.3) erfolgt die Bestimmung des Goldes ohne Anreicherung. Die Anregung erfolgt im 13-A-Gleichstrombogen. Bis zu 100 mg der Substanz werden dabei in die Bohrung der Anode eingebracht. Nach KARABAŠ und Mitarb. [1] liegt die Nachweisempfindlichkeit des Verfahrens bei 10^{-4} bis $10^{-6}\%$. Der relative Fehler wird mit $\pm 20\%$ angegeben.

Literatur: [1] KARABAŠ, A. G., L. S. BONDARENKO, G. G. MOROZOVA u. Š. I. PEIZULAEV: Ž. anal. Chim. (russ.) **15**, 623 (1960).

6.2.1.3 *in Platin und Platinmetallen.*

Nach Analyse der Metalle [1] kann die Bestimmung des Goldes in Platin und Platinmetallen durch Anregung im Feussner-Funken oder im Gleichstromdauerbogen (6 A) erfolgen. Im ersteren Fall liegt die Nachweisgrenze bei 0,005%, im zweiten Fall bei 0,0001%. 20 mg des Platinmetalls werden nach vorheriger gründlicher Reinigung mit Säure auf eine Spektralkohle höchster Reinheit gebracht. Als Gegenelektrode wird eine Kohleelektrode aus dem gleichen Material benutzt. Gemessen wird die Linie Au 267,60 nm.

Literatur: [1] Analyse der Metalle, 2. Band, 2. Teil, 2. Aufl. Berlin/Göttingen/Heidelberg 1961, S. 1416.

6.2.1.4 *in Silicium.*

Zur Bestimmung von Gold im Konzentrationsbereich $8 \cdot 10^{-4}$ bis $1 \cdot 10^{-1}\%$ Au und von weiteren 17 Elementen (Al, As, B, Ba, Ca, Co, Cu, Fe, In, Mg, Ni, Pb, Sb, Sn, Ti, W, Zn) in Silicium werden nach VECSERNYÉS [1] 10 mg feingepulvertes Silicium in die Bohrung einer Spektralkohlenelektrode gegeben und mit einem Wechselstromabreißbogen in einer Argon-Schutzatmosphäre angeregt. Als Bezugselement dient Si (Linienpaar Au 312,28 nm/Si 302,00 nm). Zur Auswertung stellt man pulverförmige Vergleichsstandards her.

Literatur: [1] VESCERNYÉS, L.: Fr. 182, 429 (1961).

6.2.2 Verfahren zur Bestimmung des Goldes in Erzen, Mineralien und Oxiden.

6.2.2.1 *in Erzen.*

RUBINOVIČ, EPŠTEIN und SOŠALSKAJA [1] bestimmen 0,0001 bis 0,01% Au in Erzen mit einem mittleren Fehler von $\pm 15\%$ im Anschluß an eines der beiden folgenden Anreicherungsverfahren:

Anreicherung mit einem Ionenaustauscher. Die Probe wird bei 500 bis 600 °C geglüht, mit Ameisensäure zur Reduktion der Pd-Oxide angefeuchtet, getrocknet und zweimal mit Königswasser behandelt. Diese Lösung wird auf einen Anionenaustauscher gegeben, der nach dem Auswaschen verascht wird.

Anreicherung mit Aktivkohle. Die Proben werden wie oben angegeben ausgelaugt, die Lösungen mit Schwefelsäure abgedampft und nach dem Lösen des Rückstandes in Wasser wird filtriert. Das Filtrat schüttelt man 30 Min. mit 1 g. Aktivkohle, die anschließend abfiltriert und zusammen mit dem Filter verascht wird.

Spektralanalytische Bestimmung. Das nach einer der beiden Anreicherungsmethoden erhaltene Pulver wird im Wechselstrombogen (13 bis 15 A) angeregt. Als innerer Standard dient Co (Linienpaar Au 267,60 nm/Co 264,86 nm).

ERDEY, GEGUS, KOCSIS und RADY [2] führen die Bestimmung des Goldes nach dem Verfahren mit durchbohrter Elektrode unter Verwendung von Te oder Pt als Bezugselement (Linienpaare Au 242,80 nm/Te 238,6 nm bzw. Au 267,60 nm/Pt 265,9 nm) durch. Zur Anreicherung werden die Proben (ZnS-Erze und -Konzentrate) mit Königswasser aufgeschlossen. Bei niedrigen SiO_2-Gehalten geht eine Vorbehandlung mit Schwefelsäure und bei hohen SiO_2-Gehalten mit Flußsäure/Schwefelsäure voran. Nach dem Zusetzen von genau 500 µg Te(IV) als Spurenfänger wird mit Sn(II) reduziert, der Niederschlag in Königswasser gelöst und die Lösung unter Zusatz von NaCl zur Trockne gedampft. Der Rückstand wird dann mit wenig Königswasser und Wasser aufgenommen und ist zur Analyse bereit. 0,8 µg/ml können noch erfaßt werden.

Nach LIVŠIS und KAŠLINSKAJA [3] werden zur spektralanalytischen Bestimmung von Au (Pt, Pd und Rh) in armen Erzen, Schlacken und Abwässern die genannten Elemente zur Anreicherung zusammen mit Cu aus saurer Lösung mit Thiosulfat ausgefällt. Anschließend glüht man bei 800 bis 850 °C im Muffelofen und erhält so CuO, das bei 400 bis 500 °C im Wasserstoffstrom reduziert und abschließend zu einem Kupferregulus zusammengeschmolzen wird. Dieser Regulus wird im aktivierten Wechselstrombogen (4 A, 220 V) zwischen ·spektralreinen Kohlen verdampft, wobei das Linienpaar Au 267,60 nm/Cu 244,50 nm für die Goldbestimmung herangezogen wird. Der relative Fehler soll bei zwei Parallelausführungen $\pm 12\%$ nicht überschreiten.

IWAMURA [4] arbeitet zur spektralanalytischen Bestimmung des Goldes in Erzen mit Kohleelektroden, die mit Goldchloridlösung getränkt werden (Linie Au 242,80 nm).

CLAUS, HEGEMANN und ROST [5] bestimmen Gold in Seifenproben. Der Aufschluß wird mit Brom und die Anreicherung mit Äther vorgenommen. Die in den Goldbromidlösungen enthaltenen Goldmengen werden unter Verwendung von Kohleelektroden im Abreißbogen und mit Linienverstärkung nahe der Kathode nach MANNKOPFF und PETERS (Fr. 96, 422 (1934)) bestimmt, wobei noch 0,2 g Au/t erfaßbar sind, wenn 0,5 ml der Lösung verwendet werden.

Wird die Anreicherung nach HABER [Angew. Ch. 40, 303 (1927)] vorgenommen, d. h. durch das Mitfällen mit PbS, oder nach FRIEDRICH [Metallurgie 3, 586 (1906)], d. h. durch Zementation mit Zink und Salzsäure auf gleichzeitig anwesendem Probierblei, oder auch eine dokimastische Verarbeitung des Eindampfrückstandes durchgeführt, so können noch 0,4 g Au/t bestimmt werden.

Literatur: [1] RUBINOVIČ, R. S., R. J. EPŠTEIN u. O. N. SOŠALSKAJA: Ž. anal. Chim. (russ.) **18**, 216 (1963). — [2] ERDEY, L., F. GEGUS, E. KOCSIS u. G. RADY: Acta Chim. Acad. Sci. Hung. **39**, 313 (1963). — [3] LIVŠIC, D. M., u. S. E. KAŠLINSKAJA: Ž. anal. Chim. (russ.) **12**, 714 (1957). — [4] IWAMURA, A.: Mem. Coll. Sci., Kyoto Imp. Univ. A **15**, 359 (1932). — [5] CLAUS, G., F. HEGEMANN u. F. ROST: Z. angew. Mineral. **1**, 60 (1937).

6.2.2.2 in einzelnen Mineralien.

MACHER [1] hat den Goldgehalt eines *Biotits* zu $1,6 \cdot 10^{-9}\%$ bestimmt und dabei wie folgt verfahren: 100 g wurden in einem Graphittiegel, dessen Poren mit einer Lösung von Plexiglas in Chloroform gedichtet wurden, mit Flußsäure und Schwefelsäure aufgeschlossen. Die Lösung wurde eingedampft, der Rückstand dreimal mit Königswasser eingetrocknet, mit Salzsäure aufgenommen, die Lösung verdünnt, filtriert, mit Weinsäure und dann mit Ammoniaklösung bis zur schwach sauren Reaktion versetzt. Nach Zugabe von Au-freiem(!) Bleiacetat erfolgte dann eine H_2S-Fällung. Der Sulfidniederschlag wurde in einem Gefäß, dessen unterer Teil ein aus Kaolin bei 1400 °C gebrannter Tiegel bildet, mit heißer Salzsäure gelöst. Es folgte eine zweite H_2S-Fällung, nach der der Niederschlag durch Zentrifugieren abgetrennt und im Wasserstoffstrom reduziert wurde. Der Bleiregulus wurde schließlich weitgehend abgetrieben und die Restmenge im Abreißbogen verdampft.

HEGEMANN, V. SYBEL und WILK [2] geben ein Verfahren zur Bestimmung von Verunreinigungen in *Pyrit* und *Kupferkies* an, bei dem die Nachweisgrenze für Gold 0,001% beträgt. Die Anregung erfolgt dabei im 8-A-Gleichstrombogen.

Zur Bestimmung von Spurenelementen in *Bleiglanz*, wobei außer Au und Ag auch Bi, Co, Cu, Fe, Mn, Ni, Sb erfaßt werden, führen HEGEMANN und V. SYBEL [3] die Anregung unter Verwendung einer Becheranode bei 8 A Zündstromstärke durch. Die Probe wird dabei im Verhältnis 1:2 mit Kohlepulver vermischt. Die Nachweisempfindlichkeit für Au wird mit 0,0005% angegeben.

Literatur: [1] MACHER, F.: Magyar Chem. Folyóirat **66**, 507 (1960). — [2] HEGEMANN, F., C. v. SYBEL u. G. WILK: Metall **9**, 991 (1955). — [3] HEGEMANN, F. u. C. v. SYBEL: Metall **9**, 91 (1955).

6.2.2.3 in Oxiden.

DEGTJAREVA und Mitarb. [1] bestimmen Au, Ag und zahlreiche weitere Elemente in *Kupferoxid* (s. auch Kap. Silber 6.3.2.5).

KALITEEVSKIJ und Mitarb. [2] führen ein Verfahren zur Bestimmung von Gold (und Cd, Ge, In, Ga, Sb und Pb) in *Uranoxid* U_3O_8 an, bei dem nach der Verdampfungsmethode und mit drei Standards gearbeitet wird. Mit der Linie Au 267,60 nm wird eine Empfindlichkeit von $3 \cdot 10^{-5}$% erreicht. Der mittlere Fehler einer Einzelbestimmung soll maximal 15 bis 20% betragen.

Literatur: [1] DEGTJAREVA, O. F., N. V. FEDJAEVA, M. F. OSTROVSKAJA u. L. G. ASTACHINA: Betriebslab. (russ.) **27**, 844 (1961). — [2] KALITEEVSKIJ, N. J., A. A. LIPOWSKIJ, A. N. RAZUMOVSKIJ u. P. P. JAKIMOVA: Ž. anal. Chim. (russ.) **13**, 372 (1958).

6.2.3 Verfahren zur Bestimmung des Goldes in sonstigen Materialien.

6.2.3.1 in Jodpräparaten hoher Reinheit.

Nach FRATKIN und Mitarb. [1] beträgt die relative Empfindlichkeit bei 12-g-Einwaagen für Gold $2 \cdot 10^{-7}$%. Bezüglich der Einzelheiten s. Kap. Silber 6.3.3.1.

Literatur: [1] FRATKIN, Z. G., M. I. VOLOCHOVA u. N. G. POLIVANOVA: Betriebslab. (russ.) **27**, 846 (1961).

6.2.3.2 in Textilfaseraschen.

Nach KOCH und DEDIC [1] s. Kap. Silber 6.3.3.6.

Literatur: [1] KOCH, O. G., u. G. A. DEDIC: Chemist-Analyst **46**, 88 (1957).

6.2.3.3 in Lösungen mit 0,2 bis 10 mg Au/l.

Zur Anreicherung mit Äthylcellulose und bei der nachfolgenden spektralanalytischen Bestimmung des Goldes verfährt man nach LEWIS und SERIN [1] wie folgt: Ein Gemisch aus 1 g Äthylcellulose und 1 g Cellulosepulver wird auf eine Lage von etwa 1 g Cellulosepulver in einer chromatischen Säule von etwa 20 mm Durchmesser geschichtet und oben mit einer Lage Cellulosepulver bedeckt. Die Füllung wird leicht zusammengedrückt und mit durchlaufendem Wasser zum Absetzen gebracht. Nun läßt man die goldsalzhaltige Lösung durch die Säule laufen, wäscht anschließend viermal mit Wasser und saugt trocken. Man verascht die Füllung im Quarztiegel bei 600 °C, löst den Rückstand in 1 ml Königswasser, dampft auf 0,75 ml ein und absorbiert die Lösung mit 1 g Aluminiumoxid. Die erhaltene Mischung wird getrocknet und mit 0,1 g einer Mischung aus gleichen Teilen Aluminiumoxid und Silberchlorid, die 0,1% Zinnoxid enthält, fein vermahlen, wobei das Sn als innerer Standard dient.

Die Bestimmung wird nach der Methode der Träger-Destillationsspektrographie mit 30 mg der Grundsubstanz unter Auswertung nach dem Zweilinienverfahren ausgeführt. Es werden die Linien Au 242,80 nm, Sn 242,17 nm und Sn 242,95 nm benutzt.

Bei diesem Verfahren konnten die Verfasser zu salpetersauren Lösungen zugesetztes Gold (etwa 20 µg Au/g Al_2O_3) mit einem mittleren Fehler von $\pm 5\%$ wiederfinden.

Literatur: [1] Lewis, J. A., u. P. A. Serin: Analyst **78**, 385 (1953).

6.2.3.4 in Meerwasser.

Nach Brooks [1]. Die im Meerwasser enthaltenen Spurenmengen Au (Bi, Zn, Cd) werden mit dem stark basischen Anionenaustauscher Amberlite IR-400 angereichert. Man macht 250 Liter Meerwasser 0,1 n salzsauer, versetzt mit Bromwasser bis zu einer Konzentration von 10 ppm und gibt die Lösung mit einer Geschwindigkeit von 120 ml/Std. (100 Tage für 250 Liter) durch die Säule von 13 cm Länge und 0,5 cm² Querschnitt. Dann wird mit 2 n Salzsäure gewaschen und mit 1 Liter 0,25 n Salpetersäure eluiert. Anschließend dampft man mit etwas Natriumchlorid zur Trockne ein und bestimmt das Gold spektralanalytisch, wobei die Linie Au 267,6 nm benutzt wird. Verglichen wird mit der Antimonlinie 326,7 nm.

Literatur: [1] Brooks, R. R.: Analyst **85**, 745 (1960).

6.2.3.5 in Cyanidlösungen.

Nach Ripan, Marcu und Cordis [1]. 20 ml Lösung werden mit 0,1 m Schwefelsäure angesäuert, dreimal mit Isoamylalkohol extrahiert, um das Gold von den Begleitelementen abzutrennen. Die vereinigten alkoholischen Extrakte werden dann mit 1 g Aktivkohle zur Adsorption des Goldes geschüttelt. Nach 30 Min. filtriert man, glüht bei 700 °C im Porzellantiegel, löst die Asche in 1 ml Königswasser, setzt 40 mg spektralreines Kohlepulver mit einem Gehalt von 4% NaCl zu, dampft ein und gibt den Rückstand in den Krater von Kohleelektroden. Zur spektralanalytischen Bestimmung des Goldes verdampft man vollständig im 13-A-Wechselstrombogen.

Der Fehler soll im Bereich von $5 \cdot 10^{-7}$ bis $3 \cdot 10^{-5}$ g Au bei $\pm 10\%$ liegen.

Literatur: [1] Ripan, R., M. Marcu u. V. Cordis: Rev. Chim. (Bukarest) **15**, 684 (1964).

6.2.3.6 in Serum.

Nach Zak und Mitarb. [1] wird das Linienpaar Au 267,60 nm/Pb 283,31 nm verwendet. Man arbeitet mit einer rotierenden Graphitscheibenelektrode, die kontinuierlich von der Probelösung benetzt wird und funkt mit Hilfe einer zugespitzten Graphitstabgegenelektrode an.

Literatur: [1] Zak, B., J. D. Chase, G. B. Myers u. A. J. Boyle: J. Labor clin. Med. **39**, 660 (1952).

6.3 Röntgenfluorescenzanalytische Methoden.

Prinzip. s. Kap. Silber 6.4.

6.3.1 in Lösungen mit 200 bis 600 ppm Au, 150 bis 300 ppm Ir und 0,7 bis 1,0% Pt nach Strasheim und Wybenga [1].

Die Verfasser weisen auf die Vorteile hin, die mit der Verwendung von Proben in Form von Lösungen bei der Röntgenfluorescenzanalyse verbunden sind. Als Fehlerquellen entfallen gegenüber anderen Proben die Einflüsse der verschiedenen Korngrößen und der Inhomogenität. Temperatureinflüsse und die gegenseitige Beeinflussung der anwesenden Elemente sind zwar auch bei Lösungen vorhanden, können aber — z. B. nach der Methode des inneren Standards — eliminiert werden. Allgemein bietet die Methode der Röntgenfluorescenzanalyse gegenüber anderen analytischen Verfahren den großen Vorteil, daß der Grad der Reproduzierbarkeit vom Analytiker durch die Wahl der Meßzeit selbst bestimmt werden kann, wobei eine völlige Konstanz der äußeren Bedingungen während der Messung Voraussetzung ist.

Die Bestimmungen werden mit einer Mo-Röhre und einem Impulshöhenanalysator zur Beseitigung von Störungen durch Mo-Linien II. Ordnung, der Compton-Streustrahlung und durch Linien II. Ordnung anderer Elemente ausgeführt. Zur spektralen Zerlegung wird ein Topaskristall verwendet, mit dem die geringen Au-Gehalte von 200 bis 600 ppm neben den hohen Pt-Gehalten von 0,7 bis 1,0% erfaßt werden können.

Die Au- (Ir-) Bestimmung wird an den unverdünnten Lösungen vorgenommen. Dazu mißt man die L_{α_1}-Peaks von Au(Ir) und Pt und bildet die Intensitätsverhältnisse. Die Bestimmung des Platingehaltes erfolgt vorher gleichfalls durch Röntgenfluorescenzanalyse.

Es wird entweder mit synthetischen Standards oder nach der Additionsmethode gearbeitet, wobei bekannte Au(Ir)-Mengen in Form von Lösungen ihrer Ammoniumchlorokomplexe zugesetzt werden.

Ein Reproduzierbarkeitstest für die Goldbestimmung brachte folgende Ergebnisse (in ppm Au): 573, 596, 591, 591, 584, 595, 579, 595, 595, 596, somit im Mittel (590 ± 8) ppm Au. Der Variationskoeffizient beträgt 1,34%.

Dabei wurde die Untergrundkorrektur mit einer synthetischen Probe ohne Au und Ir durch Messung an der Stelle des Au L_{α_1}-Peaks und an der Stelle der sonstigen Untergrundmessung vorgenommen.

Die durchschnittlichen Impulsraten bei dem Test waren: Au L_{α_1} 20608; Pt L_{α_1} 256048 und Ir L_{α_1} 10512; Untergrund 5216.

Der experimentell gefundene Variationskoeffizient von 1,34% liegt in der gleichen Größenordnung wie der aus der Zählstatistik errechnete von 1,08%.

Ein Vergleich der nach diesem Verfahren erhaltenen Resultate mit den auf chemischem Wege gefundenen an vier verschiedenen Proben brachte folgende Ergebnisse:

Probe	ppm Au nach der Röntgenfluorescenzanalyse (Additionsmethode)	auf chemischem Wege
1	584	624
2	440	440
3	287	290
4	450	476

Literatur: [1] STRASHEIM, A., u. F. T. WYBENGA: Appl. Spectroscopy **18**, 16 (1964).

6.3.2 in vergoldeten Mo-Drähten und -Bändern sowie galvanischen Badflüssigkeiten nach Lassner und Püschel [1].

Zur Bestimmung von Gold in vergoldeten Mo-Drähten und -Bändern wird eine Länge Draht oder Band mit 10 bis 80 mg Au in einem Becherglas mit 10 ml konz. Salzsäure und 10 ml konz. Salpetersäure gelöst. Nach erfolgter Lösung setzt man mit einer Pipette 10,0 ml Quecksilber(II)-chloridlösung (3,40 g $HgCl_2$ p. a. werden in etwas Wasser und 10 ml konz. Salzsäure gelöst und die Lösung im Meßkolben auf 500 ml aufgefüllt) zu, überführt in einen 100-ml-Meßkolben und füllt mit Wasser bis zur Marke auf.

(Der Zusatz von Hg erfolgt als innerer Standard, weil dessen Röntgenlinien beim Durchgang durch die Matrix in ähnlicher Weise geschwächt werden wie die Goldlinien. Zwischen dem Quotienten $\dfrac{\text{Intensität der Au-Linie}}{\text{Intensität der Hg-Linie}}$ und der Au-Konzentration besteht eine strenge Proportionalität.)

Für die Goldbestimmung sind außerdem eine Au-Standardlösung mit Hg-Zusatz (100,0 mg Au und 2,0 g Mo-Pulver werden mit 20 ml konz. Salzsäure und 20 ml konz. Salpetersäure gelöst. Nach Zusatz von 20,0 ml obiger $HgCl_2$-Lösung wird auf 200 ml aufgefüllt) und eine Blindlösung zur Bestimmung des Strahlungsuntergrundes (2,0 g Mo-Pulver werden mit je 20 ml konz. Salzsäure und konz. Salpetersäure gelöst; die Lösung auf 200 ml aufgefüllt) erforderlich.

Der Meßvorgang erfolgt in der Weise, daß 10 ml Lösung (nacheinander die Probelösung, die Standardlösung und die Blindlösung) mit einer Pipette in einen säurefesten Probebehälter mit Mylarfenster gegeben werden, worauf das Goniometer nacheinander auf die zu messenden Linien Au L_{β_1} II und Hg L_{β_1} II eingestellt wird und die Intensitäten je dreimal gemessen werden. Dabei werden eine W-Röhre (Anregung 30 kV, 30 mA), ein Lithiumfluoridkristall und ein Scintillationszähler (900 V) benutzt.

Der Goldgehalt der Lösung (mg Au in 100 ml Probelösung) wird dann nach folgender Formel erhalten:

$$\text{mg Au/100 ml} = \frac{[Z(P_{Au}) - Z(Bl_{Au})]\,[Z(St_{Hg}) - Z(Bl_{Hg})]}{[Z(P_{Hg}) - Z(Bl_{Hg})]\,[Z(St_{Au}) - Z(Bl_{Au})]} \; .$$

Es bedeuten:

$Z(P_{Au})$ abgelesene Zähleranzeige der Probelösung beim Winkel der Au-Linie (s. o.)

$Z(Bl_{Au})$ abgelesene Zähleranzeige der Blindlösung beim Winkel der Goldlinie (s. o.)

$Z(St_{Au})$ abgelesene Zähleranzeige der Standardlösung beim Winkel der Goldlinie (s. o.)

$Z(P_{Hg})$, $Z(Bl_{Hg})$ und $Z(St_{Hg})$ sind die entsprechenden Zählraten bei dem Winkel der Hg-Linie (s. o.).

Als „abgelesene Zähleranzeige" wird hier der Mittelwert aus den drei Einzelmessungen verstanden.

Die an 6 verschiedenen Drähten nach der angeführten röntgenfluorescenzanalytischen und nach einer elektrogravimetrischen Methode, bei der das Gold mit peroxidhaltiger Kaliumcyanidlösung vom Mo abgelöst wurde, erhaltenen Ergebnisse werden einander gegenübergestellt (in mg Au/10 m Draht).

Draht	mittels Röntgenfluorescenz		elektrogravimetrisch	
	Parallelwerte	Differenzen	Parallelwerte	Differenzen
1	28,9/28,6	0,3	27,2/28,8	1,6
2	32,3/32,6	0,3	29,9/28,5	1,4
3	36,4/39,3	2,9	40,3/38,2	2,1
4	34,2/32,3	1,9	26,6/26,9	0,3
5	27,6/28,3	0,7	25,0/24,3	0,7
6	29,0/28,6	0,4	27,2/26,4	0,8

Die nach der Formel (für Parallelbestimmungen) $s = \sqrt{\dfrac{\Sigma(x_i' - x_i'')^2}{2M}}$ errechneten Standardabweichungen ($\pm 1{,}0$ mg Au/10 m bei der röntgenfluorescenzanalytischen und $\pm 0{,}8$ mg Au/10 m bei der elektrogravimetrischen Bestimmung) unterscheiden sich nicht signifikant.

Die theoretische, aus der Zählstatistik errechnete Standardabweichung ergibt sich für die röntgenfluorescenzanalytische Methode hier zu $\pm 1{,}1$ mg Au/10 m, stimmt also mit der experimentell gefundenen gut überein.

Zur Erklärung der niedrigeren, nach der elektrogravimetrischen Methode gefundenen Werte wird angenommen, daß der Ablöseprozeß vom Mo nicht vollständig verläuft.

Die gefundene Reproduzierbarkeit von ± 1 mg Au/10 m entspricht bei einem Absolutgehalt von etwa 30 mg/10 m einem relativen Fehler von 3%. Dieser Fehler kann durch die Ausführung einer größeren Zahl von Parallelbestimmungen (bei n Bestimmungen um den Faktor $1/\sqrt{n}$) oder die Verlängerung der Zählzeit (hier 64 Sek.) weiter verringert werden.

Die Bestimmung des Goldes in galvanischen Bädern erfolgt ohne inneren Standard durch Messung von Probelösung, Eichstandard und Untergrundstandard, die in folgender Weise hergestellt werden:

Probelösung. 25,0 ml des zu untersuchenden Goldbades werden im 250-ml-Meßkolben auf 250 ml aufgefüllt.

Eichstandard. Eine Goldbadlösung wird exakt auf das Zehnfache verdünnt und der Goldgehalt elektrogravimetrisch durch 5 Parallelbestimmungen ermittelt.

Untergrundstandard. Etwa 200 ml der Eichstandardlösung werden in ein trockenes Becherglas gegeben und zur vollständigen Abscheidung des Goldes elektrolysiert. Die so erhaltene Lösung dient als Untergrundstandard.

Der Meßvorgang erfolgt in gleicher Weise und unter den gleichen Bedingungen wie bei der Bestimmung des Goldes in vergoldeten Mo-Drähten. Die Berechnung des in 25 ml Badlösung enthaltenen Goldes wird nach folgender Formel vorgenommen

$$\text{mg Au/25 ml Bad} = \frac{(Z_P - Z_{Bl}) \times \text{mg Au}_{St}}{Z_{St} - Z_{Bl}}$$

Es bedeuten: Z_P, Z_{Bl} und Z_{St} die abgelesenen Zähleranzeigen (Mittel von drei Einzelmessungen) der Probe-, Blind- und Standardlösung; mg Au_{St} den Goldgehalt der Standardlösung in mg Au/25 ml. Die Meßlinie ist Au L_{β_1} II.

Der Variationskoeffizient liegt bei Goldbädern mit Gehalten von 1200 bis 2400 mg Au/100 ml bei $\pm 1\%$ relativ.

Literatur: [1] LASSNER, E., u. R. PÜSCHEL: Metalloberfläche **19**, 337 (1965).

6.3.3 in einer Dentallegierung nach Mulligan und Mitarb. [1].

Gemessen wird die Linie Au L_β. Die Legierung enthält 72% Au, 12% Ag, 10% Cu, je 2% Pt, Pd und Zn. Die Standardabweichung wird mit 0,34% relativ angegeben.

Literatur: [1] MULLIGAN, B. W., H. J. CAUL, S. D. RASBERRY u. B. F. SCRIBNER: J. Res. Nat. Bureau of Standards A **68**, 5 (1964).

7 Coulometrische und polarographische Bestimmungsverfahren.

7.1 Coulometrische Methoden.

Prinzip. Bei der „coulometrischen Titration" erzeugt man auf elektrolytischem Wege ein Reagens, das sich mit dem zu bestimmenden Stoff stöchiometrisch umsetzt. Dabei ist Voraussetzung, daß die Reaktion, die zur Gewinnung des Reagens führt, mit 100%iger Stromausbeute abläuft. Wenn das der Fall ist, ist es lediglich erforderlich, die Anzahl Coulomb zu messen, die für die vollständige Umsetzung des zu bestimmenden Stoffes benötigt wird, was im einfachsten Fall — bei konstanter Stromstärke — durch die Messung der Zeit (Elektrolysedauer), die mit der Stromstärke multipliziert werden muß, geschieht.

Die Endpunktsbestimmung kann — wie bei normalen Titrationen unter Verwendung von Maßlösungen — visuell mit Indicatoren oder potentiometrisch (amperometrisch) erfolgen.

7.1.1 Verfahren nach Lingane [1] mit $[CuCl_2]^-$-Ionen.

Die Bestimmung wird aus einer Tetrachloroaurat(III)-lösung, die 0,04 molar an Kupfer(II)-sulfat und 1 bis 2 molar an Salzsäure ist, vorgenommen. Als Kathode dient eine Platin- oder besser Gold-Spiralelektrode (1,5 mm starker Draht wird zu einer flachen Spirale mit einer Gesamtoberfläche von 14 cm² gerollt), an der gegen Cadmium in 0,8 m Cadmiumchloridlösung, die 2 molar an Kaliumchlorid ist, mit auf 0,01% konstanter Stromstärke elektrolysiert wird. Vorher entfernt man den Luftsauerstoff aus allen Lösungen mit Stickstoff. Der Endpunkt der Reaktion:

$$[AuCl_4]^- + 3\,[CuCl_2]^- \rightarrow Au + 3\,Cu^{2+} + 10\,Cl^-$$

wird potentiometrisch unter Verwendung einer Gold-Indicator- und einer Kalomelelektrode bestimmt.

Nach LINGANE [1] können 1 bis 110 mg Au in 100 ml auf $\pm 0,3\%$ genau bestimmt werden, wenn der Fehler der Abmessung der Goldlösung bei 0,2% liegt. Da das Äquivalenzpotential bei $+0,52$ V auf 0,005 V reproduzierbar ist, kann aus der Steilheit der potentiometrischen Kurve abgeleitet werden, daß 0,1 mg Au in 20 ml noch auf 1% genau bestimmbar sind.

Cu, Ag, Hg, Pb stören nicht. Platinmetalle verursachen zu hohe Resultate, wenn sie in Mengen über 50% des Goldgehaltes vorliegen.

7.1.2 Verfahren nach Bard und Lingane [2] mit Sn^{2+}-Ionen.

Gold wird in einer Lösung, die 4 molar an Natriumbromid, 0,2 molar an Zinn(IV)-chlorid und 0,3 molar an Salzsäure ist, bestimmt. Die Reduktion $Sn(IV) \rightarrow Sn(II)$ erfolgt an einer Goldelektrode (1 cm² Oberfläche). Bei der Bestimmung von Goldmengen zwischen 1 und etwa 5 mg in 70 bis 110 ml Lösung arbeitet man mit einer Stromstärke von 10 bis 65 mA. Größere Goldmengen (z. B. 22 mg) werden an einer 4-cm²-Goldelektrode mit 100 mA erfaßt.

Die Endpunktsbestimmung erfolgt entweder potentiometrisch oder amperometrisch mit zwei Goldelektroden von je 1 cm² Oberfläche und 150 mV. Dann soll die Genauigkeit etwa $\pm 0,3\%$ betragen.

Außerdem kann der Endpunkt auch spektrophotometrisch bei 400 nm bestimmt werden (Fehler etwa $+2\%$).

Die Methode kann auch für die Bestimmung von Vanadin eingesetzt werden.

7.1.3 Verfahren nach Anson, Pool und Wright [3] mit CN⁻-Ionen.

Die CN⁻-Ionen werden coulometrisch aus Kaliumdicyanoargentatlösung erzeugt. Bezüglich der Einzelheiten s. Kapitel Silber 7.1.1.

Der Fehler bei der Bestimmung des Goldes in Au(III)-Salzlösungen soll $+1$ bis $+2\%$ betragen. Deshalb wird empfohlen, vor Zugabe der Analysenlösung eine 90%ige Cyanidionenentwicklung durchzuführen und kein Sulfit zuzusetzen.

Dann liegt der Fehler für 4,4 bis 29,9 mg Au(III) und Stromstärken zwischen 10 und 50 mA bei 0,3% und übersteigt nur bei kleinen Gehalten 1%.

7.1.4 Verfahren nach Miller und Hume [4] mit SH⁻-Ionen.

Die SH⁻-Ionen werden coulometrisch aus dem Thioglykolat-Hg(II)- oder dem Thioäthylenglykol-Hg(II)-Komplex erzeugt. Bezüglich der Einzelheiten s. Kapitel Silber 7.1.2.

Die Herstellung der molaren Lösung des zur Silberbestimmung nicht geeigneten Thioglykolat-Hg(II)-Komplexes geschieht wie folgt: Äquivalente Mengen Thioglykolsäure und Quecksilber(II)-chlorid werden zusammengegeben, wobei ein weißer Niederschlag ausfällt, der abfiltriert und ausgewaschen wird. Dann löst man ihn in einem geringen Überschuß Natronlauge und verdünnt.

Unter Verwendung von Thioglykolsäure werden von Miller und Hume folgende Beleganalysenergebnisse angeführt:

mit potentiometrischer Endpunktsbestimmung: gegeben 2,011 mg, gefunden 2,002; 2,004; 2,006; 2,002 und 2,010 mg Au,

mit amperometrischer Endpunktsbestimmung: gegeben 2,011 mg, gefunden 2,001 und 2,001 mg Au.

Durch coulometrische Bestimmung mit dem Thioäthylenglykol-Hg(II)-Komplex lassen sich 2 mg Au(III) in 2,5 ml mit einem Fehler von $\pm 0,5\%$ bestimmen.

7.1.5 Potentiostatisch-coulometrisches Verfahren nach Harrar und Stephens [5].

Die Probe wird in Königswasser gelöst. Nach dem Verkochen der Stickstoffoxide füllt man mit 1 n Salzsäure auf ein bestimmtes Volumen auf und entnimmt einen Anteil mit etwa 1 bis 10 mg Au, der zu 20 ml 0,5 n Salzsäure, die 5 Tropfen 0,5 m Sulfamidsäurelösung enthält (Zerstören von Nitrit), hinzugesetzt wird.

In die 50-ml-Meßzelle taucht zentrisch die zylindrische, 2 cm hohe Arbeitselektrode aus doppelt gewickeltem Platinnetz (45 mesh; 50 cm² Planfläche). Die Gegenelektrode, eine Platinspirale in verd. Schwefelsäure, und die Ag/AgCl-Bezugselektrode in 0,5 n Salzsäure sind in Seitenarmen — durch Brücken verbunden — angebracht.

Man elektrolysiert bei $+0,48$ V gegen die ges. Kalomelelektrode so lange, bis der Stromfluß auf 15 bis 25 µA abgesunken ist. Der geflossene Strom wird mit dem Coulometer nach Booman [Anal. Chem. 29, 213 (1957)] integriert. Die Abscheidung von Goldmengen zwischen 5 und 10 mg soll bei etwas niedrigerem Potential erfolgen.

Bei Beleganalysen wurden nach Harrar und Stephens [5] 5 bzw. 10 mg Gold auf 0,02 bis 0,03%, 1,2 mg Au auf 0,22% genau wiedergefunden.

Es stören Ir(IV), Ru(IV), Ag und V(V). Sauerstoff braucht nicht entfernt zu werden.

Literatur: [1] Lingane, J. J.: Anal. chim. Acta 19, 394 (1958). — [2] Bard, A. J., J. J. Lingane: Anal. chim. Acta 20, 581 (1959). — [3] Anson, F. C., K. H. Pool u. J. M. Wright: J. Electroanal. Chem. 2, 237 (1961). — [4] Miller, B., u. D. N. Hume: Anal. Chem. 32, 524; 764 (1960). — [5] Harrar, J. E., u. F. B. Stephens: J. Electroanal. Chem. 3, 112 (1962).

7.2 Polarographische Bestimmungsmethoden.

Prinzip. Die polarographische Bestimmung des Goldes stößt auf Schwierigkeiten, weil Gold gegenüber Quecksilber das edlere Element ist und infolgedessen auch ohne Anlegen einer äußeren EMK aus den meisten Lösungen von anionischen Komplexen des Goldes eine Abscheidung von Gold erfolgt. Trotzdem sind Methoden unter Verwendung der Quecksilber-Tropfelektroden zur Bestimmung des Goldes aus verschiedenen Elektrolytlösungen entwickelt worden. Eine weitere Möglichkeit ergibt sich durch die Benutzung einer rotierenden Platinelektrode und einer Platinblechanode.

7.2.1 Verfahren nach Herman [1].

Die polarographischen Bestimmungen aus alkalischen, mit Natrium- oder Kaliumhydroxid versetzten Gold(III)-chloridlösungen und aus Lösungen, in denen das Gold als Dicyanoaurat(I)-komplex vorliegt, werden empfohlen.

Bei einer Gold(III)-chloridlösung in 2n Kalilauge werden zwei Wellen bei $-0,4$ bzw. $-1,1$ V Kathodenpotential gegen eine normale Kalomelelektrode festgestellt. In Cyanokomplexlösungen liegen die beiden Wellen bei $-0,4$ und $-1,4$ V.

Nach HERMAN [1] sind auch die Sulfito-, Thiocyanato- und Sulfokomplexe des Goldes so beständig, daß sie nur langsam zersetzt werden.

7.2.2 Verfahren nach Linhart [2].

Bei der Untersuchung goldhaltiger Silberlegierungen soll die Arbeitsweise nach HERMAN aus alkalischer Cyanidlösung zur Bestimmung geringer Goldgehalte nicht geeignet sein. Es wird wie folgt verfahren: 0,5 g werden mit 3 ml Salpetersäure-(1,3) gelöst, wobei das Gold in Form schwarzer Flitter ungelöst zurückbleibt. Nach der Abtrennung des Goldes durch Dekantieren oder Zentrifugieren wird es mit 1 ml Königswasser gelöst und die Lösung auf dem Wasserbad bis zur Sirupkonsistenz eingeengt. In Anwesenheit von Fe soll die Temperatur dabei 60 °C nicht übersteigen. Nach dem Vertreiben der letzten Salpetersäurereste mit konz. Salzsäure werden 2 g Natriumhydroxid zur warmen Lösung hinzugefügt und nach dem Abkühlen auf Raumtemperatur 1 ml Gelatinelösung [0,5%ige Lösung mit 3 ml Salzsäure (1 + 1) (etwa 6m) in 100 ml]. Dann verdünnt man auf 20 ml. Die Endlösung soll 1n an NaOH sein.

Beim Polarographieren dieser Lösung erhält man bei $-0,4$ V eine Reduktionsstufe des $[Au(OH)_4]^-$-Komplexes, deren Höhe der Konzentration streng proportional ist (bis zu 0,005% Au).

Unter Verwendung von Eichkurven wird bei dem angeführten Verfahren ein Fehler von $\pm 1,7\%$ angegeben. LINHART hat es auch zur Goldbestimmung in Harn eingesetzt.

7.2.3 Verfahren nach Číhalík, Doležal, Simon und Zýka [3].

Die polarographische Bestimmung des Goldes wird aus einer Lösung durchgeführt, die neben Äthylendiamintartrat auch Pyrophosphat als Komplexbildner enthält, wodurch Gold neben Fe erfaßt werden kann. Das Halbstufenpotential gegen die ges. Kalomelelektrode beträgt 0,0 V. Die Stufe ist am besten ausgeprägt, wenn die Lösung 0,5 bis 1 molar an Äthylendiamintartrat und 0,1 molar an Natriumpyrophosphat ist. Die Stufenhöhe ist der Goldkonzentration direkt proportional.

Es stören nicht: Cu(II), Bi(III), Fe(III), Pb(II), UO_2^{2+}, Pd(II), Ce(IV), Sb(III), Cd(II), Ti(IV), Mo(VI), Ni(II), Te(IV), Se(IV), W(VI) und Zn(II).

Nebeneinander sind in etwa gleichen Mengen zu bestimmen: Au(III), Cu(II), Fe(III), Cd(II), Ni(II) und Zn(II).

In Au-Pd-Legierungen lassen sich neben den Edelmetallen gleichzeitig Cu(II), Bi(III), Ni(II) und Zn(II) erfassen.

7.2.4 Verfahren nach Bardin und Temjanko [4].

Die Bestimmung wird mit einer Platin-Mikroscheibenelektrode (s. Abb. 1) ausgeführt, deren Oberfläche 0,78 mm² beträgt und die mit 800 Upm rotiert. Als Anode dient eine Platinblech- (400 mm²) oder eine ges. Kalomelelektrode.

Die Grundlösung ist 0,1 oder 1n an Kaliumchlorid. Das Halbstufenpotential für die Reduktion des $[AuCl_4]^-$-Komplexes beträgt $+0,6$ V gegen die ges. Kalomelelektrode. Man erhält eine gut auswertbare Stufe, deren Höhe der Au-Konzentration im Bereich von $2 \cdot 10^{-4}$ bis $3 \cdot 10^{-6}$ m/l proportional ist. Vor der quantitativen Auswertung werden 2 bis 3 Polarogramme aufgenommen. Dann beträgt der Fehler ± 2 bis 3%.

7.2.5 Verfahren nach Cathro [5] mit einem Kathodenstrahlpolarographen.

Zur Bestimmung des Goldes in gemahlenen Erzen wird es zunächst zusammen mit Te (Sammler) durch Zinn(II) aus salzsaurer Lösung abgetrennt. Nach dem Lösen des Niederschlags erfolgt die polarographische Bestimmung aus einer Grundlösung, die 0,5 Mol/l Äthylendiamintartrat und 0,1 Mol/l Kaliumpyrophosphat enthält und deren pH-Wert 5,8 beträgt (s. auch 7.2.3). Mit einem Kathodenstrahloscillographen erhält man ein Maximum bei $-0,17$ V gegen die ges. Kalomelelektrode, dessen Höhe der Goldkonzentration im Bereich von 2 bis 50 µg/ml proportional ist.

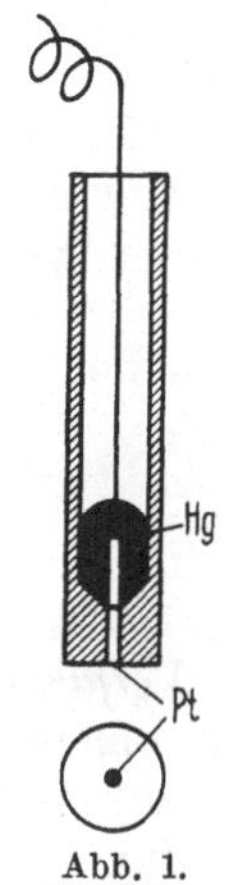

Abb. 1.
Pt-Mikro-Scheibenelektrode nach BARDIN und TEMJANKO.

Literatur: [1] HERMAN, J.: Coll. Trav. chim. Tchéchosl. 6, 37 (1934). — [2] LINHART, F.: Sbornik. 1. mezináródního polarogr. Sjezdu v Praze 1, 649 (1951). — [3] ČÍHALÍK, J., J. DOLEŽAL, V. SIMON u. J. ZÝKA: Chem. Listy 48, 28 (1945) (tschech.). — [4] BARDIN, M. B., u. V. S. TEMJANKO: Ž. anal. Chim. (russ.) 14, 677 (1959). — [5] CATHRO, K. J.: Analyst 86, 657 (1961).

7.3 Bestimmungen nach der Methode der „inversen Polarographie".

Prinzip. Nach der kathodischen Abscheidung des zu bestimmenden Elementes unter festgelegten Bedingungen an einer geeigneten Elektrode wird es anodisch wieder in Lösung gebracht, was im Polarogramm zur Ausbildung von Maxima führt.

7.3.1 Verfahren nach Jacobs [1] unter Verwendung einer Kohlepasteelektrode.

Gold wird in $2,5 \cdot 10^{-7}$ bis $5,0 \cdot 10^{-9}$ molaren Lösungen, die 0,1n an Salzsäure sind, bestimmt. Bezüglich der Einzelheiten s. Kapitel Silber 7.3.2.

Bei der Vorelektrolyse (15 Min.) wird das Potential der Kohlepasteelektrode auf $+0,1$ V gegen die ges. Kalomelelektrode eingestellt.

Bei der anodischen Wiederauflösung wird die Spannung linear von $+0,3$ bis $+1,3$ V geändert (mit 1,2 V/min).

Es ist möglich, Silber und Gold nebeneinander zu erfassen, wobei die Spannung linear von $-0,3$ auf $+1,3$ V geändert wird.

JACOBS [1] gibt die relative Standardabweichung aus 24 Einzelwerten bei 3 Meßreihen von je 8 Bestimmungen mit 3 Elektroden verschieden großer Oberfläche im Durchschnitt zu $\pm 3,3\%$ an. — 0,25 ppb Au sollen noch mit einem Fehler von etwa 10% erfaßt werden können.

7.3.2 Indirektes Verfahren nach Berge und Jeroschewski [2].

Die indirekte Bestimmung ist nach der Methode der hängenden Quecksilberelektrode aus der Abnahme der Höhe des Sulfidpeaks (Sulfidkonzentration etwa 10^{-6} m) in Gegenwart von Gold (10^{-7} bis 10^{-6} m Lösungen) möglich. Außer Gold können auch Ag, Pt und Hg erfaßt werden.

Literatur: [1] JACOBS, E. S.: Anal. Chem. **35**, 2112 (1963). — [2] BERGE, H., u. P. JEROSCHEWSKI: Fr. **210**, 167 (1965).

8 Aktivierungsanalytische Verfahren.

Prinzip. Die Proben werden — meist in einem Kernreaktor mit thermischen Neutronen — bestrahlt und dadurch aktiviert. Die Bestimmung des Goldes erfolgt anschließend entweder zerstörungsfrei oder nach dem Lösen der Proben und anschließenden naßchemischen Trennungsoperationen durch das Messen der γ- oder auch der β-Aktivität.

8.1 Bestimmung in Metallen und Halbleitermaterialien.
8.1.1 Bestimmung in Beryllium.

Verfahren nach Negina und Zamjatina [1]. Die Berylliumprobe wird 3 Std. lang mit einem Neutronenfluß von $0,5 \cdot 10^{12}$ n/(cm² sec) bestrahlt. Anschließend wird sie mit inaktiver Trägersubstanz versetzt und gelöst.

Zur Abtrennung der Elemente Au, As und Sn(IV) werden die Diäthyldithiocarbamidate aus 10 bis 12 n salzsaurer Lösung extrahiert. Die Trennung dieser drei Elemente voneinander erfolgt, indem man zunächst zur Trockne dampft, dann mit Salpetersäure verascht und die Sulfide von As und Au aus konz. Salzsäure ausfällt. Nach dem Lösen der Sulfide mit konz. Salzsäure und Wasserstoffperoxid wird dann das Gold durch Extraktion mit Diäthyläther aus n-salzsaurer Lösung isoliert.

Dann wird die ^{198}Au-Aktivität gemessen und mit derjenigen von in gleicher Weise behandelten Standardproben mit bekannten Goldgehalten verglichen. Die Fehler sollen 10% nicht übersteigen.

Das Verfahren ist zur Bestimmung folgender weiterer Elemente geeignet: Barium (^{139}Ba), Nickel (^{65}Ni), Kupfer (^{64}Cu), Mangan (^{56}Mn), Antimon (^{122}Sb), Molybdän (^{99}Mo), Cadmium (^{115}Cd), Zinn (^{121}Sn) und Arsen (^{76}As).

8.1.2 Bestimmung in hochreinem Blei.

Verfahren nach Hirano, Mizuike und Takagi [2]. 5-g-Proben werden nach der Bestrahlung im Reaktor gelöst, dann wird zunächst das Blei als Bleisulfat abgetrennt, ehe das Gold mit Äthylacetat extrahiert, zum Metall reduziert und in dieser Form bestimmt wird. Die Aktivität wird mit einem Geiger-Müller-Zählrohr gemessen; die radioaktive Reinheit durch die Bestimmung der Halbwertszeit und der β-Energie sichergestellt. — Gehalte von etwa 20 ppb Au sollen mit einem Fehler von 10% bestimmt werden können.

Verfahren nach Beardsley und Mitarb. [7]. Die Verfasser wenden bei der Bestimmung geringer Goldmengen (bis herab zu $2 \cdot 10^{-10}$ g Au) in hochreinem Blei (ferner in Gesteinen, mit Au dotiertem Halbleiter-Silicium und biologischen Materialien) durch Neutronenaktivierung ein Extraktionsverfahren mit Reagensunterschuß an, bei dem Golddiäthyldithiocarbamidat aus 0,01 bis 10 n schwefel- oder salzsaurer Lösung mit einer substöchiometrischen Menge Kupferdiäthyldithiocarbamidatlösung in Chloroform extrahiert wird.

Verfahren nach Alimarin und Perežogin [8]. Bei diesem Verfahren zur Bestimmung von Gold in Reinstmetallen (Pb, Cu, Bi, Zn) wird gleichfalls eine substöchiometrische Trennmethode — Anreicherung als Tetraphenylarsoniumtetrachloroaurat(III) durch Ausschütteln mit Chloroform aus saurer Lösung — angewendet. Die Empfindlichkeit wird bei 20stündiger Bestrahlung mit einem Neutronenstrom von $8{,}7 \cdot 10^{12}$ n/(cm^2 sec) zu $5 \cdot 10^{-11}$g Au, die Reproduzierbarkeit mit $\pm 5\%$ angegeben.

8.1.3 Bestimmung in Halbleitermaterialien.

Verfahren nach Ördögh und Upor-Juvancz [3] *zur Bestimmung von Gold in hochreinem Silicium.* Die Möglichkeit, die Bestimmung von aktivierten Fremdelementen ohne Abtrennen der hochaktiven Matrix durch γ-Spektrometrie durchzuführen, ergibt sich daraus, daß beim Zerfall des aktivierten Siliciums

$$^{30}\mathrm{Si} \xrightarrow{\mathrm{n}\gamma} {}^{31}\mathrm{Si} \xrightarrow[2{,}6\,\mathrm{h}]{\beta^-} {}^{31}\mathrm{P} \xrightarrow{\mathrm{n}\gamma} {}^{32}\mathrm{P} \xrightarrow[14{,}3\,\mathrm{d}]{\beta^-} {}^{32}\mathrm{S}$$

keine γ-strahlenden Nuklide auftreten. Störende Überlagerungen durch mehrere Elemente in derselben Probe können durch verschieden lange Aktivierungszeiten umgangen werden, wobei eine weitgehende Auftrennung von kurz- und langlebigen Verunreinigungselementen erfolgt. Die Identifizierung erfolgt auf Grund der Halbwertszeiten und der γ-Energie.

Man bestrahlt 0,1 g polykristallines Silicium in einer Quarzampulle bei einem Neutronenstrom von 10^{13}n/(cm^2 sec), ätzt dann die Oberfläche mit Salzsäure (1:1) ab, um die aktivierten Oberflächenverunreinigungen zu entfernen, und wäscht nacheinander mit Wasser, Äthanol und Äther.

Das γ-Spektrum wird mit einem 50-Kanal-Impulshöhenanalysator für den Energiebereich von 0 bis 2,5 MeV gemessen. Für die Bestimmung des Goldes (außerdem von Cu, Ni, Co) erwies sich die wiederholte Aufnahme des Gesamtspektrums nach 6 Std., 1, 3 und 14 Tagen als vorteilhaft, da der Abfall der kurzlebigen Nuklide ^{65}Ni (2,6 Std.) und ^{64}Cu (12,8 Std.) schon nach wenigen Tagen die einwandfreie Bestimmung der langlebigen Nuklide ^{198}Au $(2{,}7\,d)$ und ^{60}Co $(5{,}27\,a)$ zuläßt.

Beim Auftreten komplexer Spektren wird eine radiochemische Trennung notwendig, für die eine papierchromatographische Methode vorgeschlagen wird.

Verfahren von Ryčkov und Gluchareva [4] *zur Bestimmung von Verunreinigungen in diversen Halbleitermaterialien.* Verunreinigungen durch Gold und andere Elemente (u. a. Cu, Sb, Zn) werden in Ge, Si, SiO$_2$, SiC, SiCl$_4$, Al, C und GaAs bestimmt, wobei die Proben 20 Std. einem Neutronenfluß von 10^{13}n/(cm^2 sec) unterworfen werden. Die direkte γ-spektrometrische Erfassung ist nicht immer möglich; dann müssen störende Elemente mit Trägersubstanzen abgetrennt werden.

8.1.4 Bestimmung in Platin.

Verfahren nach Morris und Killick [5] *zur Bestimmung von Spuren Gold in Platinschwamm.* Von dem gepulverten Platin werden 0,1-g-Mengen in Quarzröhrchen eingeschmolzen und zusammen mit Aktivierungsstandards, die 2 bis 4 µg Au auf 0,1 g Pt enthalten, 2,5 Std. lang im Reaktor bei einem thermischen Neutronenfluß von $8 \cdot 10^{11}$n/(cm^2 sec) bestrahlt. Danach überführt man die Proben in Zentrifugengläser, wäscht mit 6n Salzsäure nach, fügt 1 ml Gold-Trägerlösung mit 10 mg Au(III)/ ml in 0,1n Salzsäure und 2 ml 12n Salzsäure hinzu und löst dann durch Zugabe von 1 ml 16n Salpetersäure und zehnminütiges Erhitzen auf dem Wasserbad, wobei noch zweimal je 1 ml 12n Salzsäure zugesetzt werden. Jetzt wird die Lösung auf eine

Säurekonzentration von 1 n eingestellt und dreimal mit je 10 ml Diäthyläther durchgerührt. Nach zweimaligem Waschen der vereinigten organischen Phasen mit je 10 ml 2 n Salzsäure wird der Äther auf dem Wasserbad abgedampft und der Rückstand mit 20 ml heißem Wasser aufgenommen. Aus der siedenden Lösung fällt man das Gold durch Zusatz von 2 ml einer frisch bereiteten 5%igen wäßrigen Hydrochinonlösung, zentrifugiert den Niederschlag ab und löst ihn wieder in 1 ml Königswasser. Nach Zugabe von 1 ml 12 n Salzsäure verdünnt man mit Wasser auf 20 ml und extrahiert das Gold durch zweimaliges Schütteln mit je 10 ml Äthylacetat. Die vereinigten Extrakte werden mit zweimal 10 ml 2 n Salzsäure gewaschen und zur Trockne gedampft. Den Rückstand nimmt man mit 25 ml heißer 1 n Salzsäure auf, fällt das Gold wie oben beschrieben mit Hydrochinon aus und überführt den mit heißem Wasser und Äthanol gewaschenen Niederschlag auf ein vorher gewogenes Zählschälchen. Das Präparat wird getrocknet, gewogen und unter einem NaJ-Kristall bei Zwischenschaltung eines Al-Pb-Sandwich-Absorbers gemessen.

Erfaßt wird die ^{198}Au-Aktivität. Zur Eliminierung der ^{199}Au-Aktivität wird die Diskriminatorstellung so gewählt, daß γ-Energien unter 0,3 MeV abgeschnitten werden.

Die untere Bestimmungsgrenze liegt bei 0,1 ppm. Die Ausbeute des chemischen Trennungsganges beträgt etwa 75%.

8.1.5 Bestimmung in Silber und Nickel.

Verfahren nach Zvjagincev und Kulak [6] *zur Bestimmung des Goldes in affiniertem Silber und Elektrolytnickel.* Die Proben sollen zur Vermeidung der Selbstabschirmung in Form dünner Folien oder von Hobelspänen vorliegen. Zusammen mit Vergleichsproben werden sie 2 Tage lang bei einem Neutronenfluß von $5 \cdot 10^{12}$ n/(cm^2 sec) bestrahlt, wobei ^{198}Au entsteht. In Anwesenheit von Pt-Metallen als Verunreinigungen werden außerdem die Isotope ^{193}Pt, ^{197}Pt, ^{103}Pd, ^{109}Pd, ^{192}Ir und ^{194}Ir gebildet. Sämtliche Halbwertszeiten liegen zwischen 13,6 Std. und 70 Tagen. Nach dem Lösen der Proben in Königswasser und dem Zusatz von 15 bis 20 mg Trägersubstanz wird das abgeschiedene Silberchlorid abgetrennt, dann dampft man zweimal mit konz. Salzsäure ab, fällt das Gold (zusammen mit Cu) mit Nitrit aus, löst wieder in Königswasser und trennt das Gold durch Ausschütteln mit Äther aus 6 n salzsaurer Lösung vom Cu ab. Abschließend erfolgt die Reduktion zu met. Gold mit Schwefeldioxidlösung.

Man vergleicht die Aktivität des Metalls mit derjenigen der Vergleichsproben und erhält so das Ergebnis.

Die Fehler der nach diesem Verfahren erzielten Resultate sollen zwischen 5 und 20% liegen.

Literatur: [1] Negina, V. R., u. V. N. Zamjatina: Ž. anal. Chim. (russ.) **16**, 209 (1961). — [2] Hirano, S., A. Mizuike u. S. Takagi: Jap. Analyst **10**, 951 (1961). — [3] Ördögh, M., u. V. Upor-Juvancz: Acta Chim. Acad. Sci. Hung. **26**, 253 (1961). — [4] Ryčkov, R. S., u. N. A. Gluchareva: Betriebslab. (russ.) **27**, 1246 (1961). — [5] Morris, D. F. C., u. R. A. Killick: Talanta (London) **8**, 793 (1961). — [6] Zvjagincev, O. E., u. A. I. Kulak: Ž. neorg. Chim. (russ.) **2**, 1687 (1957). — [7] Beardsley, D. A., G. B. Briscoe, I. Ruzicka u. M. Williams: Talanta (London) **12**, 829 (1965). — [8] Alimarin, I. P., u. G. A. Perežogin: Ž. anal. Chim. (russ.) **20**, 48 (1965).

8.2 Bestimmung in Erzen, Gesteinen, Mineralien, Quarz und Silicaten.

Verfahren nach Lobanov und Mitarb. [1] *und* [2] *zur Bestimmung des Goldes in Erzen.* Wenige ppm Au in komplexen Erzen können ohne die Durchführung radiochemischer Trennungen zerstörungsfrei bestimmt werden. Die Möglichkeit dazu ergibt sich aus der Bildung von [198]Au. Der durchschnittliche Fehler beträgt nach [1] etwa 12%. Na, As und Fe sollen Störungen verursachen, wenn ihre Gehalte über 3 bzw. 10 bzw. 5% betragen [2].

Verfahren nach Dwuchbabnaja und Mitarb. [3] *zur Bestimmung des Goldes in Gesteinen.* Goldgehalte bis herab zu 10^{-5}% können durch Neutronenaktivierung bei einer Bestrahlungszeit von 2 bis 9 Std. durch die anschließende Aufnahme der γ-Spektren bestimmt werden. Der Fehler soll 10% betragen. Re ist gleichfalls erfaßbar. Zur Registrierung des γ-Spektrums wird ein Scintillations-Kristall-Spektrometer verwendet. Die Bestimmung des Goldes erfolgt auf Grund der Linie 0,412 MeV. Der Compton-Untergrund (von Na, As und Fe-Isotopen) soll geringer sein als der doppelte [198]Au-Peak.

Verfahren nach Vobecký und Knotek [4] *zur Bestimmung des Goldes in Quarz.* 100 bis 300 g Quarz werden mit Königswasser ausgelaugt, und die Lösung wird abgedampft. Die Aktivierung erfolgt bei einem Neutronenfluß von $1,5 \cdot 10^{12}$ n/(cm²sec) innerhalb von 20 Std. [[197]Au(n, γ) [198]Au]. Anschließend wird das Au nach der Zugabe von 2 mg nicht aktiviertem Gold als Träger aus 2n Salzsäure mit Äther extrahiert.

Für die Messung der γ-Strahlung (0,412 MeV) wird ein Scintillations-γ-Spektrometer mit Vielkanal-Amplitudenanalysator und NaJ-Detektor verwendet. Durch Vergleich mit in gleicher Weise behandelten Standardproben mit bekannten Goldgehalten wird der Gehalt der Quarzprobe gefunden.

Die Erfassungsgrenze liegt bei $5 \cdot 10^{-10}$ g Au.

Verfahren nach Gleit, Benson und Holland [5] *zur Bestimmung von Goldmengen bis herab zu 10^{-9}% in Quarz und in organischen Filtermaterialien.* Vor der Bestrahlung werden organische Bestandteile in den Proben durch die Reaktion mit elektrisch angeregtem Sauerstoff entfernt. Die Aktivierung erfolgt innerhalb von 4 Tagen bei einem Neutronenfluß von $5 \cdot 10^{13}$ n/(cm² sec.) Danach folgen radiochemische Trennungen. Die Aktivität wird durch eine Kombination von β-Intensitätsmessung und γ-Spektrometrie festgestellt, wobei im Falle des Goldes die durch [198]Au (2,7 Tage) und [199]Au (3,15 Tage) verursachte Strahlung erfaßt wird. Als Störreaktion kommt in Frage: [198]Pt(n, γ) [199]Pt $\xrightarrow{\beta}$ [199]Au.

Außer Au können bestimmt werden: Ag, Cd, In, Ta, Rh und seltene Erdmetalle.

Verfahren nach Stefanov und Mitarb. [6] *zur Bestimmung des Goldes in Silicaten.* Die Silicatproben werden im Reaktor mit einem Neutronenfluß von $2,4 \cdot 10^{13}$ n/(cm² sec) bestrahlt. Zur Isolierung des [198]Au wird eine radiochemische Trennung durchgeführt. Die abschließende Aktivitätsmessung erfolgt mit einem 400-Kanal-Scintillations-γ-Spektrometer und einem B-2-Radiometer. Nach diesem Verfahren sollen Goldmengen bis herab zu $2,8 \cdot 10^{-10}$ g bestimmt werden können.

Literatur: [1] LOBANOV, E. M., I. A. MIRANSKI, M. M. ROMANOV u. A. A. KHAIDAROV: Radiats Effekty v. Kondensirovannykh Sredakh, Akad. Nauk. Uz. SSR (russ.) **1964**, 101. — [2] LOBANOV, E. M., I. A. MIRANSKI, V. F. POZYCHANYUK, D. G. SAIFUTDINOVA u. A. A. KHAIDAROV: ebenda S. 95. — [3] DWUCHBABNAJA, Z. M., E. M. LOBANOW, I. A. MIRANSKI, V. F. POZYCHANYUK, D. G. SAIFUTDINOVA u. A. A. KHAIDAROV: Betriebslab. (russ.) **30**, 822 (1964). — [4] VOBECKÝ, M., u. O. KNOTEK: Chem. Listy **58**, 15 (1964). — [5] GLEIT, C. E., P. A. BENSON u. W. D. HOLLAND: Anal. Chem. **36**, 2067 (1964). — [6] STEFANOV, G., Z. ZIVKOV, N. GEORGIEV, C. POPOV, M. MIKHAILOV, N. NENOV, T. TOMOV u. J. TOLGYESSY: Chem. Zveste **18**, 661 (1964).

8.3 Sonstige Bestimmungsverfahren.

Verfahren nach Hummel [1] *zur Bestimmung von Gold in Meerwasser.* Kleine Mengen Meerwasser (4 bis 6 ml) werden in einem Atommeiler mit langsamen Neutronen bestrahlt, wobei [198]Au entsteht. Die Aktivität wird anschließend mit derjenigen von Standard-Au-Lösungen verglichen (s. auch Anal. Chem. **22**, 308 (1950)).

Wenige μg Au/m³ sind noch erfaßbar.

Verfahren nach Meloni und Maxia [2] zur Bestimmung des Goldes in alten Münzen.
Siehe Kapitel Silber 8.1.6.

Verfahren nach Anders [3] unter Verwendung von Nukliden sehr kurzer Halbwertszeit (5 bis 15 Sek.). Siehe Kapitel Silber 8.1.6.

Literatur: [1] HUMMEL, R. W.: Analyst 82, 483 (1957). — [2] MELONI, S., u. V. MAXIA: G. 92, 1432 (1962). — [3] ANDERS, O. U.: Anal. Chem. 33, 1706 (1961).

9 Trennungsverfahren.

(An dieser Stelle werden nur Trennungsverfahren angeführt, die nicht bereits in den Abschnitten 2 bis 8 beschrieben worden sind. Eine Übersicht über sämtliche angeführten Trennungsmöglichkeiten des Goldes von anderen Elementen sowie die Bestimmungsmöglichkeiten neben anderen Elementen findet sich unter 10.)

Im klassischen Trennungsgang der Kationen mit Schwefelwasserstoff fällt Gold in die Gruppe der Thiosalzbildner in der Schwefelwasserstoffgruppe, zusammen mit As, Sb, Sn, Mo, W, Pt.

9.1 Trennungen durch Extraktionsverfahren.

9.1.1 Ausätherung nach Mylius [1].

Durch Ausschütteln des in Form der Tetrachlorogold(III)-säure vorliegenden Goldes aus einer 10% Salzsäure enthaltenden Lösung lassen sich zahlreiche Trennungen durchführen. Dagegen ist die Extraktion aus einer wäßrigen Lösung von $H[AuCl_4]$ nicht vollständig, wie die folgenden Versuchsergebnisse zeigen:

	aus wäßriger Lösung [g]	aus 10%iger Salzsäure [g]
1. Ausschütteln	0,403	0,982
2. Ausschütteln	0,197	0,017
3. Ausschütteln	0,108	0,0005
Insgesamt	0,708	0,9995

In beiden Fällen ist eine 1 g Au entsprechende Menge $H[AuCl_4]$ zu 100 ml Lösung gelöst worden (mit Wasser bzw. mit 10%iger Salzsäure). Es folgten drei Extraktionen mit je 100 ml an Wasser gesättigtem Diäthyläther. Die angeführten Goldmengen wurden in der ätherischen Phase gefunden. Die Extraktion aus 10%iger Salzsäure verläuft demnach praktisch vollständig, während bei dreimaligem Ausschütteln aus wäßriger Lösung nur 70,8% des Goldes in die ätherische Phase übergehen.

Zur experimentellen Ermittlung der Trennungsmöglichkeiten des Goldes von anderen Elementen, darunter auch von den Platinmetallen, wurden 1 g Metall entsprechende Mengen der in der folgenden Tabelle angeführten Verbindungen mit Wasser, 1%iger und 10%iger Salzsäure zu 100 ml gelöst und einmal mit je 100 ml mit Wasser gesättigtem Äther geschüttelt. Es wurden in der ätherischen Phase gefunden („Spur" = etwa 0,0001 g; „—" = eine noch geringere, zu vernachlässigende Menge):

Verbindung	aus wäßriger Lösung	aus 1 %iger Salzsäure	aus 10 %iger Salzsäure
$FeCl_3$	—	Spur	0,08
$NiCl_2$	—	Spur	0,0001
$ZnCl_2$	—	Spur	0,0003
$CuCl_2$	—	Spur	0,0005
$PbCl_2$	—	—	—
$HgCl_2$	0,694	0,13	0,004
$AgCl$	—	—	—
$SbCl_3$	—	0,003	0,222
$AsCl_3$	—	0,002	0,073
$SnCl_4$	—	0,008	0,23
$PtCl_4$	Spur	Spur	0,0001
$PdCl_2$	0,0002	Spur	0,0001
$H_2[IrCl_6]$	Spur	Spur	0,0002
$H[AuCl_4]$	0,403	0,85	0,982

Anwendung des Ausätherungsverfahrens nach Mylius auf die Bestimmung des Goldes in Legierungen. a) „Näherungsanalyse" mit Fehlern bis zu 0,1% der tatsächlichen Goldmenge: Man löst die Legierung in Königswasser und stellt eine Lösung her, die 5 bis 10% Metall und 5 bis 10% gebundene und freie Salzsäure enthält. Nach Zusatz von etwas Salpetersäure zur Vermeidung einer Reduktion von Au(III) schüttelt man 4- bis 5mal mit wassergesättigtem Äther, z. B. bei 20 ml Probelösung mit 20 und dreimal mit je 10 ml. Dann setzt man den vereinigten Ätherextrakten $^1/_5$ ihres Volumens an Wasser zu und destilliert den Äther ab. Die verbliebene wäßrige Lösung wird dann im Destillierkolben einige Minuten lang mit ges. SO_2-Lösung erwärmt, das gefällte Gold abfiltriert, gewaschen, geglüht und ausgewogen.

Beleganalysen:

Zusammensetzung der Legierung	Au, gefunden [g]	Fehler [%]
0,3003 g Au + 0,15 g Cu	0,2999	— 0,13
1,2056 g Au + 0,30 g Pb + 0,40 g Sn .	1,2041	— 0,12
0,5000 g Au + 0,50 g Hg	0,4998	— 0,04
3,6857 g Au + 0,7691 g Pt	3,6848	— 0,02
4,0275 g Au + 0,46 g Pd	4,0275	0,00
2,0100 g Au + 0,50 g Ir	2,0120	+ 0,10
2,0009 g Au + 0,44 g Te	1,9986	— 0,11
3,9226 g Au + je 0,10 g an Pb, Zn, Cd, As, Tl, Fe, Ni, Co.	3,9236	+0,03

Danach ist also auch die Trennung Au-Te ausführbar.

b) „Feinbestimmung", bei der im Gegensatz zur „Näherungsanalyse" auch die geringen, in der wäßrigen Phase verbliebenen Goldmengen mit erfaßt werden: Man schüttelt nur zweimal aus, dampft dann die salzsaure Lösung nach Zugabe von Schwefelsäure zur Umwandlung der Chloride in Sulfate ein und fällt das restliche Gold mit Schwefeldioxid oder Hydrazin. Zur Reinigung des Niederschlages von mitgefallenen Elementen (Pt-Metalle) löst man ihn wieder und behandelt die Lösung nochmals nach dem Ausätherungsverfahren.

Beleganalysen:

Zusammensetzung der Legierung	Au, gefunden [g]	Fehler [g]
39,0726 g Au + 4,4 g Cu + 0,45 g Ag	39,0724	−0,0002
38,4674 g Au + 3,85 g Cu + 0,40 g Ag	38,4624	−0,0050

Das Verfahren nach MYLIUS ist zur Abtrennung des Goldes von Rhenium in Form von Perrhenat nicht geeignet, da auch dieses in die Ätherphase übergeht [2].

Literatur: [1] MYLIUS, F.: Z. anorg. Ch. **70**, 203 (1911). — [2] GEILMANN, W., u. H. BODE: Fr. **133**, 182 (1951).

9.1.2 Ausätherung aus bromwasserstoffsaurer Lösung.

Nach Untersuchungen von BOCK, KUSCHE und BOCK [1] lassen sich Gold, Ga, In, Tl(III), Sb(V), Sn(II), Sn(IV) und Fe(III) aus bromwasserstoffsaurer Lösung gut mit Äther extrahieren, aus neutraler Lösung auch Hg(II).

As(III), Sb(III), Se(IV), Mo(VI), Cu(II) und Zn lassen sich weniger gut ausschütteln.

Von allen anderen Elementen [mit Ausnahme von Tl(I), Ir und Re(VII), vielleicht auch von Cu(I)] werden nur sehr geringe Mengen extrahiert.

Literatur: [1] BOCK, R., H. KUSCHE u. E. BOCK: Fr. **138**, 167 (1953).

9.1.3 Extraktion mit Dichloräthan im Anschluß an eine Fällung mit Diantipyrylderivaten.

$[AuCl_4]^-$- und $[AuBr_4]^-$-Ionen bilden in 5 bis 6n Salz- bzw. Bromwasserstoffsäure mit Diantipyrylmethan (zugesetzt als 2%ige Lösung in 0,5n Schwefelsäure), Diantipyrylpropylmethan und Diantipyrylphenylmethan (zugesetzt als 2%ige Lösung in Essigsäure (1 + 1) (etwa 51%ig)) schwerlösliche gelbe bzw. orangefarbene Niederschläge.

Nach BUSSEW und BABENKO [1] läßt sich Gold in Gegenwart des 10fachen Überschusses des Pyrazolonderivates aus n Salz- bzw. Bromwasserstoffsäure ($[Cl^-]$ bzw. $[Br^-] > 3,5$) mit Dichloräthan quantitativ extrahieren und anschließend photometrisch bestimmen.

Unter den angegebenen Bedingungen wird auch Te(IV) extrahiert. Es kann jedoch mit Wasser aus der Dichloräthan-Phase reextrahiert werden.

Literatur: [1] BUSSEW, A. I., u. N. L. BABENKO: Ž. Anal. Chem. (russ.) **19**, 926 (1964).

9.2 Trennungen durch Fällungsverfahren.

9.2.1 Trennung von Iridium.

Nach Moser und Hackhofer durch Hydrolyse [1]. Die schwach saure Lösung (etwa 600 ml) wird mit einer Lösung von 1,5 bis 2 g Natriumbromat auf 60 °C erwärmt, mit einem geringen Überschuß 10%iger Natriumbromidlösung versetzt und zum Kochen erhitzt. Grünschwarzes Iridiumoxidhydrat fällt aus. Anschließend hält man die Lösung im bedeckten Becherglas 45 Min. lang im Sieden, bis kein Bromgeruch mehr wahrnehmbar ist und prüft durch weitere Reagenszugabe auf die Vollständigkeit der Fällung. Der Niederschlag wird gründlich, zuerst durch Dekantieren, mit ammoniumnitrathaltigem Wasser gewaschen und abfiltriert. Falls sich beim Eindampfen des Filtrates noch eine geringe Menge Ir-Oxidhydrat abscheiden sollte, wird nochmals filtriert.

Aus dem Filtrat fällt man das Gold nach der Zerstörung des Bromats durch Kochen mit Salpetersäure am einfachsten durch Reduktion mit Hydrazin.

Literatur: [1] Moser, L., u. H. Hackhofer: M. **59**, 44 (1932).

9.2.2 Trennung von Tellur.

Nach Brukl und Maxymowicz [1]. Au und Te werden zusammen aus ammoniakalischer Lösung mit einem Überschuß an Ammoniumsulfid ausgefällt. Der gebildete Niederschlag wird anschließend mit Kaliumcyanid wieder in Lösung gebracht. Aus dieser Lösung fällt man das Te in der Siedehitze mit Natriumsulfitlösung. Das Gold bleibt dabei in Lösung.

Literatur: [1] Brukl, A., u. W. Maxymowicz: Fr. **68**, 20 (1926).

9.2.3 Trennung von Übergangsmetallen.

Nach Ziegler und Matschke [1] *durch Fällung mit Silbersulfid.* Durch die Abscheidung des Goldes als Gold(III)-sulfid aus salzsaurer Lösung mit Silbersulfid wird im pH-Bereich von 1,0 bis 1,5 die Trennung von Fe(III), Co(II), Ni(II), Mn(II), Cu(II) und Pb(II) bis zum Verhältnis $1:10^6$ ermöglicht.

Man arbeitet nach dem Säulenverfahren mit Silbersulfidcellulose, die aus käuflicher Cadmiumsulfidcellulose und Silbernitratlösung hergestellt wird. 150 µg Au sind aus 5 Liter Lösung mit einem geringen Minderbefund von 2% abscheidbar.

Da das Silbersulfid entsprechend der Gleichung:

$$3\,Ag_2S + 2\,H[AuCl_3OH] = Au_2S_3 + 6\,AgCl + 2\,H_2O$$

in Silberchlorid umgewandelt wird, das in der Säule verbleibt, tritt keine Verunreinigung der durchlaufenden Lösung mit Ag^+-Ionen ein.

Literatur: [1] Ziegler, M., u. H. D. Matschke: Fr. **191**, 188 (1962).

9.3 Trennungen durch papierchromatische Verfahren.

9.3.1 Trennung von den Platinmetallen nach Kember und Wells [1].

Zur quantitativen chromatographischen Trennung des Goldes von den Platinmetallen wird *für Mengen zwischen 1 und 10 µg Au/0,05 ml 2n Salzsäure folgende Arbeitsvorschrift gegeben:* 0,05 ml Lösung werden auf den oberen Rand eines Filtrierpapierstreifens gegeben, der 12 bis 15 cm lang und 2 bis 3 cm breit ist. Man läßt mindestens 1 Std. an der Luft trocknen und hängt den Streifen dann in der üblichen Weise zur Entwicklung nach dem Absteigeverfahren in eine Lösung, die 5 ml Wasser und 10 ml Salpetersäure (1,4) je 85 ml Äthylacetat enthält. Man entwickelt 80 Min. und läßt die Lösung vom unteren, zugespitzten Streifenende in ein 25-ml-Becherglas abtropfen. Man dampft auf dem Dampfbad zur Trockne, nimmt mit 0,5 ml mit Brom gesättigter 0,1n Salzsäure auf, erwärmt leicht und überführt die Lösung mit 3,5 ml 0,1n Salzsäure in ein 5-ml-Meßkölbchen. Nach einer Belüftungszeit von 10 Min. zur Entfernung überschüssigen Broms werden 0,25 ml 1%ige Natriumfluoridlösung zur Maskierung des zusammen mit dem Gold eluierten Eisens zugefügt, anschließend genau 0,2 ml 0,05%iger p-Dimethylaminobenzylidenrhodaninlösung. Jetzt füllt man mit 0,1n Salzsäure auf und photometriert nach 10 Min. bei 480 nm (s. auch 5.19).

Nach diesem Verfahren wurden 1 bis 10 µg Au in Chloridlösung neben 15% Ni und Fe mit einem maximalen Fehler von 4% bestimmt.

Arbeitsvorschrift zur Bestimmung größerer Goldmengen. Eine Probemenge, die insgesamt 0,25 g Metalle enthält, wird in Königswasser gelöst und die Lösung auf dem Dampfbad weitgehend eingeengt. Den Abdampfvorgang wiederholt man mit 5 ml konz. Salzsäure und dampft dann nach Zugabe von 10 ml 2n Salzsäure und 0,5 g Natriumchlorid zur Trockne ein. Der Rückstand wird mit 4 ml Wasser aufgenommen und mit 1 ml Salzsäure (1,19), die mit Chlor gesättigt ist, versetzt.

Die Füllung der Säule (2 cm Durchmesser) wird wie folgt vorgenommen: Man kocht Cellulose 2 Min. lang in 5%iger Salpetersäure, verdünnt mit kaltem Wasser, filtriert schnell ab, spült mit Wasser und wäscht zunächst mit Äthanol, dann mit Äther trocken. Diese Masse schlämmt man mit einer Lösung von 4 ml Salpetersäure (1,4) und 6 ml Wasser zu 190 ml Äthylacetat auf und füllt sie bis zu einer Höhe von 7,5 cm in die Säule.

Dann gibt man die vorbereitete Probelösung zusammen mit 2 g Pulpe auf die Säule und eluiert zehnmal mit je 10 ml Äthylacetatlösung, ohne daß die Säule trockenläuft. Das Eluat wird in einem 500-ml-Kolben aufgefangen und mit 50 ml Wasser versetzt. Nach dem Abdestillieren des Äthylacetats und Zugabe von 5 ml konz. Salzsäure engt man stark ein und nimmt den Rückstand mit 2n Salzsäure auf. Aus dieser Lösung soll das Gold unter Rühren mit Wasserstoff elektrolytisch abgeschieden werden (50 °C, 2,5 bis 3,5 V, 1,5 bis 3,0 mA je cm²).

Goldmengen bis zu 5 mg sollen mit einem Fehler von 2%, größere Mengen mit einem Fehler von 0,2% bestimmt werden können.

9.3.2 Trennung von Pt und Pd nach Anderson und Lederer [2].

2 ml Lösung werden auf das Ende eines Streifens aus Papiermasse („DO" oder „D 4" der Hormann-Ekwip Industrial Equipment, Sydney) von etwa 25 cm Länge, 2,5 cm Breite und 0,6 cm Dicke aufgetragen. Der Streifen wird geknickt und mit dem kurzen Ende, das die Probelösung enthält, in ein Glas gehängt, das mit an n Salzsäure gesättigtem Äther gefüllt ist und sich erhöht in einem Behälter, z. B. einem Exsiccator, befindet, in dem für die Aufrechterhaltung der Partialdampfdrucke gesorgt wird. Über das zugespitzte längere Ende des Streifens tropft alsbald der an seiner gelben Färbung kenntliche goldhaltige Extrakt in ein untergestelltes Becherglas ab. Das Ende der Trennungsoperation wird mit Hilfe von Schwefelwasserstoff festgestellt.

Vor der elektrogravimetrischen Bestimmung des Goldes aus Cyanidlösung (s. 3.1) wird die Lösung auf dem Wasserbad zur Trockne gedampft und etwa vorhandene organische Substanz mit konz. Salpetersäure zerstört.

Versuche, anstelle von Äther Äthylacetat zu verwenden, schlugen nach ANDERSON und LEDERER [2] fehl.

9.3.3 Trennung von Pt, Pd und Ru nach Vassiliades und Manoussakis [3].

Die papierchromatographische Trennung von Au(III), Pt(IV), Pd(II) und Ru(III) gelingt nach dem absteigenden Verfahren (Papier: Whatman Nr. 1, 50 × 2 cm) mit einem Laufmittel aus i-Butanol, Salzsäure (1,16) und Essigsäure (1,055 bis 1,058) im Mischungsverhältnis 70:10:20.

Bei einer Laufzeit von 21 Std., einer Laufstrecke von 35 cm und 26 °C betragen die R_f-Werte für Ru 0,22; Pd 0,51; Pt 0,62 und Au 0,94.

Die Identifizierung erfolgt durch Besprühen der getrockneten Chromatogramme mit 10%iger Dianisidiniumchloridlösung, wobei der Goldfleck rotbraun, die Flecke der drei Platinmetalle gelb werden.

Literatur: [1] KEMBER, N. F., u. R. A. WELLS: Analyst **76**,579 (1951). — [2] ANDERSON, J. R. A., u. M. LEDERER: Anal. chim. Acta **5**, 321 (1951). — [3] VASSILIADES, C., u. G. MANOUSSAKIS: Chim. Anal. **43**, 225 (1961).

10 Übersicht über Bestimmungen des Goldes neben sowie Trennungen des Goldes von anderen Elementen.

Die nachfolgende Tabelle gibt einen Überblick über die bei den einzelnen Bestimmungs- und Trennungsverfahren angeführten Trennungsmöglichkeiten des Goldes von bzw. Bestimmungsmöglichkeiten des Goldes neben anderen Elementen.

Dabei sind nur diejenigen Elemente durch ein „ × " gekennzeichnet, die bei der betreffenden Methode ausdrücklich erwähnt werden. Die Möglichkeit, daß ein Verfahren die Bestimmung des Goldes neben weiteren Elementen gestattet, wird nicht ausgeschlossen. Einzelheiten sind aus den betreffenden Methodenbeschreibungen ersichtlich.

Zur Charakteristik der bei den einzelnen Verfahren vorgenommenen Trennungsoperationen sind Fällungen durch „F", elektrolytische Abscheidungen durch „El", Extraktionen durch „Ex", die Verwendung eines Ionenaustauschers durch „I", papierchromatographische Trennungen durch „P-Chr", papierelektrophoretische Trennungen durch „P-El" und Verfahren ohne Trennungsoperationen durch „ — " gekennzeichnet.

Dokimastische, emissionsspektralanalytische und aktivierungsanalytische Methoden sind in der Aufstellung nicht enthalten. Sie ermöglichen stets die Bestimmung des Goldes neben zahlreichen anderen Elementen.

Auf die Aufnahme der Erdalkali- und Alkalimetalle in die Tabelle wurde verzichtet, weil die Trennung des Goldes von diesen Elementen weder von Interesse ist noch Schwierigkeiten bereitet.

Verfahren	Art der Trennung	Pd	Pt	Rh	Ir	Ru	Os	Ag	Hg	Cu	Pb	Bi	Cd	As	Sb	Sn	Se	Te	Mo	W	Ni	Co	Fe	Mn	Zn	Ti	Cr	Al	Sonstige Elemente
Grav.																													
2.1.2.1	F							×		×											×				×				
2.1.2.2	F	×		×	×	×																							Re
2.1.2.3	F			×	×	×												×											
2.1.2.5	F		×																										
2.1.2.7	F	×	×							×							×	×			×				×				Re
2.1.2.8	F									×	×			×	×	×							×						
2.1.2.10	F									×																			
2.1.2.11	F			×	×	×	×			×																			
2.1.2.12	F									×	×			×									×		×				
2.1.2.15	F	Pt-Metalle																											
2.1.2.16	F		×					×		×																			
2.1.2.17	F	Pt-Metalle																×											
2.1.2.18	F																×												Re
2.2	F									×						×			×		×	×	×	×	×		×		Ga, In
El.-Grav.																													
3.1	El	×	×				×			×					×				×	×	×	×	×		×				
3.2	El													×					×	×									
3.3	El	×								×			×																
Titr.																													
4.1.1	F	×	×						×	×	×																		
4.1.2	F								×	×	×		×				×				×	×			×			×	
4.1.6	F	×	×	×	×					×	×		×	×			×	×			×	×							
4.1.7	F		×	×	×					×	×		×								×	×							
4.1.8	F								×	×													×						
4.1.9	F		×		×																								
4.2	Ex									×															×				zahlr. andere
4.4	—							×		×	×	×													×				
4.5	—									×								×											
Phot.																													
5.1.1	Ex	×	×	×	×	×	×	×	×	×	×		×	×	×	×	×	×	×	×	×	×	×	×	×	×	×	×	Ta, Ga, Th, Sc, Zr, La, Ce, U, Dy, V
5.1.2	Ex									×							×	×											

Verfahren	Art der Trennung	Pd	Pt	Rh	Ir	Ru	Os	Ag	Hg	Cu	Pb	Bi	Cd	As	Sb	Sn	Se	Te	Mo	W	Ni	Co	Fe	Mn	Zn	Ti	Cr	Al	Sonstige Elemente
Phot.																													
5.1.3	Ex	×	×	×	×	×																	×						farblose Ionen
5.2.1	Ex	×	×	×																	×	×	×	×					
5.2.2	Ex		×								×	×										×							
5.2.3	Ex	×	×								×			×	×						×	×	×	×					
5.3	Ex			×		×			×	×	×		×					×			×	×	×	×	×		×	×	
5.4	Ex	×	×						×																				zahlr. andere Ga, Tl
5.6	Ex		×							×	×			×	×	×					×		×	×	×	×		×	
5.7	—																		×										
5.8	Ex		×	×	×	×	×	×		×	×	×	×								×	×	×	×				×	V
5.9	Ex		×																										
5.10	—		×					×	×	×	×		×		×	×					×	×	×	×	×			×	
5.12	—							×	×	×	×		×	×							×	×	×	×	×		×	×	U
5.15	—		×							×			×												×				
5.17	Ex	×	×	×	×			×	×									×											
5.18	P-El									×											×								
5.21	F, Ex; I, —							×	×	×	×			×	×								×						
Spektr.																													
6.1	—	×	×	×				×		×	×														×				
6.3.1	—		×		×																								
6.3.2	—																		×										
6.3.3	—	×	×					×		×															×				
Coul./Pol.																													
7.1.1	—							×	×	×	×																		
7.2.3	—	×								×	×	×	×			×	×	×	×	×	×		×		×	×			U, Ce
7.3.1	—							×																						
Trenn.																													
9.1.1	Ex	×	×		×			×	×	×	×		×	×	×	×	×				×	×	×	×					
9.1.2(3)	Ex																													zahlr. Elemente
9.2.1	F				×																								
9.2.2	F																	×											
9.2.3	F									×	×										×	×	×	×					
9.3.1	P-Chr	Pt-Metalle																											
9.3.2	P-Chr	×	×																										
9.3.3	P-Chr	×	×			×																							

Dokimastische Bestimmungsmethoden für Silber und Gold

Inhalt

Allgemeines.

Wegen der großen praktischen Bedeutung der dokimastischen Silber- und Gold-bestimmung erscheint es gerechtfertigt, die dokimastischen Methoden außerhalb der Kapitel Silber und Gold gesondert und für beide Elemente zusammen zu behandeln.

Die Bezeichnung „Dokimasie" stammt aus dem Griechischen ($\delta o \varkappa \iota \mu \acute{\alpha} \zeta \varepsilon \iota \nu$) und bedeutet „Probeschmelzen" oder „Probieren". Ursprünglich wurde „probiert", ob ein gefördertes Erz schmelzwürdig war oder nicht. Sinnvollerweise führte man dazu die seinerzeit üblichen technischen Gewinnungs- und Raffinationsverfahren im kleinen durch.

Der Zeitpunkt, zu dem die dokimastischen Verfahren zuerst verwendet wurden, ist nicht bekannt, liegt jedoch mit Sicherheit Jahrtausende zurück, da schon in den großen Bergbaugebieten des Altertums (Laurien, Kleinasien, Spanien u. a.) „probiert" wurde.

Die „Verbleiungs-" bzw. „Kupellationsprobe" wird schon in der Bibel (Jer. 6, 27 bis 30) beschrieben und hatte im 12. Jahrhundert nach den Schriften von ALBERTUS MAGNUS, GEBER u. a. bereits einen Grad der Vollkommenheit erreicht, der sich von dem heutigen nur wenig unterscheidet. Diese Entwicklung wurde durch die großen Unterschiede im chemischen Verhalten zwischen den Edelmetallen einerseits und den unedlen Metallen andererseits ermöglicht.

Aus dem gleichen Grunde ist die dokimastische Edelmetallbestimmung bisher nicht von naßchemischen Analysenverfahren verdrängt, sondern lediglich sinnvoll ergänzt worden, während die „trockenen" Verfahren zur Bestimmung anderer Metalle durchweg der Vergangenheit angehören.

Für die Bestimmung von Ag und Au in Erzen, Erzkonzentraten und Zwischen-erzeugnissen von Hütten, wie Steinen, Speisen, Schlacken und Rohmetallen, stellt die Dokimasie — besonders bei geringen Gehalten im g/1000 kg-Bereich — auch heute noch das allgemein übliche Verfahren dar.

Die Trennung von Ag und Au wurde im Altertum und auch noch im Mittelalter auf technischem Wege durch Verflüchtigung oder Adsorption von AgCl mit Cl$^-$ und SO$_4$$^{2-}$ enthaltenden Mineralien (Steinsalz, Alaun) durchgeführt.

Diese wohl sehr ungenaue Methode wurde dann am Ende des Mittelalters durch die sogenannte Scheidung „durch Guß und Fluß" ersetzt, wobei man den bevorzugten Übergang des Goldes in eine Speisephase und des Silbers in eine Steinphase ausnutzte. Man schmolz die Legierung mit Kupfer und Grauspießglanz (Sb$_2$S$_3$) und erhielt durch Seigerung eine Cu-Sb-Speise und eine Sulfidphase, die sich nach dem Erkalten auf mechanischem Wege sauber trennen ließen. Durch Verschlacken und Treiben wurden die Mengen Au und Ag in beiden Phasen ermittelt. Anfang des 15. Jahrhunderts wurde dann die Salpetersäure entdeckt, wodurch die auch heute noch übliche Scheidung von Silber und Gold möglich wurde.

Eine Voraussetzung für genaue dokimastische Resultate sind Waagen aus-reichender Empfindlichkeit. Von den ersten brauchbaren Probierwaagen für Fein-wägungen arabischer Chemiker im frühen Mittelalter sind die Waagen bis zum heutigen Stand, der allen Ansprüchen genügt, ständig weiterentwickelt worden.

Während die Dokimasie für viele Pt-Metall-Materialien keine Rolle spielt, wird sie zur Bestimmung geringer Gehalte (g/1000 kg-Bereich) an Pt-Metallen als Konzentrierungsmethode vielfach verwendet. Die Scheidung der erhaltenen platinhaltigen Edelmetallkörner erfolgt — wie auch bei der Trennung Ag-Au — ausschließlich naßchemisch.

Besonders hingewiesen werden muß auf die Bedeutung der Probenahme für edelmetallhaltiges, wertvolles Material. Genaue analytische Bestimmungen an fehlerhaften, auf Grund unzureichender Probenahme und Probenpräparation erhaltenen Muster sind sinnlos. Hierzu siehe: Analyse der Metalle, Bd. 3, Probenahme.

Nach SCHWEITZER [1] wurden z. B. Differenzen bei der Ag-Bestimmung in Bleibarren durch ungleichmäßige Ag-Verteilung verursacht, wobei Werte zwischen 80 ozs/t und 104 ozs/t an verschiedenen Stellen eines Barrens gefunden wurden.

Literatur: [1] Amer. Chemist 1876, Nr. 72, 456.

1 Geräte.

1.1 Öfen.

1.1.1 Tiegelöfen.

Das sogenannte „Schmelzen" erfolgt in Ton- oder Eisentiegeln (s. 1.2, Einsatzgefäße), die in einen Tiegelofen eingesetzt werden.

Die Öfen können je nach den Erfordernissen verschiedener Laboratorien eine unterschiedliche Anzahl Tiegel (1 bis 8, evtl. auch noch mehr) aufnehmen. Alle sollten unter einer Abzughaube stehen.

Eine Temperatur von 1200° muß mindestens erzielt werden können, was sowohl mit festen Brennstoffen (Brechkoks, Magerkohle), gasförmigen Brennstoffen (Stadtgas, Kokereigas, Flaschengasen wie Methan, Propan, Butan) und flüssigen Brennstoffen (Heizölen) unter Verwendung von Gebläseluft, vorzugsweise jedoch mit elektrischer Beheizung, möglich ist.

1.1.1.1 Beheizung mit festen Brennstoffen.

Der runde oder quadratische Ofenraum ist mit feuerfesten Steinen ausgekleidet und hat unten einen Rost, unter dem sich der Aschenraum befindet. In Verbindung mit einem gut ziehenden Kamin werden etwa 1200 °C, mit Gebläsewind („Unterwind") auch noch höhere Temperaturen erreicht. Die Temperaturregulierung ist schwieriger als bei anderen Beheizungen und kann mit Hilfe eines Schiebers am „Fuchs" vorgenommen werden.

Als Brennstoff verwendet man Brechkoks in Nußgröße mit geringem Aschegehalt oder mit kleiner Flamme brennende Kohle.

Für das Einsetzen der Tiegel schafft man in dem aufgehäuften Brennmaterial Hohlräume, in die man die Tiegel mit feinstückigem Koks einbettet.

1.1.1.2 Beheizung mit gasförmigen Brennstoffen.

Die Öfen sind zwischen der Ausmauerung aus feuerfesten Steinen (bis 1400 °C: Schamotte, über 1400 °C: Magnesit, Korund) und dem eisernen Ofenmantel mit einer Isolierschicht zur Verminderung der Wärmeabstrahlung versehen und haben Bodenplatten aus Schamotte, auf die man den (die) Tiegel stellt.

Die Temperaturregelung erfolgt in einfacher Weise durch Regulierung der Gaszufuhr. Durch die Veränderung des Gas-Luft-Verhältnisses ist außerdem das Einstellen einer oxydierenden oder reduzierenden Atmosphäre möglich. Mit Druckluft von 300 bis 500 mm WS kann man Temperaturen von 1200 bis 1400 °C erzielen.

Die Tiegel sollen sich nicht im direkten Flammenstrahl befinden, weil sie dadurch punktförmig überhitzt werden. Man ordnet die Düsensteine in der Ausmauerung derart an, daß die Flammen tangential in den Raum zwischen Tiegel und Ofenwand eintreten.

Als Brennstoff kommen Stadtgas, Kokereigas, Generatorgas oder die üblichen Flaschengase (unter Verwendung eines Druckreglers) Propan, Butan, bei denen spezielle Brennerkonstruktionen erforderlich sind, in Frage.

1.1.1.3 Beheizung mit flüssigen Brennstoffen.

Die ölbeheizten Öfen weisen gegenüber den gasbeheizten andere Brenner und Düsensteine auf. 1400 bis 1500 °C können erreicht werden.

Man verwendet vornehmlich pech-, asphalt- und wasserfreie Mittel- und Leichtöle. Schweröle müssen vorgewärmt werden. Das über Regelventile zuströmende Öl wird mittels Gebläseluft von 300 bis 600 mm WS fein zerstäubt und, mit Luft vermischt, in den Verbrennungsraum geblasen (Zerstäuberbrenner). Bei anderen Brennertypen wird das Öl ähnlich wie beim Benzinmotor aus einem Schwimmergefäß angesaugt.

1.1.1.4 Elektrische Beheizung.

Durch elektrische Beheizung kann bei richtiger Anordnung der Heizelemente (Drähte, Drahtwendeln, Bänder aus z. B. Chromnickel oder Kanthal für Temperaturen bis etwa 1300 °C, Silitstäbe für Temperaturen über 1200 °C) die gleichmäßigste Temperatur im Ofenraum erzielt werden, was sich auf den Schmelzprozeß vorteilhaft auswirkt. Da die Heizung auch bei geöffnetem Deckel nicht unterbrochen

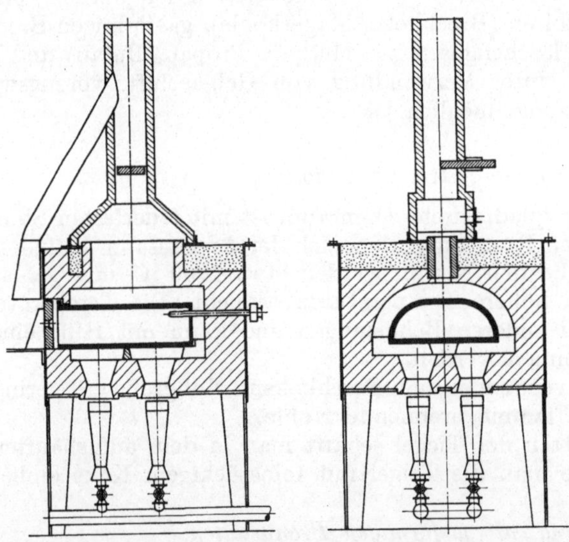

| lichte Muffelmaße | | | Muffelofen | | Brenner-zahl | Gasverbrauch bei 1000° |
Länge mm	Breite mm	Höhe mm	Breite mm	Tiefe mm		m³/h
180	100	60	380	480	2	1,0
250	180	80	500	600	4	2,0
340	200	95	600	750	4	3,0
380	250	150	500	700	6	4,0
570	320	200	800	900	8	5,0

Abb. 1. Gasbeheizter Probiermuffelofen. (Aus Edelmetall-Analyse)

werden soll, dürfen die Heizelemente nicht frei im Ofenraum angebracht werden. Auch wegen der während des Schmelzens entstehenden Dämpfe ist es notwendig, die Heizelemente in gesonderten, von dem Ofenraum durch relativ dünnwandige Platten aus feuerfestem Material getrennten Heizräumen anzubringen, die derart angeordnet werden müssen, daß evtl. ausfließende Schmelzen nicht an die Heizelemente gelangen können. Damit die während des Schmelzens entstehenden Dämpfe aus dem Ofenraum entweichen können, muß in den Ofendeckel eine entsprechende Öffnung eingearbeitet werden.

Wegen der Gleichmäßigkeit der Temperatur im gesamten Ofenraum ist es bei elektrisch beheizten Öfen im Gegensatz zu den anderen Ofenarten relativ einfach, die Temperatur zu messen (Thermoelement) und automatisch zu regeln.

1.1.2 Muffelöfen.

Muffelöfen werden für Verschlackungs- und Treibprozesse, seltener auch für Tiegelproben benutzt. Sie weisen eine auswechselbare, aus feuerfestem Material (Schamotte, Korund, Siliciumcarbid, Quarz) bestehende Muffel mit meist rechteckigem Querschnitt und gewölbter Decke auf, die von außen beheizt wird.

Die Beheizung erfolgt entweder mit Gasbrennern (wobei man mit Bunsenbrennern etwa 1000 °C, mit Gebläsebrennern bis 1200 °C erreicht), mit Ölbrennern (bis etwa 1300 °C) oder elektrisch mit Heizwicklungen oder Silitheizstäben, die unterhalb und oberhalb der Muffel angeordnet werden.

Die Muffelöffnung kann mit einem Vorsetzer (Muffeltor) ganz oder teilweise verschlossen werden.

Die beim Treibprozeß entstehenden Dämpfe werden beim Entweichen aus der Muffelöffnung von einer Abzugshaube angesaugt und dem Kamin zugeführt.

1.2 Einsatzgefäße.

1.2.1 Schmelztiegel.

Für die Durchführung des „Schmelzprozesses" verwendet man Tiegel, die es in verschiedenen Ausführungsformen — mit rundem oder dreieckigem Querschnitt, mit oder ohne Ausguß — in sehr unterschiedlichen Größen und aus diversen Mate-

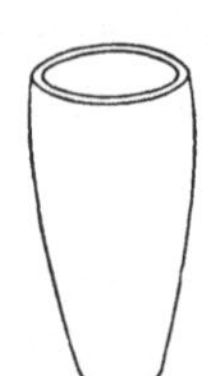

Abb. 2. Tontiegel
mit kreisförmigem Querschnitt.
(Aus Edelmetall-Analyse)

Außenmaße		
Höhe	oberer Durchmesser	Inhalt
mm	mm	ml
90	50	120
110	60	150
130	70	210
140	75	250
155	80	350
100	70	150
120	80	240
150	100	400
170	120	850
190	140	1200

Abb. 3. Tontiegel
mit dreieckigem Querschnitt.
(Aus Edelmetall-Analyse)

Außenmaße		
Höhe	oberer Durchmesser	Inhalt
mm	mm	ml
40	30	20
50	40	30
60	50	50
80	60	100
100	70	170
120	100	350
150	130	750
180	150	1200

rialien gibt. Meistens werden sogenannte „Tontiegel" aus Schamotte, z. T. mit Zusatz von Quarz, verwendet, ferner für Spezialzwecke Graphittiegel, oxidkeramische Tiegel (aus Al_2O_3, MgO, BeO, ZrO_2 oder ThO_2), Porzellantiegel (Goldglühtiegel) und häufig auch Eisentiegel aus Schmiedeeisen.

Während die eisernen Tiegel stets für eine größere Zahl von Schmelzungen benutzt werden können, wobei man Schlacke und Blei flüssig aus dem Tiegel entfernt und dabei voneinander trennt, werden „Tontiegel" durchweg nur ein einziges Mal verwendet und anschließend zerschlagen, um den Bleiregulus nach dem Erkalten zu gewinnen.

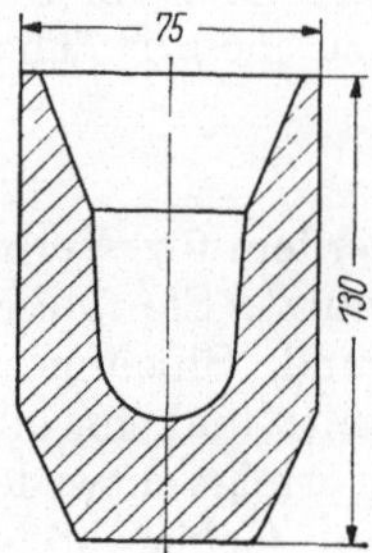

Größe	Höhe mm	oberer Durchmesser mm
1	40	44
2	53	46
3	120	75
4	130	75

Abb. 4. Tiegel aus Schmiedeeisen. (Aus Edelmetall-Analyse)

1.2.2 Scherben.

Ansiedescherben aus Schamotte oder hochwertigem Ton müssen dicht, widerstandsfähig gegen den chemischen Angriff von Metalloxiden und feuerfest sein. Da sie meist kalt in den heißen Ofen eingesetzt werden, müssen sie auch schroffe Temperaturwechsel aushalten können.

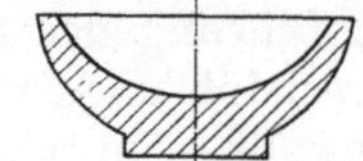

Durchmesser mm	Inhalt ml	Gewicht g je Stück
50	14	30
60	22	60
70	30	100
80	50	200
100	70	300

Abb. 5. Ansiedescherben.
(Aus Edelmetall-Analyse)

1.2.3 Kupellen oder Kapellen.

Die Kupellen sind in ihrer Form dem alten Treibherd nachgebildet und bestehen entweder aus Knochenasche mit oder ohne Zusätze an Kalk und Ton oder aus Mergel, Magnesia und Zement, z. T. aus Gemischen dieser Stoffe untereinander oder mit Zusätzen an Knochenasche, Ton und Kalk.

Kupellen aus Knochenasche

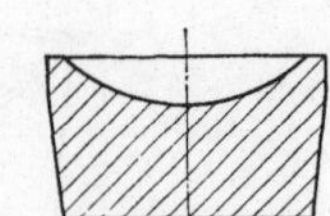

Größe	oberer Durchmesser mm	Bleiaufsauge- vermögen g	Höhe mm	Gewicht g
1	22	4	11	4
2	24	7	13	7
3	27	10	14	10
4	30	13	15	13
5	33	18	16	18
6	35	24	18	24
7	40	30	19	30
8	50	60	25	60
9	60	100	27	100
10	88	300	33	300

Abb. 6. Kupelle.
(Aus Edelmetall-Analyse)

Sie werden für den Treibprozeß benötigt (s. 3.2) und müssen ein gutes Aufsaugevermögen für PbO aufweisen. Heute werden vielfach sog. „harte" Kupellen aus gesinterter Magnesia benutzt, die gegenüber den „weichen" Knochenaschenkapellen eine größere, mechanische Festigkeit und eine bessere Temperaturwechselbeständigkeit als Zementkupellen aufweisen. „Harte" Kupellen bedingen geringere Treibverluste als „weiche" Knochenaschenkupellen.

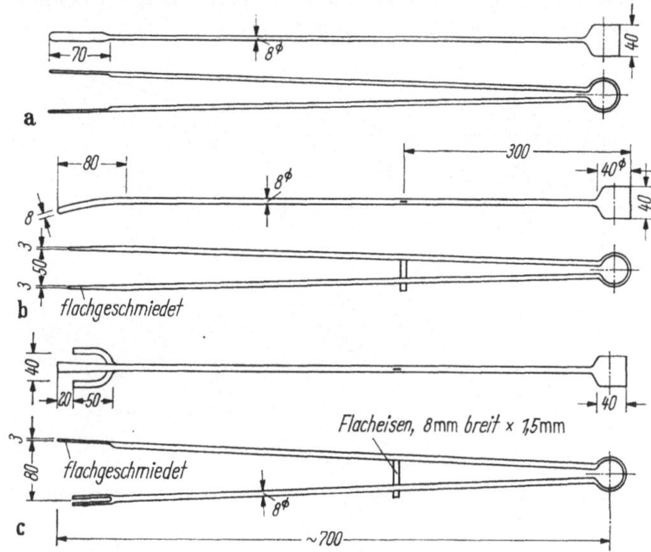

Abb. 7. a) Gewöhnliche gerade Kluft; b) Kupellen- und Eintragezange (Backenkluft); c) Ansiedescherbenzange. (Aus Edelmetall-Analyse)

1.3 Hilfsgeräte.

1.3.1 Gezähe.

Um die verschiedenen Einsatzgefäße in den Ofen zu setzen, innerhalb des Ofenraumes bewegen und wieder aus dem Ofen herausnehmen zu können, benötigt man verschiedene Arten von Zangen und andere eiserne Geräte, die man zusammenfassend als Gezähe bezeichnet.

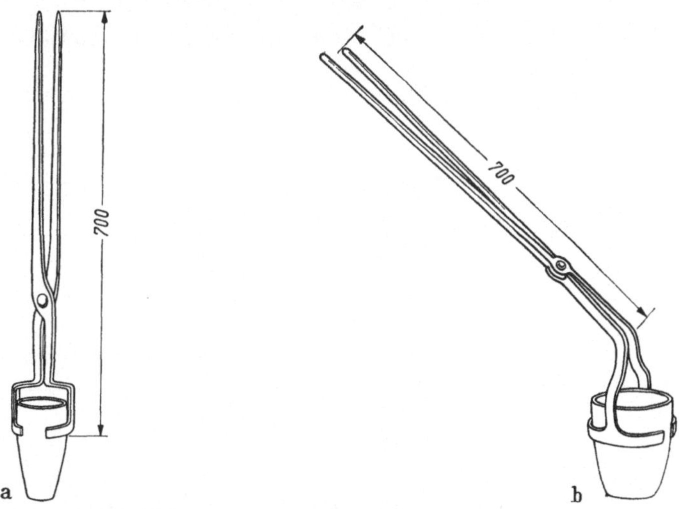

Abb. 8. Tiegelkorbzange. a) gerade Form; b) gebogene Form. (Aus Edelmetall-Analyse)

Für Kupellen verwendet man entweder die gewöhnliche, gerade Kluft oder die Backenkluft (Kupellenzange), die man auch zum Einsetzen von Bleikönigen oder Bleischweren in die Probiergefäße benutzt.

Für die *Scherben* gibt es die Ansiedescherbenzange oder Gabelkluft, auch in einer Ausführung, bei der beide Enden als Gabeln ausgearbeitet sind („doppelte" Gabelkluft).

Für die *Tiegel* verwendet man schmiedeeiserne Tiegelzangen, bei größeren Tiegeln Korbzangen in gerader oder gebogener Form.

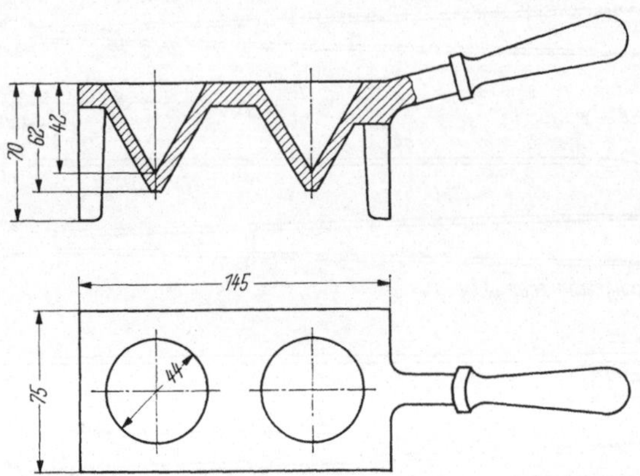

Abb. 9. Ausgießform mit kegelförmigen Vertiefungen. (Aus Edelmetall-Analyse).

Daneben sind noch zu nennen: Krähl- oder Räumhaken, Rührspatel, eiserne Löffel und Kühleisen, mit denen man die Temperatur zu heiß gewordener Kupellen erniedrigen kann.

1.3.2 Ausgießformen.

Bei Verwendung von Eisentiegeln für den Schmelzprozeß benötigt man Formen aus Eisen, die kegel- oder halbkugelförmige Vertiefungen aufweisen, in die man flüssige Schlacke bzw. flüssiges Blei einlaufen läßt.

1.3.3 Sonstige Hilfsgeräte.

An weiteren speziellen Geräten, die in einem Probierlabor vorhanden sein sollten, wären zu nennen:

Ein *Amboß* mit polierter Fläche, dazu Handhämmer, gleichfalls poliert, zum

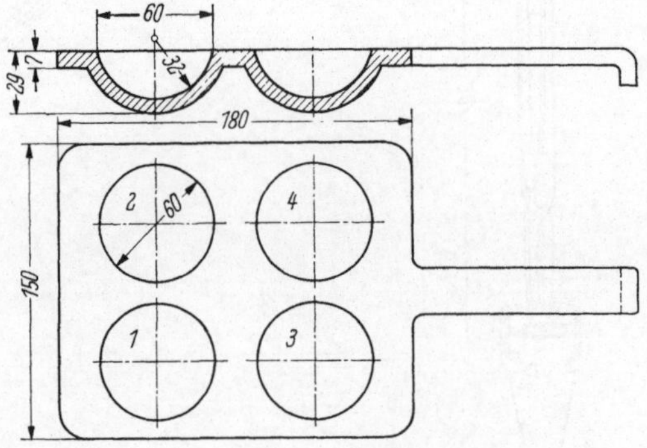

Abb. 10. Buckelblech. (Aus Edelmetall-Analyse.)

Ausplatten von Edelmetallkörnern, eine *Kornwalze* zum Auswalzen ausplattierter Körner, *Kornzangen*, mit denen man Edelmetallkörner beim Abbürsten mit sogenannten *Kornbürsten* (mit harten Natur- oder Kunststoffborsten) festhält.

Mengschaufeln, Mengkapseln, hinten geschlossene, vorne verjüngte Schaufeln ohne Griff aus Kupfer- oder Messingblech, die zum Vermischen von Untersuchungsmaterial mit „Fluß" und PbO verwendet werden, wenn das nicht in den benutzten Tiegeln erfolgen kann.

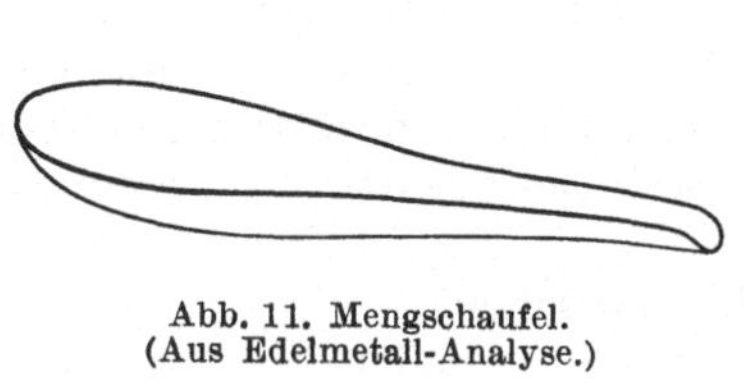

Abb. 11. Mengschaufel.
(Aus Edelmetall-Analyse.)

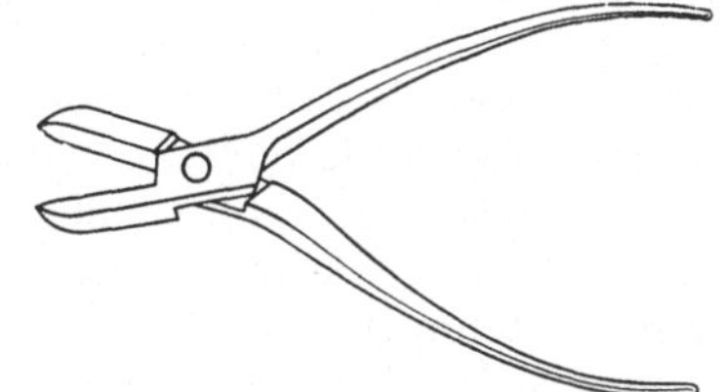

Abb. 12. Kornzange. (Aus Edelmetall-Analyse.)

Meßlöffel aus Messing („Bleimaß") zum Abmessen verschiedener Mengen Kornbleies.

Kupellenbleche aus Stahlblech mit flachen Vertiefungen zum Einsetzen der Kupellen.

Kornbleche mit Vertiefungen zur Aufbewahrung und zum Transport der Edelmetallkörner.

1.4 Waagen.

Waagen werden benötigt für das Einwägen von Probematerial, das Auswägen von Edelmetallkörnern und das Wägen von Gold nach dem Scheideprozeß.

Entsprechend den sehr unterschiedlichen, auszuwägenden Mengen benötigt man dazu Waagen verschiedener Empfindlichkeit. Einwaagen erfolgen normalerweise mit genügender Genauigkeit, wenn sie auf 10 mg (bei 10-g-Einwaagen) bzw. 1 mg (bei 1-g-Einwaagen) genau durchgeführt werden.

Dagegen müssen beim Auswägen von feingetriebenen Edelmetallkörnern Zehntelmilligramm mit Sicherheit festgestellt und Hundertstel Milligramm geschätzt, beim Auswägen von geschiedenem Gold Hundertstel Milligramm genau bestimmt und Tausendstel Milligramm geschätzt werden können.

Mikrowaagen werden von den Waagenbaufirmen für diese Zwecke angeboten. Sie sind zweckmäßigerweise in einem klimatisierten Raum aufzustellen.

1.5 Geräte für den Scheideprozeß.

1.5.1 Scheidekolben.

Es sind mehr oder weniger langhalsige Glaskolben von 150 bis 250 mm Länge, mit einer birnenförmigen Erweiterung (⌀ 40 bis 50 mm) am unteren Ende. Oft werden sie schrägliegend in einem *Brennergestell* angeordnet, das eine größere Zahl nebeneinander aufnehmen kann.

1.5.2 Scheideschälchen.

Sie bestehen aus dünnem weißem Porzellan, haben Durchmesser von 35 bis 40 mm, eine Höhe von 50 bis 60 mm und einen umgebogenen Rand. Zum Erhitzen setzt man sie auf einen normalen Dreifuß mit Asbestnetz.

2 Chemikalien (Probierreagenzien).

Allgemeines. Für die Ausführung der dokimastischen Verfahrenschritte — Tiegelprobe (s. 3.1.1), kombiniertes naß-trockenes Verfahren (s. 3.1.4), Ansiedeprobe (s. 3.1.3), Treiben (s. 3.2) und Scheiden (s. 3.3) — werden verschiedene Chemikalien benötigt, von denen die wichtigen und gebräuchlichen nachfolgend angeführt werden.

An alle Reagenzien ist im Prinzip die Forderung zu stellen, daß sie kein Edelmetall enthalten dürfen. Da diese Forderung in der Praxis nicht realisierbar ist, muß der Edelmetallgehalt ermittelt und berücksichtigt werden, falls es nicht möglich ist, das beanstandete Reagens durch ein solches zu ersetzen, dessen Edelmetallgehalt für die letzte zu ermittelnde Stelle des Ergebnisses für den Edelmetallgehalt des Probegutes ohne Einfluß ist.

Bei den Flußmitteln kann man unterscheiden zwischen:

a) verschlackenden Reagenzien, die möglichst alle unedlen Bestandteile des Probegutes bei der Arbeitstemperatur in eine dünnflüssige Schlacke (zumeist Silicatschlacke oder Boratschlacke) überführen sollen, wobei sie dem chemischen Charakter der Gangart angepaßt werden müssen,

b) reduzierenden Reagenzien, die nicht bereits in elementarer Form, sondern als kationischer Bestandteil von Verbindungen vorliegendes Edelmetall in den elementaren Zustand überführen sollen, außerdem als PbO zugesetztes Blei in metallisches Blei,

c) sammelnden Reagenzien, die zur Ansammlung (Konzentrierung) möglichst des gesamten Edelmetalls in einer von der Schlacken- (Silicat-) Phase getrennten zweiten Phase führen sollen,

d) abdeckenden Reagenzien, die unerwünschte Reaktionen mit der Ofenatmosphäre verhindern und Verluste ausschließen sollen, und

e) oxydierenden Reagenzien, die in Spezialfällen dazu dienen, Verunreinigungen und auch Blei zu oxydieren und zu verschlacken.

Eine eindeutige Zuordnung der nachfolgend angeführten Reagenzien zu nur einer dieser Gruppen ist nicht immer möglich, da die Chemikalien oftmals in mehrfacher Hinsicht wirksam sind. In der Praxis stellt man für die Tiegelprobe Mischungen verschiedener Probierreagenzien her, die als „Flüsse" bezeichnet werden und meistens zugleich verschlackend, reduzierend und sammelnd wirken.

Für das „naßkombinierte" Verfahren und den Scheideprozeß werden außerdem Salpeter- und Schwefelsäure sowie NaCl- und $Pb(CH_3COO)_2$-Lösung gebraucht.

2.1 „Saure" verschlackende Zusätze.

2.1.1 Siliciumdioxid (SiO_2).

Siliciumdioxid (SiO_2) in Form von reinem feinkörnigem Quarzsand. Es wird bei stark basischer Gangart des Probenmaterials (Kalk, Eisenoxid) verwendet, wodurch auch die Zerstörung des Schamottetiegels verhindert wird; überschüssiges PbO wird gleichfalls abgebunden. Ein Überschuß an SiO_2 ist zu vermeiden, weil dadurch hoch viskose Schlacken entstehen, die eine einwandfreie Trennung von Silicat- und Metallphase verhindern.

2.1.2 Glas.

Glas, gepulvert, in Form von Fensterglasbruch ($x\,Na_2O \cdot y\,CaO \cdot z\,SiO_2$ mit SiO_2-Überschuß) für den gleichen Zweck. Im Gegensatz zum reinen SiO_2, bei dem ein Zusatz von 5 bis 10 g per Schmelzung zu unbrauchbaren Schlacken führt, schadet der Zusatz der gleichen Menge an Glas im allgemeinen nicht.

2.1.3 Boraxglas $(Na_2B_4O_7)$.

Boraxglas $(Na_2B_4O_7)$, d. h. restlos entwässerter Borax, zerkleinert. Oberhalb etwa 700 °C erfolgen Reaktionen mit Oxiden basischen und auch sauren Charakters. Borax ist auch zur Verschlackung von Al_2O_3 wirksam.

Zugleich wird der Schmelzpunkt der Beschickung durch den Boraxzusatz herabgesetzt, da Na_2SiO_3 (Fp. 1089 °C) und $NaBO_2$ (Fp. 966 °C) ein Eutektikum bei etwa 45% Na_2SiO_3 bilden (Fp. 814 °C).

Aus den angeführten Gründen ist Borax Bestandteil aller verschlackenden Flußmischungen.

2.2 „Basische" verschlackende Zusätze.

2.2.1 Wasserfreie, calcinierte Soda (Na_2CO_3) oder Kristallsoda $Na_2CO_3 \cdot 10\,H_2O$.

Calcinierte Soda (Fp. 850 °C) bildet mit SiO_2 Natriumsilicate, wobei CO_2 frei wird; gleichfalls reagiert sie mit einfachen Silicaten unter Bildung komplexer Silicate. Die Wandungen von Schmelzgefäßen aus Schamotte (z. B. „Tontiegel") können bei zu großem Überschuß an Soda aufgelöst werden. Die Soda gehört zu den gebräuchlichsten Bestandteilen von Flußmischungen.

2.2.2 Pottasche (K_2CO_3).

Pottasche (K_2CO_3) bildet mit Na_2CO_3 ein Eutektikum und wird deshalb zuweilen — trotz des höheren Preises — zusammen mit Soda verwendet.

2.2.3 Bleiglätte (PbO).

Bleiglätte (PbO) bildet mit SiO_2 bereits unterhalb 800 °C sehr dünnflüssige Silicate (Pb_2SiO_4, Fp. 766 °C, und $PbSiO_3$, Fp. 746 °C). Diese Silicate vermögen andere Schwermetalloxide zu relativ niedrig schmelzenden Komplexverbindungen zu lösen; auch PbO selbst wirkt lösend auf basische und saure Oxide.

Das sogenannte „Durchgehen" bei der Tiegelprobe ist auf diese Eigenschaften des PbO zurückzuführen, wobei SiO_2, Al_2O_3 u. a. Bestandteile des Tiegelmaterials aufgelöst werden. Ähnlich korrodierend wirken auch diejenigen gebildeten Bleisilicate, bei denen auf 1 Teil PbO weniger als 2 Teile SiO_2 kommen.

Bei Verfahren, die auf das Sammeln der Edelmetalle in Blei hinzielen, wird PbO deshalb verwendet, weil aus ihm durch die Einwirkung eines Reduktionsmittels fein verteiltes met. Blei entsteht, das sich am Boden des Einsatzgefäßes zu einem Regulus vereinigt. Es fungiert hier also als sammelndes Reagens. Außerdem reagiert PbO mit einer Anzahl Schwermetallsulfiden unter Reduktion dieser Metalle und Freiwerden von SO_2, z. B.:

$$Ag_2S + 2\,PbO \rightarrow 2\,Pb + 2\,Ag + SO_2$$

und wirkt hierbei als reduzierendes Reagens.

2.3 Reduzierende Zusätze.

Die reduzierende Wirkung des PbO auf Schwermetallsulfide wurde bereits unter 2.2.3 angeführt. PbO weist jedoch zugleich verschlackende und sammelnde Wirkungen auf. Demgegenüber werden folgende Reagenzien ausschließlich als Reduktionsmittel verwendet:

2.3.1 Weinstein (KHC₄H₄O₆).

Weinstein ($KHC_4H_4O_6$) zerfällt beim Erhitzen nach folgender Gleichung:

$$2\,KHC_4H_4O_6 = K_2CO_3 + 4\,CO + 3\,C + 5\,H_2O.$$

Der dabei in Flußmittelgemischen entstehende, feinverteilte Kohlenstoff wirkt dann neben dem CO als Reduktionsmittel, das K_2CO_3 als basisches Verschlackungsmittel. Wegen des hohen Preises ersetzt man den Weinstein häufig durch billigere Stoffe, z. B. durch Natriumformiat (HCOONa), bei dessem Zerfall,

$$2\,HCOONa \rightarrow H_2O + Na_2O + 2\,CO$$

bzw.

$$2\,HCOONa \rightarrow Na_2CO_3 + CO + H_2,$$

allerdings keine Kohlenstoffausscheidung erfolgt (glühbeständig).

2.3.2 Holzkohle.

Holzkohle, in gepulverter Form, vorzugsweise aus harten Holzarten (Buchenholz), manchmal auch in Stückform als Abdeckmittel. Durch zu große, zugesetzte Mengen können unerwünscht zähflüssige Schlacken entstehen. Der Verteilungsgrad ist gegenüber dem Kohlenstoff, der durch chemische Zersetzung von Weinstein oder Mehl entsteht, nur gering.

2.3.2 Mehl.

Mehl (zuweilen auch Zucker oder Stärke), bei deren thermischer Zersetzung feinverteilter Kohlenstoff als Reduktionsmittel entsteht.

2.3.4 Eisen.

Eisen in Form von Nägeln, Drahtstücken, Spänen. Bei Arbeiten im Eisentiegel reagiert auch das Gefäßmaterial mit der Beschickung. Es setzt sich mit Oxiden, Sulfiden und Silicaten von Metallen, die edler sind als Eisen, um. Das gemäß

$$MeO + Fe \rightarrow FeO + Me$$

entstehende Eisen(II)-oxid reagiert weiter mit vorhandenem SiO_2 zu $FeSiO_3$; es fungiert also als basisches Verschlackungsmittel.

2.4 Sammelnde Zusätze.

Allgemeines. Zweck der dokimastischen Verfahren ist es, die Edelmetalle von den unedlen Begleitmetallen zu trennen und sie in einer besonderen Phase — allgemein metallischer Art — anzusammeln. Für das Ansammeln von Ag und Au — auch zusätzlich von Pd und Pt — verwendet man seit altersher Blei und Bleiverbindungen, aus denen durch die unter 2.3 angeführten Reduktionsmittel metallisches Blei in feiner Verteilung entsteht. Blei hat sich für diese Edelmetalle als ausgezeichneter Sammler erwiesen. Lediglich für das gleichzeitige Ansammeln der seltenen Pt-Metalle Ir, Rh und Ru (Os) ist man bestrebt, andere Sammler zu finden. Nach den umfangreichen Arbeiten von BEAMISH und Mitarb. eignen sich dazu die meist in Pt-Metall-Erzen vorhandenen Elemente Kupfer, Nickel und Eisen, wobei allerdings eine Arbeitstemperatur von 1400 bis 1500 °C erforderlich ist, gegenüber 1100 bis 1200 °C bei Verwendung von Blei als Sammler. Sammelnde Zusätze für die normalerweise üblichen dokimastischen Arbeiten:

2.4.1 Metallisches Blei („Probierblei").

Metallisches Blei („Probierblei") in Form kompakter Stücke („Bleischweren"), Bleifolie oder Bleigries („Kornblei") für Arbeiten in oxydierender Atmosphäre (Scherbenprobe, Abtreiben).

2.4.2 Bleiglätte.

Bleiglätte (s. 2.2.3) als wichtigster, sammelnder Zusatz für die Tiegelprobe.

2.4.2 Bleiweiß.

Bleiweiß (basisches Bleicarbonat) oder Bleizucker (Bleiacetat) gleichfalls für reduzierende Arbeiten.

2.5 Abdeckender Zusatz.

Die Beschickungen von Tiegeln werden häufig mit einer 5 bis 8 mm starken Kochsalz- ($NaCl$-) Schicht versehen, durch die Materialverluste während des Einschmelzens vermieden werden sollen. Kochsalz schmilzt erst bei 800 °C und vermischt sich kaum mit der sonstigen Beschickung.

Andere Abdeckmittel (Natriumsulfat oder Borax-Soda) werden in Deutschland nur selten benutzt.

2.6 Oxydierender Zusatz.

Bei der sogenannten „Amerikanischen Probe", einem im Prinzip reduzierenden Tiegelschmelzvorgang, wird *Kalium- oder Natriumnitrat* mit · dem Ziel zugesetzt, einen möglichst reinen und nicht zu großen Bleiregulus zu erhalten, der direkt — d. h. ohne eine vorhergehende Verschlackung — getrieben werden kann. In Gegenwart überschüssiger Soda erfolgt auch eine Umsetzung der Nitrate mit Sulfiden unter Bildung von Natrium- bzw. Kaliumsulfat.

2.7 Säuren und Lösungen für die Durchführung des naßkombinierten Verfahrens und des Scheideprozesses.

2.7.1 Salpetersäure.

An die Salpetersäure ist die Forderung zu stellen, daß sie keine Cl'-Ionen enthalten darf, weil sonst beim Scheiden geringe Mengen Au zusammen mit dem Ag gelöst werden könnten und sich AgCl bilden würde. Die gleiche Forderung ist an das destillierte (entionisierte) Wasser zu stellen, mit dem üblicherweise aus konz. HNO_3 verdünnte HNO_3 hergestellt wird.

Es kommen zur Anwendung: HNO_3 (1,4); HNO_3 (1,3); HNO_3 (1,2) und HNO_3 (1,075).

2.7.2 Schwefelsäure.

Verwendet wird H_2SO_4 (1,84) p. a., die z. T. mit Wasser verdünnt wird.

2.7.3 NaCl-Lösung.

NaCl-Lösung zum Ausfällen des Silbers als AgCl; z. B. 55 g NaCl/5 l (1 ml fällt ∼ 20 mg Ag).

2.7.4 Bleiacetatlösung.

Bleiacetatlösung zum Fällen von $PbSO_4$ aus schwefelsauren Lösungen, das geringe Mengen AgCl mit niederreißen soll: z. B. 100 g $Pb(CH_3COO)_2 \cdot 3\ H_2O/l$.

2.8 Feinsilber zum Legieren.

Für die einwandfreie Durchführung des Scheideprozesses ist es oft notwendig, das erforderliche (Ag:Au)-Verhältnis durch Zulegieren („Quartieren") von Silber herzustellen. Dazu verwendet man Feinsilber ($>$ 999,9/1000).

3 Verfahren.

3.1 Das Sammeln der Edelmetalle im Bleiregulus.

3.1.0 Allgemeines.

Für das Sammeln der Edelmetalle im Bleiregulus stehen folgende Verfahren zur Verfügung:

  I. das Tontiegelverfahren,
  II. das Eisentiegelverfahren,
  III. das Ansiedeverfahren,
  IV. das naßkombinierte Verfahren.

Welches dieser Verfahren für ein bestimmtes Material verwendet wird, bestimmen in erster Linie die folgenden Faktoren:

  a) der Edelmetallgehalt des Materials und
  b) der chemische Charakter des Materials,
wodurch sich folgende Hauptanwendungsgebiete für die oben angeführten 4 Verfahren ergeben:

I. Das *Tontiegelverfahren* wird bevorzugt für Materialien mit geringen Edelmetallgehalten ($<$ etwa 0,1% Ag), bei denen also relativ große Einwaagen erforderlich sind, angewendet, meist für Erze und Konzentrate oxydischen, silicatischen oder auch sulfidischen Charakters, die auch Silberhalogenide enthalten können, ferner für edelmetallarme Abfall- und Zwischenprodukte.

Das Verfahren wird für Materialien mit höheren Edelmetallgehalten eingesetzt, wenn diese Stoffe Sb, As, Sn enthalten (z. B. Elektrolysenschlämme) und sich beim Aufschluß nach den anderen Methoden Schwierigkeiten ergeben.

II. Das *Eisentiegelverfahren* wird vorzugsweise für edelmetallhaltiges Material mit nur geringen Gehalten an Verunreinigungen (Sb, Sn, Zn), z. B. für Blei- und Kupferkonzentrate vorwiegend sulfidischen Charakters, angewendet. Das Gefäßmaterial dient dabei als reduzierendes Reagens.

III. Das *Ansiedeverfahren*, das an sich für sehr verschiedene Materialien geeignet ist, besonders auch für metallisches Blei (Werkblei) (mit Ausnahme von carbonat- und hydrathaltigen Stoffen), und den Vorteil aufweist, daß Aufschluß und Verschlackung im Gegensatz zu dem Tiegelschmelzverfahren in einem Arbeitsgang erfolgen, besitzt den großen Nachteil, daß nur relativ kleine Einwaagen verarbeitet werden können (max. 5 g), weil die üblichen Ansiedescherben nicht mehr Material aufnehmen. Die Herstellung und Verwendung größerer Scherben hat sich wegen der zu großen Empfindlichkeit gegenüber Temperaturwechsel und des zu geringen Fassungsvermögens der üblichen Muffelöfen nicht durchgesetzt.

In der Praxis wird deshalb im allgemeinen edelmetallarmes Material wegen des zu großen materiellen und zeitlichen Aufwandes nicht nach dieser Methode „probiert".

IV. Das *naßkombinierte Verfahren* eignet sich für Materialien, die in Säure gut löslich sind (wie z. B. Rohmetalle und Steine), und solche, die große Mengen unerwünschter Begleitelemente (As, Sb, Sn, Cu, Ni z. B. in Speisen) enthalten, die auf diese Weise vor dem anschließenden Schmelzprozeß abgetrennt werden können, und ermöglicht dadurch relativ große Einwaagen. Während das Gold beim Schwefelsäureaufschluß ungelöst zurückbleibt, muß man das in Lösung gegangene Silber als AgCl ausfällen und dann zusammen mit dem Gold durch Filtration von den gelösten, unedlen Stoffen trennen.

Bei Bestimmungen, die sich auch auf Pt-Metalle erstrecken, muß beachtet werden, daß Pd und auch Pt bei Säurebehandlung ganz bzw. teilweise gelöst werden.

Aus dem Gesagten geht hervor, daß man bei den dokimastischen Verfahren für ein bestimmtes Material nicht nur eine der genannten Methoden zum Ansammeln der Edelmetalle in Blei streng vorschreiben kann. Vielmehr verbleibt immer eine gewisse Freiheit, welches Verfahren angewendet wird, wobei die in den Probierlaboratorien z. T. über Generationen angesammelten Erfahrungen und die Kunst des Probierers, den unter den gegebenen Umständen besten Weg zu finden, eine große Rolle spielen. Dabei müssen die Genauigkeitsanforderungen, die an die betreffende Edelmetallbestimmung gestellt werden, sowie die personellen und ausstattungsmäßigen Möglichkeiten entsprechend berücksichtigt werden.

Aus der unter 4 angeführten Tabelle ist demzufolge lediglich zu entnehmen, nach welcher Methode oder welchen Methoden ein bestimmtes Material vorzugsweise „probiert" wird; die Möglichkeit, andere Verfahren für das gleiche Material einzusetzen, wird dadurch nicht ausgeschlossen.

3.1.1 Die Tontiegelprobe.

3.1.1.1 Grundlage.

Das Untersuchungsmaterial wird, mit sogenanntem „Fluß" und PbO vermischt, in einem Tontiegel (s. 1.2.1) auf etwa 900 bis 1150 °C erhitzt. Dabei entstehen zwei Phasen — eine metallische, überwiegend aus Blei bestehende, in der sich die Edelmetalle unter Legierungsbildung ansammeln, und eine silicatisch-boratische Schlackenphase, in der die unedlen Bestandteile aufgenommen werden.

Bei hoch sulfidhaltigem Probematerial kann unter den reduzierenden Bedingungen des Tiegelschmelzens eine unerwünschte dritte „Stein"-Phase, bestehend aus Schwermetallsulfiden, entstehen, die zu einer Verzettelung der Edelmetalle zwischen ihr und dem Blei führt. Ihre Bildung kann durch Zugabe von met. Eisen (oder Alkalimetallnitraten) verhindert werden.

Außerdem kann sich — besonders bei Ni und Co enthaltenden, an As und Sb reichen Materialien eine weitere „Speise"-Phase bilden, die gleichfalls Edelmetalle — darunter bevorzugt Gold und Platinmetalle — aufnimmt. Ihre Bildung wird zweckmäßigerweise durch einen naßchemischen Aufschluß vor dem Schmelzprozeß (s. 3.1.4, naßkombiniertes Verfahren) verhindert.

Das Trennen der bei einwandfreier Durchführung erhaltenen beiden Phasen: Blei und Schlacke voneinander geschieht nach dem Erkalten und dem Zerschlagen des Tontiegels auf mechanischem Wege. Zur Weiterverarbeitung der angefallenen Bleireguli wird — falls notwendig — verschlackt (s. 3.1.3 Ansiedeprobe), getrieben (s. 3.2 Treibprozeß) und geschieden (s. 3.3 Scheiden).

3.1.1.2 Das Beschicken der Tiegel.

Für die Vollständigkeit der im Schmelzfluß ablaufenden chemischen Reaktionen ist es erforderlich, daß sämtliche Materialien der Beschickung — Probegut, Flußmischung, Bleioxid — in fein verteilter Form (Korngrößen max. 0,15 mm) zum Einsatz gelangen und dadurch gut miteinander mischbar sind.

Um das angestrebte Ziel — die vollständige Trennung von Blei und Schlacke — zu erreichen, darf die Schlackenphase bei den üblicherweise erreichbaren Temperaturen der Tiegelschmelzöfen von etwa 1100 bis 1200 °C nicht zu viskos sein. Dünnflüssige Schlacken werden unter diesen Bedingungen von Alkalimetallsilicaten und -boraten gebildet. Deshalb enthalten die Flußmischungen, die man zur Erzielung der gewünschten Schlackenzusammensetzung zusetzt, Alkalimetallcarbonate (Soda, Pottasche), Alkalimetallborate (Borax) und, falls das Probematerial nicht genügend SiO_2 aufweist, Silicate (Quarz oder Glas; außerdem wird SiO_2 aus der Tiegelmasse aufgenommen), daneben ein Reduktionsmittel (Weinstein, Mehl, Holzkohle, Natriumformiat) zur Reduktion des Bleis aus dem entweder gleichfalls im „Fluß" enthaltenen oder getrennt zugegebenen Blei(II)-oxid.

Strenggenommen gibt es für jedes Untersuchungsmaterial eine ihm angepaßte „Flußmischung", die auf die Menge und die Art der zu verschlackenden Bestandteile abgestimmt ist. In einem Probierlaboratorium, das viele verschiedene Materialien nebeneinander und in kurzer Zeit zu untersuchen hat, ist diese ideale Art der Ausführung nicht praktikabel. Vielmehr beschränkt man sich auf eine kleine Zahl von Flußmischungen, die jeweils für eine Anzahl verwandter Materialien angesetzt werden. Dabei weisen die Zusammensetzungen der Flußmischungen, die für gleichartiges Material verwendet werden, von Labor zu Labor Unterschiede auf. Daraus ist ersichtlich, daß strenge Vorschriften über Flußzusammensetzungen nicht erforderlich sind. Als allgemeine Richtwerte für Tiegelproben können folgende Mengenangaben auf je 100 g Probematerial angeführt werden:

etwa 100 bis 300 g Blei(II)-oxid,
etwa 300 g Na_2CO_3-K_2CO_3-Gemisch (10 + 13),
etwa 1 g Mehl pro 10 g oder 1 g Weinstein pro 4 g zu reduzierendem Pb oder
etwa 1 g Holzkohle pro 30 g zu reduzierendem Pb,
dazu etwa 150 g Borax oder bei Materialien mit stark basischem Charakter 100 g Glasbruch oder eine geringere Menge Quarz, falls die aus der Tiegelwandung aufgenommene SiO_2-Menge nicht ausreicht,
bei sulfidischen Materialien ein langer Eisennagel oder nach amerikanischer Methodik (in Europa kaum ausgeführt) 10 bis 20 g $NaNO_3$ oder KNO_3.

Die Menge an Reduktionsmittel, die zugesetzt werden muß, richtet sich also nach der Menge des zu reduzierenden Bleis und wird außerdem durch das Probematerial selbst, das meistens reduzierenden, gelegentlich aber auch oxydierenden Charakter aufweist, zusätzlich beeinflußt.

Man kann die sogenannte „Reduktionskraft" bzw. „Oxydationskraft" des Probematerials experimentell ermitteln. Dazu schmilzt man einmal das Material mit schlackenbildenden Zusätzen und Blei(II)-oxid ohne Zusatz von Reduktionsmitteln und ermittelt die pro g Einwaage erhaltene Bleimenge (Reduktionskraft) und zum anderen in analoger Weise unter Zusatz von met. Blei (Kornblei) statt PbO gleichfalls ohne Zusatz von Reduktionsmitteln die oxydierte Menge Blei pro g Einwaage (Oxydationskraft).

Je nach den erhaltenen Ergebnissen kann dann der Zusatz an Reduktionsmitteln (Holzkohle, Weinstein usw.) bemessen werden. Die oxydierende Wirkung von Probematerialien wird durch Gehalte an Eisen(III)-oxid, Mangan(IV)-oxid und höheren Oxydationsstufen anderer Metalle verursacht.

Die reduzierende Wirkung von Probematerialien wird hauptsächlich von Sulfiden, Arseniden, Antimoniden, Telluriden und organischen (z. B. bituminösen) Bestandteilen hervorgerufen.

Für die Verarbeitung von hoch sulfidhaltigen Materialien nach dem Tontiegelverfahren wird — besonders in älteren Darstellungen — wegen der Gefahr der „Stein"-Bildung empfohlen, das Material vor dem Schmelzprozeß abzurösten und damit in ein oxidisches zu überführen. Dieser zusätzliche Prozeß ist jedoch nicht erforderlich, wenn nach der Eisennagel- oder, wie in den USA, nach der Nitratmethode gearbeitet wird; er ist überdies stets mit Verlusten behaftet.

Die Einwaage an Probegut muß derart bemessen werden, daß

I. das entstehende Edelmetallkorn 250 mg nicht übersteigt und

II. der entstehende Regulus ohne Schwierigkeiten zu verschlacken ist.

Dazu ist eine Vorprobe, eine Probeschmelzung von 10 g Einwaage mit nachfolgender Verschlackung auf dem Scherben und Treiben auf der Kapelle durchzuführen. Läßt sich die Verschlackung — meist infolge größerer Sb, Ni, (Sn)-Mengen — nicht einwandfrei durchführen, muß die Einwaage verringert werden. Verläuft die Verschlackung einwandfrei, ist für den erfahrenen Probierer auch erkennbar, ob die Einwaage vergrößert werden kann (bei normalen Tiegelgrößen bis auf 25 g). Bei Cu enthaltenden Stoffen darf die Cu-Menge überdies nicht mehr als 1/16 der Bleimenge ausmachen.

Arbeitsvorschrift. Die Tontiegel, die, vor Staub geschützt, mit der Öffnung nach unten aufbewahrt werden sollen, werden zunächst abgeklopft, ob sie Sprünge aufweisen, und anschließend mit einer Eisenoxidaufschlämmung („Rötel") beschriftet.

Dann beschickt man sie mit den vorgesehenen Fluß -und Bleiglättemengen, mischt mit einem eisernen Spatel, drückt eine Vertiefung in die Füllung und gibt das Wägegut hinein. Anschließend wird nochmals gut durchgemischt. Nach dem Abdecken mit einer fingerdicken Schicht NaCl ist der Tiegel fertig für den Schmelzprozeß.

3.1.1.3 Der Schmelzprozeß.

Während des ersten Teiles des Schmelzprozesses soll durch Umsetzungen zwischen dem zugesetzten Reduktionsmittel und der Bleiglätte feinverteiltes Blei entstehen, das von Anfang an in metallischer Form vorliegendes bzw. gleichfalls zum Metall zu reduzierendes Edelmetall unter Legierungsbildung aufnimmt. Für die Vollständigkeit dieses Vorganges ist es günstig, wenn die Schmelze dabei so viskos ist, daß es nicht zur Bildung großer Bleitropfen kommt, die sich bald am Boden des Schmelzgefäßes ansammeln würden. Vielmehr sollen die Reaktionen zwischen der Bleiglätte, dem Reduktionsmittel und zwischen den zu verschlackenden Bestandteilen des Probegutes und den zugesetzten Flußmitteln nicht zu heftig verlaufen, weil es in diesem Stadium stets zu erheblicher Gasentwicklung in der Mischung kommt (CO_2 entstanden durch Oxydation des Kohlenstoffes oder des Kohlenmonoxids aus den Reduktionsmitteln, ferner durch Umsetzung im Probegut enthaltener bzw. zugesetzter Carbonate (Na_2CO_3/K_2CO_3), Wasserdampf aus Reduktionsmitteln (Weinstein, Mehl, Formiat) bzw. im Probegut enthaltenen Hydraten; SO_2 durch Umsetzen von Schwermetallsulfiden mit Bleioxid und zwischen Sulfiden und Sulfaten).

In dieser Phase soll die Abdeckung der Tiegelmischung mit NaCl oder einem anderen Abdeckmittel verhindern, daß Materialverluste durch Sprühen eintreten. Von der Abdeckschicht aufgefangene Teile der Beschickung werden zwar zunächst der Umsetzung entzogen, gelangen jedoch bei dem folgenden zweiten Teil des Schmelzvorganges, der mit einer Temperatursteigerung von etwa 900 °C bis auf etwa 1100 bis 1200 °C verbunden ist, wieder in die Schmelze und können dort ausreagieren.

Während des „Heißgehens" erfolgt die Trennung der beiden erwünschten Phasen, Schlacke und Blei, die durch eine Verringerung der Viskosität der Silicat-Borat-Schlacke ermöglicht wird. Es ist jedoch auch möglich, daß infolge weiterer Umsetzungen in der Schlackenphase trotz der Temperaturerhöhung nicht die erforderliche Viskositätsverminderung eintritt. Vielfach gibt man in solchen Fällen weiteren

Fluß hinzu. Die bei sulfidischen Materialien auftretende, unerwünschte Bildung einer „Stein"-Phase kann durch anfänglich zugesetztes oder erst später zugegebenes Eisen (meist in Form eines Eisennagels) verhindert werden.

Am Ende des Schmelzprozesses ist es vielfach üblich, etwas Fluß nebst PbO bzw. bei sulfidischen Materialien nur PbO nachzusetzen, um die Schlackenphase noch einmal mit Blei „auswaschen" zu können. Das hat allerdings den Nachteil, daß man einen größeren Bleiregulus erhält, der durch Verschlacken auf die für das Treiben richtige Größe gebracht werden muß.

Stellt sich nach dem Zerschlagen der erkalteten Tontiegel heraus, daß keine einwandfreie Trennung der beiden Phasen eingetreten ist, daß sich also noch Bleianteile in Form kleiner Kügelchen in der Schlacke befinden, ist die Schmelzung mißlungen (meist war die Schmelztemperatur zu gering) und muß wiederholt werden. Dasselbe gilt für den Fall, daß bei sulfidischem Material eine „Stein"-Phase entstanden ist, die dann eine Deckschicht auf dem Bleiregulus bildet.

Arbeitsvorschrift. Die gekennzeichneten und beschickten Tiegel werden bei Temperaturen um etwa 500 °C in den Ofen eingesetzt und langsam, d. h. innerhalb von 30 bis 40 Min., auf etwa 900 °C gebracht („Einschmelzen"). Dann erfolgt das „Heißgehen", bei dem eine Temperatur von etwa 1000 °C erreicht werden soll (Dauer: etwa 20 Min.). Danach erfolgt das „Nachsetzen" von Fluß und Glätte bzw. Glätte allein, das nach geringer Temperaturerniedrigung bei etwa 900 °C durchgeführt wird, um das „Überkochen" durch zu heftige Gasentwicklung zu vermeiden. Anschließend wird weiter aufgeheizt, bis etwa 1150 °C erreicht sind. (Dauer: etwa 20 Min.) Nun können die Tiegel aus dem Ofen genommen werden. Man läßt sie unter einer Abzugshaube erkalten.

Die angegebenen Temperaturen sind Anhaltswerte, die bei Öfen mit einer Temperaturmeßvorrichtung (Thermoelement) gemessen werden können. Ohne eine solche Vorrichtung können sie vom erfahrenen Probierer nach der Helligkeit der Glut im Ofen geschätzt werden.

3.1.2 Die Eisentiegelprobe.

3.1.2.1 Grundlage.

Das Eisentiegelverfahren entspricht im Prinzip dem Tontiegelverfahren. Gegenüber diesem unterscheidet es sich durch ein anderes Gefäßmaterial (Eisen statt Schamotte und Quarz), wodurch Abänderungen in der Arbeitsweise und der Einsatzfähigkeit des Verfahrens bedingt werden. Das Tiegelmaterial fungiert als Reduktions- (Niederschlags-) mittel, was beim Tontiegelverfahren nicht der Fall ist. Der Zusatz an Eisen in Form von Eisennägeln oder -spänen, der bei der Verarbeitung sulfidischer Materialien im Tontiegel erforderlich ist, entfällt.

Eisentiegel sind im Gegensatz zu Tontiegeln mehrfach verwendbar; außerdem gestatten sie das Nachschmelzen der ausreagierten Schlacke nach vorheriger Trennung von dem Bleiregulus.

3.1.2.2 Einzelheiten der Anwendbarkeit und Durchführung.

Die angeführte Arbeitstechnik der Trennung von Schlacke und Blei im flüssigen Zustand („Abziehen") ist nicht einwandfrei durchführbar bei der Verarbeitung von Materialien, die Sn, Sb und Ni enthalten; bei zinkhaltigen kann gleichfalls — hier wegen des „Rauchens" — keine vollständige Trennung der beiden Phasen erzielt werden. Daraus ergibt sich, daß hauptsächlich Kupfer- und Blei-Erzkonzentrate (sulfidischen Charakters) zum Einsatz gelangen können, die keine oder nur geringe

Mengen der genannten Begleitelemente enthalten. Bei der Kupfermenge ist wieder zu beachten, daß mindestens die 16fache Bleimenge zur Weiterverarbeitung des Bleiregulus notwendig ist, wodurch in der Praxis der im Probenmaterial enthaltenen Kupfermenge eine obere Grenze gesetzt wird, die bei normalen Eisentiegeln etwa 5 bis 6 g Cu ausmacht.

Silicatisches Material soll im Eisentiegel nicht verarbeitet werden, weil die Maximaltemperatur des Eisentiegelschmelzverfahrens niedriger als beim Tontiegelverfahren liegt (etwa 1000 °C) und silicathaltige Schlacken bei dieser Temperatur zu viskos sind, um einwandfreie Trennungen der beiden Phasen voneinander zu ermöglichen. Bei weiter erhöhter Temperatur, bei der die Viskosität der gebildeten Silicatschlacke verringert wäre, kann die schwierige und mit größter Genauigkeit auszuführende Trennungsoperation gleichfalls nicht durchgeführt werden, weil die beiden Phasen nicht genügend unterscheidbar werden. Der Zusatz von K_2CO_3 zur Flußmischung muß bei der Eisentiegelprobe gleichfalls unterbleiben, weil die sonst auftretenden dichten Dämpfe eine Trennung von Blei und Schlacke erschweren oder unmöglich machen. Sonst entsprechen die Flußmittel den Angaben beim Tontiegelschmelzen.

Im Unterschied zum Tontiegelschmelzverfahren erfolgt das Vermischen von Fluß, Bleiglätte und Probegut nicht im Tiegel, sondern auf einer Mengschaufel, weil man die Eisentiegel vor dem Beschicken auf 200 bis 300 °C (keine Rotglut!) anwärmt, um den nachfolgenden Schmelzvorgang, bei dem wieder „Einschmelzen, Heißgehen und Nachschmelzen" zu unterscheiden sind, in möglichst kurzer Zeit ablaufen zu lassen, und das Mischen im erhitzten Tiegel nicht durchfürbar ist.

Der Schmelzvorgang muß — besonders bei sulfidischen Konzentraten — schnell ablaufen, weil sonst zuviel Eisen aus den Tiegelwandungen in die Schlacke gerät und diese zu viskos wird. Durch Boraxzugabe (20 bis 30 g) kann dieser Fehler allerdings wieder beseitigt werden.

Außer für Konzentrate mit nur geringen Verunreinigungen eignet sich das Eisentiegelverfahren besonders für AgCl-Niederschläge, die zusammen mit dem Filter und dem als Spurenfänger meist mitgefällten $PbSO_4$ verarbeitet werden. Damit wird das Eisentiegelverfahren zum dokimastischen Teil des naßkombinierten Verfahrens (s. 3.1.4), bei dem die störenden Verunreinigungen auf naßchemischem Wege abgetrennt werden.

Die bereits beim Tontiegelverfahren angegebene obere Grenze für die Gesamtedelmetallmenge von etwa 250 mg gilt auch hier und muß durch eine entsprechende Wahl der Einwaage, die max. 25 g Probematerial bei der Verwendung eines normalen Tiegels betragen kann, eingehalten werden.

Eine Verschlackung ist normalerweise bei nach dem Eisentiegelverfahren gewonnenen Bleireguli nicht erforderlich.

Arbeitsvorschrift. Auf einer Mengschaufel werden Fluß (etwa 50 g, ohne K_2CO_3) und Glätte, bei deren Menge der Kupfergehalt der Probe berücksichtigt wird, vermischt, dann das Probematerial zugegeben und wieder vermischt.

In den vorgewärmten (200 bis 300 °C) Eisentiegel gibt man etwas Flußmischung, schüttet die in der Mengschaufel vorbereitete Mischung bzw. das zusammengefaltete, auch das PbO enthaltende Filter hinein und deckt mit etwas Flußmischung ab.

Dann setzt man in den rotglühenden Ofen ein und schmilzt

a) bei Konzentraten schnell, d. h. innerhalb von 25 bis 30 Min. ein und läßt 5 bis 10 Min. „heißgehen" (Maximaltemperatur etwa 1000 °C),

b) bei Filtern mit $AgCl/PbSO_4$-Niederschlägen langsam, d. h. innerhalb von 35 bis 40 Min., und läßt 5 bis 10 Min. „heißgehen", wobei die Temperatur etwas geringer gehalten wird als bei Konzentraten.

Dann werden die Tiegel einzeln aus dem Ofen genommen und die beiden Phasen durch nachfolgendes Ausgießen in entsprechende Formen voneinander unter Zuhilfenahme eines Hakens getrennt („Abziehen"), wobei vor dem Ausgießen des Bleis ein Umschwenken und Aufstoßen des Tiegels erfolgt.

Anschließend wird die erstarrte, noch heiße Schlacke wieder in den Eisentiegel zurückgegeben; man setzt noch 10 bis 20 g PbO und Fluß entlang der Gießbahn zu und schmilzt zum zweiten Mal (etwa 10 Min.). Dann werden die Tiegel wieder aus dem Ofen genommen, um den Vorgang des „Abziehens" zu wiederholen. Der zweite kleinere Bleiregulus wird zusammen mit dem ersten weiterverarbeitet.

Da eine Kennzeichnung der Tiegel in ähnlicher Form wie beim Tontiegelschmelzen nicht möglich ist, muß das Einsetzen in den und das Herausnehmen aus dem Ofen in immer der gleichen, ein für allemal festgelegten Reihenfolge ausgeführt werden, um Verwechslungen zu vermeiden. Die Bleireguli sollen sofort nach dem Abziehen auf beschriftete Scherben gelegt werden.

3.1.3 Die Ansiedeprobe (Scherbenprobe).

3.1.3.1 Grundlage.

Wie bei den beiden Tiegelschmelzverfahren ist es auch das Ziel der Ansiedeprobe, die in einem Probematerial enthaltenen Edelmetalle im Bleireguli anzusammeln und möglichst alle anderen Bestandteile zu verschlacken.

Im Gegensatz zu den Tiegelschmelzverfahren läuft dieses Verfahren in oxydierender Atmosphäre ab; das Blei wird in metallischer Form zugegeben, und der Zusatz eines Reduktionsmittels entfällt. Um eine ausreichende Vermischung des Probegutes mit dem Blei zu erreichen, verwendet man gekörntes Blei („Kornblei"). Zum Verschlacken benutzt man fast ausschließlich wasserfreien Borax. Die dazu erforderliche Menge richtet sich nach der Art und der Menge des Probematerials. Allgemein brauchen „basische" Probegüter mehr Borax als „saure". Quarz wird nur in Ausnahmefällen, besonders bei hohen CaO-, MgO- und Fe_2O_3-Gehalten in der Probe, zugesetzt.

Die Ansiedeprobe gestattet die Bestimmung des Edelmetalls in sehr unterschiedlichen Materialien (metallischen, oxidischen, sulfidischen, Abfallstoffen u. a.) mit Ausnahme von hoch carbonat- oder hydrathaltigen Stoffen, wobei das Ansammeln der Edelmetalle im Blei und das Verschlacken der Verunreinigungen in einem Arbeitsgang erfolgen, während beim Tontiegelverfahren meist ein Verschlackungsprozeß nach dem Prinzip der Ansiedeprobe als besonderer Arbeitsgang im Anschluß an das Schmelzen erforderlich ist und beim naßkombinierten Verfahren die Abtrennung der Verunreinigungen bereits durch den naßchemischen Löseprozeß vor dem Schmelzen bewirkt wird.

Die größte Einwaage bei der Ansiedeprobe (Ausnahme: met. Blei 25 g) normaler, üblicher Ausführung beträgt 5 g. Häufig ist es jedoch erforderlich, die Einwaage weiter auf 2,5 oder sogar auf 1,25 g zu verringern, damit der Verschlackungsprozeß einwandfrei verläuft (bei höheren Ni-, Sb-, Sn- und Cu-Gehalten).

Daraus ergibt sich, daß die Scherbenprobe bei Materialien mit geringen Edelmetallgehalten eine große Zahl von Einwaagen und damit einen großen materiellen und Zeitaufwand erfordert, was die Anwendbarkeit der Methode entscheidend einschränkt.

Das Verfahren gliedert sich in 3 Abschnitte, die als „Einschmelzen", „Verschlakken" und „Heißgehen" bezeichnet werden.

Die Trennung von Blei und Schlacke erfolgt nach dem Erkalten auf mechanischem Wege.

3.1.3.2 Das Einschmelzen oder „Erstes Heißtun".

Zweck dieses ersten Teiles der Scherbenprobe ist das Einschmelzen der Beschikkung. Man führt diesen Arbeitsgang möglichst schnell durch, um zu vermeiden, daß Anteile des Probegutes an dem oberen Teil der Scherbenmulde haften bleiben, wodurch zu niedrige Ergebnisse bewirkt würden. Bei gewissen, z. B. organische Bestandteile enthaltenden Materialien empfiehlt sich ein langsameres Einschmelzen. Normalerweise ist der Einschmelzprozeß jedoch in etwa 10 Min. beendet. Um dabei eine möglichst hohe Temperatur (etwa 1000 bis 1100 °C) zu erzielen, wird das Muffeltor geschlossen.

Das geschmolzene Blei nimmt die im metallischen Zustand vorliegenden Edelmetalle auf und setzt sich mit Verbindungen derselben, wie z. B. $AgCl$ bzw. Ag_2S unter Bildung von $PbCl_2$ bzw. PbS um. Entstandenes $PbCl_2$ verdampft, wie auch andere flüchtige Stoffe, z. B. As_2O_3, As_2S_3. Zugleich werden Carbonate, Hydrate und auch Sulfate thermisch zersetzt, wodurch bei höheren Gehalten Verluste an Probegut durch Versprühen verursacht werden können.

Die Bestandteile der Gangart (SiO_2, Al_2O_3, MgO, CaO, FeO) verschlacken mit Borax und PbO oder bilden untereinander Verbindungen, wie z. B. Eisen(II)-silicat. Höhere Oxide des Eisens werden durch Blei oder Sulfide zu $Fe(II)$ reduziert.

Die Bildung von PbO durch Oxydation des Bleis und Abröstvorgänge von Sulfiden, Arseniden usw. beginnen wegen des geringen Luftzutrittes nur in geringem Ausmaß. Die gebildeten Oxide werden verschlackt und setzen sich bei sulfidischem Gut mit Sulfiden unter SO_2-Entwicklung um.

Der Einschmelzvorgang ist beendet, wenn sich keine nicht umgesetzten Probeanteile mehr an der Oberfläche befinden. In der Mitte der Scherbenoberfläche soll sich ein leuchtendes, dampfendes Bleiauge, am Rande ein geringer, dunkler Schlackenring befinden. In diesem Stadium darf die Schlackenschicht noch nicht die gesamte Oberfläche einnehmen. Sollte das der Fall sein, so wurde zuviel Borax zugesetzt, und die Probe muß wiederholt werden, weil die nachfolgende Periode der Oxydation sonst nicht vollständig ablaufen kann.

3.1.3.3 Das Verschlacken oder „Kalttun".

Beim zweiten Abschnitt der Schmelzprobe wird des Muffeltor teilweise oder ganz geöffnet, um Außenluft während dieser Oxydationsperiode herantreten zu lassen. Dabei darf die Temperatur nicht so weit erniedrigt werden, daß kaum noch ein Verdampfen des gebildeten Blei(II)-oxids bemerkt werden kann und die Färbung des „Bleiauges" deutlich dunkler wird, weil dann auch die Verschlackung des Blei(II)-oxids nicht mehr erfolgt.

Während der Oxydationsperiode sollen noch in der Beschickung vorhandene Sulfide, Arsenide und Antimonide abgeröstet werden. Daneben entstehen auch Oxide von höheren Wertigkeitsstufen dieser Elemente (SO_3, As_2O_5, Sb_2O_5), die als Sulfat, Arsenat und Antimonat verschlackt werden. Sb kann auch Krustenbildung verursachen. PbO, das sich durch Oxydation des Bleis ständig bildet, verdampft zum Teil und bewirkt andererseits eine Reihe von Umsetzungen, z. B. mit Schwermetallsulfiden unter Abspaltung von SO_2, mit SiO_2 aus dem Probematerial oder der Scherbenmasse unter Bildung von Bleisilicaten und mit Borax unter Bildung von Bleiborat. Ferner verlaufen Röstreaktionen zwischen Bleisulfid und Bleisulfat.

Elemente, die edler als Blei sind (Cu, Bi, Te), werden z. T. zum metallischen Zustand reduziert und vom Blei aufgenommen. Diese Reaktion, die der Ansammlung von Edelmetallen im Blei entspricht, ist jedoch unerwünscht, weil diese Elemente bei der Oxydation des Bleis stören. In der Praxis hat man es in erster Linie mit größeren Kupfermengen zu tun, während Wismut- und Tellurgehalte störenden Ausmaßes selten vorkommen. Die Bleimenge ist in solchen Fällen zu erhöhen; beim Kupfer rechnet man mit der 16fachen Menge Blei. Um die Reduktion der genannten Elemente aus ihren Verbindungen einerseits einzuschränken und andererseits ihre Oxydation zu begünstigen, empfiehlt es sich, bei möglichst niedriger Temperatur zu arbeiten.

Dagegen erfordern Probegüter mit größeren Gehalten an Zn, Sn, As, Ni und Co hohe Temperaturen. ZnO und ZnS erhöhen stark die Viskosität der Schlacke. Sn und Ni können zu Krustenbildungen an der Scherbenwand führen, Sn allerdings nur bei ungenügendem Bleiüberschuß und dadurch ermöglichter Bildung von SnO_2. NiO wird nur bei erheblichem Überschuß an Borax u. U. auch unter Zusatz von SiO_2 als komplexes Borat oder Silicat verschlackt.

Treten derartige Krustenbildungen auf, die durch Rückhalt von Probegut oder edelmetallhaltigem Blei zu falschen Ergebnissen führen können, muß die Probe unter abgeänderten Bedingungen (erniedrigte Einwaage, erhöhte Blei- und Boraxmenge, evtl. auch Zusatz von Quarz) wiederholt werden.

Der Verschlackungsvorgang ist beendet, wenn die Schlackendecke geschlossen ist und der Bleiregulus die für den später folgenden Treibprozeß richtige Größe erreicht hat. Man setzt dann etwas Borax nach, um die Dünnflüssigkeit der Schlacke zu erhöhen.

Der Verschlackungsprozeß ist normalerweise nach etwa 30 Min. beendet.

3.1.3.4 Das Überhitzen oder „Zweites Heißtun" und abschließende Beurteilung.

Zum Schluß der Scherbenprobe wird nochmals bei geschlossenem Muffeltor 5 bis 15 Min. stark erhitzt (auf 1000 bis 1100 °C). Dabei soll eine Viskositätsverminderung der Schlacke erreicht werden.

Dann werden die Scherben in der festgelegten Reihenfolge aus dem Ofen entnommen und in ein Buckelblech ausgegossen.

Nach dem Erstarren trennt man Regulus und Schlacke mechanisch und unterwirft beide einer Prüfung durch Augenschein.

Wird dabei festgestellt, daß sich noch Bleikügelchen in der Schlacke befinden, ist die Probe nicht einwandfrei verlaufen und sollte wiederholt werden. Ist das nicht möglich, kann man sich durch nochmaliges Ansieden der gesamten Schlacke zusammen mit dem Bleiregulus helfen. Das Sammeln der Kügelchen ist kein geeigneter Weg, weil man dabei keineswegs mit Sicherheit alle Kügelchen erfaßt. Die Probe ist ebenfalls zu wiederholen, wenn Bleikügelchen beim Ausgießen in Vertiefungen der Scherbenwand hängenbleiben.

Der Bleiregulus wird durch Schlagen mit einem Hammer verformt (z. B. zur Würfelform) und dabei von anhaftenden Schlacken befreit. Er ist für das anschließende Treiben geeignet, wenn er genügend rein ist, was man aus seiner Duktilität erkennen kann. Bei der Verformung durch Hämmern darf er nicht einreißen. Ist er spröde und hart, was durch Gehalte an As, Sb, Cu, Ni, Se, Te verursacht werden kann, so muß ein nochmaliges Ansieden erfolgen.

Aus der Färbung des Scherbeninneren erhält man Hinweise darauf, welche Metalle verschlackt worden sind (bei ausreichender Erfahrung lassen sich auch halbquantitative Schlüsse auf die Menge ziehen), z. B. färben Pb: gelb; Fe: braun bis schwarzbraun; Mn: braunschwarz, in geringen Mengen rot-violett; Cu: grün, durch Fe allerdings schwarz-braun überdeckt; Co: blau, in höheren Konzentrationen schwarz; Ni kann grüne, braune oder schwarze Färbungen verursachen, je nach der Menge. Höhere Ni-, As- und Sb-Gehalte können Krustenbildung hervorrufen.

Arbeitsvorschrift. Die Scherben werden vor der Verwendung abgeklopft, um sie auf evtl. vorhandene Sprünge zu prüfen, und von anhaftendem Staub befreit. Dann werden sie beschriftet und mit Kornblei (etwa 20 g bei 6-cm-Scherben, etwa 40 g bei 7-cm-Scherben) und wenig Borax beschickt. Diese Bestandteile werden vermischt und mit einer Vertiefung zur Aufnahme des Probegutes versehen, das anschließend eingewogen wird. Nach erneutem Vermischen (Metallspatel) deckt man mit weiteren 20 bzw. 40 g Kornblei ab.

Nun sind die Scherben bereit zum Einsetzen in den Muffelofen und werden zunächst — während im Ofen andere Arbeiten durchgeführt werden — vor den Ofen gestellt und dabei schwach erwärmt (getrocknet). Nach dem Einsetzen in den Ofen wird das Muffeltor geschlossen und die Temperatur im Muffelraum auf 1000 bis 1100 °C gesteigert. Man beobachtet, ob das Einschmelzen einwandfrei verläuft (keine Sprühverluste), und erkennt das Ende des Einschmelzens daran, daß sich ein geringer, dunklerer Verschlackungsring um das heller leuchtende Bleibad gebildet hat (etwa 10 Min.).

Dann öffnet man das Muffeltor und drosselt das Heizen derart, daß in der Muffel etwa 900 °C herrschen, wobei das Bleiauge stets heller als die Schlacke erscheinen muß. Ist das nicht der Fall, hat man die Temperatur zu weit gesenkt. Die Oxydationsperiode ist beendet, wenn die Schlacke die gesamte Oberfläche einnimmt (etwa 30 Min.).

Nach Zugabe von etwas Borax schließt man jetzt das Muffeltor und heizt wieder auf 1000 bis 1100 °C auf. Nach etwa 10 Min. nimmt man die Scherben heraus und gießt den Inhalt in bereitstehende Buckelbleche. Nach dem Erkalten kippt man das Buckelblech auf eine Eisenplatte um und trennt das Blei durch leichte Hammerschläge von der Schlacke. Die Reguli werden dann durch Hämmern auf die Schmalseite rund oder viereckig verformt. Stellt sich dabei heraus, daß der Regulus hart und spröde ist, so ist eine weitere Verschlackung *vor dem Treiben* notwendig.

Durch den Tontiegelschmelzprozeß gewonnene Bleireguli, die meistens durch einen Verschlackungsprozeß laufen müssen, ehe sie getrieben werden können, werden genauso behandelt; nur entfällt bei ihnen das anfängliche Einschmelzen der Probe, da der Aufschluß bereits im Tontiegel erfolgt ist.

3.1.4 Das naßkombinierte Verfahren.

Allgemeines. Das naßkombinierte Verfahren besteht prinzipiell aus 2 Schritten:

a) einem Aufschluß der Probe auf naßchemischem Wege mit nachfolgendem Ansammeln der Edelmetalle in einem Niederschlag, der durch Filtration von den gelösten Begleitstoffen abgetrennt wird, und

b) einem dokimastischen Schmelzprozeß, bei dem der edelmetallhaltige, abfiltrierte Niederschlag reduzierend geschmolzen wird, um die Edelmetalle in einem Bleiregulus anzusammeln. Dazu eignet sich besonders das unter 3.1.2 beschriebene Eisentiegelverfahren, für dessen Anwendung Voraussetzung ist, daß im Probematerial ursprünglich enthaltene Verunreinigungen vorher weitgehend abgetrennt werden.

Ein großer Vorteil des Verfahrens besteht darin, daß man mit größeren Einwaagen als beim Tiegelschmelzverfahren und besonders als bei der Scherbenprobe arbeiten kann, was bei edelmetallarmen Proben zu einer wesentlichen Verringerung des Arbeitsaufwandes führt.

Die Verwendbarkeit der Methode wird allerdings dadurch eingeschränkt, daß sich nicht alle Materialien mit Schwefel- oder auch Salpetersäure vollständig aufschließen lassen, wozu in erster Linie die SiO_2 enthaltenden Stoffe (Erze) zu zählen sind. Hingegen lassen sich Rohmetalle (Pb wird nach der Scherbenprobe bearbeitet), Steine, Speisen und auch Elektrolysenschlämme aufschließen, wenn man bei höheren Sb- und Sn-Gehalten durch Zugabe eines großen Überschusses an Weinsäure dafür sorgt, daß diese Elemente komplex in Lösung gehen. Verwendet man HNO_3, so raucht man anschließend mit H_2SO_4 ab. Zuweilen fügt man auch einen Abrauchvorgang mit HBr—H_2SO_4 ein, um diejenigen Elemente, die flüchtige Bromide bilden (As, Sb, Se), abzutrennen.

Beachtet werden muß, daß Pd sowohl beim Aufschluß mit HNO_3 als auch beim Aufschluß mit H_2SO_4 zusammen mit dem Ag größtenteils gelöst wird. Enthalten die Proben merkliche Mengen Chloride, so können auch geringe Mengen Gold und Platin in Lösung gehen. In solchen Fällen wird die Zugabe eines Reduktionsmittels (SO_2, Sulfite) zur Aufschlußlösung empfohlen, um die gelösten Edelmetallmengen wieder auszufällen. Besser erscheint es, in solchen Fällen — wenn außer Ag und Au auch Pt und Pd bestimmt werden sollen — einen trockenen Aufschluß zu verwenden, um die Pt-Metalle zu erfassen.

Zum Ausfällen des gelösten Silbers wird üblicherweise NaCl-Lösung benutzt, gelegentlich auch NaBr-Lösung, die sich jedoch nicht allgemein durchgesetzt hat und keine praktischen Vorteile bietet. Man erzeugt meistens zusätzlich durch Zugabe von Bleiacetatlösung zur schwefelsauren Lösung einen Bleisulfatniederschlag, der den Zweck hat, das Absitzen des AgCl zu beschleunigen.

Man sagt, „das AgCl wird mit niedergerissen". Große Überschüsse an NaCl-Lösung sind zu vermeiden, weil es dann zu Bildung des löslichen Komplexes $[Ag\,Cl_2]^-$ kommen kann.

Auch bei dem naßkombinierten Verfahren muß darauf geachtet werden, daß die Einwaage an Probematerial derart gewählt wird, daß die Gesamtedelmetallmenge etwa 250 mg nicht überschreitet. Größere Körner sind nicht einwandfrei „feinzutreiben", d. h., sie enthalten nach dem Treiben stets Rückhalte an unedlen Metallen (Cu, Pb, Bi u. a.).

Nach dem Absitzen des $AgCl$-$PbSO_4$-Au-Niederschlages über Nacht filtriert man ihn in ein dichtes Filter, wäscht mit Wasser aus, um ihn möglichst weitgehend von löslichen Verbindungen der Nichtedelmetalle, wie z. B. $CuSO_4$, $NiSO_4$, zu befreien, gibt dann die für den Schmelzprozeß im Eisentiegel notwendige Menge PbO auf den Niederschlag in das Filter und faltet dieses so zusammen, daß es in den Eisentiegel eingesetzt werden kann.

Das Schmelzen im Eisentiegel erfolgt in der unter 3.1.2 beschriebenen Weise. Es schließen sich das Treiben des Bleiregulus (s. 3.2) zum Edelmetallkorn und das Scheiden desselben (s. 3.3) an.

Arbeitsvorschrift (Beispiel: Kupferstein). Hat eine Vorprobe ergeben, daß der Kupferstein weniger als 10 000 g Ag/t enthält, werden 25 g in ein 1,5-Liter-Becherglas eingewogen. Bei höheren Gehalten verringert man die Einwaage entsprechend.

Das Probegut wird mit 75 ml Wasser angefeuchtet, dann mit 150 ml H_2SO_4 (1,84) versetzt und durch Erhitzen auf einer Heizplatte aufgeschlossen, wobei weitgehend abgeraucht wird und die Lösung hell erscheinen soll.

Nach dem Erkalten nimmt man mit 1000 bis 1200 ml Wasser auf und erwärmt, bis sich der Salzrückstand (besonders $FeSO_4$) gelöst hat. Dann fällt man Ag mit der errechneten Menge NaCl-Lösung (z. B. 11 g NaCl/l; 1 ml = 20 mg Ag) aus, fügt 15 bis 20 ml Bleiacetatlösung (10%ig) hinzu und rührt stark („schlägt") mit einem Glasstab, damit sich der Niederschlag zusammenballt.

Am nächsten Tag filtriert man den Niederschlag in ein dichtes 15-cm-Filter, wäscht mehrmals mit handwarmem Wasser, gibt dann 20 g PbO auf den Niederschlag in das Filter und faltet dieses zusammen.

Das Filter wird dann so in einen vorgewärmten Eisentiegel gegeben und weiterverarbeitet, wie es bereits unter 3.1.2.3 beschrieben wurde.

3.2 Der Treibprozeß.

3.2.1 Allgemeines.

Im Anschluß an das Sammeln der Edelmetalle im Bleiregulus und das damit verbundene Abtrennen unedler Probenbestandteile erfolgt die Trennung der Edelmetalle vom Blei durch den Treibprozeß. Dieser besteht aus einem oxydierenden Erhitzen der Bleireguli in einer sogenannten „Kapelle" (s. 1.2.3) auf etwa 900 bis 1000 °C, wobei das Blei selektiv zum Blei(II)-oxid oxydiert wird. Das flüssige PbO

(Fp. 884 °C) wird größtenteils von der porösen Kapelle aufgenommen; das Edelmetallkorn bleibt nach. Zur Prüfung auf Reinheit des Kornes dient ein anschließendes, kurzes, heißes Treiben, das sogenannte „Feintreiben".

Das Treibverfahren beruht auf dem sehr unterschiedlichen chemischen Charakter der Edelmetalle einerseits und des Bleis andererseits. Im Gegensatz zum Blei bildet keines der Edelmetalle, außer Os, bei den vorliegenden Bedingungen Oxide. Ag_2O ist bei Temperaturen über 185 °C nicht beständig. Os wird größtenteils als OsO_4 verflüchtigt.

Auch dann, wenn in dem abzutreibenden Bleiregulus außer Ag noch Au, Pt und Pd einzeln oder zusammen vorhanden sind, ist das Verfahren ohne weiteres verwendbar, da diese Elemente sowohl untereinander als auch mit Ag (Ausnahme: System Ag-Pt: Bildung mehrerer intermetallischer Verbindungen) im flüssigen und festen Zustand vollkommen mischbar sind, d. h. im festen Zustand Mischkristallreihen bilden. Anders ist es mit den seltenen Pt-Metallen, die sich z. T. auf der Oberfläche eines Silberkorns ablagern, was zu Verlusten führen kann. Deshalb sollte in solchen Fällen, bei denen auch die seltenen Pt-Metalle bestimmt werden müssen, auf einen Treibprozeß verzichtet werden. Man unterwirft dann bereits den Bleiregulus einer Reihe naßchemischer Trennungsoperationen.

3.2.2 Einfluß unedler Elemente.

Unedle Elemente sollten in den zum Abtreiben gelangenden Bleireguli, die erforderlichenfalls noch einem Verschlackungsprozeß unterworfen wurden, nicht in größeren Mengen vorhanden sein. Das direkte Eintränken von edelmetallreichem Untersuchungsmaterial mit größeren Gehalten an Elementen wie Cu, Bi, Te u. a. in Blei und das nachfolgende, direkte Treiben sollten nicht durchgeführt werden.

Kupfer erfordert einen großen Bleiüberschuß (mindestens 16fach), wenn vermieden werden soll, daß es in größeren Mengen im Edelmetallkorn verbleibt. Daß es überhaupt während des gesamten Treibvorganges oxydiert und von der Kapelle aufgenommen wird, führt man auf die Löslichkeit des Kupferoxids im PbO zurück. Die Kapellenmulde wird schwärzlich gefärbt und weist bei genügender Bleimenge in der Mitte einen gelben Hof (PbO) auf.

Wismut wird erst oxydiert, wenn die Hauptmenge Blei abgetrieben ist. Bi_2O_3 verhält sich ähnlich wie PbO und wird gleichfalls von der Kapelle aufgesogen. Es ist prinzipiell möglich, zur Edelmetallbestimmung im Wismut dieses direkt abzutreiben. Die Gefahr, daß Wismut in den Edelmetallkörnern zurückbleibt, ist stets vorhanden. Wismutgehalte sind an einem dunklen Fleck in der Mitte der Kapelle und einem orangefarbenen Ring um diesen herum erkennbar. Früher wurde dieses Charakteristikum sogar zu halbquantitativen Wismutbestimmungen verwendet.

Tellur und auch Selen können gleichfalls z. T. im Edelmetallkorn verbleiben; ihre Anwesenheit ist nicht so einfach zu erkennen wie diejenige von Cu und Bi. Arsen und Antimon können im abzutreibenden Regulus nur vorhanden sein, wenn der vorangehende Verschlackungsprozeß nicht einwandfrei verlaufen ist. Beide verflüchtigen sich als Oxide. Bei Gehalten über etwa 2% Sb bilden sich auch Bleiantimonate, die bei den relativ niedrigen Temperaturen am Anfang des Treibprozesses erstarren und u. U. sogar die Kapelle sprengen oder Risse in der Kapellenmasse verursachen können.

Weiter beeinträchtigen den Treibprozeß Gehalte an Zn und Sn (Bildung von ZnO- bzw. SnO_2-Krusten) sowie von Fe, Co, Mn und Ni, deren Oxide nur bei großem PbO-Überschuß von der Kapelle aufgenommen werden.

Nach OEMICHEN [1] werden bei der direkten Kupellation von zink- und zinnhaltigen Cu-Ag-Legierungen zu niedrige Ergebnisse erhalten, es sei denn, der Zn-Gehalt liegt unter 15%, der Ag-Gehalt über 30%.

Treten Krustenbildungen an der Kapellenwandung auf, die auch durch Anhaftungen am Bleikönig infolge mangelhafter Säuberung desselben nach dem Tiegelschmelz- bzw. Ansiedeverfahren verursacht werden können, so muß die Probe wiederholt werden, wobei die Arbeitsbedingungen je nach der Ursache der Krustenbildung derart abzuändern sind, daß der gleiche Fehler bei der Wiederholung vermieden wird.

3.2.3 Einzelheiten der Durchführung.

3.2.3.1 Wahl der Kapelle.

Vor der Durchführung des Treibprozesses muß die geeignete Kapelle a) bezüglich des Materials, aus dem die Kapelle gefertigt ist, und b) bezüglich der Größe der Kapelle ausgewählt werden.

Zu a). Allgemein haben sich heute Magnesiakapellen für Treibarbeiten durchgesetzt. Zementkapellen sind wegen des Auftretens von Rissen und des festen Haftens von Zementmasse an den Edelmetallkörnern erfahrungsgemäß für genaue Bestimmungen nicht geeignet. Knochenaschenkapellen werden nur noch selten verwendet. Sie eignen sich jedoch besonders für den Feintreibprozeß, bei dem sie eine geringere Temperatur erfordern als Magnesiakapellen.

Zu b). Die Größe der verwendeten Kapelle richtet sich nach dem Gewicht des darin abzutreibenden Bleiregulus. Magnesiakapellen können etwa $^2/_3$ bis $^3/_4$ ihres Gewichtes, Knochenaschekapellen etwa $^4/_3$ und Zementkapellen etwa ihr Eigengewicht an PbO aufnehmen. Es ist zu vermeiden, daß durch Verwendung zu kleiner Kapellen flüssiges PbO während des Treibens aus dem Boden der Kapelle austritt und zur Korrosion des Muffelbodens führt.

Allgemein ist zu fordern, daß für Parallelbestimmungen Kapellen verwendet werden, die ein gleichmäßiges Aufsaugevermögen für PbO aufweisen, um einwandfreie Resultate zu erzielen. Alle Kapellen sind vor der Benutzung längere Zeit auszuglühen, was man am einfachsten in der Weise ausführt, daß man die Kapellen schon während des vorherigen Treibens als zweite Reihe in den Muffelofen einsetzt.

3.2.3.2 Verlauf des Treibprozesses.

Der Treibprozeß beginnt mit dem sogenannten „Antreiben", das vom Einsetzen der Bleireguli in den Muffelofen, der helle Rotglut (etwa 850 °C) aufweisen soll, über das schnelle Einschmelzen bis zum Aufreißen der anfänglich gebildeten, schwärzlichen Krätzeschicht auf dem flüssigen Blei nur wenige Minuten dauert.

Bei dem dann beginnenden, eigentlichen „Treiben" sind anfänglich Tropfen von Bleioxid („Glätteperlen") erkennbar, die sich zum Kapellenrand hin bewegen und dort von der Kapellenmasse aufgesogen werden Bei richtiger Durchführung des Treibens soll die Kapelle gegenüber der in ihr vorhandenen Schmelze dunkler erscheinen. Die Bleioxiddämpfe steigen im Wirbel auf, und an der zum Muffeltor hinweisenden Seite der Kapellenmulde bildet sich die sogenannte „Federglätte", kristallines, sublimiertes Blei(II)-oxid, das später nach dem Erkalten eine rein gelbe Farbe aufweisen soll. Kurze Zeit vor dem Ende des Treibens sind keine „Glätteaugen" mehr zu bemerken, und die Restschmelze schillert, verursacht durch dünne PbO-Häutchen, in allen Farben („Spielen", „Blumen"). Dann erfolgt das „Abblicken" des Korns, und die Entwicklung von Bleioxidrauch hört auf. Während des Verlaufes des Treibprozesses soll die Temperatur laufend gesteigert werden, was dadurch erreicht werden kann, daß man die Kapellen weiter in den Ofen hineinschiebt. Beim Abblicken sollte die Temperatur etwas höher als der Schmelzpunkt der Edelmetallegierung, die als Korn nachbleibt, liegen. Bei Temperaturen unter dem Schmelzpunkt kann es leicht, z. B. durch einen schwachen Luftzug, zum Erstarren des noch nicht „feinen" Korns kommen, was zu vermeiden ist.

Nach erfolgtem „Blicken" muß die Kapelle mit dem Korn sofort aus der Zone hoher Temperatur nach vorne gezogen werden, um die dann möglichen Silberverluste zu verhindern. Dabei sollte die Temperatur schrittweise erniedrigt werden, um das „Spratzen" der Körner möglichst zu vermeiden. Als „Spratzen" bezeichnet man das Entweichen von in flüssigem Silber gelöstem Sauerstoff beim oder nach dem Erstarren des Korns durch eine bereits gebildete, feste Oberfläche, die u. U. in starkem Umfang aufgerissen wird, wobei auch Anteile des Korns fortgeschleudert werden können. Da die Schmelztemperatur von Edelmetallkörnern mit den in ihnen vorhandenen Anteilen an Au- und Pt-Metallen ansteigt, müssen derartige Körner heißer abblicken als solche aus Silber allein.

Zu hohe Temperaturen erkennt man während des Treibens an dem steilen Aufsteigen der Bleioxiddämpfe, dem Fehlen der Bildung von Federglätte und daran, daß die Kapelle die gleiche oder sogar eine höhere Temperatur (hellere Rotglut) aufweist als die treibende Legierung.

Zu niedrige Temperaturen sind an dem nur trägen Abziehen des Rauches, der Bildung eines immer breiter werdenden, dunkelroten Bleioxidringes, der infolge der erhöhten Viskosität des PbO von der Kapelle nicht genügend schnell aufgenommen wird, und an der Bildung dichter brauner Glättemengen („Schmierglätte") um die Legierung erkennbar. Dann besteht die Gefahr, daß die Probe „einfriert" und dadurch unbrauchbar wird. Es ist also notwendig, durch ständige Beobachtung während des Treibprozesses und die richtige Wahl der Temperatur für das einwandfreie Gelingen des Treibens zu sorgen.

Das Wiederaufschmelzen „eingefrorener" Proben unter Zusatz von Bleischweren ist nur bei Goldbestimmungen unbedenklich.

Bezüglich der Ausführung von Vergleichsproben s. 3.2.5.

3.2.4 Weiterbehandlung der getriebenen Körner, Prüfung auf Reinheit, „Feintreiben".

Die getriebenen Edelmetallkörner werden nach dem Erkalten mit einer Kornzange aus der Kapelle herausgenommen und durch entsprechenden Druck verformt, so daß sie ihre bei kleinen Körnern annähernd kugelige, bei größeren linsenförmige Gestalt verlieren und ebene Begrenzungsflächen erhalten. Dabei löst sich noch anhaftende Kapellenmasse teilweise vom Korn. Auf keinen Fall ist es gestattet, Körner, die später gewogen und geschieden werden sollen, mit den Fingern anzufassen.

Die möglichst vollständige Reinigung der Körner von restlicher Kapellenmasse erfolgt mit einer Kornbürste (Natur- oder Kunststoffborsten sind Messingborsten vorzuziehen). Dabei wird das Korn mit der Kornzange gehalten und zur Prüfung, ob dieser mechanische, äußere Reinigungsprozeß beendet werden kann, mit einer Lupe betrachtet.

Sehen die Körner gelblich matt aus, so enthalten sie noch größere Mengen Blei, haben also nicht „geblickt", was auch der Fall ist, wenn die Unterseite nicht glänzend aussieht oder Unebenheiten aufweist („Wurzeln", „Bleisäcke").

Goldgehalte zeigen sich in der Farbe erst oberhalb 44% Au im Korn. Rein gelb sieht ein Korn sogar erst ab 98% Au aus.

Während schon sehr geringe Mengen seltener Pt-Metalle (Ir, Rh, Ru) das „Blicken" des Edelmetallkorns verhindern, ist das bei entsprechenden Pt- oder Pd-Gehalten nicht der Fall. Die seltenen Pt-Metalle legieren sich nicht oder unvollständig mit Ag und bilden grau-schwarze Flecken oder Überzüge an der Kornoberfläche. Pt und Pd legieren sich ähnlich wie Au mit Ag. Pt ist an der fächerartigen Struktur der Kornoberfläche erkennbar.

Geringe Beimengungen an Kupfer (bis etwa 2% des Gewichtes), Wismut und auch Blei sind jedoch am Äußeren des Korns nicht zu erkennen. Wie unter 3.2.2 ausgeführt, kann man an dem Aussehen der Kapellenmulde die Anwesenheit von Kupfer und Wismut erkennen. In diesen Fällen können in den getriebenen Edelmetallkörnern stets Gehalte an diesen Elementen vorhanden sein.

Deshalb ist es erforderlich, eine Prüfung auf Reinheit der Edelmetallkörner vorzunehmen, was auf dokimastischem Wege durch das sogenannte „Feintreiben" erfolgen kann. Dieses schnell auszuführende Verfahren ist mit einem Bruchteil des Aufwandes für ein entsprechendes, naßchemisches Trennungs- und Bestimmungsverfahren für Pb, Cu, Bi und weitere Elemente durchführbar. Es besteht aus einem zweiten kurzen, heißen (etwa 1000 °C) Treiben auf einer Knochenaschekapelle unter Zusatz von etwas Blei, am zweckmäßigsten in Form von Bleifolie, in die das feinzutreibende Korn eingewickelt wird. Dabei wird die Gewichtsabnahme des vorher gewogenen Edelmetallkorns mit derjenigen eines gleich großen und gleichartig zusammengesetzten, synthetischen Edelmetallkorns in der gleichen Menge Bleifolie, das zugleich parallel mit feingetrieben wird, verglichen. Ist die Gewichtsabnahme des Probekorns größer als diejenige des Vergleichskorns, so war das erstere nicht „fein", enthielt also noch Verunreinigungen an Nichtedelmetallen, die in Abzug zu bringen sind. Strenggenommen müßte sich jetzt ein erneutes Prüfen auf Reinheit in Form eines zweiten „Feintreibens" anschließen; erfahrungsgemäß genügt jedoch ein einmaliges Feintreiben, um die Körner in den Zustand zu bringen, den man „fein" nennt.

Die oft geäußerte Ansicht, daß man Treiben und Feintreiben in einem Arbeitsgang zusammenfassen kann und daß allein durch die Erhöhung der Temperatur im letzten Stadium des Treibens kurz vor dem Abblicken der gleiche Effekt erzielt wird wie bei einem speziellen „Feintreiben", geht an dem Sinn des Feintreibens vorbei. Das Feintreiben soll eine Prüfung des Korns auf Reinheit sein, eine Kontrolle, ob während des Treibens die Gehalte an allen unedlen Verunreinigungen so verringert worden sind, daß es sich um ein „feines" Edelmetallkorn handelt. Dazu ist es also unumgänglich, die Gewichtsveränderung während der Prüfung verfolgen zu können, wozu ein besonderer, für sich abgeschlossener Arbeitsgang notwendig ist.

Vor und nach dem Feintreiben werden die Körner mit einer Waage, die es gestattet, Zehntel-Milligramme genau festzustellen und Hunderstel-Milligramme zu schätzen, gewogen. Mehrere Körner von Parallelbestimmungen wägt man zweckmäßigerweise erst einzeln und dann als Summe, wobei die rechnerische Summe der Einzelwägungen mit der tatsächlich erhaltenen verglichen wird. Entsprechend dem Ergebnis des „Feintreibens" wird eine Korrektur angebracht.

3.2.5 Fehlerquellen.

Wie jedes andere analytische Verfahren und jeder Einzelschritt einer analytischen Methode beinhaltet auch der Treibprozeß eine Reihe von Fehlermöglichkeiten, die z. T. zu hohe, zum anderen Teil zu niedrige Ergebnisse bedingen können. Auswirkungen auf die Resultate sind im allgemeinen nur bei Ag vorhanden, weil dieses fast immer mengenmäßig überwiegt und das unedelste unter den Edelmetallen ist.

Zu hohe Ag-Resultate werden verursacht durch Rückhalte an unedlen Elementen im Korn, die auch bei anscheinend einwandfreiem Verlauf des Treibprozesses vorhanden sein können (Cu, Bi, Pb u. a.) und äußerlich dem gewonnenen Edelmetallkorn nicht anzusehen sind. (Nach MICHELL [2] überwiegen die Pb-Rückhalte in Körnern mit höheren Goldgehalten gegenüber dem „Kapellenzug".) Diese Fehler werden durch das unter 3.2.4 beschriebene „Feintreiben" aufgezeigt und korrigiert. Dabei zeigt es sich häufig, daß zugleich und nebeneinander bearbeitete Körner von Parallelbestimmungen, die in getriebenem Zustand erhebliche Gewichtsdifferenzen aufweisen, nach dem Feintreiben praktisch identische Gewichte besitzen, daß also die Gewichtsdifferenzen ausschließlich auf unterschiedliche Mengen an Verunreinigungen zurückzuführen waren.

Auch in feingetriebenen Körnern sind noch Verunreinigungen, besonders an Blei, vorhanden. Allgemein rechnet man mit einem Gehalt an Verunreinigungen zwischen 0,2 und 0,4%. Der tatsächliche Fehler kann jedoch geringer sein, weil auch das Vergleichskorn beim Feintreiben in sehr geringem Umfang Blei aufnimmt.

Über den Fehler, der durch Sauerstoffrückhalte im Korn auftreten kann, ist nichts Genaues bekannt. Sicher ist, daß die im flüssigen Silber gelöste Menge Sauerstoff in der Größenordnung von Zehntel-Gewichtsprozenten liegt. Wird das Entweichen des Sauerstoffs beim Erstarren verhindert, was bei größeren Körnern, die schnell abgekühlt werden, möglich ist, so kann der mitgewogene Sauerstoff einen positiven Fehler in der angegebenen Größenordnung bewirken.

Außerdem können zu hohe Resultate durch beim Abputzen der Körner nicht vollständig beseitigte Anhaftungen an Kapellenmasse bewirkt werden. Beim Betrachten der Kornunterseite mit dem Mikroskop sind häufig Kapellenmasseteilchen erkennbar.

Zu niedrige Resultate werden durch den sogenannten „Kapellenzug" verursacht. Man versteht darunter die Erscheinung, daß eine geringe Silbermenge zusammen mit dem PbO in die Kapelle gelangt bzw. verdampft. Das Ausmaß dieses Verlustes ist von einer Reihe von Faktoren abhängig:

a) von der Arbeitstemperatur; die Verluste sind bei höheren Temperaturen größer als bei niedrigeren. Demzufolge soll bei möglichst tiefer Temperatur getrieben werden und nur das „Abblicken" bei hoher Temperatur erfolgen, wie schon die alte Probierregel: „Kalt getrieben, heiß geblickt, ist des Probierers Meisterstück" besagt.

b) von der Dauer des Treibens und damit von der abzutreibenden Bleimenge. Die Verluste steigen mit zunehmender Dauer des Treibens an. Deshalb sollen die zum Abtreiben gelangenden Bleireguli nicht zu groß sein (etwa 20 g),

c) von dem Kapellenmaterial und damit dem Aufsaugevermögen für PbO. „Harte" Magnesiakapellen bewirken geringere Verluste als „weiche" Knochenaschekapellen.

Die durch die Punkte a) bis c) bedingten Fehler könnten durch die Ausführung einer Kontroll- (Parallel-) Probe mit einem synthetischen Bleiregulus, der unter Verwendung der gleichen Edelmetallmenge mit Blei auf das gleiche Gewicht wie der Probierregulus gebracht wird, ausgeschaltet werden. Voraussetzung dafür ist, daß diese Kontrolle mit der gleichen Sorgfalt ausgeführt wird wie die Bestimmung selbst. Dazu zählt auch die Anzahl der Kontrollen, die genauso groß sein sollte wie die Zahl der Parallelbestimmungen, die von einem und demselben Material ausgeführt werden, weil man erst dann in der Lage ist, Proben und Kontrollen abwechselnd im Muffelofen nebeneinander anzuordnen. Das aber ist Bedingung dafür, den „Kapellenzug" einwandfrei festzustellen, weil die Zugverhältnisse über die Breite der Muffel sehr unterschiedlich sein können und bei nur einer einzigen Kontrolle dadurch das Ergebnis der Kapellenzugfeststellung sehr unsicher wird. Die Bestimmung des Kapellenzuges erfordert also den doppelten Aufwand beim Treiben, wenn sie in einer zuverlässigen Weise erfolgen soll.

Weiter ist das Ausmaß des Kapellenzuges abhängig

d) von der Menge der in dem abzutreibenden Bleiregulus vorhandenen edlen und unedlen Elemente (außer Blei). Die in der Literatur zu findenden sehr spärlichen und meist zeitlich weit zurückliegenden Angaben widersprechen sich z. T., was sicher auf die jeweiligen Arbeitsbedingungen, die nicht immer in allen Einzelheiten angegeben worden sind, zurückzuführen ist.

Deshalb bleibt praktisch nichts anderes übrig, als den Einfluß dieser Elemente dadurch zu berücksichtigen, daß man den als Vergleichsproben dienenden Bleireguli die gleiche Zusammensetzung gibt wie dem Proberegulus. Das aber ist praktisch undurchführbar, weil man die in einem Bleiregulus, der durch die Tiegelprobe oder das Ansieden gewonnen wurde, enthaltenen Mengen an edlen und unedlen Elementen nicht kennt. Sogar beim naßkombinierten Verfahren, das theoretisch einen reinen, lediglich Edelmetall und Blei enthaltenden Regulus liefern sollte, ist aus der Färbung der Kapellen nach dem Abtreiben meistens zu erkennen, daß der abgetriebene Regulus doch unedle Elemente enthalten hatte.

Aus diesen Gründen ist die Bestimmung des Kapellenzuges immer mit Unsicherheiten behaftet, selbst dann, wenn die erforderliche Zahl von Kontrollproben durchgeführt wird. Völlig unstatthaft ist es, als vermeintlichen Kapellenzug Werte aus Tabellenwerken oder Diagrammen (z. B. denjenigen von SHARWOOD) zu entnehmen, weil dabei vollkommen unbekannte Bedingungen zur Grundlage einer Korrektur gemacht würden. Diese Meinung wird auch von CHOPIN [3] vertreten.

Die angeführten allgemeingültigen Unsicherheiten bei der Ermittlung des Kapellenzuges — zusammen mit dem dafür notwendigen, erheblichen, zusätzlichen Arbeitsaufwand — haben dazu beigetragen, daß international das Bestimmungsverfahren ohne Ermittlung des Kapellenzuges üblich ist, welches im angelsächsischen Sprachgebrauch als „commercial assaying" bezeichnet wird.

Zuletzt können Verluste durch das Spratzen der Körner erfolgen, wobei Edelmetallanteile infolge des explosionsartigen Entweichens von Sauerstoff durch eine bereits gebildete feste Oberfläche hindurch fortgeschleudert werden können. Derartige Körner sind unbrauchbar; die Bestimmungen sind zu wiederholen.

3.2.6 Arbeitsvorschrift.

3.2.6.1 Treiben.

Die Kapellen werden zunächst völlig durchgeglüht. Zweckmäßigerweise geschieht es während des vorherigen Treibprozesses, indem man die Kapellen als zweite Reihe einsetzt. Sie sollen gleichmäßig glühen und keine dunkleren Stellen mehr aufweisen.

Dann zieht man sie vor und beschickt sie mit den abzutreibenden Reguli, die in genau festgelegter Reihenfolge mit Hilfe einer Zange eingesetzt werden. Dieselbe Reihenfolge wird auch bei den folgenden Arbeitsschritten eingehalten.

Für das „Antreiben" wird das Muffeltor geschlossen. Man beobachtet, ob die Oberfläche bereits glatt und frei von Krätze ist, wobei man das Muffeltor kurzfristig öffnet. Ist der beschriebene Zustand erreicht, somit das „Antreiben" beendet, wird das Muffeltor völlig geöffnet. Zur Erniedrigung der Temperatur, die während des Treibens nicht zu hoch sein soll (kupferhaltige Reguli treibt man besonders „kalt"), stellt man jetzt eine zweite Reihe bereits durch Stehen vor dem Ofen etwas erwärmter Kapellen hinter die erste Reihe mit den treibenden Reguli. Die richtige Treibtemperatur erkennt man am besten an der Bildung von „Federglätte": bleibt diese aus, so ist die Temperatur zu hoch; treten dichte Mengen von „Schmierglätte" auf, so ist sie zu niedrig. Man korrigiert durch entsprechendes Verschieben der Kapellen bzw. durch Änderung der Energiezufuhr.

Sind die Reguli weitgehend abgetrieben (Durchmesser etwa 8 bis 10 mm), schiebt man die Kapellen 0,5 bis 1 Kapellendurchmesser weiter in den Ofen hinein und erhöht die Energiezufuhr.

Nach dem „Spielen" („Blumen") und „Abblicken" der Körner werden die Kapellen abschnittsweise vorgezogen, um das Spratzen möglichst zu verhindern, dann aus dem Ofen genommen.

Die erkalteten Körner werden mit einer Kornzange verformt und mit einer Kornbürste abgeputzt, dann ausgewogen.

3.2.6.2 Feintreiben.

Zur Vorbehandlung werden die kleinen Knochenaschekapellen etwa 10 Min. ausgeglüht, die getriebenen Edelmetallkörner in Bleifolie eingewickelt (etwa 50 mg Blei für Körner von etwa 50 mg; etwa 100 mg Blei für Körner von etwa 150 mg).

Die Temperatur des Muffelofens soll etwa 1000 °C betragen. Beim schnellen Einsetzen der Körner in die Kapellen soll das erste bereits antreiben, wenn das dritte oder vierte eingesetzt wird. Auch hier erfolgen alle Arbeitsgänge in einer genau festgelegten Reihenfolge. Das Muffeltor bleibt offen.

Nach dem „Blicken" werden die feingetriebenen Körner besonders vorsichtig in ihren Kapellen vorgezogen, um das Spratzen zu verhindern. Körner und Vergleichskörner, die ausschließlich aus Silber bestehen, neigen besonders dazu.

Dann können die Kapellen aus dem Ofen genommen werden. Nach dem Erkalten werden sie wiederum verformt, geputzt und ausgewogen.

Literatur: [1] Angew. Chem. 1895, 133, 192. — [2] Ch. Z. **55**, 731 (1931). — [3] Chim. anal. **33**, 94 (1951).

3.3 Das Scheiden der Edelmetallkörner.

3.3.1 Allgemeines.

Das Ergebnis der „trockenen" Verfahrensschritte — Tiegelschmelzprozeß oder Ansieden mit dem nachfolgenden Treiben der gewonnenen Bleireguli — ist stets ein Gesamtedelmetallkorn.

Für die Trennung der in diesem Korn enthaltenen Edelmetalle Silber und Gold, auch Platin und Palladium, voneinander („Scheiden") bedient man sich ausschließlich naßchemischer Verfahren. Die im Altertum verwendeten trockenen Verfahren, die zunächst auf der Flüchtigkeit von AgCl, dann auf der unterschiedlichen Verteilung von Silber und Gold zwischen einer sulfidischen (Stein-) und einer arsenidischen (Speise-) Phase beruhten, spielen heute keine Rolle mehr.

Wie bereits unter 3.2.1 ausgeführt wurde, ist es zweckmäßig, bei Bestimmungen, die sich auf die seltenen Platinmetalle erstrecken, bereits den Bleiregulus naßchemischen Trennungsoperationen zu unterziehen. Diese Elemente werden also bei den nachfolgend beschriebenen Scheideverfahren nicht berücksichtigt.

Für das Scheiden stehen Salpetersäuren verschiedener Konzentration, „Scheidewasser", und konz. Schwefelsäure (für das „Affinieren") zur Verfügung. Beide Säuren lösen wohl Silber unter Bildung nitroser Gase bzw. SO_2, jedoch kein Gold. Nach HACKL [1] beträgt der Goldverlust beim Scheiden mit HNO_3 weniger als $0,2\,^0/_{00}$, liegt somit unter der Fehlergrenze. Verursacht wird er durch HNO_2, die während des Scheidens entsteht. Durch Zusatz von 1% Methanol zur HNO_3 soll der Verlust verhindert werden (Bildung des Salpetrigsäuremethylesters).

Voraussetzung für das vollständige Herauslösen des Silbers ist ein Mindestgehalt von 75 Atomprozent Ag in der Ag-Au-Legierung (Ag:Au = 3:1). Nach BORCHERS [2] verläuft der Scheideprozeß beim Ag:Au-Verhältnis: 1,5:1 mit HNO_3 zu langsam. Dieses Verhältnis soll nach TAMMANN die Resistenzgrenze sein, während KERL-KRUG [3], SCHIFFNER [4] und MICHEL [5] das der alten Überlieferung entsprechende Verhältnis 2:1 bis 3:1 angeben. Der Silberrückhalt steigt mit fallendem Silbergehalt und liegt bei der Resistenzgrenze zwischen 0,1 und 1%. Er sollte bei genauen Bestimmungen berücksichtigt werden.

Palladium wird zusammen mit dem Silber vollständig, Platin teilweise bei Verwendung beider Säuren gelöst (so auch Ergebnisse von WINCKLER [6]). Nach FRÖHLICH [7] kann man das Inlösunggehen von Platin durch die Verwendung einer Lösung von 0,5% As_2O_3 in konz. Schwefelsäure weitgehend verhindern; man erhält also die Summe: Au + Pt. Palladium geht dabei jedoch teilweise in Lösung.

In der Praxis wird allgemein Salpetersäure für das Scheiden der Edelmetallkörner verwendet. (BORCHERS [2] empfiehlt die Schwefelsäurescheidung, weil das Gold dabei weniger „zerfallen" soll als bei der Verwendung von Salpetersäure.)

Bei Anwesenheit von Platin (und Palladium) muß das zuerst erhaltene, unreine Gold wieder mit Silber quartiert und abermals geschieden werden. Dieser Vorgang ist bis zur Gewichtskonstanz des Goldes zu wiederholen. Aus den anfallenden Scheidelösungen fällt man das Silber als AgCl aus und bestimmt dann Platin und Palladium.

Bei geringen Goldgehalten unterwirft man die Edelmetallkörner dem Scheideprozeß ohne Vorbehandlung, d. h. ohne mechanische Verformung; bei hohen Goldgehalten bringt man das Korn zunächst „in die Quart", d. h. auf das Atomverhältnis Ag:Au = 3:1 oder praktisch auf das Gewichtsverhältnis Ag:Au = 2,5:1, verformt dann das Korn durch Ausplatten, Auswalzen und Aufrollen zu einem Röllchen und scheidet dann („Röllchenprobe").

3.3.2 Der Scheideprozeß bei niedrigen Goldgehalten (Ag:Au $\geqq$ 3:1).

Allgemeines. Wegen des relativ großen Ag-Au-Verhältnisses, das manchmal 1000:1 und mehr betragen kann, beginnt man zunächst mit stark verd. Salpetersäure (HNO$_3$ 1,075) und vermeidet ein zu heftiges Lösen, bei dem das Gold in nicht zusammenhängender Form erhalten werden würde („Staubgold"). Die Möglichkeit, daß geringe Goldflitterchen im Verlauf der nachfolgendenden Dekantierungsvorgänge verlorengehen, besteht bei feinverteiltem „Staubgold" eher als bei einem zusammenhängenden Goldschwamm.

Beim zweiten Teil des Scheidens wird dann HNO$_3$ (1,3) benutzt, um die restlichen noch verbliebenen Silbermengen in Lösung zu bringen. Nach mehrfachem Auswaschen durch Dekantieren mit Wasser wird das Gold schließlich geglüht und gewogen.

Die Lösevorgänge erfolgen entweder im „Scheidekolben" (s. 1.5.1) oder in „Scheideschälchen" (s. 1.5.2), in denen das Gold nach dem Dekantieren auch geglüht werden kann, während es dazu aus den Scheidekolben erst in einen Goldglütiegel (s. 1.2.1) überführt werden muß. Die Anwendung der Kolben bietet Vorteile beim Löseprozeß, da Verluste beim „Stoßen" nicht zu befürchten sind.

Das Erhitzen erfolgt entweder auf einer Gasflamme oder auf einer Heizplatte, bei anfänglichem Lösen mit HNO$_3$ (1,075) vorteilhaft durch Einhängen in ein Wasserbad, wobei die Erwärmung besonders gleichmäßig erfolgt.

Arbeitsvorschrift (unter Verwendung eines Scheidekolbens). In den Scheidekolben füllt man etwa 15 ml HNO$_3$ (1,075) und gibt dann das Gesamtedelmetallkorn mit Hilfe einer Zange oder einer Pinzette hinein (das Korn darf nicht mit den Fingern berührt werden). Dann löst man im heißen Wasserbad, bis keine Gasentwicklung am Korn mehr zu bemerken ist und dieses „ruhig" liegt. Anschließend kocht man 10 Min. über dem Gasbrenner. Dann wird die Säure vollständig abgegossen, wobei man ein weißes Filter unter den Kolben hält, um das Gold besser sehen zu können (geschieht auch bei allen folgenden Dekantierungen).

Nach Zugabe von 15 ml HNO$_3$ (1,3) kocht man erneut 10 Min., gießt die Säure abermals ab, füllt etwa 30 ml Wasser in den Kolben, erwärmt etwas (handwarm), gießt wieder ab und füllt den Kolben dann ganz mit Wasser. Bei größeren Körnern wird vor dem Auffüllen noch ein zweites Mal mit 30 ml Wasser gewaschen.

Dann setzt man einen Porzellanglühtiegel mit der Öffnung nach unten auf den Kolbenhals, dreht Kolben und Tiegel um 180 °C, so daß der Kolbenhals nach unten zeigt und stellt den Tiegel in einen passenden Untersatz.

Der Tiegel wird aus einer Spritzflasche mit Wasser gefüllt, indem man um den Rand herumspritzt. Nun klopft man mehrfach mit einem hölzernen Gegenstand an den Kolben oder stößt den Kolben gegen das Holz des Lösegestells, wobei man innerhalb von etwa 20 Min. etwa 6 Vierteldrehungen des Kolbens vollzieht. Dabei fällt das Gold in den Tiegel. Dann wird der Kolben seitlich über die Kante abgezogen. Zur einwandfreien Durchführung dieses Arbeitsganges sind Geschicklichkeit und Übung erforderlich.

Anschließend wird das im Tiegel vorhandene Wasser vorsichtig abgekippt, der Tiegel im Trockenschrank getrocknet und über dem Gasbrenner geglüht, wobei darauf geachtet werden muß, daß die Temperatur nicht ausreicht, um das Gold zu schmelzen Eine Verunreinigung des Goldes durch AgCl zeigt sich durch das

Festbrennen des Korns; (schwärzliche) Staubteile müssen durch das Glühen vollständig verbrannt werden.

Nach dem Abkühlen wird das Gold auf das Wägeschälchen (schwarze sind hellen vorzuziehen) gegeben und ausgewogen.

3.3.3 Der Scheideprozeß bei hohen Goldgehalten (Ag: Au $\leq$ 3:1), „Röllchenprobe".

Allgemeines. Im Gegensatz zu den goldarmen Körnern, die vor dem Scheiden nicht verformt werden und kein bestimmtes Ag-Au-Verhältnis ausweisen müssen, erfolgt bei Goldgehalten über 25 Atomprozenten zunächst die „Quartation", bei der das Ag:Au-Verhältnis 3:1 hergestellt wird, und dann eine mechanische Verformung durch Ausplatten, Auswalzen und Aufrollen zu einem Röllchen, um das vollständige Auslösen durch die Salpetersäure zu ermöglichen.

Auf die von JÜPTNER [8] angegebene Möglichkeit des Quartierens mit Zink anstelle von Blei, wobei das Silber in der durch Lösen mit Salpetersäure erhaltenen Scheidelösung titriert werden kann, wird hiermit hingewiesen; zugleich auch auf die Methode von BALLING [9], der Cadmium statt Zink bzw. Blei verwendet.

Für den ersten Teil des Löseprozesses verwendet man HNO_3 (1,2), für den zweiten HNO_3 (1,3), da die Gefahr der Bildung von „Staubgold" beim Ag:Au-Verhältnis 3:1 nicht gegeben ist. Unterwirft man die Ag-Au-Legierung dem Scheideprozeß in Röllchenform, so erhält man auch das Gold in Röllchenform.

Arbeitsvorschrift. Zur Durchführung der Röllchenprobe ist es erforderlich, die in einem Probematerial enthaltenen Gold- und Silbermengen zu kennen, um durch Zulegieren von Silber das zum Scheiden erforderliche Ag:Au-Verhältnis 3:1 einzustellen (2,5 Gewichtsteile Ag je Gewichtsteil Au). Man gewinnt diese Zahlen durch eine Vorprobe, die zunächst die annähernde Summe Ag + Au ergibt, später nach dem Zulegieren eines Überschusses an Ag durch Scheiden in der unter 3.3.2 beschriebenen Art die Goldmenge.

Bei der Hauptprobe wird das nach dem Ergebnis der Vorprobe errechnete Silber zweckmäßigerweise schon am Beginn der Feuerarbeit zugegeben (für die Bestimmung des Silbers sind besondere Einwaagen erforderlich). Man erhält dann nach dem Treiben und Feintreiben ein Edelmetallkorn, das bereits das zum Scheiden richtige (Ag:Au)-Verhältnis aufweist und durch Verformen für dieses vorbereitet wird. Zwischen den einzelnen Schritten des Verformens wird es immer wieder in einer Gasflamme ausgeglüht. Zunächst plattet man es länglich bis zu einer Dicke von etwa 1 bis 1,5 mm aus, dann bringt man es durch Auswalzen in die Form eines etwa 5 bis 8 mm breiten und etwa 0,3 mm dicken Bandes, das anschließend zu einem Röllchen aufgerollt wird.

Nach dem Abspritzen mit Wasser gibt man das Röllchen mit einer Zange oder einer Pinzette in einen Scheidekolben mit 15 ml HNO_3 (1,2). Man erhitzt über einer Gasflamme und löst das Silber langsam heraus. Die Säure soll erst zu kochen beginnen, wenn der Lösevorgang praktisch beendet ist. Man kocht 10 Min., gießt ab, wobei man, wie bei allen Dekantierungen, ein weißes Filter unter den Kolben hält, um das Gold besser sehen zu können, und löst dann mit 15 ml HNO_3 (1,3) 10 Min. unter Kochen nach, wobei durch Zugabe einer gebrannten Linse das Stoßen verhindert werden soll.

Nun wird die Säure erneut abgegossen und das Gold zweimal durch Dekantieren mit je 30 ml Wasser gewaschen. Die weitere Behandlung erfolgt wie unter 3.3.2.2 beschrieben.

Ist es erforderlich, den Scheideprozeß zu wiederholen (Pt!), so wickelt man das Gold mit der notwendigen Menge Silber in etwas Bleifolie ein, treibt auf einer Knochenaschekapelle fein und verfährt weiter in der angegebenen Weise.

Literatur: [1] Fr. **97**, 411 (1934). — [2] Met. Erz, **29**, 392 (1932). — [3] KERL, B., u. C. KRUG: Probierbuch, 4. Aufl., 1924, S. 84. — [4] SCHIFFNER, C.: Einführung in die Probierkunde, 2. Aufl., 1925, S. 76. — [5] MICHEL, F.: Edelmetallprobierkunde 1927. — [6] Fr. **13**, 369 (1874). — [7] Z. El. Ch. **41**, 207 (1935). — [8] Ber. Wien. Akad. 1878, 161. — [9] Öst. Z. Berg- u. Hüttenw. **27**, 597.

4 Anwendung der dokimastischen Methoden auf verschiedene Probematerialien.

Die nachfolgende Tabelle gibt einen Überblick über die vorzugsweise verwendeten Methoden (gekennzeichnet durch $\times\times$) und weitere anwendbare Verfahren (gekennzeichnet durch $\times$) für eine große Zahl von Stoffen, in denen Edelmetallbestimmungen durchgeführt werden. Die Ausführung der Bestimmungen nach anderen als den gekennzeichneten Methoden wird dadurch nicht ausgeschlossen.

Probematerial	Ansammeln im Bleiregulus				Treiben	Scheiden	Sonstige Verfahren Bemerkungen
	Tontiegelprobe	Eisentiegelprobe	Scherbenprobe	naßkombiniert			
Erze							
Bleierze, Bleiglanz	$\times$	$\times\times$	$\times$				
Kupfererze	$\times\times$		$\times$				
Zn-Bi-Sn-Erze	$\times$		$\times$				
Ni-Co-Sb-Erze	$\times\times$		$\times$				
Schwefelkies- (Abbrände)	$\times\times$						
Arsenhaltige Erze	$\times\times$			$\times$ HNO$_3$ (Ag)			Löserückstand: Tiegelprobe
Golderz	$\times\times$						
Erzkonzentrate							
Kupferkonzentrate	$\times$	$\times\times$	$\times$				
Bleikonzentrate	$\times$	$\times\times$	$\times$				
Hütten- und Zwischenprodukte							
Anodenschlämme	Au, Pt Pd $\times\times$			$\times\times$ (Ag)			Naßaufschluß nicht für Pt-Metalle
Speisen			$\times$	$\times\times$			
Kupferstein			$\times$	$\times\times$			
Bleistein		$\times$	$\times$	$\times\times$			
Bleisulfat	$\times$	$\times$					
Muffelrückstände	$\times\times$						
Schlacken	$\times\times$		$\times$				Scherben: reiche Schlacken
Bleiglätte (arm)	$\times$						Dithizon-Verf.
Edelmetalle							
Feinsilber							Ag: GAY-LUSSAC Au: naßchem.
Feingold						Quartieren Au: $\times$	
Ag-Legierungen			$\times$	$\times$			AgCl
Au-Leg. mit Ag			$\times\times$		$\times\times$		
Au-Leg. ohne Ag			$\times\times$ (+Ag)		$\times\times$ (+Ag)		
Blicksilber				Au: $\times$			Ag: GAY-LUSSAC
Anodengold					$\times$		

Probematerial	Ansammeln im Bleiregulus				Treiben	Scheiden	Sonstige Verfahren Bemerkungen
	Tontiegelprobe	Eisentiegelprobe	Scherbenprobe	naß-kombiniert			
Unedle Metalle							
Blei			× ×				Dithizonverf.
Rohkupfer, Schwarz-kupfer				× ×			
Wismut			×	×			
Zink, Cadmium			×	×			
Au-Al-Leg.				×			Lösen mit NaOH
Metallische Abfälle							
Kupferabfälle				× ×	(×)		
Leonische Legierungen			×	× ×			
Bruchsilber (auch goldhaltig)			unrein ×		rein ×		Ag: GAY-LUSSAC
Ag-Amalgam			×				Hg vorher ab-destillieren
Dublee			×				
Bruchgold			×		×		
Münzgold			×		×		
Ag, Au, Pt, Pd ent-haltende (<30% Pt-Metalle)					×		
Ag, Au, Pt, Pd ent-haltende (>30% Pt-Metalle)					Quar-tieren ×		
Neusilber			×	× ×			
Nichtmetallische Ab-fälle							
Ag enthaltende	×						
Ag, Au enthaltende	×						
Ag, Au, Pt, Pd ent-haltende (<30% Pt-Metalle)	×						
(>30% Pt-Metalle)	×					Quar-tieren ×	
Ag, Au, Pt, Pd, Rh, Ru, Os enthaltende	×						(Federspitzen-gekrätz)
Abfälle der Photo-industrie							
Photo- (-papier, -film-) Asche	×						
Fixierbäder							naßchemisch
Edelmetallhaltige Laugen							
Cu enthaltende Au-Lauge				×			Zementieren, dann verschlak-ken
Au-Laugen von Schwefelkies-abbränden	×						nach H_2S-Fäl-lung
Au-Laugen			×				Erst eindampfen (Pb-Schale)
Edelmetallsalze							naßchemisch

5 Mikrodokimastische und Anreicherungsverfahren.

5.1 Mikrodokimastisches Verfahren nach Haber und Jänicke.

Prinzip. Spuren an Silber und Gold, z. B. im Seewasser, werden zusammen mit Bleisulfid als Sammler niedergeschlagen. Der Niederschlag wird dann in einen Spitztiegel durch Zentrifugieren überführt und mit Wasserstoff oder Formiat zu einem Bleiregulus reduziert, der unter Zusatz von Borsäure verschlackt und anschließend abgetrieben wird.

Arbeitsvorschrift nach Haber [1] zur Bestimmung von Silber und Gold im Seewasser. Bei der Probenahme, die in 2-Liter-Flaschen mit oder ohne Bleispiegel (PbS) erfolgt, werden etwas Quecksilber(I)-nitrat oder Bleiacetat und Alkalimetallsulfid zugesetzt. Die entstehenden Niederschläge von Quecksilber(I)-chlorid bzw. Bleisulfid hüllen das Edelmetall ein.

Vor der Durchführung der Bestimmung wird durch Zugabe von 100 mg Bleiacetat und Ammoniumsulfid nochmals ein Bleisulfidniederschlag erzeugt, der alle Schwebeteilchen mit niederreißt. Dann entfernt man das Wasser mit Hilfe eines Eintauchfilters aus gefrittetem Glas und löst den in der Flasche verbliebenen Rückstand in Bromwasserstoffsäure. Nach dem Vertreiben des Schwefelwasserstoffs wird etwas Brom zugesetzt. Au und Ag (als $[AgBr_2]^-$) gehen dabei in Lösung.

Aus dieser Lösung werden beide Edelmetalle zusammen mit dem Blei nochmals mit Ammoniumsulfid gefällt. Nach dem Ansammeln des Niederschlages in einem 8-ml-Spitztiegel aus unglasiertem Porzellan (Zentrifuge) und dem Trocknen reduziert man mit Wasserstoff und schmilzt die Metalle zusammen (Pb-Ag-Au-Legierung). Die Reduktion kann auch durch Verschmelzen mit Bleiformiat ausgeführt werden.

Diese Legierung wird dann in demselben Porzellantiegel unter Zusatz von Borsäure in einer Sauerstoffatmosphäre so weit verschlackt, daß ein kleiner Bleiregulus von 5 mg zurückbleibt. Der Regulus wird anschließend in einer dünnwandigen Schale aus unglasiertem Porzellan mit einem Flämmchen an der Luft abgetrieben. Es verbleibt eine Edelmetallperle, die nach dem schnellen Abkühlen in der durchscheinenden Schale mikroskopisch vermessen wird. Dann fügt man eine geringe Menge an Borax hinzu und erhitzt die Schale etwa 2 Min. auf 1050 bis 1100 °C. Dabei soll das Gold als runde Perle zurückbleiben, die nur schlecht von der Boraxschlacke zu trennen ist und deshalb zusammen mit der Schlacke nach dem Eintragen in Bromnaphthalin mikroskopisch ausgemessen wird.

Genauigkeit. Von HABER [1] werden Beleganalysen für Gold im Bereich von etwa 0,013 bis etwa 2,2 µg Au angegeben, wobei die Fehler zwischen $+5,9$ und $-5,1\%$ betragen.

SÜPFLE und WERNER [2] haben das Verfahren zur Bestimmung von 1 bis 10 µg Ag angewendet und dabei Ergebnisse erhalten, die bis zu 45% zu niedrig liegen. Trotzdem halten die Verfasser die Methode für die Bestimmung derartig kleiner Silbermengen für geeignet.

Literatur: [1] HABER, F.: Angew. Ch. **40**, 303 (1927). — [2] SÜPFLE, K., u. R. WERNER: Mikrochemie u. Mikrochim. A. **36/37**, 866 (1951).

5.2 Mikroverfahren nach Donau zur Bestimmung von Gold in Legierungen mit Silber, Kupfer oder Zink.

Prinzip. Die Legierung wird unter Zusatz von Silber geschmolzen und anschließend mit Salpetersäure geschieden.

Arbeitsvorschrift nach Donau [1]. 2 bis 5 mg Probe werden auf mindestens 5 µg genau in ein Röhrchen aus durchsichtigem Quarz (40 × 8 mm, Wandstärke

< 0,5 mm) eingewogen. Man setzt mindestens die dreifache Silbermenge, bezogen auf die vermutete Goldmenge, zu, leitet getrockneten Wasserstoff ein und beginnt nach einer halben Minute mit dem Schmelzen. Der Regulus bleibt etwa 0,5 Min. im Fluß, wobei man vorsichtig gegen das Röhrchen klopft.

5 der so vorbehandelten Röhrchen werden mit je 0,5 ml halogenfreier Salpetersäure (10 + 1) (etwa 13m) beschickt und in ein höchstens 120 °C warmes Glycerinbad eingesetzt.

Nach 30 bis 45 Min. wird die Säure abgesaugt; dann füllt man wiederholt mit Wasser auf und saugt wieder ab, bis in der Waschflüssigkeit keine Reaktion auf Ag^+ mehr nachgewiesen werden kann. Dann trocknet man bei 120 °C, glüht das untere Rohrende schwach und wägt das Gold nach dem Umleeren auf ein tariertes Wägeschälchen aus. Zur Kontrolle auf Reinheit wird es in Königswasser gelöst.

Bemerkungen. Nach DONAU [2] kann man in ähnlicher Weise verfahren, wenn man anstelle des Silbers sogenanntes Goldlot, eine Cd-Zn-Legierung mit 87% Cd, verwendet. Dann ist es möglich, in Geräten aus Jenaer Glas zu arbeiten und das Silber ohne Berücksichtigung eines Zusatzes an Ag zu bestimmen. Außerdem ist der Zusatz an „Goldlot" nicht an so enge Grenze gebunden wie der Silberzusatz, der das 4- bis 9fache des Goldgehaltes ausmachen soll.

Für Pd und Sn enthaltende Legierungen sind besondere Behandlungsweisen vorgesehen. Die Einwaage liegt zwischen 40 und 120 mg. Die nach dieser Methode erhaltenen Ergebnisse stimmen mit den nach den üblichen dokimastischen Verfahren ermittelten sehr gut überein. 11 Goldlegierungen mit Gehalten zwischen 500 und $1000^o/_{oo}$ wurden auf diese Weise von DONAU untersucht.

Literatur: [1] DONAU, J.: Mikrochemie **13**, 165 (1933). — [2] DONAU, J.: Fr. **104**, 157 (1936).

5.3 Anreicherungsverfahren.

5.3.1 Anreicherung von Edelmetallen in Meerwasser nach Yasuda [1].

Prinzip. Durch Hämmern von Mangan- und Bleipulver wird ein Metallpaar hergestellt und in Form eines Bleches von 0,07 mm Stärke zur Reduktion der im Seewasser vorhandenen Edelmetallmengen verwendet. Es folgen die üblichen Feuerverfahren.

Bemerkung. Das Verfahren wurde auf Grund der guten Erfahrungen mit anderen „Metallpaaren" als Reduktionsmittel für Edelmetalle (z. B. verkupfertes Zink oder verzinktes Blei) entwickelt.

Literatur: [1] YASUDA, M.: Bl. chem. Soc. Japan **3**, 113 (1928).

5.3.2 Anreicherung von Gold in goldhaltigen Sanden durch Amalgamieren.

Prinzip. Nach LEONARD [1] soll dieses dem technischen Amalgamationsprozeß entsprechende Verfahren bei goldhaltigen Sanden angewendet werden, bei denen nach der normalen Feuerprobe wegen zu geringer Probemengen unsichere Ergebnisse erhalten werden. Man arbeitet mit etwa 300 bis 3000 g Material und destilliert das Quecksilber vor dem Auswägen und Scheiden des Edelmetallkorns ab.

Literatur: [1] LEONARD: Berg- u. Hüttenmänn. Z. **55**, 164 (1896).

5.3.3 Anreicherung von Gold in Schwefelkiesen durch Chloration.

Prinzip. Da das Amalgamationsverfahren nach WEILL [1] bei Schwefelkiesen und Schwefelkiesabbränden keine genauen Resultate ergibt, wird das Lösen des Goldes mit Chlor oder Brom empfohlen.

Arbeitsvorschrift nach Weill [1]. Aus Probe und Wasser stellt man in einer Flasche, die zu $^2/_3$ gefüllt sein soll, eine Aufschlämmung her und setzt Chlorkalk sowie eine Glaskugel mit verd. Schwefelsäure zu. Dann schüttelt man die verschlossene Flasche, bis die Glaskugel zerbrochen ist. Unter Umschütteln läßt man die Mischung 8 bis 10 Std. warm stehen. Dann filtriert man, vertreibt das Chlor aus dem Filtrat und fällt mit Eisen(II)-sulfat. Der Niederschlag wird nach vorheriger Verschlackung mit Blei abgetrieben. (Statt Chlorkalk und Schwefelsäure kann auch Brom verwendet werden.)

Literatur: WEILL: Berg- und Hüttenmänn. Z. **55**, 166 (1896).

5.3.4 Anreicherung von Gold und Silber in Erzen durch Cyanidlaugerei.

Prinzip. Das feingepulverte Erz wird bei Luftzutritt mehrfach mit 0,25%iger Kaliumcyanidlösung durchgerührt; dann filtriert man, dampft etwas ein und läßt die Lösung über Zinkfeilspäne laufen, die anschließend mit Blei verschlackt werden. Es folgen das Treiben des erhaltenen Bleiregulus und das Scheiden des Edelmetallkorns. Nach MARTIN [1] sollen bessere Resultate als nach der Chlorationsmethode erhalten werden.

Literatur: [1] MARTIN: Berg- u. Hüttenmänn. Z. **55**, 184 (1896).

5.3.5 Anreicherung von Edelmetallen in Cyanidlösungen durch die Erzeugung eines Hg(I)/Hg(II)-chloridniederschlags.

Prinzip. Die Edelmetalle werden zum elementaren Zustand reduziert und von einem gleichzeitig erzeugten Hg(I)/Hg(II)-chloridniederschlag niedergerissen. Das Cyanid wird vorher durch Zugabe von Eisen(II)-sulfat in Hexacyanoferrat(II) übergeführt.

Arbeitsvorschrift nach Caldwell und Smith [1]. 2000 ml Cyanidlösung werden (bezogen auf die in ihnen enthaltene CN^--Menge) mit der zehnfachen Menge Eisen(II)-sulfat versetzt; dann fügt man 50 ml ges. Quecksilber(II)-chloridlösung, 5 g Magnesiumpulver und 60 ml konz. Salzsäure (in solchen Anteilen, daß ein Überschäumen verhindert wird) hinzu. Nach 6- bis 8stündigem Stehen filtriert man und streut nach dem Auswaschen 20 g Probierblei gleichmäßig über das Filter. Die weitere Verarbeitung erfolgt dokimastisch.

Literatur: [1] CALDWELL, W. E., u. L. E. SMITH: Ind. eng. Chem. Anal. Edit. **10**, 318 (1938).

5.3.6 Anreicherung von Gold in Goldchloridlösungen mit Aktivkohle.

Prinzip. Die Goldchloridlösung (mit etwa $2 \cdot 10^{-6}$ g Au/100 ml) wird zunächst mit Aktivkohle geschüttelt. Nach dem Abfiltrieren, Waschen und Trocknen der Kohle mischt man sie mit goldfreiem Bleiformiat und erhitzt im schwachen Luftstrom auf 500 °C, wobei die Kohle langsam verbrennt und ein Bleiregulus gebildet wird. Die Bestimmung des in ihm vorhandenen Goldes erfolgt nach der Methode von HABER (s. 5.1).

Literatur: [1] ASADA, T.: Sci. Pap. Inst. Tôkyô **15**, Nr. 304; Bl. Inst. physical chem. Res. (Abstracts) Tokio **10**, 47 (1931).

5.3.7 Anreicherung von Edelmetallen unter Verwendung von Ionenaustauschern.

Prinzip. Die als anionische Komplexe vorliegenden Edelmetalle werden auf eine Anionenaustauschersäule gegeben. Das Harz wird dann dokimastisch auf die in ihm enthaltenen Edelmetalle untersucht.

Arbeitsvorschrift nach Davankov und Laufer [1]. Die Lösung mit 0,5 bis 20 mg Au und Ag in Form ihrer Cyanokomplexe [Gold allein auch als Chloroaurat(III)] wird auf eine Anionenaustauschersäule (250 bis 300 mm Höhe; 7 bis 8 mm ⌀) mit

4 bis 5 g eines rasch austauschenden Harzes (Korngröße 0,5 bis 0,8 mm) gegeben. Das Harz wird durch Vorbehandeln mit 5%iger Schwefel- bzw. Salzsäure in die Sulfat- bzw. Chloridform überführt. Die Durchlaufgeschwindigkeit soll 15 ml/min nicht übersteigen. Man prüft die Vollständigkeit des Austausches mit 10%iger Benzidinlösung in Essigsäure, wobei keine durch Au-Ionen verursachte Blaufärbung auftreten darf. Die Säule soll keine Luftblasen enthalten. Man wäscht von unten aus.

Das Harz wird anschließend getrocknet und verascht, die Asche dokimastisch weiterverarbeitet.

Genauigkeit. Nach [1] betragen die Analysenfehler im Bereich von 0,5 bis 20 mg Au/l zwischen 0,5 und 1,5%.

Bemerkungen. Das angegebene Verfahren wird von DAVANKOV und LAUFER [2] zur Bestimmung der Edelmetalle in Wasch- und Abwässern verwendet. Nach einer anderen Arbeitsweise tragen die Verfasser das feinverteilte Anionenaustauscherharz in das Abwasser ein, neutralisieren bis pH 6,5 und filtrieren nach 2 bis 3 Std. Auch hier erfolgt die weitere Verarbeitung des Harzes nach dem Veraschen auf dokimastischem Wege.

Literatur: [1] DAVANKOV, A. B., u. V. M. LAUFER: Betriebslab. (russ.) **22**, 788 (1956). — [2] DAVANKOV, A. B., u. V. M. LAUFER: Betriebslab. (russ.) **22**, 294 (1956).

5.4 Probieren vor dem Lötrohr.

Prinzip. Diesem mikrodokimastischen Verfahren liegen die gleichen Prinzipien zugrunde wie der normalen Dokimasie. Es werden gleichfalls Bestimmungen auf rein trockenem und kombiniertem, naßtrockenem Wege durchgeführt. Wichtigstes Hilfsmittel ist das Lötrohr, mit dessen Hilfe in Verbindung mit der leuchtenden Flamme eines Gasbrenners es gelingt, reduzierende und oxydierende Flammen zu erzeugen, die für die einzelnen Arbeitsgänge erforderlich sind.

Die Bedeutung des Verfahrens im Probierlaboratorium ist nur gering. Es wird jedoch angewendet, wenn der Aufwand für ein vollständig eingerichtetes Edelmetallaboratorium nicht gerechtfertigt erscheint oder es sich bei den auszuführenden Bestimmungen um orientierende Schnellbestimmungen handelt. Bezüglich der Ausführung der Bestimmungen muß auf die Lehrbücher der Probierkunde, z. B. „Edelmetallanalyse, Probierkunde und naßanalytische Verfahren", Berlin/Göttingen/ Heidelberg 1964, verwiesen werden.

5.5 Die Strichprobe.

Prinzip. Bei der Strichprobe erzeugt man von der zu prüfenden Legierung einen „Strich" auf dem „Probierstein", einem dunklen, dichten Quarz. Dann vergleicht man das Aussehen dieses Striches mit in gleicher Weise erzeugten Strichen von Edelmetallegierungen bekannter Zusammensetzung, die in Form der „Probiernadeln" zur Verfügung stehen müssen. Ein weiteres Hilfsmittel stellen die „Probiersäuren" dar, die je nach der Zusammensetzung der Legierung in unterschiedlicher Weise mit dem „Strich" reagieren.

Vorteilhaft ist es, daß für den „Strich" nur sehr geringe Mengen der Legierung benötigt werden (Größenordnung 1 mg), wodurch z. B. die zerstörungsfreie Untersuchung von Schmuckstücken ermöglicht wird. Die Genauigkeit der Methode hängt von der Zusammensetzung des zu untersuchenden Materials und der Erfahrung des Prüfers ab. Naturgemäß kann die Strichprobe keine exakte, dokimastische Bestimmung ersetzen.

Bezüglich der Einzelheiten und der Durchführung der Probe wird auf Lehrbücher der Dokimasie und Einzeldarstellungen, z. B. „Die Strichprobe der Edelmetalle" von K. HRADECKY, Wien 1930, verwiesen.

Einige Bücher über Probierkunde und andere Verfahren der Edelmetallanalyse (ab 1900).

1. Edelmetall-Analyse, Probierkunde und naßchemische Verfahren; herausgegeben vom Chemikerausschuß der GDMB, Berlin/Göttingen/Heidelberg 1964.
2. PROST, E. O.: Manuel d'analyse chimique, Paris 1905.
3. RICHE, A., u. M. FOREST: L'art de l'essayeur, Paris 1905 (frühere Auflage 1888).
4. FULTON, C. H., u. W. J. SHARWOOD: A Manual of Fire Assaying, 1907; 3. Aufl. New York 1929.
5. NISSENSON, H., u. W. POHL: Laboratoriumsbuch für Metallhüttenchemiker; Halle a. d. S. 1907.
6. ARGALL, P. H.: Mill and Smelter of Analysis, 3. Aufl. 1908.
7. PARRY, J.: Analysis of Ashes and Alloys, 1908.
8. FURMAN, H.: Manual of Practical Assaying, 7. Aufl., hrsg. v. W. D. PARDOC, New York 1910.
9. SMITH, J. R.: Modern Assaying, Philadelphia 1910.
10. BERINGER, G. E.: Textbook of Assaying; 12. Aufl. 1910; 15. Aufl. London 1921.
11. RHEAD, E. L., u. A. H. SEXTON: Assaying and Metallurgical Analysis for the Use of Students, Chemists and Assayers; London 1911.
12. SCHIFFNER, C.: Einführung in die Probierkunde, 1912; 2. Aufl. Halle a. d. S. 1925.
13. SMITH, E. A.: The Sampling and Assay of the Precious Metals, 1913; 2. Aufl. London 1947.
14. PARK, J.: Textbook of Practical Assaying, London 1914.
15. LODGE, R. W.: Notes on Assaying, 3. Aufl. New York 1915.
16. WRAIGHT, E. A.: Assaying in Theory and Practice, New York 1916.
17. LUNGE-BERL: 7. Aufl.; Bd. 1, 1921; Bd. 2, 1922.
18. LOW, A. H.: Technical Methods of Ore Analysis, 9. Aufl. New York 1922.
19. MICHEL, F.: Edelmetall-Probierkunde, Pforzheim 1922; 2. Aufl., Berlin 1927.
20. KRUG, C.: Bruno Kerl's Probierbuch, 4. Aufl. Leipzig 1924.
21. DARMSTAEDTER, E.: Berg-, Probier- und Kunstbüchlein; München 1926.
22. MICHEL, F.: Tabelle spezifischer Gewichte der gebräuchlichsten Gold-, Silber-, Kupfer-Legierungen, Silber-Kupfer-Legierungen und Weißgold-Legierungen; 2. Aufl. Berlin 1927.
23. BAUR, T. A.: Die Feingehalts- und Punzierungsvorschriften für Edelmetalle, Leipzig 1927.
24. KOLBECK, F.: Karl Friedrich Plattners Probierkunst mit dem Lötrohre, 8. Aufl. Leipzig 1927.
25. FAIRBANKS, E. E.: Laboratory Investigations of Ores, New York 1928.
26. EGGER, G.: Das Scheiden von Edelmetallen durch Elektrolyse, Halle a. d. S. 1929.
27. NAISH, W. A., u. J. E. CLENNELL: Select Methods of Metallurgical Analysis, London 1929.
28. HRADECKY, K.: Die Strichprobe der Edelmetalle, Wien 1930.
29. GRAUMANN, A., in: LUNGE-BERL, II., 2. Teil (1932); Silber, S. 988; die Feuerprobe auf Gold und Silber, S. 1007; Gold, S. 1072; Platin und Platinmetalle, S. 1524.
30. FRICK, C., u. H. DAUSCH: Taschenbuch für metallurgische Probierkunde; Bewertung und Verkäufe von Erzen. Stuttgart 1932.
31. HOKE, C. M.: Testing precious metals, gold, silver, palladium, platinum; 2. Aufl. New York 1935.
32. WOGRINZ, A.: Analytische Chemie der Edelmetalle, Stuttgart 1936.
33. RÜDISÜLE, A.: Nachweis, Bestimmung und Trennung der chemischen Elemente. Nachtrag Bd. 1, Abtl. 1: Gold, Platin, Silber, Palladium, Rhodium, Iridium, Ruthenium, Osmium; Bern 1913.
34. TREADWELL, W. D.: Tabellen und Vorschriften zur quantitiven Analyse; Gravimetrie, Elektroanalyse, Probierkunde der Edelmetalle und Gasanalyse. Leipzig-Wien 1938.
35. SHEPARD, O. C., u. W. F. DIETRICH: Fire Assaying, New York/London 1940.
36. SCHOELLER, W. R., u. A. R. POWELL: Analysis of Minerals and Ores of the Rarer Elements, 2. Aufl. 1940; 3. Aufl. London 1955.
37. HOWE, J. L., u. Staff of Baker u. Co. Inc.: Bibliography of the platinum metals 1918 bis 1930; Newark, N. J. 1947.
37a. HRADECKY, K.: Geschichte und Schrifttum der Edelmetallstrichprobe, Berlin 1942.
37b. SMITH, O. C.: Identification and quantitative chemical analysis of minerals, New York 1946.

38. Posharitzki, K. L.: Analytische Untersuchungen der natürlichen Vorkommen bunter, seltener Metalle und von Gold (russ.), Moskau 1947.
39. Bugbee, E. E.: A Textbook of Fire Assaying, 2. Aufl. London 1940; 3. Aufl. London 1950.
40. Tafel, V.: Lehrbuch der Metallhüttenkunde; 2. Aufl. herg. von K. Wagenmann, Bd. 1, 1951; Bd. II, 1953; Bd. III, Leipzig 1954.
40a. Assaying in: The Encyclopedia America, Bd. II, S. 413/14; New York/Chikago 1951.
41. Bauer, G., u. W. Geibel: Quantitative Analyse der Platinmetalle, in: Fresenius-Jander: Handbuch der analytischen Chemie, 3. Teil, Bd. VIIIb$_\gamma$, Berlin/Göttingen/Heidelberg 1953.
42. Huybrecht, M.: Chimie Analytique, appliqué à la Métallurgie, 3. Aufl. Paris 1955.
43. Chemikerausschuß der Gesellschaft Deutscher Metallhütten- und Bergleute e. V.: Analyse der Metalle, Berlin/Göttingen/Heidelberg.
(43/1) 1. Band: Schiedsanalysen, 3. Aufl. 1966.
(43/2) 2. Band: Betriebsanalysen, 2. Aufl. 1961.
(43/3) 3. Band: Probenahme. 1956.

Verzeichnis der Zeitschriften und ihrer Abkürzungen.

Abkürzung	Zeitschrift
A.	LIEBIGS Annalen der Chemie; bis 172 (1874): Annalen der Chemie und Pharmacie.
Acc. Sci. med. Ferrara	Accademia delle scienze mediche di Ferrara.
A. Ch.	Annales de Chimie; vor 1914: Annales de Chimie et de Physique.
Acta Comment. Univ. Tartu	Acta et Commentationes Universitatis Tartuensis (Dorpatensis).
Acta med. Scand.	Acta Medica Scandinavica.
Agricultura	Agricultura.
Am. Chem. J. (Am. Ch.)	American Chemical Journal; seit 1917 vereinigt mit Ann. Soc.
Am. Fertilizer	The American Fertilizer.
Am. J. Physiol.	American Journal of Physiology.
Am. J. Sci.	American Journal of Science.
Am. Soc.	Journal of the American Chemical Society
Am. Soc. Test. Mater. (Am. Soc. Testing Materials)	American Society of Testing Materials.
Anal. Chem.	Analytical Chemistry, früher Ind. Eng. Chem. Anal. Edit.
Anal. chim. Acta	Analytica chimica acta.
Analyst	The Analyst.
An. Argentina	Anales de la asociación química Argentina.
An. Españ.	Anales de la sociedad española de física y química; seit 1941: Anales de fisica y quimica (Madrid).
An. Farm. Bioquim.	Anales de farmacia y bioquimica (Buenos Aires).
Angew. Ch.	Angewandte Chemie, vor 1932: Zeitschrift für angewandte Chemie.
Ann. Acad. Sci. Fenn.	Annales academiae scientiarum fennicae.
Ann. agronom.	Annales agronomiques.
Ann. Chim. anal.	Annales de Chimie analytique et de Chimie appliquée.
Ann. Chim. appl(ic).	Annali di chimica applicata.
Ann. Falsific.	Annales des Falsifications et des Fraudes.
Ann. Office nat. Combustibles liquides	Annales de l'Office National des Combustibles Liquides.
Ann. Phys.	Annalen der Physik (GRÜNEISEN und PLANCK).
Ann. Sci. agronom. Franç.	Annales de la Science agronomique française et étrangère; nach 1930: Annales agronomiques.
Ann. Soc. Sci. Bruxelles	Annales de la société scientifique de Bruxelles, Série A: Sciences mathématiques: Série B: Sciences physiques et naturelles.
Anz. Akad. Wiss. Wien, math.-naturwiss. Kl.	Anzeiger der Akademie der Wissenschaften in Wien, Mathematische-Naturwissenschaftliche Klasse.
Anz. Krakau. Akad.	Anzeiger der Akademie der Wissenschaften, Krakau.
Apoth.-Z.	Apotheker-Zeitung.
Ar.	Archiv der Pharmazie.
Arch. Eisenhüttenw.	Archiv für das Eisenhüttenwesen.
Arch. exp. Pathol.	Archiv für experimentelle Pathologie und Pharmakologie (NAUNYN-SCHMIEDEBERG).
Arch. Math. Naturvidensk (Arch. F. Mathem. og Naturvid.)	Archiv for Mathematik og Naturvidenskab.
Arch. Neerland. Physiol.	Archives Néerlandaises de Physiologie de l'Homme et des Animaux.
Arch. Phys. biol.	Archives de Physique biologique et de Chimie-Physique des Corps organisés.
Arch. Physiol.	Archiv für die gesamte Physiologie des Menschen und der Tiere (PFLÜGER).

Abkürzung	Zeitschrift
Arch. Sci. biol.	Archivio di scienze biologiche (Italy).
Arch. Sci. phys. nat. Genève.	Archives des Sciences physiques et naturelles, Genève.
Atti Accad. Lincei	Atti della Reale Accademia nazionale dei Lincei.
Atti Accad. Sci. Torino	Atti della Reale Accademia delle Science di Torino.
Atti Congr. naz. Chim. pura applic.	Atti del congresso nazionale di chimica pura ed applicata.
Atti X Congr. int. Chim., Roma (Atti Congr. int. Chim. Roma)	Atti del X Congresso Internazionale di Chimica (Roma).
Austr. J. exp. Biol. med.	
Austr.J.exp.Biol.med.Sci.	Australian Journal of Experimental Biology and Medical Science.
B.	Berichte der Deutschen Chemischen Gesellschaft.
Ber.dtsch.keram.Ges.	Berichte der Deutschen Keramischen Gesellschaft.
Ber. dtsch. pharm. Ges.	Berichte der Deutschen Pharmazeutischen Gesellschaft.
Berg- u. Hüttenmänn. Z.	Berg- und Hüttenmännische Zeitschrift.
Ber.oberhess.Ges.Naturk.	Bericht der oberhessischen Gesellschaft für Natur- und Heilkunde.
Ber. Wien. Akad.	Sitzungsberichte der Akademie der Wissenschaften, Wien.
Betriebslab.	Betriebslaboratorium; russ.: Sawodskaja Laboratorija.
Biochem. J.	Biochemical Journal.
Biol. Bl.	Biological Bulletin of the Marine Biological Laboratory; seit 1930: Biological Bulletin.
Bio. Z.	Biochemische Zeitschrift.
Bl.	Bulletin de la Société chimique de France; vor 1907: Bulletin de la Société chimique de Paris.
Bl. Acad. Roum.	Bulletin de la section scientifique de l'Académie Roumaine.
Bl. Acad. Russie	Bulletin de l'Academie des Sciences de Russie; seit 1925: Bl. Acad. URSS.
Bl. Acad. Sci. Pétersb.	Bulletin de l'Académie impériale des Sciences, Pétersbourg; seit 1917: Bl. Acad. Russie.
Bl. Acad. URSS.	Bulletin de l'Académie des Sciences de l'U[nion des] R[épubliques] S[oviétiques] S[ocialistes].
Bl. Acad. URSS., Ser. chim.	Bulletin de l'Académie des Sciences de l'U[nion des] R[épubliques] S[oviétiques] S[ocialistes], Sér. chimique.
Bl.agric.chem.Soc.Japan	Bulletin of the Agricultural Chemical Society of Japan.
Bl. Am. phys. Soc.	Bulletin of the American Physical Society.
Bl. Assoc. techn. Fonderie (Bull. [Ass.] techn. Fonderie)	Bulletin de l'Association Technique de Fonderie.
Bl. Biol. pharm.	Bulletin des Biologistes pharmaciens.
Bl. Bur. Mines Washington	Bulletin, Bureau of Mines, Washington.
Bl. chem. Soc. Japan	Bulletin of the Chemical Society of Japan.
Bl.Chim.puraappl.Bukarest (B. Chim. pura aplicata Bukarest)	Buletinul de Chimie Purä si Áplicatä (al Societătii Romane de Chimie) Bukarest.
Bl. Inst. physic. chem. Res. (Abstr.) Tôkyô	Bulletin of the Institute of Physical and Chemical Research, Abstracts, Tôkyô.
Bl. Sci. pharmacol.	Bulletin des Sciences pharmacologiques.
Bl. Soc. chim. Belg.	Bulletin de la Société chimique de Belgique.
Bl. Soc. Chim. biol.	Bulletin de la Société de Chimie biologique.
Bl. Soc. chim. Paris	Vgl. Bl.
Bl. Soc. Min.	Bulletin de la Société française de Minéralogie.
Bl. Soc. Mulhouse	Bulletin de la Société industrielle de Mulhouse.
Bl. Soc. Pharm. Bordeaux	Bulletin des Travaux de la Société de Pharmacie de Bordeaux
Bl. Soc. Romania	Buletinul societatii de chimi din România.
Bodenkunde Pflanzenernähr.	Bodenkunde und Pflanzenernährung: 1. Folge (Band 1 bis 45) heißt: Zeitschrift für Pflanzenernährung, Düngung und Bodenkunde.
Boll. chim. farm.	Bolletino chimico-farmaceutico.
Branntwein-Ind. (russ.)	Branntwein-Industrie (russisch).
Brit. chem. Abstr.	British Chemical Abstracts.
Bur. Stand. J. Res.	Bureau of Standarfs Journal of Research.
C.	Chemisches Zentralblatt.

Abkürzung	Zeitschrift
Canad. Chem. Metallurgy (Can. Chem. Met.)	Canadian Chemistry and Metallurgy; ab Bd. 22 (1938): Canadian Chemistry and Process Industries.
Canadian J. Res.	Canadian Journal of Research.
Časopis československ. Lékárn.	Časopis československého Lékárnictva.
Cereal Chem.	Cereal Chemistry.
Chem. Abstr.	Chemical Abstracts.
Chem. Age	Chemical Age.
Chem. Anal. (Warszawa)	Chemia Analityczna (Warszawa).
Chem. Apparatur	Chemische Apparatur.
Chem. eng. min. Rev.	Chemical Engineering and Mining Review.
Chem. Ind.	Chemistry and Industry.
Chemisat. soc. Agric. (Chemisat. socialist. Agr.) (russ.)	Chemisation of Socialistic Agriculture (russisch).
Chemist-Analyst	The Chemist-Analyst.
Chem. J. Scr. A	Chemisches Journal Serie A, Journal für allgemeine Chemie; russ.: Chimitscheski Shurnal Sscr. A, Shurnal obschtschei Chimii.
Chem. J. Ser. B	Chemisches Journal Serie B, Journal für angewandte Chemie; russ.: Chimitscheski Shurnal Sser. B, Shurnal prikladnoi Chimii.
Chem. Listy	Chemické Listy pro vědu a průmysl.
Chem. Metallurg. Eng. (Chem. Met. Engin.)	Chemical and Metallurgical Engineering.
Chem. N.	Chemical News.
Chem. Obzor	Chemický Obzor.
Chem. Reviews	Chemical Reviews.
Chem. social. Agric.	Chemisation of socialistic Agriculture; russ.: Chimisazia sozialistitscheskogo Semledelija.
Chem. Trade J. chem. Engr. (Chem. Trade J.)	Chemical Trade Journal and Chemical Engineer.
Chem. Weekbl.	Chemisch Weekblad.
Ch. Fabr.	Die chemische Fabrik.
Chim. Anal.	Chimie Analytique (Paris).
Chim. e Ind. (Milano)	Chimica e Industria (Milano).
Chim. Ind.	Chimie & Industrie.
Chim. Ind. 17. Congr. Paris	Chimie & Industrie, 17. Congrès, Paris.
Ch. Ind.	Die chemische Industrie.
Ch. Z.	Chemiker-Zeitung.
Ch. Z. Chem. techn. Übersicht	Chemiker-Zeitung, Chemisch-technische Übersicht.
Ch. Z. Repert.	Chemiker-Zeitung, Repertorium.
Coll. Trav. chim. Tchécosl.	Collection des Travaux chimiques de Tchécoslovaqui.
C. r.	Comptes rendus de l'Académie des Sciences.
C. r. Acad. URSS.	Comptes rendus (Doklady) de l'académie des sciences de l'U[nion des] R[épubliques] S[oviétiques] S[ocialistes].
C. r. Carlsberg	Comptes rendus des Travaux du Laboratoire de Carlsberg.
C. r. Soc. Biol.	Comptes rendus de la Société de Biologie.
Current Sci.	Current Sciencde.
Dansk Tidsskr. Farm.	Dansk Tidssjkrift for Farmaci.
Dingl. J.	DINGLERS Polytechnisches Journal.
Dtsch. med. Wschr.	Deutsche medizinische Wochenschrift.
Dtsch. tierärztl. Wschr.	Deutsche tierärztliche Wochenschrift.
Eng. Min. Journ.	Engineering and Mining Journal.
E. P.	Englisches Patent.
Erzmetall	Zeitschrift für Erzbergbau und Metallhüttenwesen; neue Folge von „Metall und Erz".
Fenno-Chem.	Fenno-Chemica.
Finska Kemistsamfundets Medd.	Finska Kemistsamfundets Meddelanden; fortgesetzt unter der Bezeichnung: Fenno-Chemica.
Fortschr. Chem. Physik physik. Chem.	Fortschritte der Chemie, Physik und physikalischen Chemie.
Fr.	Zeitschrift für analytische Chemie (FRESENIUS).
G.	Gazzetta chimica italiana.
Gas- und Wasserfach	Das Gas- und Wasserfach; vor 1922: Journal für Gasbeleuchtung sowie für Wasserversorgung.

Abkürzung	Zeitschrift
Gen. electr. Rev. (General Electric Rev.)	General Electric Review.
Giorn. Biol. appl. Ind. chim. aliment. (G. Biol. appl. Ind. chim.)	Giornale di Biologia Applicata alla Industria Chimica ed Alimentare; ab Bd. 5 (1935): Giornale di Biologia Industriale Agraria ed Alimentare.
Giorn. Chim. ind. ed applic. (Giorn. Chim. ind. appl.)	Giornale di Chimica Industriale ed Applicata.
Glastechn. Ber.	Glastechnische Berichte.
Glückauf	Glückauf, berg- und hüttenmännische Zeitschrift.
H.	Zeitschrift für physiologische Chemie (HOPPE-SEYLER).
Helv.	Helvetica chimica acta.
Ind. Chemist (chem. Manufacturer) (Ind. Chemist a. Chemical Manufacturer)	Industrial Chemist and Chemical Manufacturer.
Ind. chimica	L'Industria chimica, mineraria e metallurgica.
Ind. eng. Chem.	Industrial and Engineering Chemistry.
Ind. eng. Chem. Anal. Edit.	Industrial and Engineering Chemistry, Analytical Edition.
Ing. Chimiste (Bruxelles)	Ingénieur Chemiste (Bruxelles).
Internat. Sugar J.	International Sugar Journal.
J. agric. Sci.	Journal of Ágricultural Science.
J. Am. ceram. Soc.	Journal of the American Ceramic Society.
J. Am. Leather Chem.	Journal of the American Leather Chemists' Association.
J. Am. med. Assoc.	Journal of the American Medical Association.
J. Am. pharm. Assoc.	Journal of the American Pharmaceutical Association.
J. Am. Soc. Agron.	Journal of the American Society of Agronomy.
J. Am. Water Works Assoc.	Journal of the American Water Works Association.
J. anal. appl. Chem.	Journal of Analytical and Applied Chemistry.
Jap. (Japan) Analyst	Japan Analyst.
J. Assoc. offic. agric. Chem.	Journal of the Association of Official Agricultural Chemists.
J. Biochem.	Journal of Biochemistry (Japan).
J. biol. Chem.	Journal of Biological Chemistry.
Jbr.	Jahresberichte über die Fortschritte der Chemie (LIEBIG und KOPP), 1847—1910.
Jb. Radioakt.	Jahrbuch der Radioaktivität und Elektronik.
J. chem. Educat.	Journal of Chemical Education.
J. chem. Ind.	Journal der chemischen Industrie; russ.: Shurnal Chimitscheskoj Promyschlennosti.
J. chem. Physics (J. chem. Phys.)	Journal of Chemical Physics.
J. chem. Soc.	Journal of the Chemical Society of London.
J. chem. Soc. Japan	Journal of the Chemical Society of Japan.
J. Chim. appl. (J. chem. applic.) (russ.)	Journal de Chimie Appliquée (russisch).
J. Chim. phys.	Journal de Chimie physique; seit 1931: ... et Revue générale des Colloides.
J. chos. med. Assoc.	Journal of the Chosen Medical Association (Japan.)
J. Electroanal. Chem.	Journal of Electroanalytical Chemistry.
Jernkont. Ann.	Jernkontorets Annaler.
J. Chromatog.	Journal of Chromatography.
J. Gen. Chem. (USSR)	Journal of general chemistry (USSR).
J. ind. eng. Chem.	Journal of Industrial and Engineering Chemistry; seit 1923: Ind. eng. Chem.
J. Indian chem. Soc.	Journal of the Indian Chemical Society.
J. Indian Inst. Sci.	Journal of the Indian Institute of Sciences.
J. Inst. Brew.	Journal of the Institute of Brewing.
J. Inst. Petrol. Tech.	Journal of the Institution of Petroleum Technologists.
J. Iron. Steel Inst.	Journal of the Iron and Steel Institute.
J. Labor clin. Med.	Journal of Laboratory and Clinical ;Medicine.
J. Landwirtsch.	Journal für Landwirtschaft.
J. of Hyg. (Brit.)	Journal of Hygiene (britisch).
J. opt. Soc. Am.	Journal of the Optical Society of America.
J. Pharm. Belg.	Journal de Pharmacie de Belgique.
J. Pharm. Chim.	Journal de Pharmacie et de Chimie.
J. pharm. Soc. Japan	Journal of the Pharmaceutical Society of Japan.
J. physic. Chem.	Jaurnal of Physical Chemistry.
J. Physiol.	Journal of Physiology.

Abkürzung	Zeitschrift
J. pr.	Journal für praktische Chemie.
J. Pr. Austr. chem. Inst.	Journal and Proceedings of the Australian Chemical Institute.
J. Res. Nat. Bureau of Standards	Journal of Research of the National Bureau of Standards, früher: Bur. Stand. J. Res.
J. Russ. Met. Soc.	Journal of the Russian metallurgical society.
J. S. African chem. Inst.	Journal of the South African Chemical Institute.
J. Sci. Soil Manure	Journal of the Sciences of Soil and Manure (Japan).
J. Soc. chem. Ind.	Journal of the Society of Chemical Industrie (Chemistry and Industry).
J. Soc . chem. Ind. Japan (Suppl.)	Journal of the Society of Chemical Industry, Japan. Supplement.
J. Soc. Dyers Colourists	Journal of the Society of Dyers and Colourists.
J. Washington Acad. Sci.	Journal of the Washington Academy of Sciences.
J. Zucker-Ind.	Journal der Zuckerindustrie; russ.: Shurnal Sakharnoi Promyschlennosti.
Keem. Teated	Keemia Teated (Tartu).
Kem. Maanedsbl. nord. Handelsbl. kem. Ind.	Kemisk Maanedsblad og Nordisk Handelsblad for Kemisk Industri.
Klin. Wschr.	Klinische Wochenschrift.
Koks u. Chem. (russ.)	Koks und Chemie (russisch).
Kolloidchem. Beih.	Kolloidchemische Beihefte.
Kolloid-Z.	Kolloid-Zeitschrift.
Lantbruks-Akad. Handl. Tidskr.	Kugl. Lantbruks-Akademiens Handlingar och Tidskrift.
Lantbruks-Högskol. Ann.	Lantbruks-Högkolans Annaler.
L. V. St.	Landwirtschaftliche Versuchsstationen.
M.	Monatshefte für Chemie.
Magyar Chem. Folyóirat	Magyar Chemiai Folyóirat (Ungarische chemische Zeitschrift).
Malayan agric. J.	Malayan Agricultural Journal.
Medd. Centralanst. Försöksväs. jordbruks., landwirtssh.-chem. Abt.	Meddelande från Centralanstalten för Försöksväsendet på Jordbruksområdet, landbrukskemi.
Medd. Nobelinst.	Meddelanden från K. Vetenskapsakademiens Nobelinstitut.
Med. Doswiadczalna i Spoleszna	Medycyna Doswiadczalna i Spoleczna.
Mem. Sci. Kyoto Univ.	Memoirs of the College of Science, Kyoto Imperial University.
Metal Ind. (London)	Metal Industry (London).
Metalloberfläche	Metalloberfläche.
Metallurgia ital. (Metallurg. Ital.)	Metallurgia Italiana.
Metallwirtschaft (Metallwirtsch., Metallwiss., Metalltechn.)	Metallwirtschaft, Metallwissenschaft, Metalltechnik.
Met. Erz	Metall und Erz.
Mikrochemie (Mikrochem.)	Mikrochemie, vereinigt mit Mikrochimica acta.
Mikrochim. A.	Mikrochimica acta.
Milchw. Forsch.	Milchwirtschaftliche Forschungen.
Mitt. berg- u. hüttenmänn. Abt. kgl. ung. Palatin-Joseph-Universität Sopron	Mitteilungen der berg- und hüttenmännischen Abteilung der königlich ungarischen Palatin-Joseph-Universität, Sopron.
Mitt. Forsch.-Anst. G. H. Hütte (Gutehoffnungshütte-Konzerns)	Mitteilungen aus den Forschungsanstalten des Gutehoffnungshütte-Konzerns.
Mitt. Geb. Lebensmitteluntersuch. Hyg.	Mitteilungen auf dem Gebiet der Lebensmitteluntersuchung und Hygiene.
Mitt. Kali-Forsch.-Anst.	Mitteilungen der Kali-Forschungsanstalt.
Mitt. K.W.I. Eisenforschg. (Düsseldorf)	Mitteilungen aus dem Kaiser-Wilhelm-Institut für Eisenforschung zu Düsseldorf.
Nachr. Götting. Ges.	Nachrichten der Kgl. Gesellschaft der Wissenschaften, Göttingen; sei 1923 fällt „Kgl." fort.
Nature	Nature (London)
Naturwiss.	Naturwissenschaften.
Natuurwetensch. Tijdschr.	Natuurwetenschappelijk Tijdschrift.

Abkürzung	Zeitschrift
Nederl. Tijdschr. Genekes.	Nederlandsch Tijdschrift voor Geneeskunde.
Neues Jahrb. Mineral.Geol.	Neues Jahrbuch für Mineralogie, Geologie und Paläontologie.
New Zealand J. Sci. Tech.	New Zealand Journal of Since and Technology.
Norsk Geol. Tidsskr.	Norks geologisk tidsskrift.
Nuclear Sci. Abstracts	Nuclear science Abstracts.
Öst. Ch. Z.	Österreichische Chemiker-Zeitung.
Onderstepoort J. Vet. Sci.	Onderstepoort Journal of Veterinary Science and Animal Industry.
P. C. H.	Pharmazeutische Zentralhalle.
Ph. Ch.	Zeitschrift für physikalische Chemie.
Pharm. Weekbl.	Pharmaceutisch Weekblad.
Pharm. Z.	Pharmazeutische Zeitung.
Phil. Mag.	Philosophical Magazine and Journal of Science.
Phil. Trans.	Philosophical Transactions of the Royal Society of London.
Phys. Rev.	Physical Review.
Phys. Z.	Physikalische Zeitschrift.
Plant Physiol.	Plant Physiology.
Pogg. Ann.	Annalen der Physik und Chemie, herausgegeben von POGGENDORFF (1824—1877); dann Wied. Ann. (1877—1899); seit 1900: Ann. Phys.
Pr. Am. Acad.	Proceedings fo the American Academy of Arts and Sciences, Boston.
Pr. Am. Soc. Test. Mater. (Pr. Am. Soc. for testing Materials)	Proceedings of the American Society for Testing Materials.
Pr. (chem. Soc.)	Proceedings of the Chemical Society (London).
Pr. Indian Acad. Sci.	Proceedings of the Indian Academy of Sciences.
Pr. internat. Soc. Soil Sci.	Proceedings of the International Society of Soil Science.
Pr. Leningrad Dept. Inst. Fert.	Proceedings of the Leningrad Departmental Institute of Fertilizers.
Pr. Roy. Soc. Edinburgh	Proceedings of the Royal Society of Edinburgh.
Pr. Roy. Soc. London Ser. A.	Proceedings of the Royal Society (London). Serie A: Mathematical and Physical Sciences.
Pr. Roy. Soc. New South Wales	Proceedings of the Royal Society of New South Wales.
Pr. Soc. Cambridge	Proceedings of the Cambridge Philosophical Society.
Problems Nutrit.	Problems of Nutrition; russ.: Woprossy Pitanija.
Pr. Oklahoma Acad. Sci.	Proceedings of the Oklahoma Academy of Science.
Pr. Soc. exp. Biol. Med.	Proceedings of the Society for Experimental Biology and Medicine.
Pr. Utah Acad. Sci.	Proceedings of the Utah Academy of Sciences.
Przemysl Chem.	Przemysl Chemiczny.
Publ. Health Rep.	Public Health Reports.
R.	Recueil des Travaux chimiques des Pays-Bas.
Radium	Le Radium, seit 1920: Journal de Physique et Le Radium.
Rep. Central Inst. Metals	Reports of the central Institute for Metals (Leningrad).
Rep. Connecticut agric. Exp. Stat.	Report of the Connecticut Agricultural Experiment Station.
Repert. anal. Chem.	Repertorium der analytischen Chemie (1881—1887).
Repert. Chim. appl.	Répertoire de Chimie pure et appliquée (von 1864 ab: Bulletin de la Société chimique de France).
Rep. Invest. (Rep. Investig.)	United States Department Interior, Bureau of Mines, Report of Investigation.
Rev. brasil. chim. (Revista brasileira de chimica)	Revista Brasileira de Chimica (São Paulo).
Rev. Centro Estud. Farm. Bioquim.	Revista del centro estudiantes de farmacia y bioquimica.
Rev. Chim. (Bucharest)	Revista de Chimie (Bucharest).
Rev. Met.	Revue de Métallurgie.
Rev. univ. des Min.	Revue universelle des Mines.
Roczniki Chem.	Roczniki Chemji.
Roy. Inst. Chem., Lectures, Monographs, Rep.	The Royal Institute of Chemistry (London), Lectures, Monographs and Reports.
Schweiz. Apoth. Z.	Schweizerische Apotheker-Zeitung.
Schweiz. med. Wschr.	Schweizerische-medizinische Wochenschrift.

Abkürzung	Zeitschrift
Schw. J.	SCHWEIGGERS Journal für Chemie und Physik (Nürnberg, Berlin 1811—1833, 68 Bde.).
Science	Science (New York).
Sci. Pap. Inst. Tôkyô	Scientific Papers of the Institute of Physical and Chemical Research Tôkyô.
Sci. quart. nat. Univ.Peking	Science Quarterly of the National University of Peking.
Sci. Rep. Res. Inst. Tôhoku Univ.	Science Reports of the research institutes Tohoku university.
Sci. Rep. Tôhoku (Imp. Univ.)	Science Reports of the Tôhoku Imperial University.
Skand. Arch. Physiol.	Skandinavisches Archiv für Physiologie.
Soc.	Journal of the Chemical Society of London.
Soc. chem. Ind. Victoria (Proc.)	Society of Chemical Industry of Viktoria, Preseedings.
Soil Sci.	Soil Science.
Spectrochim. Acta	Spectrochimica Acta.
Sprechsaal	Sprechsaal für Keramik-Gas-Email.
Stahl Eisen	Stahl und Eisen.
Svensk. Tekn Tidskr.	Svensk Teknisk Tidskrift.
Sr. V.A.H. (Sv VAH, Sv. Vet. Akad. Handl.)	Svenska Vetenskaps-Akademiens-Handlingar.
Talanta	Talanta (London).
Techn. Mitt. Krupp	Technische Mitteilungen KRUPP.
Tôhoku J. exp. Med.	Tôhoku Journal of Experimental Medicine.
Trans. Am. electrochem. Soc.	Transactions of the American Electrochemical Society.
Trans. Am. Inst. min. metalling. Eng.(Trans.Am. Inst. Min. Eng.)	Transactions of the American Institute of Mining and Metallurgical Engineers.
Trans. Butlerov Inst. chem. Technol. Kazan	Transactions of the BUTLEROV Institute; (seit 1935; KIROV Institute) for Chemical Technology of Kazan.
Trans. ceram. Soc. England	Transactions of the Ceramic Society, England; ab Bd. 38 (1939): Transactions of the British Ceramic Society.
Trans. Dublin Soc.	Scientific Transactions of the Royal Dublin Society.
Trans. Faraday Soc.	Transactions of the FARADAY Society.
Trans. Roy. Soc. Edinburgh	Transactions of the Royal Society of Edinburgh.
Trans. sci. Inst. Fert.	Transactions of the Scientific Institute of Fertilizers and Insectofungicides (USSR).
Trans. Sci. Soc. China	Transactions of the Science Society of China.
Trav. Inst. Etat Radium (russ.)	Travaux de l'Institut d'Etat de Radium (russisch).
Trav. Lab. biogeochim. Acad. Sci. URSS.	Travaux du laboratoire biogéochimique de l'académic des sciences de l'U[nion des] R[épubliques] S[oviétiques] S[ocialistes].
Uchen. Zapiski Kazan. Gosud. Univ.	Uchenye Zapiski Kazanskogo Gosudarstvennogo Universiteta (USSR)..
Ukrain. chem. J.	Ukraine Chemical Journal (Journal chimique de l'Ukraine).
Union pharm.	Union pharmaceuftice.
Union S. Africa Dept. Agric	Union of South Africa. Department of Agriculture.
Univ. Illinois Bl.	University of Illinois, Bulletin.
Univ. Toronto Studies, Geol. Ser.	University of Toronto Studies, Geologycal series.
U. S. Dep. Commerce Bur. Mines Bl. (U. S. Bur. Min. B.)	U. S. Department of Commerce, Bureau of Mines, Bulletin.
U. S. Dep. Interior Bur. (U. S. Mines Bull.)	United States Department of the Interior, Bureau of Mines. Bulletin.
U. S. Dept. Agric. Bl.	United States Department of Agriculture, Bulletins.
U. S. Geol. Surv. Bl.	United States Geological Survey Bulletin.
Verh. phys. Ges.	Verhandlungen der Deutschen physikalischen Gesellschaft.
Vorratspflege u. Lebensmittelforsch.	Vorratspflege und Lebensmittelforschung.

Abkürzung	Zeitschrift
Washington Acad. Science	Journal of the Washington Academy of Sciences.
Wschr. Brauerei	Wochenschrift für Brauerei.
Wied. Ann.	Annalen der Physik und Chemie, herausgegeben von WIEDEMANN; s. Pogg. Ann.
Wien. klin. Wschr.	Wiener klinische Wochenschrift.
Wien. med. Wschr.	Wiener medizinische Wochenschrift.
Wiss. Nachr. Zucker-Ind.	Wissenschaftliche Nachrichten der Zuckerindustrie (ukrain.).
Wiss. Veröffentl. Siemens-Konzern	Wissenschaftliche Veröffentlichungen aus dem SIEMENS-Konzern (seit 1935: aus den SIEMENS-Werken).
Z. anorg. Ch.	Zeitschrift für anorganische und allgemeine Chemie.
Zbl. Min. Geol. Paläont. Abt. A	Zentralblatt für Mineralogie, Geologie und Paläontologie, Abt. A: Mineralogie und Petrographie.
Z. Chem. Ind. Kolloide	Zeitschrift für Chemie und Industrie der Kolloide; seit 1913: Kolloid-Zeitschrift.
Z. Deutsch. Öl- u. Fettind.	Zeitschrift für Deutsche Öl- und Fettindustrie.
Z. El. Ch.	Zeitschrift für Elektrochemie.
Zentr. wiss. Forsch.-Inst. Leder-Ind.	Zentrales wissenschaftliches Forschungsinstitut für die Lederindustrie; russ: Zentralny nautschno-issledowatelski Institut koshewennoi Promyschlennosti, Sbornik Rabot.
Z. ges. Brauw.	Zeitschrift für das gesamte Brauwesen.
Z. ges. Kältetechnik (-Industrie)	Zeitschrift für die gesamte Kältetechnik (-Industrie).
Z. Hygiene	Zeitschrift für Hygiene und Infektionskrankheiten.
Z. klin. Med.	Zeitschrift für klinische Medizin.
Z. Krist.	Zeitschrift für Kristallographie und Mineralogie.
Z. landw. Vers.-Wes. Österr	Zeitschrift für das landwirtschaftliche Versuchswesen in Deutsch-Österreich; 1925—1933 genannt: Fortschritte der Landwirtschaft.
Z. Lebensm.	Zeitschrift für Untersuchung der Lebensmittel; bis 1925; Zeitschrift für Untersuchung der Nahrungs- und Genußmittel sowie der Gebrauchsgegenstände.
Z. Metallkunde	Zeitschrift für Metallkunde.
Z. Naturforschg.	Zeitschrift für Naturforschung.
Z. Oberschl. Berg. u. Hüttenmänn. Verb.	Zeitschrift des Oberschlesischen Berg- und Hüttenmännischen Verbandes.
Z. öffentl. Ch.	Zeitschrift für öffentliche Chemie.
Z. Pflanzenernähr. Düng. Bodenkunde	Vgl. Bodenkunde Pflanzenernähr.
Z. Phys.	Zeitschrift für Physik.
Z. pr. Geol.	Zeitschrift für praktische Geologie.
Zprávy česk. keram. společnosti	Zprávy československé keramické společnosti.
Z. techn. Phys. (russ.)	Zeitschrift für technische Physik (russ.).
Z. VDI (Z. Ver. dtsch. Ing.)	Zeitschrift des Vereins Deutscher Ingenieure.

Abkürzungen oft benutzter Sammelwerke.

Abkürzung	Sammelwerk
Berl-Lunge	BERL-LUNGE: Chemisch-technische Untersuchungsmethoden, 8. Aufl. Berlin 1931—1934. Bis zur 7. Aufl. „LUNGE-BERL" genannt.
GM.	GMELINS Handbuch der anorganischen Chemie, 8. Aufl. Berlin.
Handbuch Pflanzenanal.	Handbuch der Pflanzenanalyse (KLEIN).
Lunge-Berl	Vgl. BERL-LUNGE.
Schiedsverfahren	Analyse der Metalle. Erster Band: Schiedsverfahren. 2. Aufl. Berlin/Göttingen/Heidelberg 1949.